教育部高职高专规划教材

# 橡胶制品工艺

XIANGJIAO ZHIPIN GONGYI

第三版

徐云慧 杨 慧 主编
韦帮风 副主编
翁国文 陈忠生 审

化学工业出版社
·北京·

本书是教育部高职高专规划教材，全书分两篇，第一篇是轮胎部分，共分五章：轮胎的概述、普通轮胎的结构设计与制造工艺、子午线轮胎的结构设计与制造工艺、力车胎的结构设计与制造工艺、轮胎CAD设计方法。主要内容有轮胎的分类、组成、结构、轮辋等基本知识以及普通轮胎、子午线轮胎和力车胎的结构设计与制造工艺知识。

第二篇是非轮胎橡胶制品，共分四章：胶管设计与制造工艺、胶带设计与制造工艺、胶鞋设计与制造工艺、橡胶工业制品。主要介绍了胶管、胶带、胶鞋及其他橡胶制品的结构设计与制造工艺等。

本书可作高职高专高分子材料工程技术、高分子材料加工专业、橡胶工程技术专业教材，也可供中职学校高分子类专业学生使用，或供橡胶工程技术和管理人员参考使用等。

**图书在版编目（CIP）数据**

橡胶制品工艺/徐云慧，杨慧主编．—3版．—北京：化学工业出版社，2017.8（2024.11重印）

教育部高职高专规划教材

ISBN 978-7-122-29991-8

Ⅰ.①橡…　Ⅱ.①徐…②杨…　Ⅲ.①橡胶制品-生产工艺-高等职业教育-教材　Ⅳ.①TQ336

中国版本图书馆CIP数据核字（2017）第145066号

责任编辑：于　卉　　文字编辑：李　玥

责任校对：王　静　　装帧设计：王晓宇

出版发行：化学工业出版社（北京市东城区青年湖南街13号　邮政编码100011）

印　　装：北京七彩京通数码快印有限公司

787mm×1092mm　1/16　印张15½　字数400千字　2024年11月北京第3版第4次印刷

购书咨询：010-64518888　　售后服务：010-64518899

网　　址：http://www.cip.com.cn

凡购买本书，如有缺损质量问题，本社销售中心负责调换。

定　　价：49.00元

# 前言

FOREWORD

本书是教育部高职高专规划教材，是按照教育部对高职高专人才培养指导思想，在广泛吸取近几年高职高专人才培养经验的基础上，根据2016年制订的橡胶制品工艺编写大纲编写的。

本书的编写力求贯彻以下原则：坚持已有橡胶制品标准，立足现状，着眼未来；适应高职高专职业教育特点，尽量避开理论推导，强调实用性；注意理论联系实际，以培养学生分析问题和解决问题的能力。

本书是高职高专高分子材料工程技术专业、高分子材料加工技术专业、橡胶工程技术专业、材料工程技术专业教材，课时90～120学时左右，各校可根据具体情况酌情增减。本书也可供中职高分子类专业学生使用，或供橡胶工程技术和管理人员参考。

本书第三版与第二版相比有以下特点：第一，更新了第一章第一节轮胎的发展，增加了轮胎智能化和自动化特点的介绍；第二，将原来的第二章至第五章进行了内容调整，更易于师生学习和理解，调整后第二章为普通轮胎的结构设计与制造工艺，第三章为子午线轮胎的结构设计与制造工艺，第四章为力车胎的结构设计与制造工艺，且对第三章子午线轮胎的结构设计与制造工艺内容进行了大幅完善，补充了子午线轮胎的分类、子午线轮胎的组成、子午线轮胎用骨架材料、子午线轮胎的制造工艺；第三，增加了第五章轮胎CAD设计方法。

本书由徐州工业职业技术学院徐云慧、杨慧主编，徐州徐轮橡胶有限公司韦帮风副主编，徐州工业职业技术学院翁国文、徐州徐轮橡胶有限公司陈忠生审。第一、第二、第八章由徐云慧编写，第三、第九章由杨慧编写，第四章由徐云慧和韦帮风编写，第五章由徐州工业职业技术学院王国志编写，第六章由徐云慧和南京利德东方橡塑科技有限公司张英稳编写，第七章由徐州工业职业技术学院张兆红编写。

在本书编写及审稿过程中，参考了《橡胶工业手册》、国家标准和工厂实际生产中的资料，许多单位、教师曾给予大力支持，提供方便并提出宝贵意见，在此一并衷心感谢。

由于时间仓促，编者水平有限，书中不妥之处在所难免，我们期望在使用过程中能得到各方面的批评指正。

编者

2017.4

# 第一版前言

FOREWORD

本书是教育部高职高专规划教材，是按照教育部对高职高专人才培养指导思想，在广泛吸取近几年高职高专人才培养经验基础上，根据2003年制订的橡胶制品工艺编写大纲编写的。

本书的编写力求贯彻以下原则：坚持已有橡胶制品标准，立足现状，着眼未来；适应高职高专职业教育特点，尽量避开理论推导，强调实用性；注意理论联系实际，以培养学生分析问题和解决问题的能力。

本书是高职高专高分子材料加工专业、橡胶制品专业教材，课时120学时左右，各校可根据具体情况酌情增减。本书也可供中职高分子类专业使用，或供橡胶工程技术和管理人员参考。

本书由张岩梅、邹一明主编，朱信明主审。第一篇轮胎部分第一、二、三、四、五章由徐州工业职业技术学院张岩梅编写；第二篇第一章由张岩梅编写，第二、第四章由四川化工职业技术学院邹一明编写，第三章由徐州工业职业技术学院陈华堂编写。

在本书编写及审稿过程中，参考了专业手册、国家标准和工厂实际生产中的资料，许多单位、教师曾大力支持，提供方便并提出宝贵意见，在此一并表示衷心感谢。

由于时间仓促，编者水平有限，书中不妥之处在所难免，我们期望在使用过程中能得到各方面的批评指正。

编者

2004.8

# 第二版前言

FOREWORD

本书第一版自 2005 年出版以来，已多次印刷。受到师生的广泛好评，为了使教材更好地为教学服务，现对教材进行修订，更新陈旧的内容，补充相关的新知识和新内容。

本书由徐州工业职业技术学院徐云慧和四川化工职业技术学院邹一明主编，朱信明主审。第一章至第五章由徐云慧编写，第六章由徐州工业职业技术学院张兆红编写，第七章由徐州工业职业技术学院翁国文编写，第八、第九章由四川化工职业技术学院邹一明编写。

本书第二版与第一版相比有以下特点：第一，每章均根据企业和社会的需要制订了知识目标和能力目标；第二，删除了各种橡胶制品的配方设计知识；第三，增添了许多形象的与实际相结合的图片和图表资料，删除了部分与实际不符或不清楚的图片或图表资料；第四，增加了部分案例教学资料，建议在教学过程中采用项目教学法进行教学，以提高学生的动手能力和实际解决问题的能力；第五，本书对第一版的个别地方做了修改。

本书在编写及审稿过程中，参考了《橡胶工业手册》、国家标准和工厂实际生产中的资料，许多单位、教师曾给予大力支持，提供方便并提出宝贵意见，在此一并表示感谢。

由于时间仓促，编者水平有限，书中不妥之处在所难免，我们期望在使用过程中能得到各方面的批评指正。

编者

2009.5

# 目录
CONTENTS

## 第一篇　轮　胎

## 第二篇　非轮胎橡胶制品

# 第一篇

# 轮　　胎

# 第一章

# 轮胎的概述

**学习目标**

了解轮胎的概念及发展；掌握轮胎的分类方法、组成部分、结构特点、规格表示方法及轮辋的应用；理解轮胎和轮辋的关系。

## 第一节　轮胎的概念、作用、分类及发展

### 一、轮胎的概念及作用

轮胎是供车辆、农业机械、工程机械行驶和飞机起落等用的圆环形弹性制品。它是车辆的主要配件，固定在汽车轮辋上形成整体，起支撑车辆重量，传递车辆牵引力、转向力和制动力的作用，并使车辆行驶时吸收因路面不平产生的震动和外来冲击力，使得乘坐舒适。

轮胎是橡胶工业中的主要制品，是一种不可缺少的战略物资。在橡胶工业中，轮胎的产量最大，耗胶量约占总耗胶量的60%～65%。轮胎工业已形成一个原材料生产、产品制造、成品测试、科学研究、工厂设计、设备加工等庞大的独立体系。

图1-1为三种常见轮胎的外形。

图1-1　三种常见轮胎的外形

## 二、轮胎的分类

轮胎种类繁多，达数百种以上，一般习惯根据轮胎的用途、结构、规格、气压等因素进行综合分类。按照国际标准规定，常用的几种轮胎分类法如下。

### 1. 按用途不同分类

轮胎的分类一般是指按轮胎用途来分的，例如我国的轮胎国家标准、美国轮胎轮辋手册、欧洲轮胎轮辋标准、日本轮胎标准以及国际轮胎标准中都是以用途进行分类的，可分为8大系列，920多个规格。

（1）力车轮胎　如28×11/2、37-400、20×1.375。

（2）摩托车胎　如3.00-15、3.50-18、4.50-17。

（3）轿车轮胎　如桑塔纳185/70R13、宝马205/55R16。

（4）载重汽车轮胎

① 微型载重汽车轮胎　如4.50-12、5.00-10、5.00-12。

② 轻型载重汽车轮胎　如8.25-16、7.50-16、6.00-15。

③ 载重汽车轮胎　如9.00-20、10.00-20、11.00-20。

（5）农业轮胎　如15-24、12-38、6.00-12。

（6）工业轮胎　如9.00-20、11.00-20。

（7）航空轮胎　如14.5×5.5-6、18×4.25-10、22×8-8。

（8）工程轮胎　如23.5-25、20.5-25。

### 2. 按结构不同分类

可分为斜交轮胎和子午线轮胎两类。

### 3. 按胎体骨架材料不同分类

分为棉帘线轮胎、人造丝帘线轮胎、尼龙帘线轮胎、聚酯帘线轮胎、钢丝帘线轮胎等。

### 4. 按有无内胎分类

分为有内胎轮胎和无内胎轮胎两类。普通汽车轮胎多属于有内胎轮胎，通过内胎上的气门嘴充入压缩空气。无内胎轮胎则不必配用内胎，压缩空气可直接充入外胎内腔。

### 5. 按规格大小分类

汽车轮胎可分为巨型轮胎、大型轮胎、中型轮胎、小型轮胎和微型轮胎等。按名义断面宽不同区分，在我国巨型轮胎指工程轮胎13.00-24及以上的轮胎；大型轮胎指13.00-20和14.00-20两种轮胎；中型轮胎包括7.00-20～12.00-20的轮胎；小型轮胎一般指轻型载重轮胎和轿车轮胎；微型轮胎包括4.50-12、5.00-10和5.00-12等。

### 6. 按花纹不同分类

分为普通花纹轮胎、越野花纹轮胎、混合花纹轮胎。

### 7. 按气压不同分类

分为调压轮胎及固定气压轮胎，后者又分为高压轮胎（压力在0.5～0.7MPa以上）、低压轮胎（0.15～0.5MPa）、超低压轮胎（0.15MPa 以下）。

## 三、轮胎的发展

### 1. 轮胎工业的发展

轮胎工业的发展过程可以分为三个阶段，即萌芽阶段、突破阶段和发展阶段。

（1）萌芽阶段　此阶段为 16 世纪初至 19 世纪末。16 世纪初，在巴西发现天然橡胶后，当时的人用胶乳制成原始的胶球、胶鞋及各种橡胶制品。1883 年有人利用高弹性的橡胶尝试减弱马车行驶时所承受的冲击，直至 1839 年美国科学家固特异（Goodyear）发明了硫化技术，改善了胶料的使用价值后，橡胶制品才得到广泛应用。1845 年硫化橡胶实心轮胎被研制出。1865 年实心力车轮胎已获推广应用，但是实心胶条弹性小，固着方法不牢固，影响使用。1988 年英国医生约翰·博伊德·邓禄普（John Boyd Dunlop）发明了充气轮胎，取得专利权。充气轮胎虽然弹性大、重量轻、减振能力强，并提高了车速，但由于当时充气轮胎处于低级阶段，是借助空心胶管充气的伸张和涂刷胶浆后与轮辋结合在一起的，这种固着方法不能随意装卸并且不牢固。1889 年美国人巴尔特列特取得楔形轮胎专利权。1890 年又成功试制出由外胎和内胎组成的力车轮胎，胎圈部装有金属圈，能使轮胎与轮辋紧密固着。

（2）突破阶段　1895 年汽车的发明，扩大了充气轮胎的应用范围，使得 19 世纪末至 20 世纪 20 年代轮胎的发展有了较大的突破。1904 年马特发明用炭黑补强生胶，胎面胶采用炭黑后，轮胎的行驶里程由 6000km 增加到 20000～30000km，胎面的耐磨性和拉伸强度有了改善，这种轮胎早期称为高压轮胎。1910 年美国人伯利密尔发明棉帘布取代帆布制造轮胎，不仅增强了轮胎胎体强度，克服了成型工艺上的困难，而且大大提高了轮胎的行驶里程，发展了轮胎品种。1919 年自从采用有机促进剂、防老剂及各种活性剂以及帘布用胶乳浸渍以后，轮胎生产技术更趋完善。

（3）发展阶段　这一阶段轮胎新品种不断出现，骨架材料不断更新，行驶里程不断增加，生产技术不断完善提高，新型原料不断出现和使用。1923 年出现低压轮胎，其空气容量较高压轮胎大，改善了轮胎的缓冲性能，提高了行驶的稳定性及安全性，同时改善了胎面的耐磨性能，扩大了轮胎的应用范围。1930 年已应用超低压轮胎。1937～1947 年，轮胎结构随着骨架材料的发展有了重大变革，除棉帘线外，出现了人造丝帘线、钢丝帘线及尼龙帘线等各种高强度的骨架材料，随着丁苯橡胶的广泛应用，炉法炭黑取代槽法炭黑，助剂品种不断增加，轮胎品种有了较快的发展，出现无内胎轮胎和高行驶性能轮胎等品种。

法国米其林公司早于 1933 年首创出钢丝斜交轮胎后，于 1948 年又生产出钢丝子午线轮胎，震惊世界，促使子午线轮胎迅速发展。

发达国家子午线轮胎 20 世纪 40 年代问世，50 年代起步，60 年代推广，70 年代和 80 年代大发展，90 年代后多数子午化。特别是法国米其林公司，意大利倍耐力公司，英国邓禄普公司，美国固特异公司，日本普利司通公司、东洋公司、横滨公司、住友公司等子午线轮胎发展迅速。

国内子午线轮胎 20 世纪 60 年代起步，70 年代缓慢发展，80 年代加快步伐，90 年代迅速发展，但据统计，到 21 世纪“十二五”（2011～2015 年）期间轿车轮胎子午化率才达 100%，轻型载重轮胎子午化率达 90%，载重轮胎子午化率达 75%，农业轮胎、工程轮胎及工业轮胎子午化率还比较低。

## 2. 轮胎的发展方向

20 世纪 90 年代末，世界主要发达国家均已完成了轮胎子午化，一些经济发展水平较高的国家和地区相继在 21 世纪初也基本实现了轮胎子午化。我国要实现轮胎子午化还需相当长的时间，任重道远。所以轮胎子午化目前仍然是我国轮胎发展的一个方向。另外为了适应目前汽车工业高速度、高功率、高载荷的发展趋势，轮胎新的发展方向为扁平化、无内胎化、高速化、环保化、智能化和生产自动化等。

（1）扁平化　在轮胎结构设计中，轮胎断面形状（轮胎高宽比：轮胎断面高 $H$ 和断面宽 $B$ 之比）是影响轮胎性能的一个重要因素，特别是随着子午线轮胎的问世，轮胎的断面形状趋于扁平化，即轮胎高宽比 $H/B$ 趋于降低，轮胎的高宽比由原来的的 1.05、1.00、0.95 等系列变成后来的 80、70、65、60 等系列，到 21 世纪又出现了 55、50、40、35、30 等系列。轮胎扁平化能提高轮胎的行驶安全性，从而能提高汽车的速度。

（2）无内胎化　随着子午线轮胎的发展，无内胎化水平也在不断提高。可以使轮胎轻量化、使用方便且节省材料。

（3）高速化　轮胎扁平化和无内胎化的发展，为轮胎的提速提供了条件。

（4）环保化　近些年，为了保护环境，许多轮胎公司针对降低轮胎滚动阻力、节约油耗和减少废气排放量等进行研究，不断推出新产品，如超轻型环保轮胎、绿色轮胎等。多从材料选择、结构设计、花纹设计等方面进行研究。

（5）智能化　智能化轮胎内装有计算机芯片，或将计算机芯片与胎体相连接，它能自动监控并调节轮胎的行驶温度和气压，使其在不同情况下都能保持最佳的运行状态，既提高了安全系数，又节省了开支。智能轮胎的研究可以分为几个相对独立而又互相联系的组成部分：智能轮胎设计、智能轮胎传感器设计、智能通信、智能数据处理和决策。

概念轮胎是一种特殊智能化轮胎。这种轮胎可以根据不同的驾驶环境改变自己的形状。当路面比较干燥时，概念轮胎会自动让表面变得光滑，提升驾驶速度；当路面比较湿滑时，它就会自动转换，通过特殊的凹槽导水来防止打滑；当在雪或冰面上行驶时，轮胎会自动弹出凸起，加大抓地力。不仅如此，在驾驶过程中，如果轮胎偏离了道路，概念轮胎就会增大触地面积来增加吸引力。几种典型概念轮胎见图 1-2。

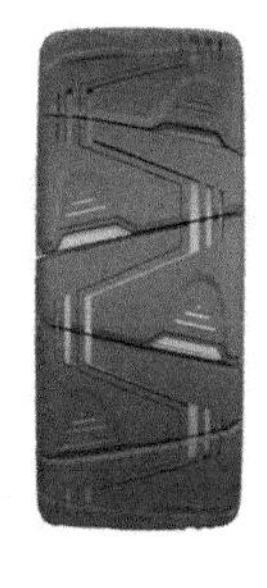

图 1-2　几种典型概念轮胎

（6）生产自动化　目前轮胎生产工艺自动化的发展方向有两个：一是现有传统工艺的不断完善；二是全新概念和革命性技术即全自动生产技术的开发。

如法国米其林公司的 C3M 技术 [command（指挥）、control（控制）、communication（通信）和 manufacture（制造）]，它是指用计算机将指挥、控制、通信和制造各分系统紧密联系在一起的综合生产技术系统，工厂面积仅为传统厂房面积的 10%，成本可降低 50%，用人较少，没有中间半成品，提高了产品的均匀性。再如意大利倍耐力公司的 MIRS 技术

(modular integrated robotized system)，是模块集成自动化系统。这种高度灵活的轮胎生产系统可降低25%的轮胎生产成本，轮胎生产所需面积仅为传统轮胎厂房面积的20%。

另外还有许多公司也在研究全自动生产技术的开发和应用，例如三海公司推出的全新轮胎生产CCC技术（continuous cold compounding）、固特异公司的IMPACT技术（integrated manufacturing precision assembled cellular technology）、大陆公司的MMP技术（modular manufacturing proccess）、普利司通的ACTAS技术（automated continuous tire assembly）等。为了加强我国轮胎国际竞争力，在《中国制造2025》规划下，我国各公司和各高校、各研究院所应大力加强轮胎全自动生产技术的研究和应用，争取到2025年迈入轮胎制造强国行列。图1-3为轮胎生产自动化场景。

图1-3　轮胎生产自动化场景

## 第二节　轮胎的组成

### 一、轮胎的组成形式

轮胎一般由内胎、外胎和垫带等部件组成，如图1-4所示。有些轮胎只有内胎和外胎，没有垫带；无内胎轮胎则只有外胎，没有内胎和垫带。

(a) 载重汽车轮胎　(b) 轿车汽车轮胎

图1-4　轮胎的组成

1—外胎；2—内胎；3—轮辋；4—垫带；5—气门嘴

#### 1. 有内胎轮胎

有内胎轮胎一般由外胎、内胎和垫带组成。还有使用深槽轮辋的轮胎如轿车轮胎只由外胎和内胎组成。外胎是一个弹性胶布囊，它能使内胎免受机械损坏，使充气内胎保持规定的尺寸，承受汽车的牵引力和制动力，并保证轮胎与路面的抓着力。

有内胎轮胎的主要缺点是行驶温度高，不适应高速行驶，不能充分保证行驶的安全性，使用时内胎在轮胎中处于伸张状态，略受穿刺便形成小孔，而使轮胎迅速降压。

#### 2. 无内胎轮胎

无内胎轮胎不使用内胎，空气直接充入外胎内腔。轮胎的密封性是由外胎紧密着合在专门结构的轮辋上而达到的。为了防止空气透过胎壁扩散，轮胎的内表面衬贴有专门的气密层，这样在穿刺时空气只能从穿孔跑出。但是，穿孔受轮胎材料的弹性作用而被压缩，空气只能从轮胎中徐徐漏出，所以轮胎中的内压是逐渐下降的。如果刺入无内胎轮胎的物体（钉子等）保留在轮胎内，物体就会被厚厚的胶层包紧，实际上轮胎中的空气在长时间内不会跑出。

无内胎轮胎的优越性不仅是提高了行驶安全性，而且这种轮胎穿孔较小时能够继续行驶，中途修理比有内胎轮胎容易，不需拆卸轮辋，所以在某些情况下可以不用备胎。无内胎轮胎有较好的柔软性，可改善轮胎的缓冲性能，在高速行驶下生热小和工作温度低，可提高轮胎的使用寿命。

## 二、轮胎的构造

轮胎外胎、内胎和垫带的具体构造如下。

### 1. 外胎的组成

外胎由胎面、胎体和胎圈三大部件组成。外胎各部件组成如图 1-5 所示。

（1）胎面　胎面是指外胎与地面接触部位，是覆盖于胎体的胶层，传递车辆的牵引力和制动力、保护骨架层。因此要求胎面具有优异的耐磨性能、耐切割性能，较高的强度，并需具有一定形状和一定的花纹作保证。

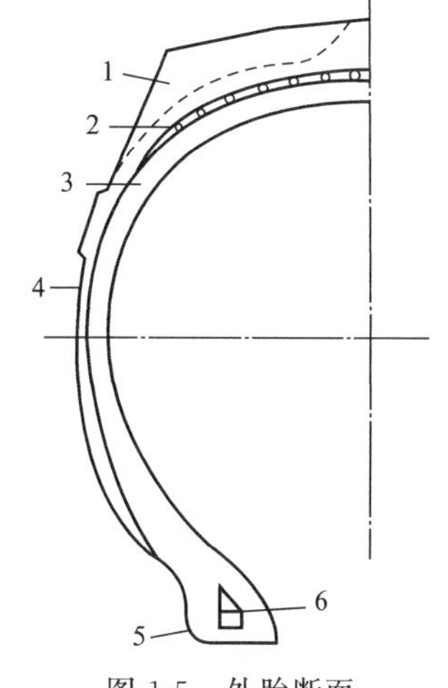

图 1-5　外胎断面

1—胎面；2—缓冲层；3—帘布层；4—胎侧；5—胎圈；6—钢圈

胎面分为胎冠、胎肩、胎侧三个部位，胎冠、胎肩、胎侧作用各异，宜采用不同的胶料制备。

① 胎冠　胎冠是轮胎的行驶面，承受冲击与磨损、产生抓着力、保护帘布层免受损伤。因而要求具有一定的弹性和强度、抗刺穿性、耐磨耐撕裂性、耐老化性及有花纹。

② 胎肩　胎肩是胎冠和胎侧的过渡部分，对胎面起一定的支撑作用。

③ 胎侧　胎侧是贴在胎体帘布层两侧的胶层。保护胎体侧部帘布层免受机械损伤和大气侵蚀。胎侧常在屈挠下工作，其厚度宜薄，便于屈挠变形。

（2）胎体　胎体由缓冲层和帘布层组成。

① 缓冲层　缓冲层位于胎面胶和胎体帘布层之间，由挂胶帘布或胶片制成。由于轮胎在行驶过程中，该部位所受应力最大、最集中，温度也最高，极易脱层损坏，因此要求缓冲层具有较高强度、弹性和较好的黏着性能，吸收并缓冲外来的冲击和振动。缓冲层可采用尼龙帘线、人造丝帘线或钢丝帘线制成。子午胎中的缓冲层又称为带束层或紧箍层。

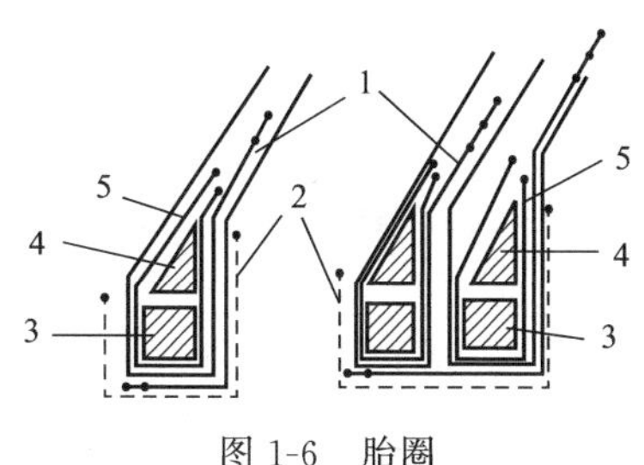

图 1-6　胎圈

1—帘布层；2—胎圈包布；3—钢圈；4—三角胶条；5—钢圈包布

② 帘布层　帘布层一般由内层帘布层和外层帘布层组成，是胎体的骨架层，使外胎具有必要的弹性和强度，承受轮胎的载荷和行驶中的反复变形，承受由于路面不平引起的强烈振动和冲击。

（3）胎圈　胎圈是外胎与轮辋紧密固定的部位，要求具有较高的强度和刚性，承受外胎与轮辋间的相互作用力，防止车辆行驶过程中外胎脱出。胎圈包括钢圈、帘布层及胎圈包布三个重要部分。图 1-6 所示为胎圈。

① 钢圈　钢圈是主体，由钢丝圈、三角胶条及钢圈包

布组成。钢丝圈由数根覆胶钢丝绕成圈；在钢丝圈外围加贴用半硬质胶制成的三角胶条，起填充作用，亦可采用两种不同硬度的胶料复合制成；钢圈包布把钢丝圈和三角胶条包覆成整体。

② 帘布层　胎圈帘布层又分正包帘布层和反包帘布层，若是双钢圈轮胎反包帘布层又分 $1^{\#}$ 反包帘布层和 $2^{\#}$ 反包帘布层，且 $2^{\#}$ 反包帘布层反包高度高于 $1^{\#}$ 反包帘布层反包高度。胎圈帘布层起到加固胎圈、保护钢圈的作用。

③ 胎圈包布　胎圈包布又称为子口包布，位于胎圈外部，保护帘布层，并与轮辋直接接触，要求具有较好的耐磨性能。

### 2. 内胎

内胎是装有气门嘴的密封环形胶筒，位于外胎与轮辋之间，用以充入压缩空气，使轮胎获得弹性并承受载荷。要求气密性高、抗裂口增长性好和有较好的高弹性、耐疲劳性等。

### 3. 垫带

垫带是具有一定断面形状的无接头环形胶带，置于轮辋与内胎接触部位；用以保护内胎不受轮辋及胎圈的磨损，垫带底部有一圆孔可使气门嘴通过。

# 第三节　轮胎的结构

轮胎按结构不同分为斜交轮胎和子午线轮胎，轮胎的结构主要参数通常用胎冠角表示。

胎冠角是轮胎的结构参数，是胎体帘线与胎冠中心线垂线的夹角，表示帘线的排列方向。如图 1-7 所示，胎冠角为锐角。

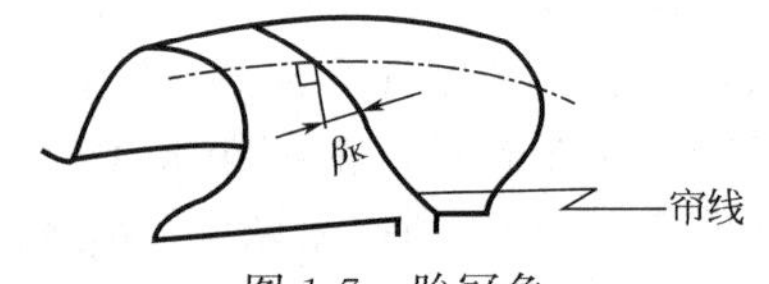

图 1-7　胎冠角

## 一、斜交轮胎的结构

### 1. 结构特点

斜交轮胎胎体帘布层间相互交叉排列；相邻帘布层胎冠角相同，通常为 48°～56°；帘布层数相对子午胎较多（外层帘布层数通常只有两层），一般为偶数；帘线密度从内至外由密变稀；缓冲层介于外帘布层与胎面胶之间，其结构由胶片或两层以上挂胶帘布组成，布层的上、下或中间加贴缓冲胶片，缓冲层帘布比外帘布层的密度稀疏，挂胶厚度较厚，缓冲帘线胎冠角等于或稍大于帘布层帘线角，相邻布层相互交叉排列，其宽度一般稍大或稍窄于胎冠宽度，通常载重轮胎的缓冲层采用挂胶帘布与胶片组合的结构，轿车轮胎也可采用缓冲胶片作缓冲层；斜交轮胎的主要受力部件在帘布层上，其 80%～90%强度由胎体帘布层承担。

### 2. 性能特点

斜交轮胎因帘线排列方向与受力变形方向不一致而产生内摩擦，这种结构总体上是不合理的。存在着材料层数多、滚动阻力大、缓冲性能低、耐磨性及牵引性差等缺点。但其转向性、制动性好，生产工艺较成熟，易于生产，效率高。

为了提高使用性能和经济效益，斜交轮胎趋于轻量化减层方向变化，有的国家斜交轮胎的内外帘布层采用密度相同的帘布，个别情况也有用奇数层的外胎。缓冲层有的采用钢丝帘布或用含玻璃纤维的胶料结构，从而增强胎面刚性及稳定性，提高轮胎抗机械损伤的能力和降低胎面的磨损。

斜交轮胎由于结构上的不合理，影响了发展，今后只保留在低速度、越野、巨型轮胎上。逐步将被新型子午线轮胎所取代。

## 二、子午线轮胎的结构

子午线轮胎简称子午胎，国际代号用 R 表示，由于其胎体结构的特征不同于斜交轮胎，有的国家称之为径向轮胎、X 型轮胎、p 型轮胎或轴向轮胎等。

### 1. 结构特点

子午线轮胎结构如图 1-8 所示。子午线轮胎帘布层间不是相互交叉排列，而是与外胎断面接近平行，像地球子午线形式排列；帘布层胎冠角较小，一般为 0°～15°；帘布层数相对斜交胎较少，可为偶数也可为奇数；各层帘线密度一般一致；带束层的胎冠角和帘线帘布层不同，是与胎体帘线约 90°相交，一般取 65°～80°，形成一条几乎不可能伸张的刚性环形带，把整个轮胎箍紧，限制胎体的周向变形；子午线轮胎主要的受力部件为带束层，承受整个轮胎 60%～70%的强度。

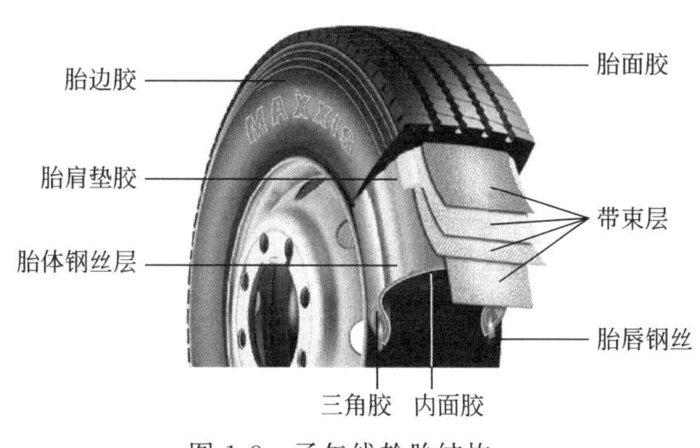


图 1-8　子午线轮胎结构

### 2. 性能特点

子午线轮胎结构合理，受力变形与帘线排列一致，无错位现象，内摩擦较小，比斜交轮胎性能优越。帘布层数少，用胶量少，耐磨性、牵引性及缓冲性好，耐刺穿性能好，行驶温度低，稳定及安全性能好，行驶里程及经济效益高。但胎侧易损坏，制造工艺复杂且要求高。

# 第四节　轮胎的规格表示和标记

轮胎规格表示一般仍采用传统沿用的标记方法，用外胎主要技术参数 $B$、$D$、$H$、$d$、$H/B$ 等表示，如图 1-9 所示。

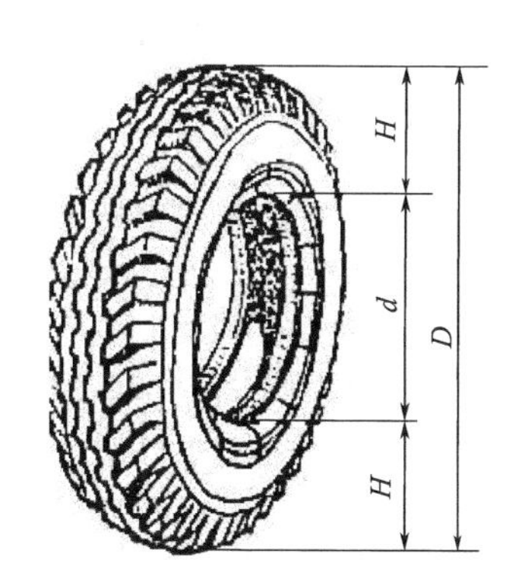


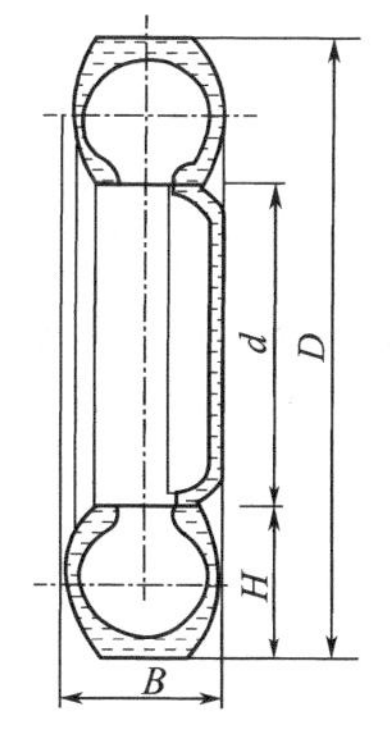


图 1-9　外胎尺寸的标志

$B$—外胎断面宽；$D$—外胎外直径；$H$—外胎断面高；$H/B$—断面高宽比；$d$—轮辋名义直径

轮胎规格表示的尺寸只是表示该规格的代号，并非轮胎的实际尺寸，所以数字均用参数的名义值表示。

## 一、轮胎的规格表示

### 1. 斜交轮胎规格表示方法

（1）$B$-$d$ 表示法　$B$-$d$ 表示法，用“-”连接两个数据，第一个数字表示轮胎名义断面宽度 $B$，第二个数字表示轮辋名义直径 $d$。这种规格表示方法使用范围较广，一般汽车轮胎、农业机械轮胎、工程机械轮胎均用此种规格标记。

$B$-$d$ 表示法又分为公制表示法、英制表示法和混合制表示法。公制表示法 $B$、$d$ 单位均用 in（1in＝25.4mm）表示，如 6.50-20、9.00-20 等；英制表示法 $B$、$d$ 单位均用 mm 表示，如 260-508；混合制表示法 $B$ 单位用 mm 表示、$d$ 单位用 in 表示，如 260-20。

（2）$D \times B$ 表示法　$D \times B$ 表示法，用“×”连接两个数据，第一个数字表示外胎名义外直径 $D$，第二个数字表示外胎名义断面宽度 $B$，单位均为英制，如畜力车轮胎 32×6、28×6；超高压航空轮胎 18×4.4、39×13、56×16 等规格。

（3）$D \times B$-$d$ 表示法　$D \times B$-$d$ 表示法用“×”和“-”混合连接三个数字，第一个数字表示外胎名义外直径 $D$，第二个数字表示外胎名义断面宽 $B$，第三个数字表示轮辋名义直径 $d$，如航空轮胎用公制 mm 表示的如 545×175-254，用英制表示的如 24×7.7-10，公制和英制混合表示的如 360×135-6、380×150-4 等。

（4）国际表示法　国际表示法采用外胎名义断面宽（单位 mm）、断面高宽比（即轮胎系列）、“-”（表示斜交轮胎）和轮辋名义直径四项内容表示。如 405/70-20，表示外胎名义断面宽为 405mm、断面高宽比为 70%（即 70 轮胎系列）、轮辋名义直径为 20in 的斜交轮胎。

#### 2. 子午线轮胎规格表示方法

（1）BRd 表示法　BRd 表示法由“R”连接两个数字，“R”表示子午线轮胎，第一个数字表示轮胎名义断面宽度 $B$，第二个数字表示轮辋名义直径 $d$。如 9.00R20、11R22.5，R 前后两个数字均用英制。也有前面一个数字用公制，后面一个数字用英制的，如 185R15。

（2）国际表示法　国际表示法采用外胎名义断面宽（单位 mm）、断面高宽比、“R”和轮辋名义直径四项内容表示。如 185/65R13 表示轮胎名义断面宽为 185mm、高宽比为 65%（即 65 轮胎系列）、轮辋名义直径为 13in 的子午线轮胎。

#### 3. 无内胎载重轮胎规格表示方法

无内胎载重轮胎，改用深槽式轮辋后，轮辋直径改变，如 8-22.5（相当有内胎斜交轮胎 7.50-20），10-22.5（相当有内胎斜交轮胎 9.00-20），采用英制。在规格后注上“无内胎”或“TUBELESS”（或 TL）的标记。

### 二、轮胎的标记

轮胎的标记有 10 余种，包括轮胎规格（略）、负荷能力、速度级别、轮胎结构（略）、胎体材料、轮辋规格、平衡标志、滚动方向、磨耗标记、生产批号、企业名称及商标、其他标志等。

#### 1. 负荷能力

轮胎的负荷能力是一项重要的技术指标，最早使用层数表示，现有些斜交轮胎采用层级表示。轮胎的层级是指轮胎橡胶层内帘布的公称层数，与实际帘布层数不完全一致。层级用中文标志，如 12 层级；用英文标志，如“12PR”即 12 层级。一般相同规格轮胎有 2～3 个层级，分别有不同的最大负荷和相对应的气压。在轮胎侧部对应不同的层级分别标注单胎负荷（kg）及对应的单胎气压（MPa），还要标注双胎负荷（kg）及对应的双胎气压（MPa）。总而言之，若用层级表示轮胎负荷能力，不仅在轮胎侧部要标明层级（可中文，可英文），还要标明层级对应的单胎及双胎负荷和气压。

**【例 1-1】**　重型载重轮胎 11.00-20 层级，气压负荷如下：

11.00-20 12PR 双胎气压为 530kPa，负荷为 2355kg；单胎气压为 600kPa，负荷为 2680kg。11.00-20 14PR 双胎气压为 630kPa，负荷为 2625kg；单胎气压为 700kPa，负荷为

2995kg。11.00-20 16PR 双胎气压为 740kPa，负荷为 2780kg；单胎气压为 810kPa，负荷为 3270kg。

目前由于新型骨架材料及结构不断的应用，多数子午线轮胎负荷能力用负荷指数表示。国际标准将轮胎的负荷量从小到大依次划分为 280 个等级负荷指数，每一个指数数字代表一级轮胎载荷能力，其指数差级约为 3%。负荷指数用“L1”为代号，每一种规格轮胎可分为 3 个指数级别，即同一规格轮胎的负荷标准高低差约为 10%。标记时使用“单胎负荷指数/双胎负荷指数”表示。负荷指数与负荷能力对应表见表 1-1。

**表 1-1　轮胎负荷指数与负荷能力对应表**

| 负荷指数(L1) | 负荷能力/kN | 负荷指数(L1) | 负荷能力/kN | 负荷指数(L1) | 负荷能力/kN | 负荷指数(L1) | 负荷能力/kN |
|---|---|---|---|---|---|---|---|
| 0 | 0.44 | 31 | 1.07 | 62 | 2.60 | 93 | 6.37 |
| 1 | 0.45 | 32 | 1.10 | 63 | 2.67 | 94 | 6.57 |
| 2 | 0.47 | 33 | 1.13 | 64 | 2.75 | 95 | 6.77 |
| 3 | 0.48 | 34 | 1.16 | 65 | 2.84 | 96 | 6.96 |
| 4 | 0.49 | 35 | 1.19 | 66 | 2.94 | 97 | 7.16 |
| 5 | 0.51 | 36 | 1.23 | 67 | 3.01 | 98 | 7.35 |
| 6 | 0.52 | 37 | 1.26 | 68 | 3.09 | 99 | 7.60 |
| 7 | 0.53 | 38 | 1.30 | 69 | 3.19 | 100 | 7.85 |
| 8 | 0.55 | 39 | 1.33 | 70 | 3.29 | 101 | 8.09 |
| 9 | 0.57 | 40 | 1.37 | 71 | 3.38 | 102 | 8.34 |
| 10 | 0.59 | 41 | 1.42 | 72 | 3.48 | 103 | 8.58 |
| 11 | 0.60 | 42 | 1.47 | 73 | 3.58 | 104 | 8.83 |
| 12 | 0.62 | 43 | 1.52 | 74 | 3.68 | 105 | 9.07 |
| 13 | 0.64 | 44 | 1.57 | 75 | 3.80 | 106 | 9.32 |
| 14 | 0.66 | 45 | 1.62 | 76 | 3.92 | 107 | 9.56 |
| 15 | 0.68 | 46 | 1.67 | 77 | 4.04 | 108 | 9.81 |
| 16 | 0.70 | 47 | 1.72 | 78 | 4.17 | 109 | 10.10 |
| 17 | 0.72 | 48 | 1.77 | 79 | 4.29 | 110 | 10.40 |
| 18 | 0.74 | 49 | 1.82 | 80 | 4.41 | 111 | 10.69 |
| 19 | 0.76 | 50 | 1.87 | 81 | 4.53 | 112 | 10.98 |
| 20 | 0.78 | 51 | 1.91 | 82 | 4.66 | 113 | 11.28 |
| 21 | 0.81 | 52 | 1.96 | 83 | 4.78 | 114 | 11.57 |
| 22 | 0.83 | 53 | 2.02 | 84 | 4.90 | 115 | 11.92 |
| 23 | 0.86 | 54 | 2.08 | 85 | 5.05 | 116 | 12.26 |
| 24 | 0.88 | 55 | 2.14 | 86 | 5.20 | 117 | 12.60 |
| 25 | 0.91 | 56 | 2.20 | 87 | 5.34 | 118 | 12.94 |
| 26 | 0.93 | 57 | 2.26 | 88 | 5.49 | 119 | 13.34 |
| 27 | 0.96 | 58 | 2.32 | 89 | 5.69 | 120 | 13.73 |
| 28 | 0.98 | 59 | 2.38 | 90 | 5.88 | 121 | 14.22 |
| 29 | 1.01 | 60 | 2.45 | 91 | 6.03 | 122 | 14.71 |
| 30 | 1.04 | 61 | 2.52 | 92 | 6.18 | 123 | 15.20 |

续表

| 负荷指数(L1) | 负荷能力/kN | 负荷指数(L1) | 负荷能力/kN | 负荷指数(L1) | 负荷能力/kN | 负荷指数(L1) | 负荷能力/kN |
|---|---|---|---|---|---|---|---|
| 124 | 15.69 | 163 | 47.81 | 202 | 147.10 | 241 | 453.56 |
| 125 | 16.18 | 164 | 49.03 | 203 | 152.00 | 242 | 465.82 |
| 126 | 16.67 | 165 | 50.50 | 204 | 156.91 | 243 | 478.07 |
| 127 | 17.16 | 166 | 51.98 | 205 | 161.81 | 244 | 490.33 |
| 128 | 17.65 | 167 | 53.45 | 206 | 166.71 | 245 | 505.04 |
| 129 | 18.14 | 168 | 54.92 | 207 | 171.62 | 246 | 519.75 |
| 130 | 18.63 | 169 | 56.88 | 208 | 176.52 | 247 | 534.46 |
| 131 | 19.12 | 170 | 58.84 | 209 | 181.42 | 248 | 549.17 |
| 132 | 19.61 | 171 | 60.31 | 210 | 186.33 | 249 | 568.78 |
| 133 | 19.87 | 172 | 61.78 | 211 | 191.23 | 250 | 588.40 |
| 134 | 20.79 | 173 | 63.74 | 212 | 196.13 | 251 | 603.11 |
| 135 | 21.38 | 174 | 65.70 | 213 | 202.02 | 252 | 617.82 |
| 136 | 21.97 | 175 | 67.67 | 214 | 207.90 | 253 | 637.43 |
| 137 | 22.56 | 176 | 69.63 | 215 | 213.78 | 254 | 657.05 |
| 138 | 23.14 | 177 | 71.59 | 216 | 219.67 | 255 | 670.66 |
| 139 | 23.83 | 178 | 73.55 | 217 | 225.55 | 256 | 696.27 |
| 140 | 24.51 | 179 | 76.00 | 218 | 231.44 | 257 | 715.89 |
| 141 | 25.25 | 180 | 78.45 | 219 | 238.30 | 258 | 735.50 |
| 142 | 25.99 | 181 | 80.90 | 220 | 245.17 | 259 | 760.02 |
| 143 | 26.72 | 182 | 83.36 | 221 | 252.52 | 260 | 784.53 |
| 144 | 27.46 | 183 | 85.81 | 222 | 259.88 | 261 | 809.05 |
| 145 | 28.44 | 184 | 88.26 | 223 | 267.23 | 262 | 833.57 |
| 146 | 29.42 | 185 | 90.71 | 224 | 274.59 | 263 | 858.08 |
| 147 | 30.16 | 186 | 93.16 | 225 | 284.39 | 264 | 882.60 |
| 148 | 30.89 | 187 | 95.61 | 226 | 294.20 | 265 | 907.12 |
| 149 | 31.87 | 188 | 98.07 | 227 | 301.55 | 266 | 931.63 |
| 150 | 32.85 | 189 | 101.08 | 228 | 308.91 | 267 | 956.15 |
| 151 | 33.83 | 190 | 103.95 | 229 | 318.72 | 268 | 980.67 |
| 152 | 34.81 | 191 | 106.89 | 230 | 328.52 | 269 | 1010.08 |
| 153 | 35.79 | 192 | 109.83 | 231 | 338.33 | 270 | 1039.50 |
| 154 | 36.77 | 193 | 112.78 | 232 | 348.14 | 271 | 1068.92 |
| 155 | 38.98 | 194 | 115.72 | 233 | 357.94 | 272 | 1098.34 |
| 156 | 39.23 | 195 | 119.15 | 234 | 367.75 | 273 | 1127.76 |
| 157 | 40.45 | 196 | 122.58 | 235 | 380.01 | 274 | 1157.18 |
| 158 | 41.68 | 197 | 126.02 | 236 | 392.23 | 275 | 1186.60 |
| 159 | 42.90 | 198 | 129.45 | 237 | 404.52 | 276 | 1225.83 |
| 160 | 44.13 | 199 | 133.70 | 238 | 416.78 | 277 | 1260.15 |
| 161 | 45.36 | 200 | 137.29 | 239 | 429.04 | 278 | 1294.48 |
| 162 | 46.58 | 201 | 142.20 | 240 | 441.30 | 279 | 1333.70 |

### 2. 速度级别

有些轮胎还注有速度极限符号，分别用 P、R、S、T、H、V、Z 等字母代表各速度极限值。如 175/70SR14，第一个数字表示外胎名义断面宽度为 175mm，第二个数字表示断面高宽比为 70%，即 70 轮胎系列，第三个数字表示轮辋名义直径为 14in，SR 表示快速级子午线轮胎代号，最高行驶速度为 180km/h。

国际标准化组织（ISO）在原有欧洲 S、H、V 级速度标志的基础上，通过了更详尽的轮胎速度标志，表 1-2 所列为轮胎速度标志各级符号。

**表 1-2 轮胎速度标志各级符号**

| 速度标志 | 速度/(km/h) | 速度标志 | 速度/(km/h) |
| --- | --- | --- | --- |
| A | 40 | M | 130 |
| B | 50 | N | 140 |
| C | 60 | O | 160 |
| D | 65 | P | 150 |
| E | 70 | R | 170 |
| F | 80 | S | 180 |
| G | 90 | T | 190 |
| H | 210 | U | 200 |
| J | 100 | V | 230 |
| K | 110 | Z | 240 以上 |
| L | 120 | | |

**【例 1-2】** 轮胎侧部标记为：275/70R22.5、140/137M、TUBELESS。

表示：此轮胎外胎名义断面宽为 275mm；断面高宽比（扁平率）为 70%；R 为子午线结构；轮辋名义直径为 22.5in；单胎使用时负荷指数为 140，对应的负荷能力为 24.5kN；双胎使用时负荷指数为 137，对应负荷能力为 22.6kN；最高行驶速度为 130km/h；此胎为无内胎轮胎。

### 3. 胎体材料

有的轮胎胎体材料单独标志，一般标注在层级之后；也有的标注在规格之后，用汉语拼音的第一个字母表示，如 N 表示尼龙、G 表示钢丝、M 表示棉线、R 表示人造丝等。例如 9.00-20 尼龙轮胎可表示为 9.00-20N，7.50-20 钢丝轮胎可表示为 7.50-20G。

### 4. 轮辋规格

轮辋规格表示与轮胎相配用的轮辋规格，如标准轮辋 5.00F。

### 5. 平衡标志

平衡标志用彩色橡胶制成标记形状，硫化在胎侧，表示轮胎此处最轻，组装时应正对气门嘴，以保证整个轮胎的平衡性。

### 6. 滚动方向

轮胎上的花纹对行驶中的排水防滑特别关键，所以花纹不对称的越野车轮胎、拖拉机轮胎常用箭头表示滚动方向，以保证设计的附着力、防滑等性能。

### 7. 磨耗标记

轮胎一侧有橡胶条、块，表示此侧部对应的花纹沟中有轮胎磨耗标记，轮胎磨耗标记表示轮胎的磨损极限，一旦轮胎磨损达到这一标计位置，轮胎则应及时更换，否则会因强度不够，中途爆胎。

### 8. 生产批号

生产批号用一组数字及字母标记，表示轮胎的制造年月及数量，如“201704B0010”表示2017年4月B班组生产的第10条轮胎。生产批号用于识别轮胎的新旧程度及存放时间，也可便于企业进行追溯、产品质量分析及责任落实等。

### 9. 企业名称及商标

多数轮胎要在轮胎侧部表明生产企业的名称及地址，另外商标是轮胎生产厂家的标志，包括商标文字及图案，一般比较突出和醒目，易于识判，大多与生产企业厂名相连。

### 10. 其他标志

轮胎在侧部有时也标注产品等级、生产许可证号、“3C”标志及其他附属标志等。

# 第五节　轮　　辋

轮辋是车轮的一个组成部分，用以联结车轮和轮胎构成一体的重要部件，起传递汽车牵引力的作用。所以，轮胎设计必须依据轮辋规格尺寸彼此要求准确配合。

近年来，汽车向高速度、高载荷方向发展，促使轮辋朝着增加宽度方向演变，一般同规格载重轮胎的宽轮辋宽度比原轮辋宽度约增大25～50mm。轿车轮胎不但轮辋宽度增宽，轮辋直径也相应向缩小方向变化，以保证车辆行驶的稳定性及安全性，降低车辆在高速行驶时转弯的离心力，有利于提高轮胎的耐磨性能，延长轮胎的使用寿命，但轮辋直径也不宜过小，必须在保证轮胎的操纵性能的前提下缩小。一般载重车轮辋直径有508mm和457mm两种；轻型载重车轮辋直径有406mm、380mm、355mm和330mm四种；轿车轮辋直径为380mm、355mm和330mm（15in、14in、13in）三种；微型轿车轮胎的轮辋直径缩小至305mm和254mm。

## 一、轮辋的类型

### 1. 按轮辋结构分

汽车及农业机械用的轮辋属于辐板式车轮轮辋，可分为3种不同类型的结构。

（1）整体式（非拆开一件式）　一般用于轿车及国产拖拉机等车辆上。

（2）对开式（两件式）　轮辋由两个对开部件组成，一般用于拖拉机和小型工业车辆上。

（3）多件式　轮辋分为可拆开的二件式、三件式和四件式几种形式，见图1-10。一般用于载重汽车及其他各类车辆上。二件式轮辋有两种结构。第一种［图1-10(a)］由轮辋本体和断开式挡圈组成，这种轮辋的挡圈既是轮缘又是胎圈座，能使胎圈紧密着合，甚至在轮胎破损漏气时也不至于脱圈。第二种［图 1-10(b)］由半深轮辋和圆环式挡圈构成。三件式轮辋也有两种结构［图 1-10(c)、(d)］。

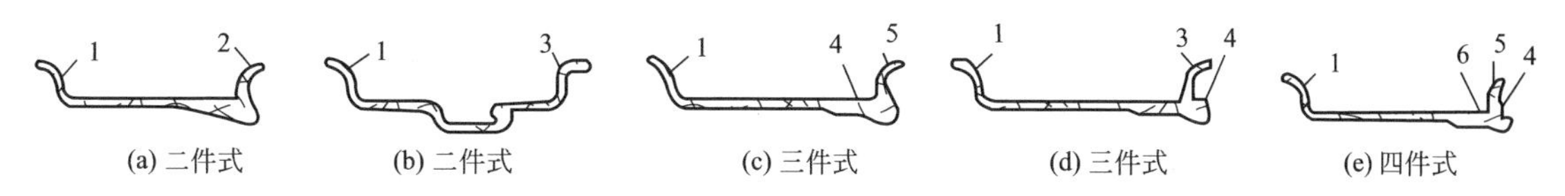


图 1-10　平底式轮辋

1—轮辋本体；2—断开式挡圈；3—圆环式挡圈；4—断开式锁圈；5—可拆轮缘；6—可拆座圈

## 2. 按轮辋断面形状分

根据轮辋断面轮廓不同一般分为深槽式轮辋、半深槽式轮辋和平底式轮辋三类。

(1) 深槽式轮辋　代号为 DC。这种轮辋为整体式结构，中央有较深的凹槽，槽底宽度大于胎圈宽度，便于装卸轮胎和提高轮辋径向刚性，一般凹槽深度与轮缘高度略接近。深槽式轮辋胎圈座带有 5°倾斜角，以保证轮胎胎圈与之紧密着合。轮辋断面轮廓及各部件名称如图 1-11 所示。

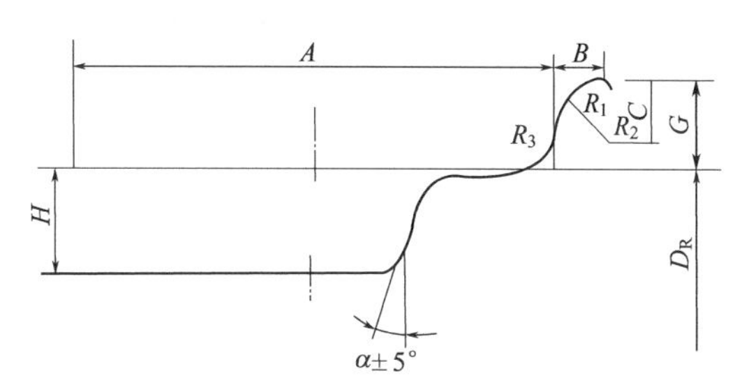


图 1-11　深槽式轮辋

A—轮辋宽度；B—轮缘宽度；C—$R_2$ 圆心高度；G—轮缘高度；H—凹槽深度；$D_R$—轮辋直径；$R_1$, $R_2$, $R_3$—轮缘各处弧度半径

一般农用机械轮胎所用的 2.50C、3.00D、4.00D、5.50F、6.00F 和轻型载重轮胎、轿车胎所用的 3.50D、4.50E 和 5.00E 等均为深槽式轮辋。目前轻型载重汽车及轿车已逐步采用探槽式宽轮辋取代深槽式轮辋，二者基本特征相同，只是其凹槽比深槽式轮辋略浅且宽，底槽两侧不对称，轮缘高度、形状及尺寸均不相同。深槽式宽轮辋代号为 WDC，如 J、K、JJ、JB、L 等型号，常用的 4J、$4\frac{1}{2}$J、5J、$5\frac{1}{2}$JJ、6JJ、$6\frac{1}{2}$JJ、7JJ、5K、6L 等规格轮辋均为深槽式宽轮辋。

(2) 半深槽式轮辋　代号为 SDC。这种轮辋是由轮辋本体和断开式挡圈组成的二件式结构。轮辋的挡圈既是轮缘又是胎圈座，其凹槽较浅，便于装拆，适用于内直径较小的轻型载重轮胎，如 5.50F、6.00G、6.50H 等。

(3) 平底式轮辋　代号为 FB。这种轮辋为可拆开的多件式结构，轮辋中央没有凹槽，与胎圈接触的圈座基本上是平直的，由于胎圈与圈座平面接触，难以紧密结合。轮胎的紧固力完全集中在轮辋轮缘的一侧，容易造成轮胎滑移或窜动，使用性能不佳，已逐步被平底式宽轮辋所取代。平底式宽轮辋代号为 WFB，是在平底式轮辋的基础上发展的，不同之处只是轮辋宽度加宽，圈座有 5°倾斜角度，改善胎圈与轮辋圈座之间的紧固力。轮辋宽度加宽，轮胎内腔空气容量增大，可提高负荷能力，提高轮胎的耐磨性能和汽车转向的稳定性能，尤其适用于载荷量大、动负荷高的载重汽车。平底式轮辋规格有：5.00S、5.50S、6.00T、8.00V、8.37V、10.00W 等，平底宽轮辋规格品种较多，有 5.0、5.5、6.0、6.5、7.0、7.5、8.0、8.5、9.0、10.0、12.0 等。平底式轮辋如图 1-12、图 1-13 所示。

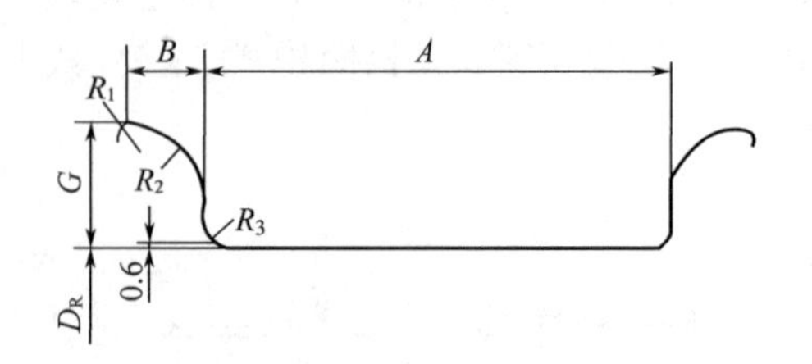


图 1-12　平底式轮辋轮廓

$A$—轮辋宽度；$B$—轮缘宽度；

$G$—轮缘高度；$D_R$—轮辋直径；

$R_1$,$R_2$,$R_3$—轮缘各处弧度半径

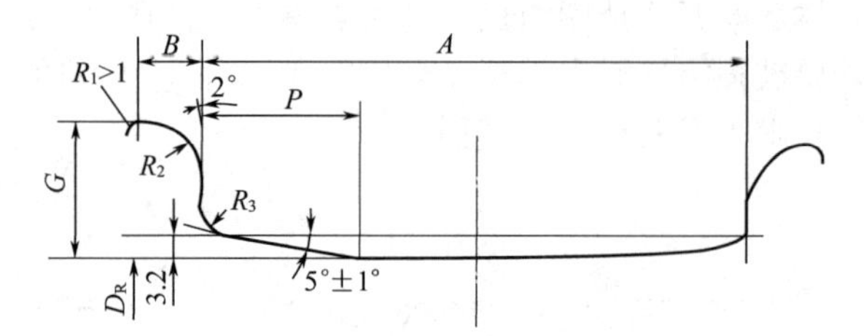


图 1-13　平底宽轮辋轮廓

$A$—轮辋宽度；$B$—轮缘宽度；$G$—轮缘高度；

$P$—轮缘圈座宽度；$D_R$—轮辋直径；

$R_1$,$R_2$,$R_3$—轮缘各处弧度半径

## 二、轮辋的规格表示

一般以轮辋名义宽度（in）及轮辋轮缘（凸缘）型号表示，轮缘类型用英文字母为代号，包括轮缘高度、轮缘宽度和轮缘各部位弧度半径，如 5.00S、6.00T、8.00V、$4\frac{1}{2}$J、$6\frac{1}{2}$JJ 等轮辋规格，数字表示轮辋宽度，字母表示轮缘型号。不同型号的轮缘，各部位尺寸不相同。表 1-3 表示轿车所用深式宽轮辋基本参数，表 1-4 表示载重汽车所采用平底式轮辋的基本参数，表 1-5 为平底宽轮辋基本参数。

**表 1-3　轿车所用深式宽轮辋基本参数**　　单位：mm

| 轮辋规格 | $A\pm1.5$ | $B_{min}$ | $G$ | $R$ | $P_{min}$ | 轮辋槽 | |
|---|---|---|---|---|---|---|---|
| | | | | | | 深度 | 宽度 |
| $3\frac{1}{2}$J | 89 | | | | 16.0 | | 22.5 |
| $4\frac{1}{2}$J | 114 | 10.0 | $17^{+1.2}_{-0.4}$ | 9.5 | | 17.3 | |
| 5J | 127 | | | | | | |
| $5\frac{1}{2}$J | 140 | | | | | | 25.5 |
| $5\frac{1}{2}$JJ | 140 | | | | | | |
| 6JJ | 152 | | | | 20.0 | | |
| $6\frac{1}{2}$JJ | 165 | 11.0 | $18^{+0.7}_{-0.7}$ | 9.0 | | 17.0 | |

**表 1-4　平底式轮辋基本参数**　　单位：mm

| 轮辋规格 | $A\pm3.0$ | 轮　　缘 | | | 胎圈座 | | |
|---|---|---|---|---|---|---|---|
| | | $G\pm1.2$ | $B_{min}$ | $R_2$ | $P$ | $E$ | $R_3$ |
| 5.00S | 127.0 | 33.5 | 22.0 | 18.0 | 42.5 | 16.0 | 6.5 |
| 5.50S | 140.0 | 33.5 | 22.0 | 18.0 | 42.5 | 16.0 | 6.5 |
| 6.00T | 152.0 | 38.0 | 26.0 | 22.5 | 50.0 | 17.0 | 8.0 |
| 8.00V | 203.0 | 44.5 | 31.0 | 27.0 | 62.0 | 17.0 | 8.0 |
| 10.00W | 254.0 | 51.0 | 38.0 | 28.5 | 71.0 | 17.0 | 8.0 |

**表 1-5　平底宽轮辋基本参数**　　单位：mm

<table>
<tr><th rowspan="2">轮辋规格</th><th rowspan="2" colspan="2">$A$</th><th colspan="3">轮　缘</th><th colspan="2">胎圈座</th></tr>
<tr><th>$G\pm1.2$</th><th>$B_{min}$</th><th>$R\pm2.5$</th><th>$P$</th><th>$R_3$</th></tr>
<tr><td rowspan="11">36.0</td><td>127.0</td><td rowspan="4">±3.0</td><td>28.0</td><td>16.0</td><td>14.0</td><td>36.0</td><td>7.0</td></tr>
<tr><td>140.0</td><td>30.5</td><td>17.0</td><td>15.0</td><td>36.0</td><td>8.0</td></tr>
<tr><td>152.0</td><td>33.0</td><td>18.0</td><td>16.5</td><td>36.0</td><td>8.0</td></tr>
<tr><td>165.0</td><td>35.5</td><td>19.5</td><td>18.0</td><td>36.0</td><td>8.0</td></tr>
<tr><td>178.0</td><td rowspan="2">+3.0<br>−5.0</td><td>38.0</td><td>21.0</td><td>19.0</td><td>36.0</td><td>8.0</td></tr>
<tr><td>190.0</td><td>40.5</td><td>22.0</td><td>20.0</td><td>36.0</td><td>8.0</td></tr>
<tr><td colspan="2">$203.0^{+3.0}_{-7.0}$</td><td>43.0</td><td>23.5</td><td>21.5</td><td>36.0</td><td>8.0</td></tr>
<tr><td>216.0</td><td rowspan="4">+3.5<br>−7.0</td><td>46.0</td><td>24.5</td><td>23.0</td><td>36.0</td><td>8.0</td></tr>
<tr><td>228.0</td><td>48.0</td><td>26.0</td><td>24.0</td><td>36.0</td><td>8.0</td></tr>
<tr><td>254.0</td><td>51.0</td><td>27.0</td><td>25.5</td><td>36.0</td><td>8.0</td></tr>
<tr><td>305.0</td><td>56.0</td><td>30.0</td><td>28.0</td><td>36.0</td><td>8.0</td></tr>
</table>

## 思考题

1. 解释轮胎概念并说明轮胎根据不同的分类方法如何分类。
2. 简述轮胎的结构组成形式和轮胎外胎组成，并绘制轮胎外胎断面组成图。
3. 以 3-3-2 结构的轮胎为例画出胎圈示意图，并标注。
4. 斜交轮胎和子午线轮胎在结构和性能上各有何特点?
5. 规格表示：10. 00-20-16、10. 00R20；17. 5-25-12-TL、185/70R13；400-8、15-24。
6. 绘制平底轮辋的断面图且标注基本参数 $A$、$B$、$G$、$D_R$ 以及轮缘半径 $R_2$、圈座半径 $R_3$。

# 第二章

# 普通轮胎的结构设计与制造工艺

## 学习目标

通过学习掌握普通轮胎结构设计程序，掌握普通轮胎外胎技术设计内容：外胎外轮廓设计、胎面花纹设计、内轮廓设计；掌握普通轮胎的外胎施工设计；了解内胎、垫带的设计。

通过学习掌握轮胎制造工艺：半成品部件制造、外胎成型、硫化；了解内胎、垫带、水胎和胶囊的制造。

## 第一节　普通轮胎的结构设计

### 一、普通轮胎结构设计的概念、方法和程序

#### （一）结构设计的概念

轮胎结构设计是指通过计算、选择、绘图等方法确定轮胎整体及各部件结构和尺寸并拟定出施工标准及设计辅助工具的过程。

#### （二）结构设计的方法

##### 1. 从内向外设计法

即从内缘轮廓向外缘轮廓进行设计的方法。这种方法已被淘汰。

##### 2. 从外向内设计法

即从外缘轮廓向内缘轮廓进行设计的方法。这种是以静态平衡轮廓理论为设计依据，用薄膜-网络理论为原理指导轮胎设计，从外缘轮廓向内进行设计。尽管此种设计方法科学依据不足，但涉及数学、力学问题比较简单，是一种经验设计，目前在普通轮胎中广泛应用。

### （三）结构设计的程序

轮胎外胎结构设计分为技术设计和施工设计两大程序。

#### 1. 外胎技术设计内容

进行技术性能确定、外轮廓设计、花纹设计、内轮廓设计、外胎花纹总图设计。

#### 2. 外胎施工设计内容

成型机头类型确定、成型机头直径确定、成型机头肩部轮廓曲线设计与绘制、成型机头宽度设计、外胎材料分布图绘制；外胎施工表设计。

在完成设计后，提出技术设计和施工设计说明书。

## 二、普通轮胎的技术设计

### （一）技术性能的确定

#### 1. 轮胎类型的确定

包括轮胎规格、层级、结构、花纹、胎体骨架材料基本技术性能。表 2-1 所示为尼龙骨架材料的基本技术性能。

**表 2-1　尼龙骨架材料基本技术性能**

| 帘布品种 | 挂胶线径/mm | 帘线密度/(根/10cm) | | 帘线强度/(N/根) |
|---|---|---|---|---|
| 1400dtex/2 | 1.00±0.02 | $V_1$ | 100 | 200.9 |
| | | $V_2$ | 74 | |
| 1840dtex/2 | 1.05±0.02 | $V_1$ | 88 | 254.8 |
| | | $V_2$ | 74 | |
| 1870dtex/2 | 1.17±0.02 | $V_1$ | 88 | 298.9 |
| | | $V_2$ | 74 | |
| 930dtex/2 | 1.35±0.02 | $V_1$ | 126 | 137.2 |
| | | $V_2$ | 96 | |
| | | $V_3$ | 60 | |

#### 2. 轮辋的选择

应根据轮胎类型和规格，通过查找《轮胎、轮辋、气门嘴化学工业标准汇编》查找轮辋的断面形状及各基本参数：$A$、$B$、$G$、$D_R$、$R_2$、$R_3$。

#### 3. 外胎充气外缘尺寸

包括新胎充气外直径 $D'$(mm) 和新胎充气断面宽 $B'$(mm)，通过《轮胎、轮辋、气门嘴化学工业标准汇编》进行查找。表 2-2 列出了某新胎充气断面宽和外直径。

**表 2-2　新胎充气断面宽和外直径**　　单位：mm

<table>
<tr><th rowspan="4">轮胎规格</th><th colspan="2">基本参数</th><th colspan="3">主要尺寸</th></tr>
<tr><th rowspan="3">层级</th><th rowspan="3">标准轮辋</th><th colspan="3">新胎充气后</th></tr>
<tr><th rowspan="2">断面宽度</th><th colspan="2">外直径</th></tr>
<tr><th>公路花纹</th><th>越野花纹</th></tr>
<tr><td>12.00-20</td><td>14、16、18</td><td>8.5</td><td>315</td><td>1125</td><td>1145</td></tr>
</table>

## 4. 标准气压、标准负荷查找

国标中标准气压（kPa）代号为 $P$，标准负荷代号为 $Q$（kg），可通过《轮胎、轮辋、气门嘴化学工业标准汇编》进行查找。表 2-3、表 2-4 分别为中型和轻型载重斜交轮胎气压与负荷对照。

**表 2-3　中型载重斜交轮胎气压与负荷对照**　　单位：kg

| 轮胎规格 \ 气压/kPa | | 530 | 560 | 630 | 670 | 740 | 810 |
|---|---|---|---|---|---|---|---|
| 12.00-20 | D | 2690 | 2790(14) | 2990 | 3080(16) | 3270(18) | — |
| | S | 2820 | 2945 | 3180(14) | 3295 | 3520(16) | 3730(18) |

**表 2-4　轻型载重斜交轮胎气压与负荷对照**　　单位：kg

| 轮胎规格 \ 气压/kPa | | 280 | 320 | 350 | 390 | 420 | 460 |
|---|---|---|---|---|---|---|---|
| 6.50-15LT | D | 570 | 610(6) | 650 | 685 | 720(8) | — |
| | S | 645 | 690(6) | 735 | 780 | 820(8) | — |

### （二）外胎外轮廓设计

## 1. 外胎断面各部位尺寸代号

外胎断面各部位尺寸代号采用英文字母表示（单位为 mm），如图 2-1 所示。可按所在部位分为四类：

(1) 断面形状尺寸　$B$、$D$、$H$；

(2) 胎冠部尺寸　$b$、$h$、$R_n$、$R'_n$；

(3) 胎侧部尺寸　$H_1$、$H_2$、$R_1$、$R_2$、$R_3$、$L$；

(4) 胎圈部尺寸　$C$、$d$、$R_4$、$R_5$、$g$。

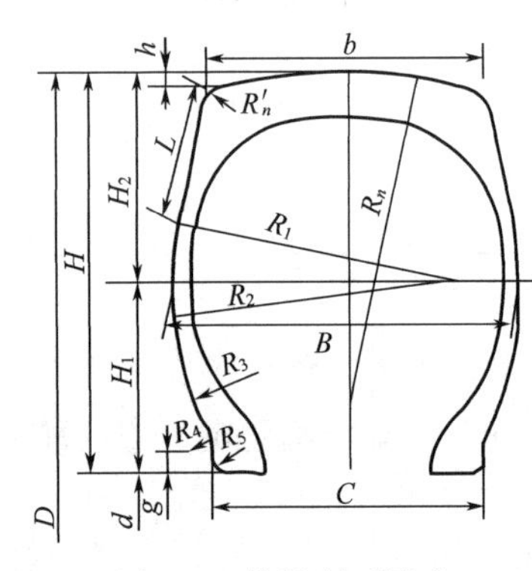


图 2-1　外胎断面尺寸

## 2. 各部位尺寸确定

(1) 断面外形尺寸

① 断面宽 $B$ 的确定　断面宽 $B$ 根据充气断面宽 $B'$ 和充气后断面宽膨胀率 $B'/B$ 来确定。公式如下：

$$B=\frac{B'}{B'/B}$$

断面膨胀率 $B'/B$ 值可通过调查和试验数据分析确定。一般普通轮胎 $H/B>1$，$B'/B$ 值在 1.09～1.17；$H/B<1$，$B'/B$ 在 1.00～1.07。

② 外直径 $D$ 的确定　外直径 $D$ 根据充气外直径 $D'$ 和充气外直径变化率 $D'/D$ 来确定。公式如下：

$$D=\frac{D'}{D'/D}$$

一般 $H/B>1$ 的人造丝普通轮胎，$D'/D<1$，约为 0.990～0.999；尼龙普通轮胎 $H/B$ 大于或小于 1 时，充气外直径均增大，$D'/D$ 取值一般为 0.001～0.025。

③ 断面高 $H$ 的确定　外胎断面高 $H$ 根据外胎外直径 $D$ 和胎圈着合直径 $d$ 计算求得：

$$H=\frac{1}{2}(D-d)$$

(2) 胎冠部尺寸的确定

① 行驶面宽度 $b$ 的确定　行驶面宽度 $b$ 值确定应根据轮胎断面宽和 $b/B$ 值来确定。一般设计行驶面宽度 $b$ 值，以不超过下胎侧弧度曲线与轮辋曲线交点的间距为准。计算公式为：

$$b=B(b/B)$$

② 行驶面高度 $h$ 的确定　行驶面高度 $h$ 值确定应根据轮胎断面高和 $h/H$ 值来确定。计算公式如下：

$$h=H(h/H)$$

一般轮胎 $b/B$ 值小，则 $h/H$ 值宜选小值；$b/B$ 值大，则 $h/H$ 可选大值，应视轮胎类型、胎面花纹、使用要求而定，不同类型轮胎的 $b/B$ 和 $b/H$ 取值范围见表 2-5。

**表 2-5　不同类型轮胎 $b/B$ 和 $h/H$ 取值范围**

| 轮胎类型 | $b/B$ | $h/H$ | 轮胎类型 | $b/B$ | $h/H$ |
|---|---|---|---|---|---|
| 载重轮胎 | | | 轿车轮胎 | 0.75～0.95 | 0.030～0.050 |
| 普通花纹 | 0.75～0.80 | 0.035～0.055 | 工程轮胎 | 0.85～0.95 | 0.040～0.060 |
| 混合花纹 | 0.80～0.85 | 0.055～0.065 | 拖拉机轮胎 | 0.90～0.98 | 0.080～0.100 |
| 越野花纹 | 0.85～0.95 | 0.060～0.085 | | | |

③ 胎冠弧度半径 $R_n$ 和 $R'_n$ 的确定　胎冠断面形状有正弧形、反弧形或双行驶面形状。下面以正弧形设计为例讲解。

正弧形胎冠可用 1～2 个正弧度进行设计，其弧度半径 $R_n$ 根据行驶面宽度 $b$ 和弧度高 $h$ 来计算，计算公式为：

$$R_n=\frac{b^2}{8h}+\frac{h}{2}\qquad L_a=0.01745R_n\alpha\qquad \alpha=2\left(\sin^{-1}\frac{b/2}{R_n}\right)$$

式中，$\alpha$ 为行驶面弧度的夹角；$R_n$ 为胎冠弧度半径，mm；$L_a$ 为行驶面弧长，mm。

普通花纹的载重轮胎，弧度高较小，行驶面较窄，比较平直，宜采用一个弧度半径 $R_n$ 或由 $R_n$ 和 $R'_n$ 两个弧度设计的胎冠 [图 2-2(a)]，$R'_n$ 值一般为 20～40mm。$R'_n$ 与 $R_n$ 向内切，与切线 $L$ 相切。

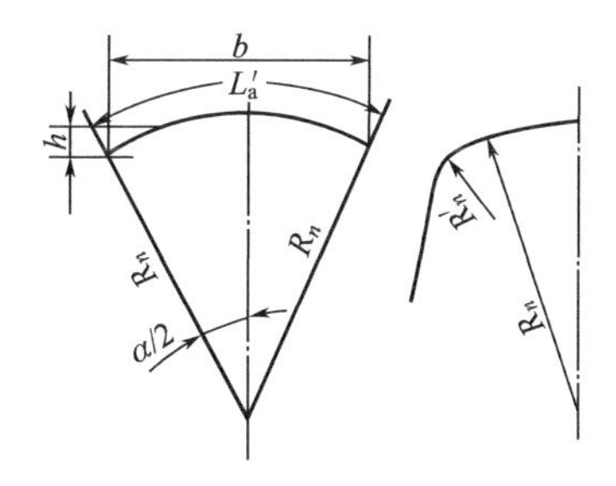


(a) 普通花纹轮胎胎冠断面形状

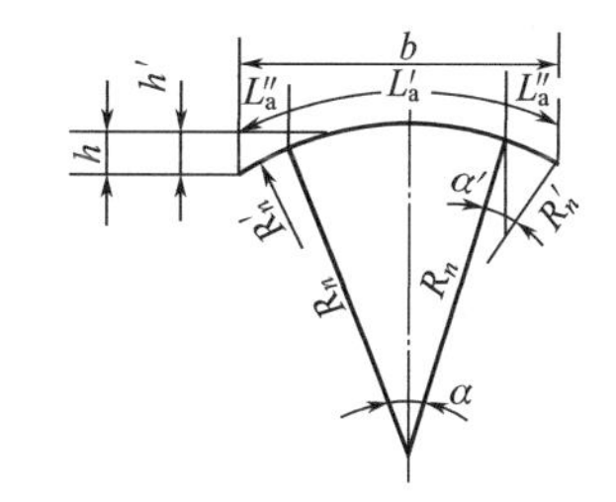


(b) 混合花纹和越野花纹轮胎胎冠断面形状

图 2-2　正弧形胎冠断面形状

混合花纹和越野花纹的载重轮胎，行驶面较宽，弧度高较大，采用两个弧度设计胎冠，这样可制得中部平直、两侧肩部呈圆形的胎冠，利于减薄胎肩。另一种方法是设计两个弧度高 $h$ 和 $h'$，其中 $h'<h$，用弧度高 $h'$ 求算 $R'_n$ 值，计算公式为：

$$R'_n=\frac{b^2}{8'_h}+\frac{h'}{2}$$

再用$R'_n$通过弧度高$h$点与$R_n$的弧相切，形成中部平直两侧略弯的胎冠形状，如图2-2(b)所示。其行驶面弧度为：

$$L_a=L'_a+L''_a \qquad L'_a=0.01745R_n\alpha \qquad L''_a=0.01745R'_n\alpha'$$

（3）胎侧部尺寸

① 下胎侧高$H_1$和上胎侧高$H_2$的确定　断面水平轴位于轮胎断面最宽处，是轮胎在负荷下，法向变形最大的位置，用$H_1/H_2$值表示，一般$H_1/H_2$值在0.80～0.95。$H_1/H_2$值过小即断面水平线位置偏低，接近下胎侧，使用过程中，应力、应变较集中，易造成胎侧裂口折断；$H_1/H_2$值过大则断面水平轴位置较高，应力和应变集中于胎肩部位，容易造成肩空或肩裂。$H_1$和$H_2$值计算公式为：

$$H_1/H_2=0.80\sim0.95 \qquad H_1+H_2=H$$

② 胎肩切线长度$L$的确定　外胎胎肩切线长度$L$是胎肩点距胎肩切线长度$L$与上胎侧弧度半径$R_1$切点之间的距离，胎肩切线长度$L$约等于$\frac{1}{2}H_2$，即$L=\frac{1}{2}H_2$。

③ 胎侧弧度半径$R_1$、$R_2$、$R_3$的确定　外胎胎侧弧度$R_1$和$R_2$的圆心均设在断面水平轴上。

a. 上胎侧弧度半径$R_1$的确定　上胎侧弧度半径$R_1$计算公式（见图2-3）：

$$R_1=\frac{(H_2-h)^2+\frac{1}{4}(B-b)^2-L^2}{B-b}$$

b. 下胎侧弧度半径$R_2$的确定　下胎侧弧度半径$R_2$计算公式（见图2-4）：

$$R_2=\frac{\frac{1}{4}(B-A-2a)^2+(H_1-G)^2}{B-A-2a}$$

式中　$G$——轮辋轮缘高度，mm；

$A$——轮辋宽度，mm；

$B$——轮胎断面宽度，mm；

$a$——下胎侧弧度与轮缘交点至轮辋轮缘垂线间的距离，mm，$a=\left(\frac{2}{3}\sim\frac{3}{4}\right)B_{轮缘}$；

$B_{轮缘}$——轮辋轮缘宽度，mm。

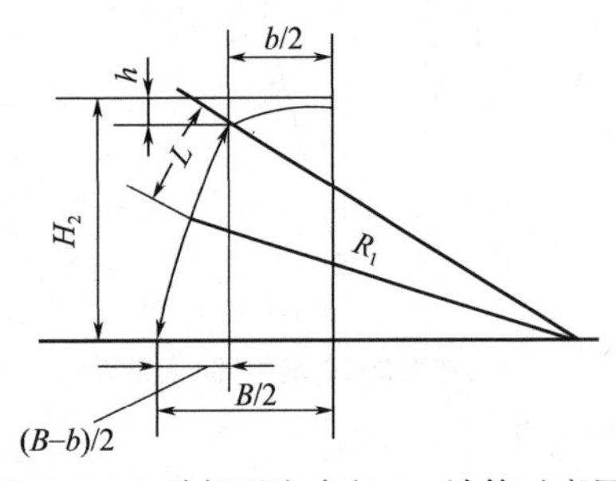

图2-3　上胎侧弧度半径$R_1$计算示意图

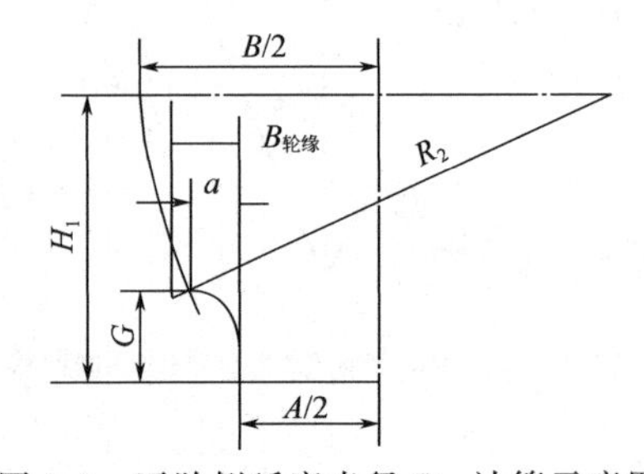

图2-4　下胎侧弧度半径$R_2$计算示意图

c. 下胎侧自由半径$R_3$的确定　下胎侧自由半径$R_3$是用以连接下胎侧弧度半径$R_2$（内切）和胎圈轮廓半径$R_4$（外切）之间的自由半径，使下胎侧至胎圈部位形成均匀圆滑的曲线。一般 $R_3$ 取 17～50mm，应视轮胎规格及胎侧轮廓曲线而定。

（4）胎圈部位尺寸的确定　胎圈必须与轮辋紧密配合，使轮胎牢固地安装在轮辋上，因此胎圈轮廓应根据轮辋轮缘和圈座尺寸进行设计，包括两胎之间距离、胎圈着合直径、胎圈轮廓各部位弧度半径等。

① 胎圈着合宽度 $C$　胎圈着合宽度 $C$ 应根据轮辋宽度 $A$ 而定，一般胎圈着合宽度等于轮辋宽 $A$，有时 $C$ 可略小于 $A$，利于改善轮胎的耐磨性能和增大胎侧刚性，但减少的数值不宜过大，以 15～25mm 为宜。

② 胎圈着合直径 $d$　胎圈着合直径 $d$ 和轮辋类型关系密切，不同类型轮胎所用轮辋不同，所对应的轮胎胎圈着合直径 $d$ 的取值方法不相同。

a. 装于平底式轮辋的载重轮胎，为便于装卸，$d$ 比轮辋直径大 0.5～1.5mm。

b. 装在 5°斜底轮辋上的载重轮胎，为使胎圈紧密着合，胎踵部位 $d$ 比轮辋相应部位直径小 1～2mm；而胎趾平直部位的 $d$ 比轮辋相应部位直径大 1.0mm 左右。

c. 装于深槽式轮辋的有内胎轿车轮胎，$d$ 比轮辋相应部位直径小 0～1.5mm；而无内胎轿车轮胎，为提高轮胎的密封性能，$d$ 比轮辋相应部位直径小 2～3mm。

d. 装于 15°斜底深槽式轮辋的无内胎载重轮胎，$d$ 比轮辋相应部位直径小 2～4mm。

e. 装于全斜底式轮辋工程车辆用的无内胎轮胎，$d$ 比轮辋相应部位直径小 3～6mm。

③ 胎圈弧度曲线 $R_4$、$R_5$ 的确定　胎圈轮廓根据轮辋轮缘曲线确定，由胎圈弧度半径 $R_4$ 和胎踵弧度半径 $R_5$ 组成，$R_4$ 和 $R_5$ 直接外切或通过公切线相切。

a. 胎踵弧度半径 $R_5$ 比轮辋相应部位弧度半径（即轮辋圈座弧度 $R_3$）大 0.5～1.0mm。

b. 胎圈弧度半径 $R_4$ 比轮辋轮缘相应部位弧度半径（即轮辋弧度 $R_2$）小 0.5～1.0mm，其半径圆心点较轮辋轮缘半径圆心点位置略低 1～1.5mm，使轮胎紧贴于轮辋上。

#### 3. 外轮廓曲线的绘制

① 画中心线，即横坐标与纵坐标。

② 由断面宽 $B$ 确定外轮廓曲线的左侧点、右侧点，由上下高 $H_2$、$H_1$ 确定外轮廓曲线的上端点及下端点。

③ 根据 $b$ 和 $h$ 确定两胎肩点，根据 $H_1$ 和 $c$ 确定胎圈宽。

④ 绘出胎冠圆弧 $R_n$，其圆心在纵轴上。

⑤ 绘出上胎侧圆弧 $R_1$，其圆心在水平轴上。

⑥ 绘出胎肩切线 $L$。

⑦ 绘出过渡弧 $R'_n$。

⑧ 绘出下胎侧圆弧 $R_2$，其圆心在水平轴上。

⑨ 绘出胎踵圆弧 $R_5$。

⑩ 绘出胎圈圆弧 $R_4$。

⑪ 绘出过渡连接自由半径圆弧 $R_3$。

⑫ 用圆滑曲线连接。

### （三）外胎胎面花纹设计

#### 1. 胎面花纹的作用

胎面花纹直接影响轮胎的使用性能和寿命。胎面花纹起着防滑，装饰，散热，传递车辆牵引力、制动力及转向力的作用，并使轮胎与路面有良好的抓着性能，从而保证车辆安全行驶。

## 2. 胎面花纹设计的基本要求

① 轮胎与路面纵向和侧向均具有良好的抓着性能。

② 胎面耐磨而且滚动阻力小。

③ 使用时生热小、散热快、自洁性好，而且不裂口、不掉块。

④ 花纹美观、噪声低，而且便于模具加工。

上述要求因相互间存在不同程度的矛盾难以全部满足。胎面花纹设计必须根据轮胎类型结构和使用条件、主次要求、兼顾平衡来确定方案。

## 3. 胎面花纹设计的内容

胎面花纹设计内容包括花纹类型的确定、花纹展开弧长的计算、花纹饱和度的计算、花纹沟宽度的计算、花纹沟深度的计算、花纹沟基部胶厚度的确定、花纹排列角度设计、花纹沟断面形状设计、花纹节距的计算及其他设计等内容。

(1) 花纹类型的确定　轮胎外胎花纹分为普通花纹、越野花纹和混合花纹三类。

① 普通花纹　特点是花纹沟窄小，花纹块宽大，花纹饱和度 70%～80%，经验证明以 78%左右的胎面花纹耐磨性能最佳。普通花纹适宜在较好的水泥路、柏油路及泥土路面上行驶，按其花纹沟分布形式一般分为横向花纹和纵向花纹。

② 越野花纹　花纹特点是花纹沟宽度大，花纹沟较深，花纹饱和度 40%～50%，其有优越的抓着性能，可提高车辆的通过性能和牵引性能。越野花纹适用于军用越野车、工程车和吉普车的轮胎上，保证这些车辆能够在环境较差的山路、矿山，建筑工地及松土、雪泥地等无路面或条件差的路面上行驶。

③ 混合花纹　又称通用花纹，是介于普通花纹和越野花纹之间的一种过渡型花纹。此种花纹特点是中部为纵向普通花纹，肩部为横向宽沟槽，类似越野花纹，其花纹饱和度 60%～70%。混合花纹对路面抓着性能优于普通花纹，但不及越野花纹，耐磨性能不如普通花纹，尤为明显的是胎肩部花纹容易产生磨耗不均匀或掉块的弊病。混合花纹适用于城乡运输的轻型载重轮胎。混合花纹结合纵向花纹和横向花纹的特点，适用于多种路面。

(2) 花纹展开弧长 $L_a$ 的计算　在 $R_n$ 计算时已介绍，不再赘述。

(3) 花纹饱和度的计算　花纹块面积占轮胎行驶面面积的百分比叫花纹饱和度。花纹饱和度的大小影响轮胎的使用性能。适宜的花纹饱和度能提高轮胎的耐磨性，延长使用寿命，减小滚动阻力，降低油耗。其计算公式为：

$$K=\frac{\text{花纹块面积}}{\text{行驶面面积}}\times 100\%=\frac{\text{行驶面面积}-\text{花纹沟面积}}{\text{行驶面面积}}\times 100\%$$

(4) 花纹沟宽度的确定　花纹沟宽度和花纹块宽度应根据轮胎类型、规格及花纹形状，结合花纹饱和度等因素考虑，合理设计花纹沟宽度，有利于提高胎面的耐磨性能和抓着性能。

花纹沟宽度增大，相对会使花纹块减小，增大胎面的柔软性，从而增大其与路面的抓着力与散热性能，改善沟底裂口及夹石子现象，但相反会使胎面掉块或不耐磨。所以，花纹沟宽度不宜过宽而且要求分布均匀，一般载重轮胎普通花纹沟宽度约为 9～16mm，花纹块宽度不得小于花纹沟宽度的 2 倍，分布大小不宜差异太大；轿车轮胎花纹沟多而窄，花纹沟宽度一般为 3～5mm；越野花纹沟较宽，通常花纹沟宽度等于或大于其花纹沟深度，甚至高达 4 倍。

(5) 花纹沟深度的确定　花纹沟深度根据轮胎类型和规格来确定。一般载重轮胎普通花纹沟深度为 11～15mm，加深花纹沟为 15～20mm。规格大、胎体强度高的轮胎花纹沟深度可加深；越野花纹沟比同规格的普通轮胎略深 15%～30%。为提高轮胎的牵引性能，国外采用超深沟大型胶块花纹，如 9.00-20 以上规格轮胎，花纹沟深度可高达 25mm。载重轮胎根据规格、结构及花纹类型的不同有不同的花纹沟深度范围，见表 2-6。

**表 2-6 载重轮胎胎面花纹沟深度** 单位：mm

| 普通轮胎 | | | | 子午线轮胎 | | | | |
|---|---|---|---|---|---|---|---|---|
| 轮胎规格标志 | 花纹设计深度 | | | 轮胎规格标志 | 花纹设计深度 | | | |
| | 普通花纹 | 加深花纹 | 牵引花纹 | | 普通花纹 | 加深花纹 | 牵引花纹 | 超深花纹 |
| 6.50 | 10.5 | | 16.5 | 6.50R | 10.5 | | 15.0 | |
| 7.00 | 11.0 | | 17.0 | 7.00R | 11.0 | | 15.5 | 17.0 |
| 7.50 | 11.5 | | 18.0 | 7.50R | 11.5 | | 16.0 | 18.0 |
| 8.25 | 12.0 | 15.0 | 19.0 | 8.25R | 12.0 | 14.0 | 16.5 | 19.0 |
| 9.00 | 12.5 | 17.0 | 20.0 | 9.00R | 12.5 | 14.5 | 17.0 | 20.0 |
| 10.00 | 13.0 | 18.5 | 20.5 | 10.00R | 13.0 | 15.0 | 17.5 | 20.5 |
| 11.00 | 13.5 | 19.5 | 21.0 | 11.00R | 13.5 | 15.5 | 18.0 | 21.0 |

轿车轮胎花纹沟深度一般较浅，约为 7～10mm，尤其是高速轿车轮胎花纹沟不宜过深，以免滚动阻力增加，胎体生热过高。轿车轮胎不同规格花纹沟深度见表 2-7。

**表 2-7 轿车轮胎胎面花纹沟深度** 单位：mm

| 轮胎规格标志 | 普通花纹 | 越野花纹 | 轮胎规格标志 | 普通花纹 | 越野花纹 |
|---|---|---|---|---|---|
| 4.00～5.00 | 5.5～7.0 | 9.0～13.0 | 7.00～8.00 | 8.5～9.0 | 12.0～15.5 |
| 5.00～6.00 | 7.0～8.0 | 11.0～14.0 | 8.00～9.00 | 9.0～9.5 | 12.0～15.5 |
| 6.00～7.00 | 8.0～8.5 | 11.0～14.5 | | | |

(6) 花纹沟基部胶厚度的确定　花纹沟基部胶厚度与花纹沟深度有关，应根据轮胎类型、花纹形状确定，其厚度约为花纹沟深度的 25%～40%，一般载重轮胎横向普通花纹不易裂口，基部胶厚度可选低值，纵向花纹基部胶厚度则不宜过薄。不同花纹类型载重轮胎花纹沟基部胶厚度占花纹深度的比例如表 2-8 所示。

**表 2-8 载重轮胎花纹基部胶厚度占花纹沟深度比例范围**

| 花纹类型 | 普通花纹 | | 混合花纹 | | 越野花纹 | |
|---|---|---|---|---|---|---|
| | 横向 | 纵向 | 块状 | 条状 | 窄向 | 宽向 |
| 基部胶厚度占花纹沟深度/% | 20～25 | 30～40 | 25～30 | 30～35 | 30～35 | 40 左右 |

(7) 花纹排列角度设计　花纹沟在行驶路面上的排列角度应避免与胎冠帘线角度重合，花纹排列角度与胎冠帘线角度相差至少 3°以上，以免花纹块底部胎体帘线因受应力作用而折断或爆破，越野花纹类型更甚。花纹排列角度通常为斜角排列，但切忌设计带有锐角的花纹胶块，以免造成胶块崩花和掉块，影响轮胎使用寿命。纵向花纹排列角度一般取 30°（与行驶面中心线所夹角度），越野花纹常取 45°、60°或 90°排列。胎肩部位的横向花纹宜采用向外放大的设计，利于排泥自洁。

(8) 花纹沟断面形状设计

① 花纹沟断面形状　花纹沟断面设计原则是花纹沟具有良好自洁性，不易夹石子和基部不裂口。花纹沟断面形状见图 2-5。

② 花纹沟断面尺寸设计　花纹沟底部采用小圆弧与沟壁相切，形成向上开放的 U 形沟槽，花纹沟壁倾斜角度 $\alpha$，横向花纹为 15°～20°，纵向花纹为 8°～12°，沟底圆弧半径 $R$ 不宜过小，以免呈 V 形造成沟底裂口，$R$ 约为 1～3mm。见图 2-6。

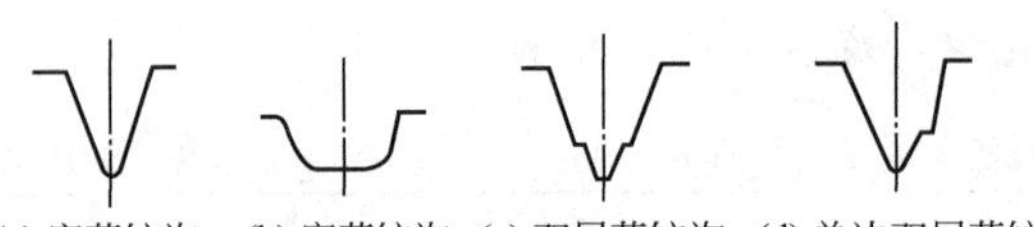


图 2-5　花纹沟断面形状

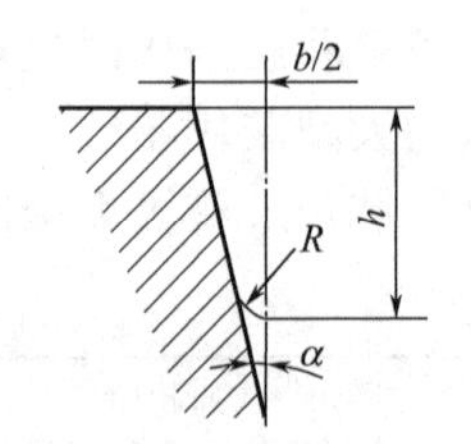


图 2-6　花纹沟底半径设计

(9) 花纹节距的计算　花纹节距根据花纹类型、花纹形状及花纹饱和度等因素确定。花纹节距分为等节距和变节距两种。载重轮胎花纹采用等节距设计，轿车轮胎花纹多采用变节距设计，可防止谐振噪声的产生，一般花纹最大间距与最小间距之差不宜小于 20%～25%。花纹节距越大，花纹等分数（花纹节数）越少，应取偶数值，便于花纹平分。花纹节距分为冠部节距和肩部节距。

① 冠部花纹节距 $t_c$ 的计算　冠部花纹节距计算公式为：

$$t_c=\frac{\pi D}{n}$$

式中，$D$ 为外胎外直径，mm；$n$ 为花纹节数；$t_c$ 为花纹节距，mm。

② 肩部花纹节距 $t_c'$的计算　肩部花纹间距计算公式为：

$$t_c'=\frac{\pi(D-2h)}{n}$$

式中，$h$ 为胎肩弧度高。

不同规格轮胎花纹沟设计参数如表 2-9 所示。

**表 2-9　花纹沟设计参数实例**

| 轮胎规格 | 9.00-20 | 9.00-20 | 11.00-20 | 11.00-20 | 175R14 | 215R15 |
|---|---|---|---|---|---|---|
| 花纹类型 | 条形 | 烟斗 | 条形 | 烟斗 | 条形 | 条形 |
| 花纹深度/mm | 15 | 17 | 16 | 17 | 8 | 7.9 |
| 花纹沟宽度/mm | 12 | 12,14,17 | 15 | 14,18,23 | 3.5,4 | 3,3.5,4 |
| 花纹沟壁角度/(°) | 14,22 | 16,22 | 22 | 18,20 | 11 | 9,10 |
| 沟底弧度半径/mm | 2 | 3 | 2.5 | 3 | 1 | 1,1.5 |
| 花纹节数 | 60 | 48 | 60 | 50 | | |
| 花纹饱和度/% | 71 | 79 | 74 | 78.5 | 80 | 81 |

(10) 防擦线设计　上胎侧防擦线一般设在胎肩切线下端，用以保护胎侧免受机械损伤，但不宜设在水平轴位置处，以免胎体变形。中型载重轮胎防擦线总宽度为 15～30mm，厚度为 1mm 左右，条数一般 1～2 条。轿车轮胎防擦线总宽度为 10～20mm，厚度为 0.5mm 左右，条数 1～2 条，防擦线两端应采用小弧度与胎侧轮廓线相切，用以加固防擦线胶条强度。

(11) 防水线设计　下胎侧防水线设于胎圈部位靠近轮辋边缘处，用以防止泥水进入胎圈与轮辋之间，起保护作用。根据轮胎规格大小，可设 1～3 条防水线，其宽度为 2～5mm，厚度为 0.5～1.5mm。

(12) 排气孔和排气线设计　一般设在胎面及胎侧部位，用以排除硫化过程中模腔内的空气，使胎胚胶料充分流动，保证轮胎花纹清晰而不缺胶。排气孔直径为 0.6～1.8mm，其数量和位置应根据花纹形状和轮胎规格确定，一般在胎肩、胎侧、下胎侧防水线、上胎侧防擦线和花纹块斜角端部等位置处设计排气孔，数量不宜过多，以保证不缺胶为准，在防擦线和防水线上一般可按 8～16 等分钻孔。排气孔及排气线位置如图 2-7 所示。

(13) 胎面磨耗标记　胎面磨耗标记一般设在胎面主花纹沟底部。沿轮胎圆周共设 6

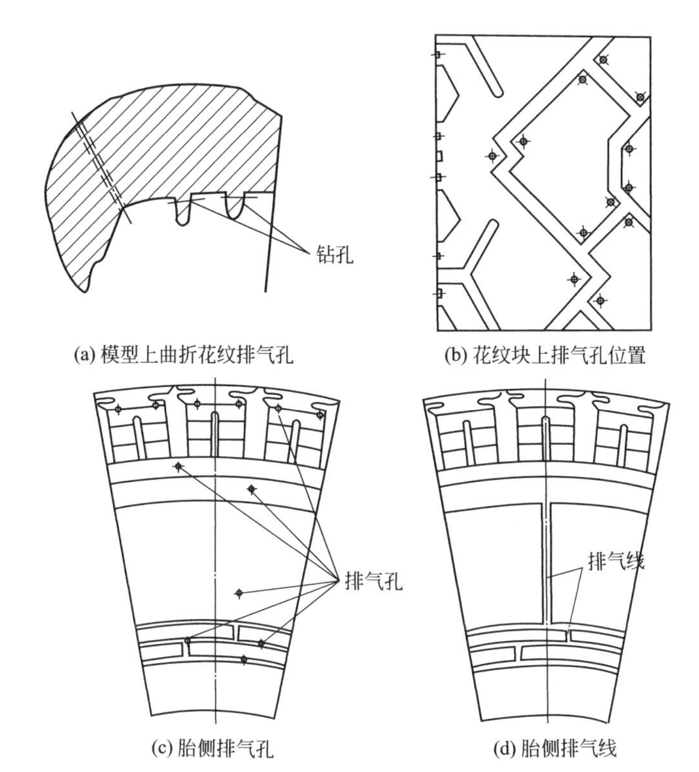

(a) 模型上曲折花纹排气孔　(b) 花纹块上排气孔位置
(c) 胎侧排气孔　(d) 胎侧排气线

图 2-7　外胎排气孔和排气线位置

个或 8 个间隔均匀的胶台作为磨耗标记。载重轮胎磨耗标记高度为 2.4mm，重型载重轮胎为 3.2mm，长度为 40mm；轿车轮胎胎面磨耗标记一般高 1.6mm，长 5～12mm；图 2-8 为胎面磨耗标记。

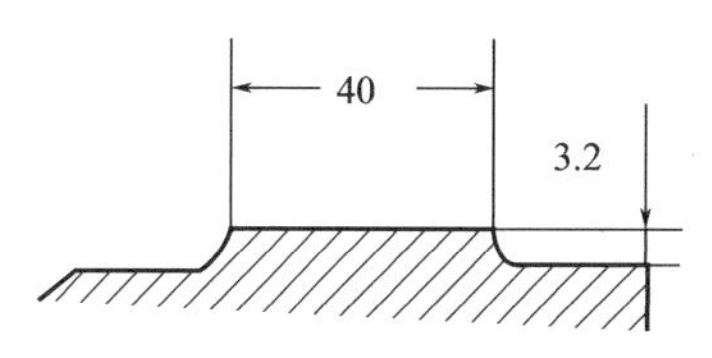

图 2-8　胎面磨耗标记

## （四）外胎内轮廓设计

根据轮胎结构设计的经验设计法，外胎外轮廓曲线确定后，可进行外胎内轮廓设计。设计内容包括：胎身结构设计，胎圈结构设计，确定胎面胶、胎侧胶的厚度和宽度，特征点厚度计算以及最后进行内轮廓曲线绘制。

### 1. 胎身结构设计（即帘布层数及其安全倍数计算）

(1) 单根帘线所受张力的计算　目前广泛应用“彼得尔曼”计算公式，方法简单而且合理。单根帘线所受张力计算公式为：

$$N=\frac{0.1P\ (R_k^2-R_0^2)}{2R_k\sum ni_k}\times\frac{1}{\cos^2\beta_k}$$

式中　$N$——单根帘线所受张力，N/根；

$P$——标准气压，kPa；

$R_k$——胎里半径（胎冠部第一帘布层半径），cm；

$R_0$——零点半径（外胎断面水平轴至旋转轴间的距离），cm；

$\beta_k$——胎冠帘线角度（一般 48°～56°），(°)；

$\sum ni_k$——胎冠各层帘线密度之和，根/cm。

$R_k$、$R_0$ 计算见图 2-9。

（2）帘线密度 $ni_{k}$ 的计算　包括内、外帘布层和缓冲层帘线密度的计算，公式为：

$$\sum ni_{k}=n_{1}i_{k_1}+n_{2}i_{k_2}+n_{3}i_{k_3}$$

$$i_{k}=i_{0}\frac{r_{0}}{R_{k}}\times\frac{\cos\alpha_{0}}{\cos\beta_{k}}\text{（代表三个公式）}$$

$$\sin\alpha_{0}=\frac{\delta_{1}r_{0}}{R_{k}}\times\sin\beta_{k}$$

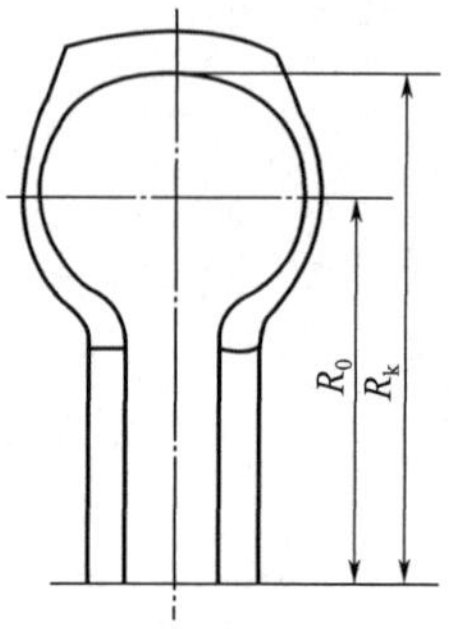

式中　$i_{k_1},i_{k_2},i_{k_3}$——内、外帘布层、缓冲层的胎冠帘线密度，根/cm；

$i_{0_1},i_{0_2},i_{0_3}$——内、外帘布层、缓冲层的帘线原始密度，根/cm；

$n_{1},n_{2},n_{3}$——内、外、缓冲层帘布层数；

$r_{0}$——第一层半成品帘布筒半径，cm；

$\alpha_{0}$——帘布裁断角度，(°)；

$\delta_{1}$——帘线假定伸张值（尼龙帘线 $\delta_{1}$ 值一般取 1.015～1.035，人造丝帘线取 1.03～1.045）。

图 2-9　外胎胎体单根帘线受张力计算图

（3）帘线安全倍数确定　轮胎在充气状态下单根帘线所受张力的计算是以静态为基准，不考虑轮胎实际使用中的动态因素。为保证轮胎在动态条件下安全行驶，不发生爆破和损坏，必须选取合理的安全倍数。计算所用安全倍数根据轮胎类型和使用条件不同而异，见表 2-10。

**表 2-10　轮胎安全倍数取值范围**

| 项目 | 安全倍数(K) | 项目 | 安全倍数(K) |
|---|---|---|---|
| 载重轮胎 | | 轿车轮胎 | |
| 良好路面 | 10～12 | 良好路面 | 10～12 |
| 不良路面 | 14～18 | 不良路面 | 12～14 |
| 长途汽车轮胎 | 16～18 | 高速轿车轮胎 | 12～14 |
| 矿山挖掘和森林采伐等轮胎 | 18～20 | | |

帘线安全倍数计算公式如下：

$$K=\frac{S}{N}$$

式中，$K$ 为帘线安全倍数；$S$ 为单根帘线强度，N/根。

## 2. 胎圈结构设计

（1）钢丝及包布的基本性能

① 钢丝规格选用　轮胎通常用直径为 1.0mm 的钢丝，其他各种不同规格钢丝，直径不同，其扯断强度也不同，见表 2-11。

**表 2-11　轮胎用钢丝参数**

| 钢丝直径/mm | 标准强度 | 高强度 | 钢丝直径/mm | 标准强度 | 高强度 |
|---|---|---|---|---|---|
| | 最小扯断力/N | 最小扯断力/N | | 最小扯断力/N | 最小扯断力/N |
| 0.89 | 1200 | 1350 | 1.42 | 2800 | 3200 |
| 0.96 | 1300 | 1530 | 1.62 | 3400 | 3850 |
| 1.00 | 1372 | 1650 | 1.82 | 4000 | 4600 |
| 1.30 | 2400 | 2800 | 2.00 | 4200 | 4900 |

② 胎圈包布和钢圈包布的选用　目前胎圈包布多采用尼龙挂胶帆布，擦胶厚度为0.7～1.0mm；层数可采用一层；中、大型载重轮胎需增加胎圈部位的坚固性及耐磨性，可设计两层；裁断角度一般为45°。钢圈包布一般为维纶帆布，擦胶厚度约为0.7～0.8mm；通常为一层；裁断角度一般为45°。

(2) 钢丝圈个数及形状确定

① 钢丝圈个数确定　钢丝圈有单钢丝圈、双钢丝圈、多钢丝圈。通常依据帘布层数和包圈方法确定钢丝圈个数。普通轮胎帘布层数在2层、4层、6层时用单钢丝圈；帘布层数在6层、8层、10层时用双钢丝圈；帘布层数在12层、14层、16层、18层时用多钢丝圈。

② 钢丝圈断面形状　钢丝圈断面形状根据钢丝圈排列形式不同，一般有以下几种断面形状，如图2-10所示。经试验证明钢丝根数相等时，圆形断面钢丝圈强度最高，充分发挥了钢丝的作用，六角形、扁六角形次之，方形断面强度最低，一般损坏均为钢丝圈折断。普通轮胎一般采用长方形或方形断面的钢丝圈，钢丝压出可根据设备及工艺条件而定。

(a) 方形　(b) U形　(c) 六角形　(d) 圆形　(e) 扁六角形

图2-10　钢丝圈断面形状

(3) 钢丝圈直径的计算　钢丝圈直径 $D_g$ 应根据胎圈帘布包圈方法、钢丝圈底部材料总厚度和压缩率计算确定。计算公式：

$$D_g = d + 2T(1 - K_0)$$

式中　$D_g$——钢丝圈直径，mm；

$d$——胎圈着合直径，mm；

$T$——压缩前钢丝圈底部材料总厚度，mm；

$K_0$——压缩系数，一般取0～0.1。

(4) 钢丝根数的确定　采用强度校核法。通过内压作用下钢丝圈所受应力的计算，再确定所需钢丝的根数，见图2-11。

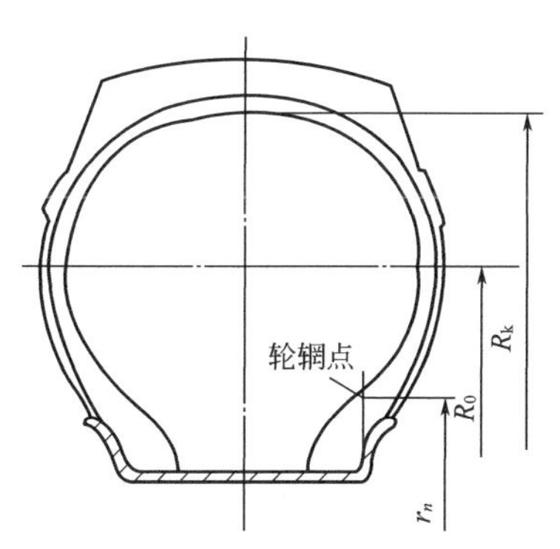


图2-11　钢丝圈应力计算示意图

① 1个胎圈钢丝圈所受应力计算公式为：

$$T = \frac{10^{-1} P (R_k^2 - R_0^2)}{2\cos\alpha_n} \times \cos\beta_k$$

$$\sin\alpha_n = \frac{r_n}{R_k} \times \sin\beta_k$$

式中　$T$——一个胎圈所受应力，N/胎圈；

$P$——标准气压，kPa；

$\alpha_n$——轮辋点帘线角度，(°)；

$r_n$——轮辋点半径，cm。

② 一个胎圈钢丝根数计算公式为：

$$n = \frac{TK}{S_1}$$

式中，$n$ 为钢丝根数；$S_1$ 为钢丝强度，N/根；$K$ 为安全倍数，$K$ 取5～7。

## 3. 外胎各特征部位点厚度的确定

(1) 确定各特征部位点　冠部中心一点，两胎肩点、两胎侧点、两胎圈宽点。

(2) 确定各特征部位点胶料厚度及宽度　胎冠胶厚度等于花纹沟深度与基部胶厚度之和；胎肩胶厚度较厚，一般为胎冠胶厚度的 1.3～1.4 倍，以不超过 1.5 倍为宜；胎侧胶便于屈挠变形，厚度宜薄，一般轿车轮胎为 1.5～2.5mm，微型载重轮胎为 2.0～2.5mm，中型载重轮胎为 2.5～3.5mm，重型载重轮胎为 4.0～5.0mm，在苛刻条件下作业的轮胎，胎侧胶厚度可高达 6mm 左右。胎侧胶宽度应延伸至轮辋边缘内侧处，保护胎圈以免被磨损。

(3) 计算各特征部位点帘布贴合厚度　根据各特征部位点帘布的组成进行计算。

(4) 确定各特征部位点压缩率　一般规律：胎冠部帘布层压缩率为 20%～30%；胎肩部、胎侧部帘布层压缩率为 20%～25%；胎圈宽部位压缩率为 10%～15%。

(5) 计算各特征部位点成品帘布厚度　等于各特征部位点帘布贴合厚度乘于各特征部位点压缩率。

(6) 计算各特征部位点成品厚度　等于各特征部位点胶料厚度加上各特征部位点成品帘布厚度。

## 4. 外胎内轮廓的绘制

(1) 绘制原则

① 内轮廓曲线从胎冠、胎肩、胎侧直至胎圈各部位必须均匀过渡。

② 尽可能使水平轴两侧胎侧对应部位厚度接近，在轮胎使用过程中，变形位置可保持不变。

③ 下胎侧部位应根据材料分布情况，调整厚度，约为侧部厚度的 1.5～2.0 倍。补强区域是以胎圈底部为起点，约在（0.4～0.46）$H_1$ 的范围内，见图 2-12。

④ 内轮廓各部位弧度半径应参照外轮廓相对应部位的弧度半径。

(2) 绘制步骤（见图 2-13）

① 绘 $R_1'$　半径一般较 $R_n$ 小 20～40mm，圆心在纵轴上。

② 绘 $R_3'$　半径比上胎侧 $R_1$ 小 30～50mm，圆心在水平轴上。

③ 绘 $R_2'$　与 $R_1'$ 与 $R_3'$ 相切，半径一般为 40～80mm。

④ 绘 $R_4'$　圆心在坐标原点周围 10～20mm，根据水平轴上下距离厚度相近原则确定。

⑤ 绘 $R_5'$　圆心在钢丝圈底线以下 2～5mm 处，半径较胎圈宽度略小 2～5mm。

⑥ 绘公切线　$R_4'$ 与 $R_5'$ 之间用 15～80mm 公切线连接。

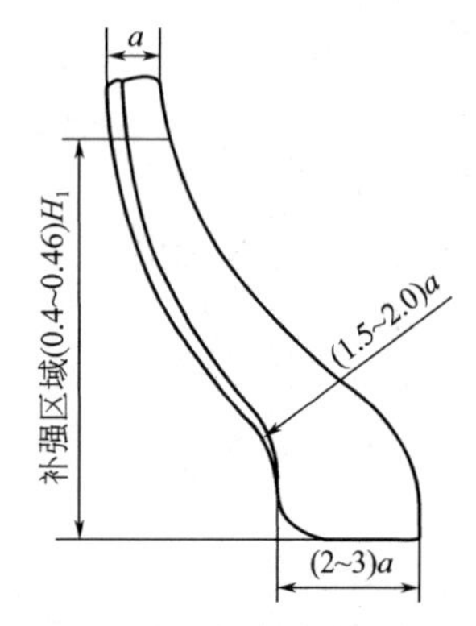


图 2-12　胎圈部位厚度比例关系

a—胎侧部位厚度

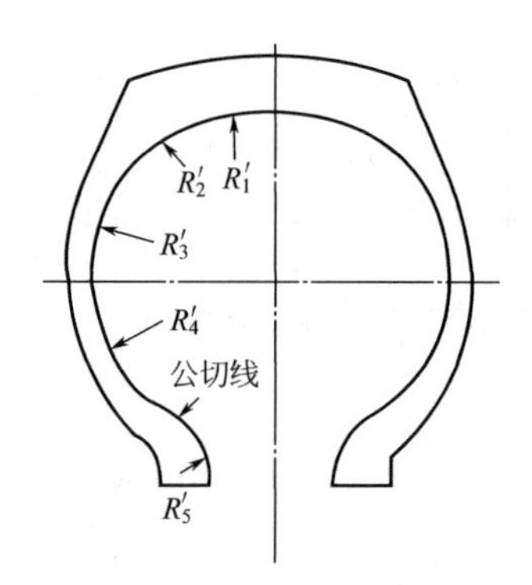


图 2-13　内轮廓曲线绘制

### （五）优选方案

外胎外轮廓设计、花纹设计、内轮廓设计，根据轮胎性能和顾客使用要求，可采用不同的设计参数（例如采用不同的水平轴位置、行驶面宽度、弧度大小、胎圈轮廓、内轮廓参数、花纹形式等），设计出多种不同的内外轮廓曲线加以对比，优选出综合性能最佳的设计方案。

### （六）外胎总图等图纸的绘制

外胎总图见图 2-14，包括外胎断面尺寸图、胎面花纹展开图、外胎侧视图、花纹沟剖面图及主要设计参数表等。在外胎侧部需标出轮胎规格、商标和国家标准所规定的其他内容，见图 2-15。

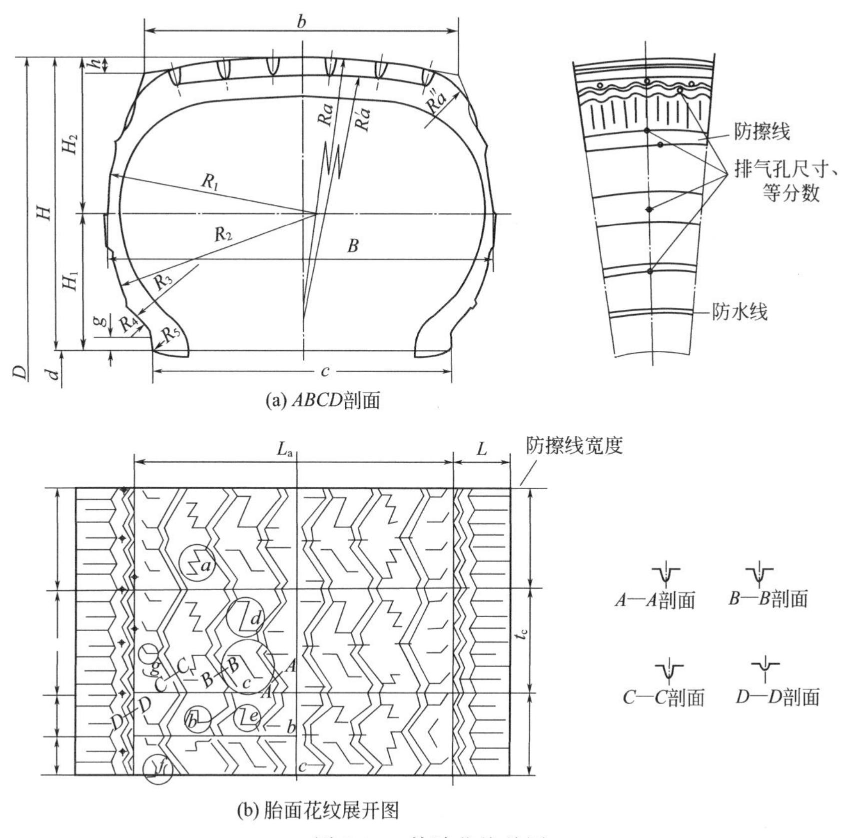

图 2-14　外胎花纹总图

## 三、普通轮胎外胎的施工设计

外胎施工设计包括外胎成型机头类型的确定、成型机头直径的确定、成型机头肩部轮廓曲线的设计与绘制、成型机头宽度设计、外胎断面材料分布图绘制和外胎施工表设计等。

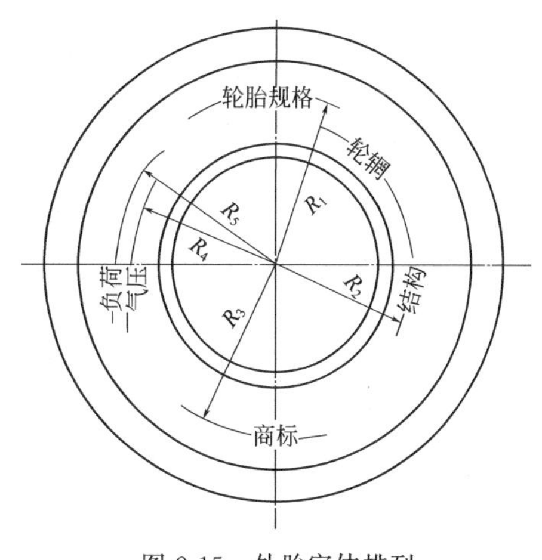

图 2-15　外胎字体排列

### （一）成型机头类型的确定

用于轮胎的成型机头类型较多，有鼓式、半鼓式、芯轮式和半芯轮式四种。常用的为半鼓式和半芯轮式两种。

半鼓式成型机头肩部轮廓曲线与外胎胎

圈形状差异较大，如图 2-16(a) 所示。半鼓式机头成型的半成品外胎在定型过程中，胎圈部位帘布层必须围绕钢丝圈转动，使胎圈形状改变，一般适宜成型单钢圈和胎体帘布层数较少的外胎。如 2-2 轮胎、4-2 轮胎等。

图 2-16　常用成型机头类型

半芯轮式成型机头其肩部近似外胎胎圈轮廓，如图 2-16(b) 所示。用半芯轮式成型机头成型的半成品外胎，在定型及硫化过程中，胎圈部位基本不变，适宜成型双钢丝圈或多钢丝圈的中、大型载重轮胎。如 2-2-2 轮胎、3-3-2 轮胎等。

## （二）成型机头直径的确定

成型机头直径必须满足以下三个关系。

### 1. 成型机头直径和胎里直径之间的关系

计算公式为：

$$\delta_1=\frac{D_k}{D_c}$$

式中　$D_c$——成型机头直径，mm；

$D_k$——胎里直径，mm；

$\delta_1$——成型胎胚冠部伸张值。半鼓式成型机头的 $\delta_1$ 值取 1.30～1.65，半芯轮式成型机头的 $\delta_1$ 值取 1.30～1.55。

### 2. 成型机头直径和胎胚胎圈直径之间的关系

计算公式为：

$$\delta_2=\frac{D_c}{D_b}$$

式中　$D_b$——半成品胎圈直径，mm；

$\delta_2$——成型机头直径与胎胚胎圈直径的比值，半鼓式成型机头的 $\delta_2$ 值取 1.05～1.25，半芯轮式成型机头的 $\delta_2$ 值取 1.30～1.50。

### 3. 成型机头直径与第一帘布筒直径的关系

计算公式为：

$$\delta_3=\frac{D_c}{D_0}$$

式中　$D_0$——第一帘布筒直径，mm；

$\delta_3$——成型机头直径与第一帘布筒直径的比值，$\delta_3$ 值取 1.05～1.15。

一般通过成型机头直径和胎里直径之间的关系，来确定成型机头直径，再通过成型机头直径和胎胚胎圈直径之间的关系以及成型机头直径与第一帘布筒直径的关系来进行验证，确定的成型机头直径只有三个关系均满足才可以。另外也可以通过经验数据来进行验证是否满足三方面的关系来进行确定。

各种规格成型机头直径见表 2-12。

表 2-12　各种规格成型机头直径

| 轮胎规格 | 机头直径/mm | 轮胎规格 | 机头直径/mm | 轮胎规格 | 机头直径/mm |
|---|---|---|---|---|---|
| 6.00-12 | 386 | 12.00-18 | 700 | 20.5-25,23.5-25 | 922 |
| 7.00-12,8.25-12 | 415 | 6.50-20,7.50-20 | 635 | 10-28 | 825 |
| 7.50-15 | 525 | 8.25-20,9.00-20 | 660 | 13.00-28 | 875 |
| 8.25-15 | 540 | 10.00-20,11.00-20 | 690 | 14-28 | 900 |
| 6.00-16 | 465,445 | 12.00-20 | 690,740 | 13.6-32,11-32 | 985 |
| 6.50-16 | 500 | 13.00-20,14.00-20 | 740 | 9.00-36 | 1090 |
| 7.00-16,7.50-16 | 525 | 12.00-24,11.25-24 | 790 | 11-38,12-38 | 1090 |
| 9.75-18 | 600 | 14.00-24 | 830 | 13.6-38 | 1093 |

### （三）成型机头肩部轮廓曲线的设计与绘制

#### 1. 成型机头肩部轮廓曲线设计原则

① 机头肩部轮廓曲线与外胎胎圈内轮廓曲线接近一致。

② 半芯轮式机头肩部深度 $b$ 尽可能取小值，便于成型操作，保证成型质量。

③ 机头肩部轮廓曲线展开长度 $P_B$ 与成型后的胚胎最外层帘布展开长度 $P_H$ 之差尽可能为小值，即 $P_H-P_B<20mm$ 为宜，见图 2-17。若 $P_H$ 与 $P_B$ 之差过大，在定型和硫化过程中，容易造成胎圈外层帘布褶皱，影响产品质量。

#### 2. 成型机头肩部轮廓曲线设计及绘制

（1）半鼓式成型机头肩部轮廓曲线设计及绘制

① 半鼓式成型机头肩部轮廓曲线设计参数，见图 2-18。

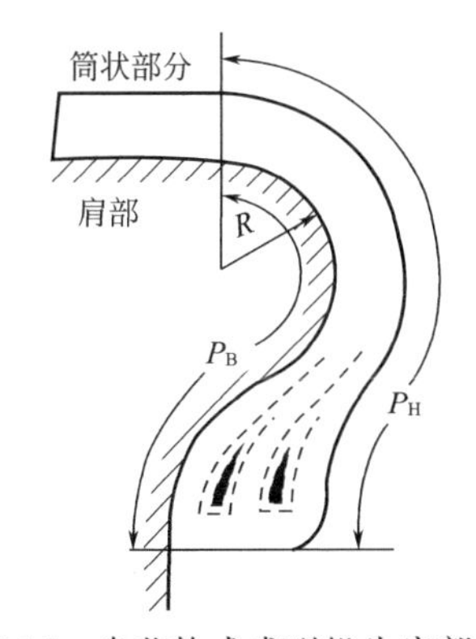


图 2-17　半芯轮式成型机头肩部胎圈

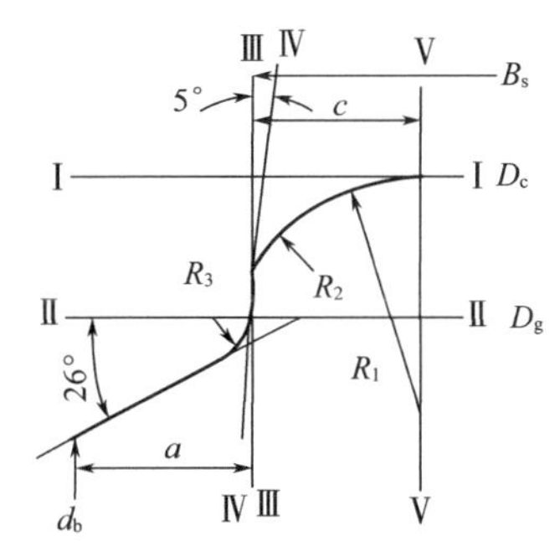


图 2-18　半鼓式成型机头肩部轮廓曲线

a. 三直径　成型机头直径 $D_c$、钢丝圈直径 $D_g$、成型机头内径 $d_b$。

b. 两宽度　成型机头宽度 $B_s$、机头肩部宽度 $c$。

c. 三弧度　半鼓式成型机头肩部弧度 $R_1$、$R_2$、$R_3$。

② 半鼓式成型机头肩部轮廓曲线绘制　参见图 2-18，半鼓式成型机头肩部轮廓曲线绘制步骤如下：

a. 绘一条水平直线Ⅰ—Ⅰ线，代表成型机头直径 $D_c$。

b. 平行于Ⅰ—Ⅰ线，绘Ⅱ—Ⅱ线，代表钢丝圈直径 $D_g$。

c. 绘Ⅲ—Ⅲ线垂直于Ⅰ—Ⅰ与Ⅱ—Ⅱ线上。

d. 通过Ⅱ—Ⅱ与Ⅲ—Ⅲ线的交点，作一向右偏斜 5°的Ⅳ—Ⅳ线。

e. 圆心在Ⅱ—Ⅱ线上，以半径约为 6mm 的 $R_3$ 切于Ⅳ—Ⅳ线作圆弧。

f. 向右平行于Ⅲ—Ⅲ线，绘Ⅴ—Ⅴ线，其与Ⅲ—Ⅲ线之间的距离为机头肩部宽度 $c$。

g. 圆心在Ⅴ—Ⅴ线，取半径为 25～35mm 左右 $R_1$ 作弧，与Ⅰ—Ⅰ线相切，Ⅳ—Ⅳ相交。

h. 以半径为 10mm 左右 $R_2$ 作弧，与Ⅳ—Ⅳ线切于 $R_1$。

i. 为便于成型操作，在曲线下端作与Ⅱ—Ⅱ线呈 26°并切于 $R_3$ 弧的切线，此切线投影长度 $a$ 约为 30mm，从而确定成型机头内径 $d_b$。

(2) 半芯轮式成型机头肩部轮廓曲线设计与绘制

① 半芯轮式成型机头肩部轮廓曲线设计参数，见图 2-19。

a. 三直径　成型机头直径 $D_c$、钢丝圈直径 $D_g$、成型机头内径 $d_b$。

b. 三宽度　成型机头宽度 $B_s$、机头肩部宽度 $c$、机头肩部深度 $b$。

c. 三弧度　半芯轮式成型机头肩部弧度 $R_1$、$R_2$、$R_3$。

② 半芯轮式成型机头肩部轮廓曲线绘制　参见图 2-19，半芯轮式成型机头肩部轮廓曲线绘制步骤如下：

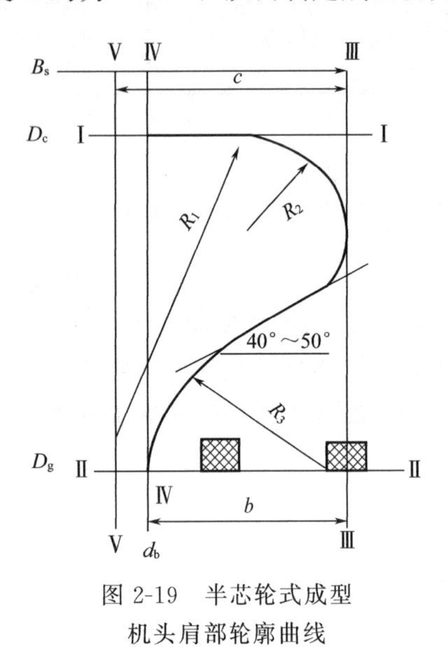

图 2-19　半芯轮式成型机头肩部轮廓曲线

a. 绘一条水平直线Ⅰ—Ⅰ线，代表成型机头直径 $D_c$，若机头上有盖板，应减去盖板厚度（3mm），则鼓肩直径 $D_1 = D_c - 2\times 3$(mm)。

b. 平行于Ⅰ—Ⅰ线，绘Ⅱ—Ⅱ线，代表钢丝圈直径 $D_g$。

c. 绘一垂直于Ⅰ—Ⅰ线和Ⅱ—Ⅱ线的Ⅲ—Ⅲ线。

d. 绘一平行于Ⅲ—Ⅲ线的Ⅳ—Ⅳ线，两线之间距离为机头肩部深度 $b$，$b$ 取 20～30mm。

e. 绘一平行于Ⅲ—Ⅲ线的Ⅴ—Ⅴ线，两线之间距离为机头肩部宽度 $c$，$c$ 值较肩部深度 $b$ 大 10～30mm。

f. 圆心在Ⅴ—Ⅴ线上取 $R_1$ 作弧切于Ⅰ—Ⅰ线，$R_1$ 约为 100～200mm。

g. 取 $R_2$ 约为 15～30mm，切于 $R_1$ 弧和Ⅲ—Ⅲ线上。

h. 圆心在Ⅱ—Ⅱ线上，作 $R_3$ 弧切于Ⅳ—Ⅳ线，$R_3$ 值与胎圈相应部位尺寸接近，约为 18～25mm。

i. $R_2$ 与 $R_3$ 两个弧度不应彼此相切，以免该处曲线凹陷，不利于成型操作，影响成型质量。应取一段公切线与 $R_2$、$R_3$ 弧度相切，切线与水平线的夹角为 40°～50°。

j. 成型机头内径 $d_b$ 应小于胎胚内径，以保证成型质量，但此值过小则增大鼓肩高度，使机头折叠，周长增大，卸胎困难，一般内径为 20in（1in＝25.4mm）的轮胎，成型机头内径 $d_b$ 约为 495～500mm。

### 3. 成型机头肩部轮廓曲线设计参数优选

成型机头肩部轮廓曲线设计完毕，应将半成品按各部件厚度和布层差级分布位置在机头肩部上绘制胎胚断面，如图 2-17 所示，测量 $P_H$ 和 $P_B$ 值，便于从多种机头肩部设计方案中，优选最佳方案。

轮胎成型机头有十余种规格统一设计，形成标准。新设计的半芯轮式成型机机头均为不设盖板的腰带式机头，传统沿用的带盖板机头，盖板厚度一般为 3mm。

## （四）成型机头宽度设计

### 1. 成型机头宽度概念

成型机头宽度 $B_s$ 是指机头两端最宽点间的距离，即等于机头中部平筒宽度加上两端机头肩部宽度 $c$。机头宽度合理的确定，能使胎体帘线均匀伸张，充分发挥帘线的作用，保证轮胎质量。

### 2. 成型机头宽度确定主要技术参数

影响成型机头宽度的主要技术参数有第一帘布筒直径 $d_0$、帘线假定伸张值 $\delta_1$，胎冠角度 $\beta_k$ 和机头上的帘线角度 $\alpha_c$ 等。

（1）第一帘布筒直径 $d_0$　一般半芯轮式成型机头常用套筒法成型，帘布提前制成帘布筒备用，第一帘布筒直径小于成型机头直径，便于操作，第一帘布筒至成型机头直径的伸张率为 5%～15%，即 $D_c/d_0=1.05\sim1.15$。

（2）帘线假定伸张值 $\delta_1$　帘线假定伸张值与帘线品种和压延工艺有直接关系，计算成型机头宽度时，应合理选用 $\delta_1$ 值。此值过小时，硫化过程中帘线伸张不足，帘线过长造成帘线打弯，不能充分发挥胎体帘线的作用，以致使胎体脱层、爆破；$\delta_1$ 值过大时，硫化过程中，帘线伸张过大，帘线长度不足易造成帘线上抽、胎圈变形，影响轮胎的使用寿命。各种不同帘线假定伸张值 $\delta_1$ 的取值范围见表 2-13。

**表 2-13　各种骨架材料帘线假定伸张值 $\delta_1$ 的取值范围**

| 帘布品种 | 帘布假定伸张值($\delta_1$) | 帘布品种 | 帘布假定伸张值($\delta_1$) |
|---|---|---|---|
| 棉帘线 | 1.08～1.10 | 聚酯帘线 | 1.02～1.04 |
| 人造丝帘线 | 1.03～1.04 | 钢丝帘线 | 1.01 |
| 尼龙帘线 | 1.01～1.03 | | |

（3）胎冠角度 $\beta_k$　普通轮胎胎冠角度 $\beta_k$ 取值范围为 48°～56°，载重轮胎一般偏高，约为 50°～56°。

（4）成型机头的帘线角度 $\alpha_c$　计算公式为：

$$\sin\alpha_c=\frac{D_c}{d_0}\sin\alpha_0$$

### 3. 成型机头宽度的计算

各种成型机头肩部曲线统一设计参数见表 2-14。

**表 2-14　各种成型机头肩部曲线统一设计参数**　　单位：mm

| 轮胎规格 | 32×6 | 7.50-20 | 8.25-20 | 9.00-20 | 10.00-20 | 11.00-20 | 11.00-20 |
|---|---|---|---|---|---|---|---|
| $D_c$ | 635 | 635 | 650 | 692 | 692 | 692 | 715 |
| $D_1$ | 629 | 629 | 644 | 686 | 686 | 686 | 709 |
| $D_g$ | 528 | 528 | 530 | 531 | 533 | 535 | 537 |
| $d_b$ | 495 | 495 | 495 | 495 | 495 | 495 | 495 |
| $c$ | 30 | 30 | 40 | 50 | 50 | 50 | 50 |
| $b$ | 25 | 25 | 26 | 29 | 31 | 33 | 34 |
| $R_1$ | 95 | 95 | 100 | 120 | 120 | 130 | 135 |
| $R_2$ | 13 | 13 | 15 | 24 | 22 | 22 | 27 |
| $R_3$ | 16 | 16 | 19 | 25 | 25 | 23 | 27 |
| $B_s$ | 270～340 | 340～420 | 385～470 | 415～505 | 465～560 | 540～600 | 470～570 |
| 盖板宽度 | 200 | 250 | 280 | 300 | 320 | 350 | 350 |

## （五）外胎材料分布图绘制

外胎材料分布图包括成品外胎断面材料分布、成型机头上材料分布和半成品胎面胶断面形状及尺寸三个部分，见图 2-20。

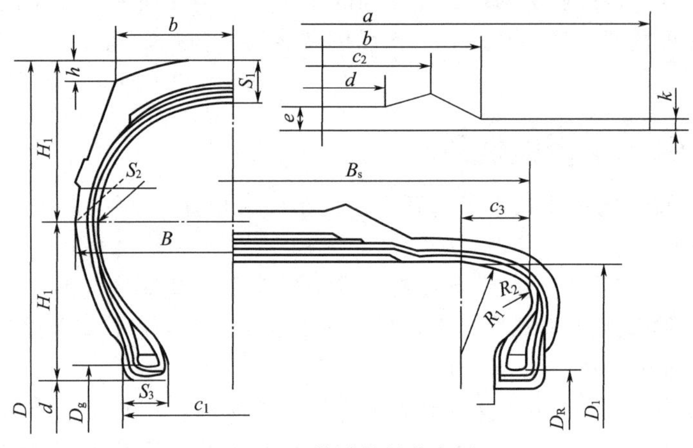

图 2-20　外胎材料分布图

成品外胎断面材料分布图在外胎技术设计阶段完成，绘制出外胎断面外轮廓、内轮廓和各部件的结构、分布及帘布包边差级位置。成品外胎断面材料分布图是绘制机头上半成品材料分布图的基础，而半成品材料分布及半成品胎面胶断面尺寸又是制订外胎施工表的依据。在绘制半成品外胎材料分布图时，必须完成成型机头肩部曲线设计及机头宽度的计算。由此可见，外胎材料分布图是轮胎设计的重要技术图。

## （六）外胎施工标准表设计

### 1. 半成品外胎胎面胶形状及尺寸

（1）实心胎面胶体积计算　在成品外胎材料分布图上，运用几何法计算出胎面胶实心体积。即将成品胎面胶分成各种不同的几何形状，如三角形、平行四边形、长方形和梯形。求出各几何图形面积 $A$ 及其重心直径 $D$，见图 2-21。根据图中各几何形状的面积 $A$ 和其重心直径 $D$，应用公式求出各几何形状所需胶料的体积 $V(V=\pi DA)$，则胎面胶实心体积 $=2\sum V$。

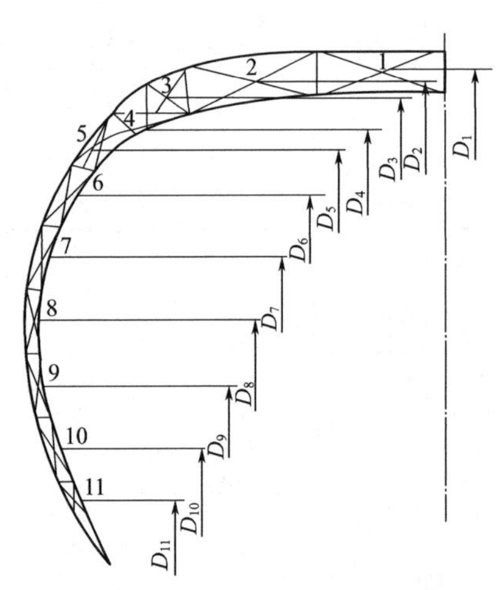

图 2-21　胎面胶实心体积计算图

（2）胎面花纹沟体积计算　运用几何法计算出胎面花纹沟所占的总体积，利用外胎断面材料分布图及外胎总图中胎面花纹展开图为计算依据。

① 花纹沟体积计算方法　采用外胎 $\frac{1}{2}$ 断面计算一周节的花纹沟体积。花纹沟体积 $V'$ 等于花纹沟宽度、花纹沟长度和花纹沟深度的乘积，或等于花纹沟面积与花纹沟深度的乘积。也可将花纹沟截断面分成梯形和半圆形或长方形计算花纹沟断面面积，乘以花纹沟长度即求出相应的体积 $V'$。

② 花纹沟总体积计算方法　将上述计算的一周节花纹沟体积之和乘以花纹周节数即为花纹沟总体积，计算公

式如 $2\sum V'=2$[周节数$\times(A_1+A_2+A_3+\cdots+A_n)\times$花纹沟深度]。

③ 成品胎面胶实际体积计算　将实心胎面胶体积减去花纹沟总体积，即为成品胎面胶实际体积，可表示为 $2\sum V-2\sum V'$。

(3) 半成品胎面胶体积计算

① 半成品胎面胶断面形状及尺寸应根据成品胎面胶断面而定，见图 2-22。一般半成品胎面胶冠部宽度 $c_2$ 应小于成品行驶面宽度 $b$ 以保证在硫化时，冠部胶料向两侧胎肩流动。此值的确定应视轮胎花纹类型相断面形状的不同而异，比如普通花纹轮胎的半成品胎面胶冠部宽度 $c_2$ 约为成品行驶面宽度 $b$ 的 88%～99%。断面高宽比小于 1 的轮胎，半成品胎面胶冠部宽度 $c_2$ 与成品行驶面 $b$ 值可接近相等。半成品胎面胶总宽度等于成型机头宽度 $B_s$ 减去两倍的机头肩部宽度 $c_3$ 加上两倍的肩部相应曲线 $P_H$，再加上成型割边宽度 15～50mm。

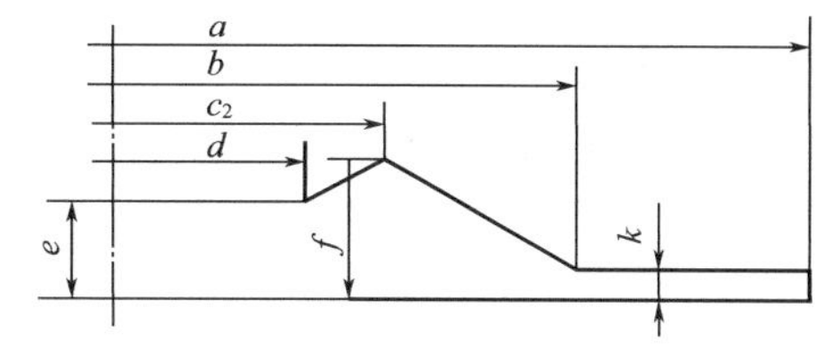

图 2-22　半成品胎面胶断面各部位尺寸

半成品胎面胶厚度分为中部、肩部和侧部三个部分，为避免硫化时胶料由胎肩部位向冠部倒流，造成缓冲层边部弯曲上卷和胎面花纹缺陷，因此半成品胎面胶中部厚度应稍大于成品胎面胶的冠部厚度，宽度略小于行驶面宽度，便于冠部胎面胶向肩部位置顺利流动。肩部厚度应根据轮胎花纹类型不同而定，普通花纹轮胎半成品胎肩部厚度一般稍大于中部厚度，越野花纹轮胎肩部与中部厚度可取相等数值。半成品胎侧胶厚度与成品相应部位厚度接近，略比成品胎侧厚度大 0.5～1.5mm。

② 半成品胎面胶成型长度应根据胎面胶成型方法而定。例如套筒法成型的胎面胶，为了便于成型操作和增大胎面胶与胎体的黏合力，胎面胶成型长度对机头上缓冲层外层周长应有一定的伸张，其伸张值为 1.08～1.15。

③ 半成品胎面胶体积计算应用几何图形法，将半成品胎面胶断面划分成不同形状的几何图形，求出其断面面积 $A$，再乘以半成品胎面胶的成型长度 $L$，等于半成品胎面胶体积，即 $V=AL$。半成品胎面胶在成型时需要割边，以保证成品外观质量，半成品胎面胶体积应大于成品胎面胶体积，约增大 2%。

## 2. 胎体帘布层宽度和长度的确定

① 宽度　在机头上半成品材料分配图上实测出各层帘布宽度，即各层帘布宽度等于成型机头宽度 $B_s$ 减去两倍的机头肩部宽度 $c_3$，加上两倍机头肩部曲线起点至帘布差级端点的实测宽度，再加上帘布层在制作过程中伸张变形需要的变化量 5～25mm，此值大小可视轮胎规格和成型方法确定，帘布宽度数值不宜取小数，末位数可为 0 或 5，便于工艺管理。

② 长度　胎体帘布层有套筒法和层贴法两种成型方法。套筒法成型的帘布需预先定长，可按帘布筒至成型机头直径的 5%～15%的伸张取值。成型前将两层或两层以上帘布贴合成帘布筒备用，第一帘布筒至最后一层帘布的帘布筒长度，根据帘布筒至机头的伸张求得。例如：

$$\text{第一帘布筒长度}=\frac{\pi D_c}{\delta'}=\pi D_1$$

式中　$D_c$——成型机头直径，mm；

$D_1$——第一帘布筒直径，mm；

$\delta'$——帘布筒成型工艺伸张值，一般为1.05～1.15。

如此类推，计算其他各层帘布筒长度均应采用相同的伸张值$\delta'$，机头直径$D_c$应加上前一层帘布筒两倍的厚度求得。为简化计算，可采用各层的长度按一定数量递增确定，以第一层帘布筒为基准，每增加一个帘布筒，无隔离胶层的帘布层长度递增3～5mm，有隔离胶层的帘布层长度递增5～8mm。

层贴法成型的帘布是通过供料装置，将帘布逐层直接送到成型机头上成型，此种成型法帘布对机头的伸张较小，约为2%，帘布层不必预先定长。

### 3. 缓冲层帘布宽度和长度的确定

（1）宽度　缓冲层位于胎冠部位，从半成品布筒变为成品缓冲层，宽度不受胎圈拉伸变化，不必考虑$\delta_1$值，其伸张变化只是帘布角度的变化，由帘线裁断角度$\alpha_0$变成胎冠角度$\beta_k$。角度的增大导致缓冲层帘布宽度的缩小，计算公式为：

$$半成品缓冲帘布宽度=成品缓冲帘布宽度\times\frac{\cos\alpha_0}{\cos\beta_k}$$

此外，可在成型机头上，根据成品外胎材料分布图缓冲层的等分段，求得半成品缓冲层相应各小段长度$\Delta S'$之和，再乘以2，即为缓冲层帘布的宽度，缓冲层帘布差级为5～15mm。

（2）长度　可采用计算帘布筒长度的方法求缓冲层帘布长度，也可用递增法确定，每层缓冲层帘布长度增加10～15mm，例如：

第一层缓冲层帘布长度=胎体最外一层帘布长度+(10～15)mm；

第二层缓冲层帘布长度=第一层缓冲层帘布长度+(10～15)mm。

若再增加缓冲层帘布，其长度则按上述规律递增计算。

缓冲层帘布上下胶片长度与缓冲层帘布相同，但宽度应将缓冲层帘布覆盖住，一般下缓冲胶片较第一层缓冲帘布宽30～50mm，上缓冲胶片较第一层缓冲帘布宽15～30mm。

### 4. 钢圈包布、胎圈包布（或密封胶）宽度和长度的确定

胎圈包布与钢圈包布裁断角度均为45°～60°，宽度可从材料分布图上实测求得，再加上3～5mm。胎圈包布（或密封胶）的长度，按其差级高度的平均直径计算。钢圈包布长度则按钢圈内直径计算。

上述半成品外胎各部件尺寸确定后，分别列入外胎施工表中，便于生产管理及统一加工标准。

## 四、普通轮胎内胎和垫带的结构设计

### （一）内胎的结构设计

内胎断面轮廓设计以成品外胎断面内轮廓为设计依据，要求内胎在使用过程中，断面各部位得以充分舒展伸张，保证内胎的使用寿命。

内胎充气时，外直径及断面均处于伸张状态，内直径部位受压缩而变形，装配在外胎上使用时，若伸张变形过大，会因胎壁过薄而降低内胎的使用寿命；若伸张变形过小，胎壁得不到充分伸张，会出现局部褶皱现象。因此，内胎的外直径、断面直径和内直径等主要设计参数，应在各部位对胎里相应部位的最佳伸张或压缩范围内选值。图2-23为内胎设计断面示意图。

## 1. 内胎外直径的确定

内胎外直径 $D_T$ 可通过外胎胎里直径 $D_K$ 和外胎胎里直径 $D_K$ 与内胎外直径 $D_T$ 的比值即伸张值 $D_K/D_T$ 求取，$D_K/D_T=1.02\sim1.05$。计算公式为：

$$D_T=\frac{D_K}{D_K/D_T}$$

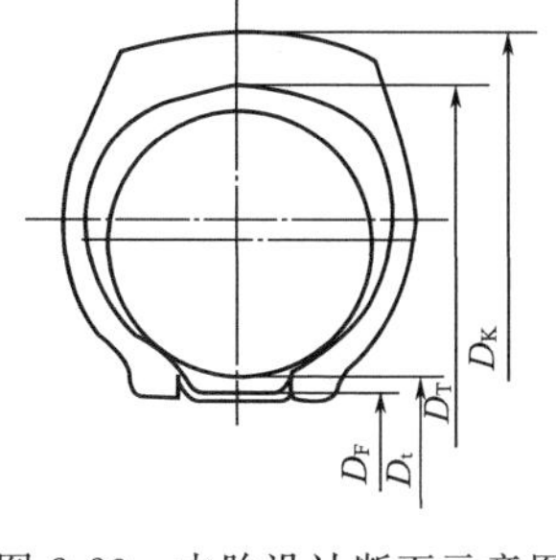


图 2-23　内胎设计断面示意图
$D_K$—外胎胎里直径；$D_T$—内胎外直径；$D_t$—内胎内直径；$D_F$—外胎着合直径 $d+2\times$ 垫带厚度（平底轮辋）

## 2. 内胎内直径$D_t$的确定

断面形状呈圆形的内胎居于外胎断面内腔中，内胎内直径大于胎趾直径至少 2mm，以免装配内胎时，被轮辋与胎圈接合处夹住。

内胎内直径 $D_t$ 可通过外胎着合直径 $D_F$ 和内胎内径收缩值 $D_t/D_F$ 求取，装配在平底式轮辋的 $D_t/D_F=1.02\sim1.05$，平底式轮辋的 $D_F$ 应为外贴着合直径 $d$ 加上两倍的垫带厚度；装配在深槽式轮辋的 $D_t/D_F=1.06\sim1.20$，深槽式轮辋不必使用垫带，$D_F$ 应为轮辋底槽直径。应用公式为：

$$D_t=D_F\times D_t/D_F$$

## 3. 内胎断面直径 $\phi$ 的确定

内胎断面直径 $\phi$ 用内胎外直径 $D_T$ 减去内胎内直径 $D_t$，再除以 2 求得。计算公式为：

$$\phi=\frac{D_T-D_t}{2}$$

内胎断面直径应通过内胎充气后断面周长伸张值 $L_K/L_T$ 验证，$L_T=\pi\phi$

$$L_K/L_T=1.10\sim1.20$$

式中　$L_K$——外胎断面内轮廓周长，mm；

$L_T$——内胎断面外轮廓周长，mm。

此值不宜超过 1.25，可根据内胎断面周长伸张范围调整内胎断面直径。

各种规格轮胎的内胎断面轮廓尺寸见表 2-15。

**表 2-15　内胎断面轮廓尺寸举例**

| 轮胎规格 | 外直径 /mm | 内直径 /mm | 断面直径 /mm | 外直径伸张值 | 内直径伸张值 | 断面周长伸张值 |
|---|---|---|---|---|---|---|
| 6.50-16 | 684 | 404 | 146 | 1.031 | 1.040 | 1.206 |
| 7.50-20 | 848 | 537 | 155.6 | 1.037 | 1.029 | 1.149 |
| 8.25-20 | 868 | 540 | 164 | 1.049 | 1.027 | 1.131 |
| 9.00-20 | 920 | 544 | 188 | 1.047 | 1.034 | 1.157 |
| 10.00-20 | 818 | 408 | 205 | 1.050 | 1.023 | 1.123 |
| 11.00-20 | 965 | 549 | 209 | 1.050 | 1.040 | 1.118 |
| 11.00-18 | 906 | 486 | 210 | 1.050 | 1.040 | 1.118 |
| 12.00-20 | 1009 | 551 | 229 | 1.050 | 1.044 | 1.113 |
| 12.00-22 | 1065 | 605 | 231 | 1.050 | 1.045 | 1.125 |
| 12.00-24 | 1085 | 650 | 215 | 1.050 | 1.032 | 1.183 |

## 4. 内胎胎壁厚度的确定

内胎壁厚度应根据轮胎规格大小和用途而选定，胎壁厚度增大虽然有利于胎体强度和气密性，但耗胶量增加而且生热量随之升高，影响内胎的使用寿命，一般控制内胎双层胎壁厚度的取值范围为：摩托车轮胎 3.0～5.0mm；轿车轮胎 3.0～5.0mm；中型载重轮胎 4.0～6.0mm；重型载重轮胎 6.0～8.0mm。

## 5. 气门嘴贴合位置

内胎所用气门嘴型号主要有 $TZ_1$ 型和 $TZ_2$ 型两种，如图 2-24 所示，根据轮胎规格和轮辋的结构不同选用。$TZ_1$ 型气门嘴用于平底式轮辋载重轮胎和工程轮胎的内胎上；$TZ_2$ 型气门嘴用于深槽式轿车轮胎、机动三轮车胎和拖拉机轮胎的内胎上。

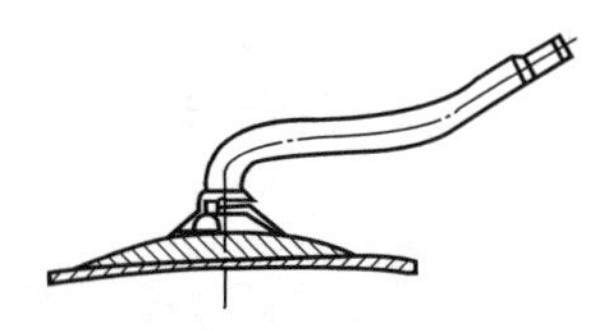

(a) $TZ_1$-45～$TZ_1$-178型气门嘴（A型圆底盘为28mm）

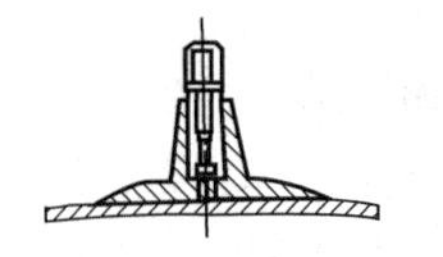

(b) $TZ_2$型气门嘴（带胶垫）

图 2-24　内胎气门嘴型号

平底式轮辋气门嘴孔位设于轮辋中心，因此内胎气门嘴贴合位置应位于内胎断面纵轴上。深槽式轮辋气门嘴孔位一般设在轮辋胎圈座拐弯处，气门嘴也应位于内胎的相应位置上。

## 6. 内胎排气线设计

因内胎为薄壁制品，只能采用排气线分布的设计方法，而不宜选用排气孔设计。排气线通常分布在内胎表面冠部圆周、着合面及断面方向上。不应设计过多、过密的排气线，以免使该处的内胎壁变薄，降低使用寿命，同时也给模型加工和清洁带来不便。排气线为宽 1～3mm、深 0.2～0.5mm 的沟纹，用来排除模型与内胎间残余的空气，防止内胎表面缺胶或疤痕的产生，同时在使用过程中，有助于排除外胎与内胎之间的空气，使内胎紧贴于胎里的表面。

## 7. 内胎模型内缘合缝位置的确定

内胎模型内缘合缝位置，又称为合模线位置。因内胎胎壁较薄，为防止硫化合模时内胎内周发生褶皱现象，用于平底式轮辋上的内胎模型内缘合模线位置，不宜设计在内胎断面内侧纵轴线上，如图 2-25 所示，合缝位置上升点高度与模腔断面圆心位置呈 25°～35°夹角或与水平线上升的 $AB$ 弧度长为 30～50mm，可根据轮胎规格而定，上升弧度过大会使操作不便。

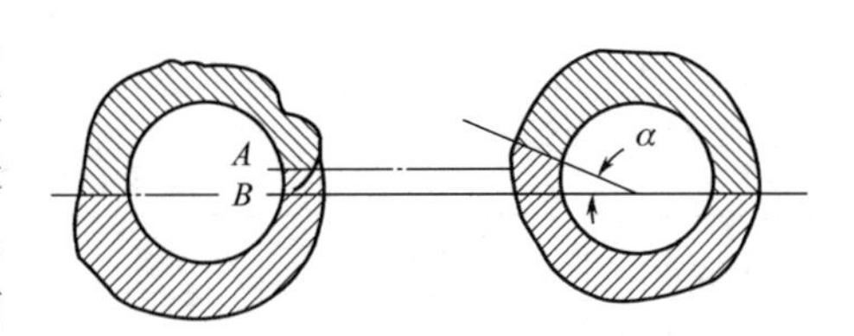


图 2-25　内胎硫化模型内缘合缝位置

使用探式轮辋的内胎，模型内缘合模线位置可设在气门嘴位置上，因其气门嘴不设在内胎断面纵轴位置上。

## 8. 内胎总图的绘制

内胎总图包括内胎断面轮廓与外胎的装配关系图，并标示出内胎各部位设计参数，内胎的外直径、内直径、气门嘴型号、排气线尺寸及分布位置等，见图 2-26。

## 9. 内胎的施工设计

(1) 内胎成型长度　半成品内胎成型长度应根据成品内胎断面中心直径及其直径伸张值计算确定，应用公式为：

$$L=\frac{(D_{\mathrm{T}}-\phi)\pi}{\text{内胎直径伸张值}}$$

式中　$L$——内胎成型长度，mm；

$D_{\mathrm{T}}$——成品内胎外直径，mm；

$\phi$——成品内胎断面直径，mm。

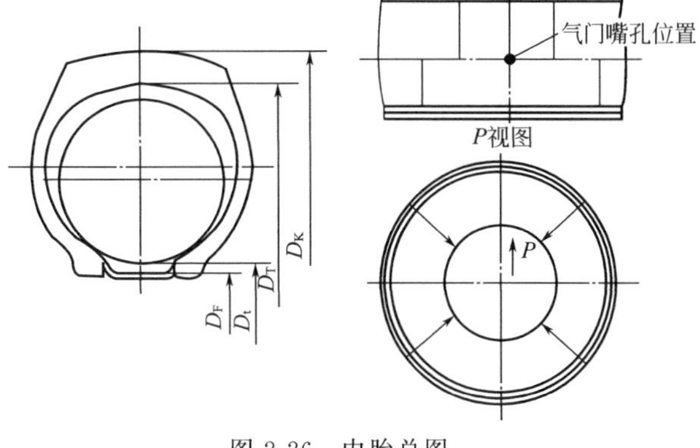


图 2-26　内胎总图

内胎直径伸张值即半成品内胎至成品内胎直径的伸张值大小为：大型载重轮胎为 1.20～1.30，中型载重轮胎及轿车轮胎为 1.15～1.20；摩托车轮胎为 1.05～1.10。该值应视轮胎断面和内径的大小而选取，断面大、内径小的轮胎宜选大值，断面小、内径大的轮胎宜选小值。常用规格举例见表 2-16。

表 2-16　内胎成型长度伸张值举例

| 轮胎规格 | 直径伸张值 | 轮胎规格 | 直径伸张值 |
|---|---|---|---|
| 7.50-20 | 1.175 | 12.00-22 | 1.223 |
| 9.00-20 | 1.200 | 12.00-24 | 1.174 |
| 11.00-20 | 1.216 | 10.00-15 | 1.280 |
| 12.00-20 | 1.241 | 9.75-18 | 1.235 |

(2) 半成品内胎平叠宽度　应以内胎断面直径及其断面周长伸张值计算确定，应用公式为：

$$B_{\mathrm{P}}=\frac{\pi\phi}{2\times\text{断面周长伸张值}}$$

式中　$B_{\mathrm{P}}$——半成品内胎平叠宽度，mm；

$\phi$——成品内胎断面直径，mm。

断面周长伸张值（半成品内胎至成品断面周长的伸张值）一般为 1.10～1.20，见表 2-17。

表 2-17　内胎断面平叠宽度伸张值举例

| 轮胎规格 | 断面周长伸张值 | 轮胎规格 | 断面周长伸张值 |
|---|---|---|---|
| 10.00-15 | 1.193 | 12.00-20 | 1.149 |
| 6.50-16 | 1.158 | 9.00-20 | 1.149 |
| 9.75-18 | 1.152 | 7.50-20 | 1.140 |
| 32×6 | 1.141 | 9.50-24 | 1.129 |

(3) 半成品内胎厚度　为保证成品内胎各部位厚度均匀一致，半成品内胎的冠部、着合部和侧部厚度均不相同。

① 半成品内胎冠部厚度 $t_{外}$（又称为上厚）　$t_{外}$ 为半成品内胎双层总厚度 $T$ 的 58%～62%。首先应求出其双层厚度 $t$。计算公式为：

$$t=\frac{V}{S}=\frac{V}{LB_{\mathrm{P}}}$$

$$V=\pi^2 D_m(r_1^2-r_2^2)$$

$$D=\frac{D_T+D_t}{2}$$

式中　$t$——半成品内胎双层厚度，mm；

$S$——半成品内胎平叠截面积，$mm^2$；

$L$——半成品内胎成型长度，mm；

$B_P$——半成品内胎平叠宽度，mm；

$V$——半成品内胎体积（与成品内胎体积相等），$mm^3$；

$D_m$——成品内胎平均直径，mm；

$D_T$——成品内胎外直径，mm；

$D_t$——成品内胎内直径，mm；

$r_1$——成品内胎断面外圆半径（$\phi_1/2$），mm；

$r_2$——成品内胎断面内圆半径（$\phi_2/2$），mm。

求出内胎双层厚度 $t$ 后，乘以胎壁厚度不均匀系数 $K$，即为半成品内胎双层总厚度 $T$。

因半成品内胎冠部厚度占总厚度 58%～62%，所以：

$$t_{外}=T\times(58\%\sim62\%)$$

② 半成品内胎着合面厚度 $t_{内}$（又称为下厚）　等于总厚度 $T$ 减去半成品内胎冠部厚度 $t_{外}$，即

$$t_{内}=T-t_{外}$$

③ 半成品内胎侧部厚度　介于冠部与着合部之间，可取冠部厚度和着合面厚度之和除以 2 计算确定，即

$$t_{侧}=\frac{t_{外}+t_{内}}{2}$$

（4）半成品内胎重量 $G_T$　计算公式为：

$$G_T=\frac{Vr}{1000}$$

式中　$r$——内胎胶料密度；

$V$——内胎体积；

$G_T$——半成品内胎重量。

（5）内胎气门嘴贴合位置　一般设在距离半成品内胎接头端部 200～250mm 处，其具体尺寸应根据轮胎类型、规格和生产操作而定。

（6）内胎定型圈设计　内胎定型圈是在内胎硫化前、用以充入压缩空气，使半成品内胎得以舒展定型的一种附属生产工具。内胎定型圈设计，关键在于定型圈着合直径及曲线形状的正确设计，它直接关系到内胎的硫化质量，设计不当，会造成内胎硫化褶皱和厚薄伸张不均等毛病。内胎定型圈断面曲线及技术参数见图 2-27。

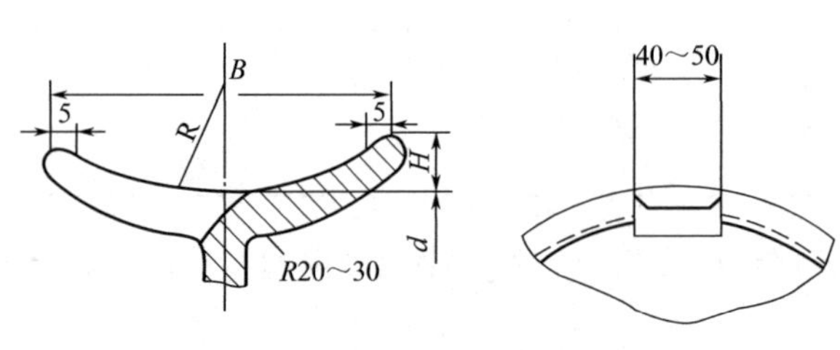


图 2-27　内胎立式定型圈

① 内胎定型圈着合直径设计　一般较内胎模型着合直径大 1%～2%，其直径伸张值为 1.01～1.02。此伸张值应视轮胎规格而定，断面大、内径小的轮胎，取值偏高，反之可取小值。表 2-18 为各种规格轮胎的内胎定型圈着合直径伸张值示例。

表 2-18　内胎定型圈着合直径伸张值示例

| 轮胎规格 | 伸张值 | 轮胎规格 | 伸张值 |
|---|---|---|---|
| 32×6 | 1.009 | 12.00-20 | 1.012 |
| 7.50-20 | 1.011 | 12.00-24 | 1.012 |
| 9.00-20 | 1.011 | 9.75-18 | 1.013 |
| 10.00-20 | 1.013 | 6.50-16 | 1.018 |
| 12.00-20 | 1.015 | 10.00-15 | 1.022 |

② 定型圈曲线设计　内胎定型圈可分为立式与卧式两种，其设计原则基本相同。以立式定型圈为例，定型圈曲线由着合弧度半径 $R$、曲线宽度 $B$ 和曲线深度 $H$ 所决定。一般采用经验公式计算求取：

$$R=(0.65\sim0.70)\times \text{内胎模型断面直径}\ \phi$$

$$B=(0.20\sim0.22)\times \text{内胎模型断面周长}(B\ \text{值一般小于}\ 100\text{mm})$$

$$H=R-\left[R^2-\left(\frac{B-10}{2}\right)\right]^{\frac{1}{2}}$$

确定 $H$ 值时，以保证半成品内胎定型操作方便为原则，不宜过深或过浅。

a. 标准针高度确定　为了便于统一装模前半成品内胎的尺寸，并防止因伸张不等，在硫化过程中造成内胎厚薄不均或产生褶皱等质量缺陷，在定型圈上应设标准针，标准针的高度应视内胎断面大小而定，一般为内胎模型断面直径 $\phi$ 值的 90%～95%。

b. 卧式定型圈的设计　卧式定型圈为平放式定型装置，适用于大型内胎定型，见图 2-28。保持内胎模型的中心距离，定型圈着合直径略大于内胎模型着合直径，而定型圈外径应略小于内胎模型外直径，便于装模。

## （二）垫带的结构设计

垫带的作用是保护内胎，一般平式轮辋装配的载重轮胎需用垫带，垫带按其断面形状不同分为平带式和有型式两种，平带式垫带适应性强，可适用于直径相同、宽度不同的两种轮辋上，因所耗原材料及成本较高，应用不广泛。有型式垫带如图 2-29 所示，能正确配置在轮胎中，安装方便，应用广泛。

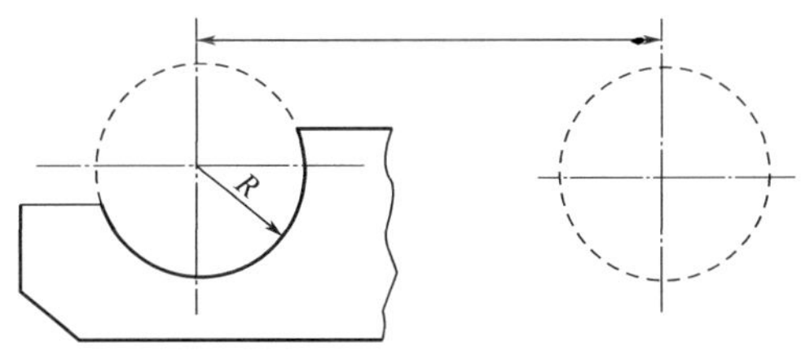


图 2-28　内胎卧式定型圈

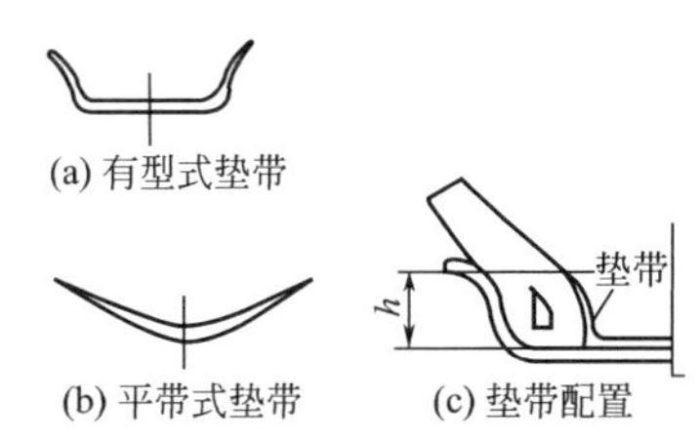


图 2-29　垫带断面形状及垫带配置

### 1. 垫带着合直径的确定

垫带着合直径大于轮辋直径，如图 2-30 所示，垫带着合直径 $D_t=(1.01\sim1.05)\times$轮辋直径。

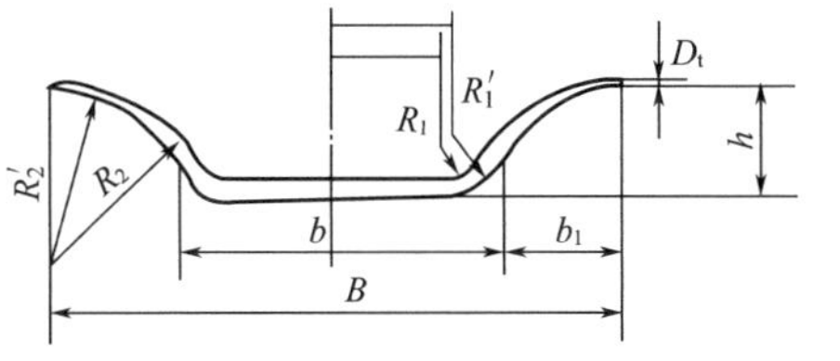

图 2-30　垫带尺寸

$D_t$—垫带着合直径；$B$—垫带总宽度；$b$—垫带着合宽度；$b_1$—垫带边缘宽度；$h$—垫带边缘高度；$R_1$, $R_1'$, $R_2$, $R_2'$—垫带曲线各部位弧度半径

### 2. 垫带宽度的确定

① 垫带总宽度 $B$ 是垫带断面最大的宽度，等于垫带着合宽度 $b$ 加上两侧边缘宽度 $b_1$。

$$B=b+2b_1$$

② 垫带着合宽度 $b$ 等于轮辋宽度 $c$ 减去两倍外胎胎圈宽度。

③ 垫带边缘宽度 $b_1$ 应按垫带和外胎配置图而定。边缘高度不宜超过轮辋边缘高度，以免因外胎的变形而磨损内胎。

#### 3. 垫带厚度的确定

垫带厚度视轮胎规格而定，一般垫带中部厚度在 4～10mm，两侧边缘逐渐减薄，边缘厚度越薄越好，应小于 1.5mm，甚至趋于 0，与胎圈内缘相应部位均匀接合。

#### 4. 垫带曲线设计

垫带各部位厚度、宽度确定后，应以不同弧度相连，形成垫带曲线。垫带肩部弧度半径 $R_1$ 和 $R_1'$ 通常为 10～20mm，两侧边缘弧度半径 $R_2$、$R_2'$ 的数值和圆心位置应略小于胎圈内缘相应尺寸，使垫带边缘压贴在胎圈上。

#### 5. 垫带气门嘴孔眼尺寸的确定

因内胎气门嘴需要穿过垫带进入轮辋，气门嘴孔应设在垫带中部，约为 8mm，与气门嘴外径尺寸相符。

#### 6. 半成品垫带施工设计

根据成品与半成品垫带体积相等的原则，求出垫带总体积后，即可算出半成品长度、截面积和重量。

（1）半成品垫带长度 $L_f$ 计算公式为：

$$L_f=\frac{\pi D_t}{1.03\sim1.06}$$

式中 $L_f$——半成品垫带长度，mm；

$D_t$——成品垫带着合直径，mm；

1.03～1.06——长度伸张值。

（2）半成品垫带宽度 垫带用硫化机硫化，半成品垫带截面积为长方形的胶条，其截断面宽度为成品垫带着合宽度 $b$ 的一半。

（3）半成品垫带厚度 半成品垫带截断面厚度即半成品垫带厚度，计算公式为：

$$半成品截断面厚度=\frac{成品垫带体积}{半成品垫带长度\times宽度}$$

（4）半成品垫带重量 计算公式为：

$$半成品垫带重量=成品垫带体积\times胶料密度\times(1.01\sim1.02)$$

## 第二节 普通轮胎的制造工艺

### 一、普通轮胎外胎的制造工艺

#### （一）外胎的制造工艺流程

轮胎外胎制造工艺流程主要包括如下工序：胶料混塑炼、胎体帘帆布压延、胎面压出、胶帘帆布裁断、钢丝圈制造、贴合、成型、硫化等。斜交外胎制造工艺流程如图 2-31 所示。

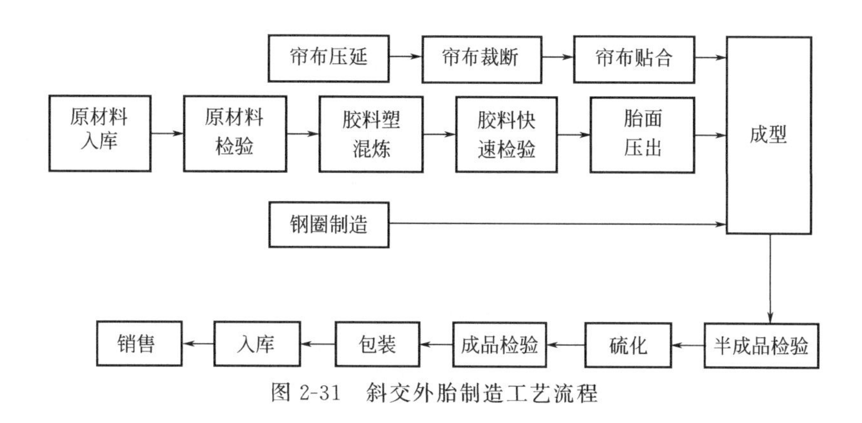

图 2-31　斜交外胎制造工艺流程

## （二）外胎成型前的准备工艺

### 1. 外胎半成品胎面的制造

（1）半成品胎面的结构形式　胎面的胎冠和胎侧的作用不同，胶料的性能要求不同。一般有如下几种形式：

① 一方一块　胎面为一种配方的胶料整块压出。这种形式结构简单、制造方便。但胎面各部位性能不如多方多块式。

② 两方两块　由胎冠、胎侧两种配方分为两部件压出，见图 2-32(a)。

③ 两方三块　由胎冠、胎侧两种配方分为两侧与冠部三个部件压出，见图 2-32(b)。

④ 三方四块　由胎冠、胎侧、基部胶三种配方分为四部分压出，见图 2-32(c)。

⑤ 四方五块　在三方四块基础上发展的，即在基部胶下增加一层缓冲胶层。

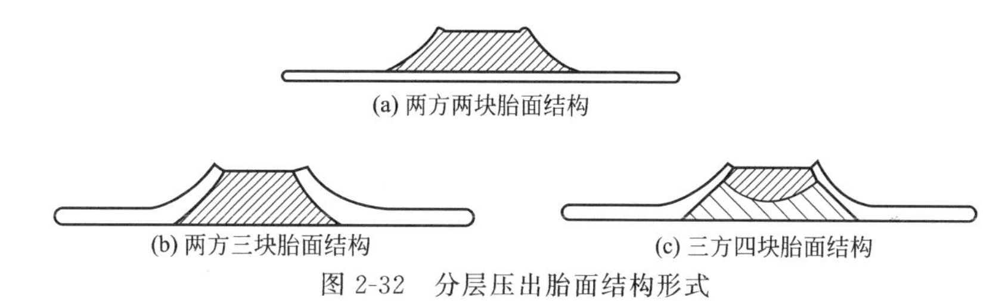
(a) 两方两块胎面结构

(b) 两方三块胎面结构　(c) 三方四块胎面结构

图 2-32　分层压出胎面结构形式

（2）胎面压出方法　外胎半成品胎面采用挤出机压出的方法制造。外胎胎面规格大而厚，宽度大，性能要求高，同时要求胶料致密性好、无气泡，规格和形状准确。挤出机压出方法不但能保证半成品胎面的性能要求，而且可制造由多种不同胶料组合的复合胎面，压出操作简便，更换胎面规格迅速，能组成机械化、自动化的生产流水作业线；提高生产效率及科学管理水平。

① 胎面压出按设备分为热喂料挤出法与冷喂料挤出法。

a. 常用的热喂料挤出机规格为 $\phi$150mm、$\phi$200mm、$\phi$250mm 等，挤出机的挤压能力随着螺杆直径大小而变化，对半成品胎面致密性影响较大。一般螺杆直径越大，挤压能力越大，压出胎面宽度也越大，胎面压出的最大宽度可根据螺杆直径乘以系数 3.2～3.4 的算式确定。

b. 冷喂料挤出机与热喂料挤出机的主要区别是挤出机螺杆长径比 $L/D$ 不同。热喂料挤出机 $L/D$ 为 3～8，冷喂料挤出机 $L/D$ 可达 8～17，相当于热喂料挤出机的两倍以上，由于其螺杆和机筒长度大，需分段加工，螺杆形状也不同，不必经热炼而直接压出；压出尺寸稳定，功率比热喂料挤出机高2～3倍，生产效率可高达50%。

② 按胎面压出方法分为整体压出法与分层压出法。

a. 单层整体压出采用一种配方的胶料，通过一台挤出机压出一种胶料配方的胎面半成品。这种方法虽然管理方便，但不能充分发挥胎面各部位胶料的作用，只适于制造小规格轮胎及小型工厂采用。

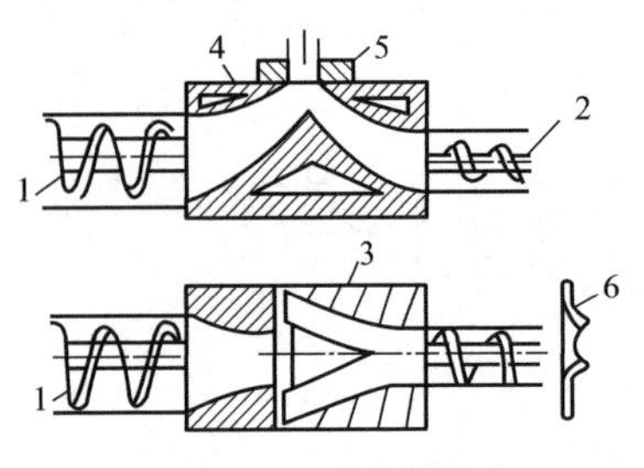


图 2-33　两种胶料复合机头压出过程

1—螺杆直径为200mm的挤出机；2—螺杆直径为150mm的挤出机；3—机头平面图；4—机头剖面图；5—压出口型样板；6—胎冠、胎侧两种胶料组成的胎面

b. 分层压出采用两种或三种不同配方分别制成胎冠和胎侧胶料，有机外复合法和机内复合法两种压出方法。机外复合法是通过两台或三台挤出机压出，利用运输带上辊压热贴的方法组合成半成品胎面。机内复合法又称复合机头挤出机法。复合挤出机是由两台或三台挤出机通过一个复合压出机头压出一整体胎面。这种复合机头装卸比较容易，由于采用液压系统控制，更换胎面口型板及更换胶料所用时间较短。复合机头压出过程见图2-33。

（3）胎面压出工艺条件

① 胎面压出工艺流程　胎面压出工艺有热喂料压出和冷喂料压出两种。

a. 热喂料压出工艺流程为：热炼→压出→贴合→称量→冷却→自动打印（规格、标记）→打磨→自动定长→裁断→检验→存放。除热炼工艺在热炼机上完成外，其他工序由挤出机联动装置流水作业完成。

b. 冷喂料压出工艺采用复合压出，工艺流程为：割条→冷喂料→复合压出→输送（自然冷却）→收缩辊道→预称量、扫描（各部位尺寸）→冷却→自动打印→自动定长→裁断→称量→检验→存放。

有些生产线增加胎面打毛或在打磨机上打毛后再喷涂胶浆，以提高胎面与胎体的黏合性。

② 胎面压出工艺条件

a. 热炼　采用热喂料压出胶料需要热炼，胶料热炼质量与开炼机的辊温、辊距、容量有关，供胶时要求稳定操作条件。热炼工艺条件见表2-19。

**表 2-19　胎面胶热炼工艺条件**

| 用途 | 规格/mm | 容量/kg | 前辊温/℃ | 后辊温/℃ | 辊距/mm | 捣炼形式 |
|---|---|---|---|---|---|---|
| 粗炼 | 560 | 190 | 60±5 | 55±5 | 16以下 | 自动捣炼 |
| 细炼 | 460 | 120 | 70±5 | 65±5 | 12以下 | 自动捣炼 |
| 供条 | 460 | 适量 | 70±5 | 65±5 | 10以下 | 自动捣炼 |

注：1. 自动捣炼一般通过次数不少于3次。

2. 供胶条宽度可根据不同规格，自动调节供胶量。

b. 压出温度　挤出机各部位温度对胶料压出的流动性有直接影响，不但使压出速度及口型部位胶料变形系数发生变化，同时影响胎面的压出质量。

胎面压出前，首先预热机头、机身及口形板，供胶温度控制在80～90℃左右。挤出机各部位温度根据不同胶料可加以调整，通常是口型板温度最高，机头次之，机筒最低，这样可使压出的胎面半成品表面光滑，尺寸稳定，减少胶料的膨胀变形。一般挤出机机筒温度为(40±5)℃，机头温度为（80±5)℃，口型板温度为（85±5)℃，不应超过100℃，排胶温度应小于120℃。冷喂料复合压出机各部位温度如表2-20所示。

表 2-20　冷喂料复合压出机各部位温度示例

| 项目 | QSM200/K-18D | QSM150/K-16D | QSM120/K-16D |
|---|---|---|---|
| 胶片预热温度/℃<br>胶片宽度/mm<br>胶片厚度/mm | 35～45<br>800±20<br>8～10 | 35～45<br>600±20<br>8～10 | 35～45<br>300±20<br>8～10 |
| 螺杆温度/℃<br>第一加热区温度/℃<br>第二加热区温度/℃<br>第三加热区温度/℃ | 80±5<br>60±5<br>70±5<br>70±5 | 80±5<br>60±5<br>70±5 | 80±5<br>60±5<br>70±5 |
| 机头温度/℃ | 90 | | |
| 口型板温度/℃ | 80±5 | | |
| 排胶温度/℃ | 120 以下 | | |

c. 压出速率　挤出机压出速度直接影响胎面半成品的规格及致密性，压出速率快，胎面半成品膨胀率及收缩率增大，表面粗糙；压出速率慢，半成品表面光滑，保证胎面压出质量。因此，在保证质量及产量的前提下，应尽可能降低压出速率。

压出速率即单位时间内压出长度（m/min）。压出速率的快慢取决于挤出机的螺杆转速，一般转速范围在 30～50r/min 时，压出速率为 4～12m/min。压出速率的快慢根据轮胎规格而定，大规格胎面压出速率应比小规格胎面压出速率慢。压出速率还与生胶品种、胶料含胶率、可塑度、压出温度等因素有关，天然橡胶胎面压出速率应比合成胶胎面压出速率慢。9.00-20 轮胎全天然胶胎面的压出速率 5m/min，相当于掺用 30%丁苯胶胎面的压出速度 5.5m/min 和掺用 50%顺丁胶胎面的压出速率 6.0m/min 的压出效果。

挤出机的压出速率应与压出联动装置运输带的工作速率相配合，调节联动装置的速度，可以控制半成品胎面厚度和宽度。冷喂料复合压出机螺杆最大转速，QSM200 为 32r/min，OSM150 为 40r/min，QSM120 为 50r/min。

d. 冷却　半成品胎面的冷却程度影响压出质量。胎面胶压出离开口型时，胶温高达 120℃以上，极易产生热变形，加速其收缩定型，影响规格尺寸的稳定性，同时在存放过程中容易焦烧，因此，必须将胶温降至 40℃以下，才能获得充分冷却。热喂料压出法的胎面压出后，通常采用水槽或喷淋等方法冷却半成品胎面。冷却过程中，为防止压出胶料因骤冷而引起局部收缩及喷霜，水槽宜用分段逐步冷却方法，水槽长度不应过短，可高达 100m 以上，第一段冷却水温度稍高，约为 40℃，第二段冷却水温度略低，第三段冷却水温度最低，可降到 20℃左右，对半成品胎面的存放有利。喷淋法冷却胎面效率较高，但冷却水温度要求低于 20℃，以 12～15℃为宜。

冷喂料复合压出机在胎面压出后，首先自然冷却，再经收缩辊道定型，进入冷却水槽，其中喷淋冷却 25m，浸泡冷却 100m。

（4）胎面压出常见的质量缺陷及产生原因

① 表面不光滑　产生原因：热炼温度低，热炼不均匀；压出温度过低；胶料焦烧；压出速度过快，联动装置速度与之不匹配。

② 胎面内部有气孔　产生原因：原材料中水分或挥发物多；热炼工艺不当，夹入空气；压出温度过高；压出速度过快，供胶不足。

③ 胎面断面尺寸、重量不符合要求　产生原因：压出口型板安装不正；口型板变形；热炼温度和压出温度掌握不正；压出速度不均匀或联动装置配合不当；压出后冷却不足；热炼不充分。

④ 焦烧　产生原因：胶料配方设计不当，焦烧性能差；热炼和压出温度过高；机头中有积胶、死角或冷却水不通；供胶中断；空车滞料。

⑤ 断边　产生原因：热炼不足，胶料可塑性小；胶料焦烧；胎面口型边部流胶口小或堵塞；机头、口型板温度低。

## 2. 胎体帘帆布的压延

帘帆布是胎体的骨架材料，采用压延挂胶方法将胶料附在帘帆布上，使帘线之间和布层之间附上一定量胶料，提高附着性能，组成具有一定弹性、一定强度的胎体。同时可降低帘线与布层之间的摩擦和生热，提高轮胎的耐动态疲劳性能。

（1）压延设备　轮胎帘帆布挂胶常用四辊压延机和三辊压延机，四辊压延机用于帘帆布贴胶或胶片的贴合，常用的为 L 形或 T 形，适宜人工供胶。由于上辊、中辊、下辊排列在同一垂线上，供胶时胶料对辊筒的横压力使中辊产生弯曲，影响压延厚度的均匀性，可采用 Z 形或 S 形压延机。与 L 形、T 形的辊筒排列形式不同，供料辊距和压延工作辊距不在同一平面内，减少供胶辊横压力对辊距的影响，不但可提高压延精度，而且便于实现供胶机械化，四辊压延机的几种形式见图 2-34。三辊压延机用于胶料压片或帘帆布擦胶和贴胶。

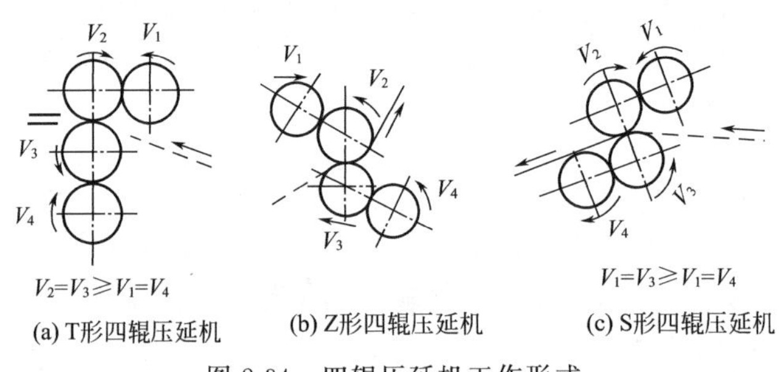

(a) T形四辊压延机　(b) Z形四辊压延机　(c) S形四辊压延机

图 2-34　四辊压延机工作形式

（2）压延工艺方法　轮胎所用人造丝或尼龙帘布通常采用压力贴胶的挂胶方法，帘布通过速度相等的两个辊筒，利用辊筒间隙余胶的挤压力使胶料渗入帘线中，这种方法渗透性好，黏合强度大。影响压延精度的因素很多，如供胶胶料可塑性及温度、压延辊筒温度、辊筒速度、帘布的含水率及张力等。供胶温度应保持均匀稳定，一般约 90℃。压延机辊筒温度，上辊、中辊为（100±5）℃，旁辊、下辊为（95±5）℃。用 $V_1$、$V_2$、$V_3$、$V_4$ 表示旁轴、上辊、中辊和下辊的速度，辊筒速度之间的关系：贴胶时帘布通过的上辊、中辊速度必须相等，旁辊与下辊速度相等；两面贴胶时，则彼此关系为 $V_2=V_3\geqslant V_1=V_4$，即 $V_1:V_2:V_3:V_4=1:1.4:1.4:1$。帘布压延前不但要求含水率在 1%～2%范围内，而且要求帘布温度保持在 70℃左右，帘线的张力约为 5.88～6.86N/根。

在压延过程中，尼龙帘线受热辊筒和热胶料作用，仍会产生热收缩变形，因此，压延过程中的张力值，必须等于或高于帘线的热收缩值，使帘线保持热伸张状态。通常帘布进入压延机前，施加的张力称为前张力区，帘布覆胶后施加的张力称为后张力区。通过压延机辊筒与干燥辊筒、冷却辊筒的速度差，产生对帘线的拉伸张力，从覆胶至冷却过程始终保持一定的张力，张力在 1.5kN/根左右。

压延后的帘线，定伸值略有增加，只因帘线在压延过程中仍有微量收缩所致，但收缩量可随压延张力的加大而减小。一般当压延张力达到 9.8～14.7N/根时，压延后帘布基本不收缩，也不会影响帘线的力学性能。

帆布是由相同密度的经纬线组成，布质致密，可采用两面擦胶或压力贴胶的压延方法，也可采用单台三辊压延机分次两面擦胶，一般多采用中辊包胶擦胶法，利用两辊筒之间线速度不相等，既有挤压力也有剪切力作用，对织布渗透及黏着有利。用于胎圈包布的有尼龙帆布 VRC-120、维纶帆布或 21S/8X8 棉帆布；用于钢圈包布的有 21S/5X5 棉帆布或 VRC-75 维纶帆布；用于钢丝圈缠绕布有 2×2 或 1×1 的棉帆布或细布。

(3) 压延帘布挂胶厚度　压延帘布挂胶厚度根据帘线品种、规格及轮胎结构设计的要求确定，帘布上下要求厚薄均匀一致，不露白线而且表面压延厚度精确度要求很高，挂胶厚度超过标准时，耗胶量增大，胎体增厚使生热量加大，挂胶量不足时，造成帘布层间附着力下降而脱层损坏，一般帘布层上下挂胶厚度为 0.4～0.5mm，缓冲层上下挂胶厚度为 0.65～0.70mm。不同帘线品种规格挂胶帘布厚度见表 2-21，压延方法为两面贴胶。

**表 2-21　不同帘布挂胶帘布厚度**

| 浸胶热伸张尼龙(1400dtex/2) | 内层帘布/mm | 外层帘布/mm | 缓冲层帘布/mm |
|---|---|---|---|
| 帘线粗度 | 0.65 | 0.65 | 0.65 |
| 上胶片厚度 | 0.42 | 0.45 | 0.65 |
| 下胶片厚度 | 0.42 | 0.45 | 0.65 |
| 挂胶帘布总厚度 | 1.00 | 1.04 | 1.25 |
| 挂胶帘布使用厚度 | 1.07 | 1.15 | 1.35 |
| 浸胶热伸张尼龙(1870dtex/2) | 内层帘布/mm | 外层帘布/mm | 尼龙(930dtex/2) |
| 帘线粗度 | 0.75 | 0.75 | 0.55 |
| 上胶片厚度 | 0.47 | 0.50 | 0.65 |
| 下胶片厚度 | 0.47 | 0.50 | 0.65 |
| 挂胶帘布总厚度 | 1.11 | 1.11 | 0.93 |
| 挂胶帘布使用厚度 | 1.20 | 1.20 | 1.35 |

(4) 帘布压延工艺中常见的质量缺陷及产生原因

① 帘布掉皮、附着力差　产生原因：由于干燥不足，帘布含水率高；帘布表面不清洁或有油污；帘布本身温度低；胶料热炼不够，可塑度小；压延温度低或速度过快；辊距调节不当，压力不足等。

② 帘布出兜（即帘布中部松两边紧）　产生原因：由于帘布本身密度、捻度不均造成帘线伸长率不一致；帘布干燥不足，含水率高；下辊温度过高，胶料粘贴下辊使中部与边部帘线受力不均匀；中辊局部积胶过多等。

③ 帘布压坏　产生原因：由于操作配合不当如续布时两边速度不一致，辊距调节两边大小不等，胶料中掺有胶疙瘩等。

④ 帘线跳线、弯曲　产生原因：由于胶料热炼不足，胶料软硬程度不均匀；帘线受潮后伸张不一致，造成纬线松紧不等；中辊积胶过多，局部受力过大；卷取时布卷过松等。

⑤ 帘布褶皱　产生原因：由于压延速度和冷却辊速度不一致，两边续布操作不一致；帘布伸张不均匀或垫布卷取过松。

⑥ 压延帘布厚薄不均匀　产生原因：由于辊距调节不当，两边不等；辊温不稳定；压延速度与冷却速度配合不一致；胶料可塑度不均。

⑦ 表面粗糙　产生原因：由于热炼不足，胶料可塑度小或热炼不均，热炼、压延时辊温过高，造成胶料焦烧。

## 3. 胶帘、帆布的裁断

(1) 裁断工艺　胶帘、帆布在裁断机上按施工标准规定的角度、宽度裁断成半成品备用。在裁断工艺条件中必须严格控制好胶帘、帆布的裁断角度及裁断宽度。

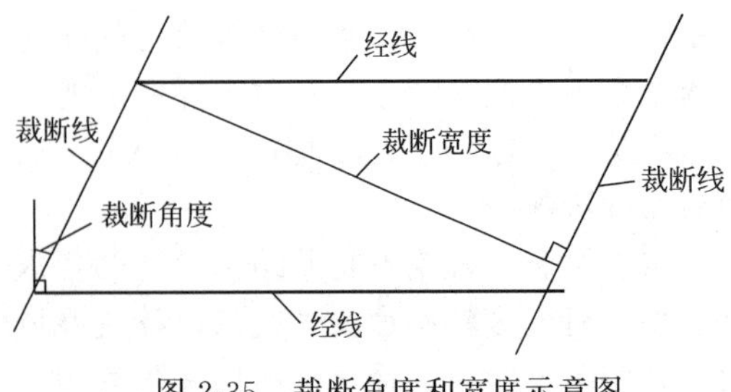

图 2-35　裁断角度和宽度示意图

① 裁断宽度　是指胶帘、帆布裁断过程中，两条裁断线之间的垂直距离，见图 2-35。不同规格轮胎胶帘布裁断宽度尺寸不同，同规格轮胎不同部位胶帘布宽度亦不尽相同。裁断精确度为 2～5mm。

② 裁断角度　是指胶帘、帆布裁断路线与经线的垂直线所构成的夹角，见图 2-35。普通轮胎胶帘布裁断角度一般为 30°～40°，胶帆布裁断角度一般为 40°～45°，胶帘布裁断角度精确度为 0.5°～1°。

（2）裁断设备　常用的裁断设备可分为卧式裁断机和立式裁断机两大类。

① 卧式裁断机　其送布装置有 8m、10m 和 12m 长短不同的三种规格，工作面大，精确度较高，适宜裁断胶帘布，只是生产效率较低，需进一步改进完善。

② 立式裁断机　为立式装置，占地面积小，刀架质量小，所以能作快速的往复运动，裁断效率较高，适用于裁断较窄的胶帘布，如钢圈包布、胎圈包布等。

## 4. 缓冲层的制造

普通轮胎缓冲层有两种结构形式。载重轮胎的缓冲层由缓冲胶片和挂胶帘布组成，按施工标准规定的长度，在工作台上或贴合机上贴合，将缓冲胶片覆盖于帘布上下，再贴成环形布筒，供成型外胎使用。轿车轮胎或小型轮胎的缓冲层是由纯胶层组成，纯胶片厚度和宽度根据施工标准用压延机压成，可直接贴到裁断后的外层帘布上使用，或待充分冷却，收缩后裁成一定长度的胶层，成型外胎时，贴在胎体外帘布上。

## 5. 帘布筒的制造

在专用贴合机上将裁断后的胶帘布制成多层的环形帘布筒，帘布筒的长度、宽度和角度按施工标准制定，多层贴合时帘布贴合差级要对称，贴合要牢固不存在气泡，同时避免接头位置重叠。多层贴合效率高。为了便于操作及保证成型质量，一般可由两层、三层或四层帘布彼此交叉贴合成帘布筒。常用的贴合设备称万能贴合机。万能贴合机有一可调节的活动辊，因此能制造各种不同规格的帘布筒。

## 6. 钢圈的制造

（1）钢丝圈制造工艺

① 工艺流程　钢丝→调直→浸酸处理→清洗余酸→热风吹干→压出→冷水冷却→卷层→成圈→切断→包口。

钢丝圈常用 19 号镀铜钢丝挂胶制成。挂胶前钢丝必须进行表面处理，清除油污杂质以保证与橡胶的黏着性能，处理过程中采用 25%盐酸浸洗 1～3s，再用 60～80℃热水清洗净，经 60～70℃热风吹干后才能进入 T 形机头挤出机进行挂胶；其机身温度为 40～50℃，机头温度为 70℃。钢丝压出后成为捻胶钢丝带，导入直径可调的卷成盘，按施工标准规定卷成一定层数的钢丝圈，然后切断，切断长度应保证钢丝带两端的搭接距离，使钢丝圈整体均匀牢固。

也有采用无酸处理的钢丝圈压出联动线，工艺流程为：钢丝→调直→擦拭盘→电预热→挤出机→牵引机冷却辊筒→存储装置→卷成盘缠卷→组成钢丝圈。

② 钢丝挤出机　又称 T 形挤出机，其构造原理与普通螺杆挤出机基本相同，只是机头

结构有区别，设备规格较小，螺杆直径一般为 $\phi$50～65mm。

（2）三角胶条制造　三角胶条是填充胎圈空隙部位的胶条，可用螺杆挤出机压出，压出口型类似三角形状。此外，也可采用压延机压型方法制造，其中压型辊可刻制成数条以上三角沟槽，生产效率较高。

（3）钢圈成型　钢圈成型是将钢丝圈、三角胶条和钢圈包布组成一体的工艺过程。常用钢圈包布机成型钢圈，首先将三角胶条粘贴在钢丝圈外圈上，然后用裁成 40°～50°角的钢圈包布顺钢丝圈内周向上直包，组成钢圈整体，包布两端保持一定差级，差级尺寸应符合施工标准的规定，粘贴牢固。

### （三）外胎的成型

外胎成型是在成型机上将胎面、缓冲层、胶帘布、胶帆布、钢圈按照施工标准依次贴合组成外胎胎坯的工艺过程。

#### 1. 成型设备

（1）根据成型鼓不同分　轮胎常用的成型机属折叠式成型机，成型机头可撑开也可折叠，方便外胎成型及卸落，应用广泛。通常采用半鼓式和半芯轮式成型机。

① 半鼓式成型机　其机头形状是中部平直，两边垂下，形如双肩，称为机头鼓肩。仅适用于成型单钢圈结构的轮胎，如轿车轮胎和小型轮胎。

② 半芯轮式成型机　其机头形状与成品外胎胎圈部位内缘轮廓相似。适用于成型双钢圈或多钢圈的载重轮胎和大型轮胎。

（2）根据成型机包边方式不同分　根据成型机包边方式不同又可分为机械包边、压辊包边和胶囊包边式轮胎成型机。我国普遍应用压辊包边式成型机。

压辊式成型机是由机箱、成型棒装置、帘布筒挂架、1 号帘布筒正包装置、压辊装置、后压辊装置、内外扣圈盘、卸胎装置、程序控制装置和成型机头等部件组成。其压辊包边装置主要是使用 1 号帘布筒的正包操作实现机械化，取代了手摇式的人工操作，降低劳动强度，此 1 号帘布筒正包装置位于成型机头两侧下方，由两组弹簧及压辊组成，弹簧压紧套在成型机头上的 1 号帘布筒，当成型机头回转时，摩擦带动弹簧带；利用大弹簧与帘布筒的速度差，将成型机头上外伸的帘布边不停地压倒，再由压辊将其压贴在鼓肩上。这种装置不但结构简单，生产效率高，同时可用于各种类型机头的成型机，如目前半鼓式、半芯轮式机头成型机基本是压辊包边式。

胶囊包边成型机较先进，利用胶囊充气膨胀来完成帘布筒的正包程序，这种正包法，使帘布随着胶囊的膨胀过程而逐渐增大，胎圈部位的帘布不会产生褶皱，同时两侧是胶囊反包器，利用胶囊充气作用完成帘布边的翻转、胎圈包卷、压贴等反包过程。

#### 2. 成型工艺方法

（1）套筒法　是指胶帘布预先制成帘布筒在成型机上成型的工艺方法。用于成型规格大、层数多、双钢圈以上的载重轮胎。成型前，预先将帘布筒、缓冲层布筒分别置于挂架上，钢圈安放在内、外扣圈盘上备用，胎面可接成筒状，也可直接在机头上接口。

（2）层贴法　是指胶帘布不必预先制成帘布筒，单层胶帘布从专门供布架引出，直接在成型机机头贴合的成型方法。适用于成型规格小、层数少或单钢圈的轿车轮胎和小型轮胎。

由于轮胎结构及生产技术不断发展，胎体骨架材料采用高强度帘布，层数减少，用层贴法成型利于提高成型工艺的机械化、自动化程度，提高成型质量。它将逐步取代套筒式成型方法。

### 3. 成型工艺要求

成型工艺中出现的质量缺陷主要是因操作不当造成的，我国轮胎制造厂推行五正、五无、一牢操作法，目的是严格按成型工艺条件要求，保证成型质量。

（1）五正　是指帘布筒、缓冲层、胎面胶、钢圈和胎圈包布五大部分要摆正。不对称不但会影响轮胎的均匀性，而且造成局部应力增大而损坏。

（2）五无　是指无气泡、无褶皱、无杂质、无断线和无掉胶。

（3）一牢　是指各部件贴合要牢固。

## （四）外胎的硫化

### 1. 外胎硫化前的准备工作

（1）刷滑石粉

① 目的　在硫化过程中，防止胎里与水胎粘连；在定型时，便于水胎在胎胚内舒展，保证定型质量。

② 要求　各处要涂刷均匀，滑石粉干后才可扎眼。

（2）胎胚扎眼

① 目的　避免胎体内的气体未排尽而造成肩空、肩裂，尤其是尼龙轮胎导气性差须扎眼。

② 扎眼工艺　将定型前的胎坯置于扎眼机上，沿胎冠肩部切线位置下方刺扎眼一周，可按一定间距扎眼。

（3）胎坯预热和停放

① 目的　使成型时胎坯内部分残存的汽油得到充分挥发，隔离剂亦可充分干燥，增加外胎各部件间的黏合，避免定型时起泡或脱层，同时使胎坯柔软，便于定型；硫化时易于流动；填满模型，使外胎花纹清晰美观；预热胎坯还可缩短硫化时间。

② 工艺条件　存放胎坯不能与热源接触，应远离热源 0.5m 以上。可采用烘胎房蒸汽排管加温方法进行预热，温度保持在 40℃左右；时间为 4～12h，若室温在 25℃，停放时间增加为 20～92h，胎坯排放整齐，顺序使用。用远红外线专用设备预热，温度为 50～60℃，顶热时间可缩短至 2h 左右；此外，也可用高频率专用设备预热，温度为 60～80℃，预热时间仅需 10～15min。

（4）胎坯定型

① 目的　把成型后呈圆筒状的胎坯变成近似外胎轮廓。便于装入水胎进行硫化。若采用胶囊定型硫化机硫化外胎，则不必定型。

② 定型设备　通常应用万能空气定型机，其工作原理是利用压缩空气使外胎定型。定型时，先将水胎置于定型机上方的钩子上，利用空气塞柱内压缩空气的作用，将钩子升起，把水胎拉入上筒腔中，此时，可把胎坯放置在定型机工作台的下轮盘上，然后放下空气塞柱的上轮盘，紧压胎坯并向内充入压缩空气 98～294kPa。一般定型风压为大型轮胎不小于 440kPa，中型轮胎不小于 390kPa，小型轮胎不小于 245kPa。充气后再下压，上、下轮盘距离不应小于胎冠宽度，胎坯在空气压力作用下向外膨胀，外直径增大，断面宽缩小；水胎徐徐落下装入胎坯内，胎坯逐渐接近扁圆类似轮胎状，使水胎得以充分舒张，向水胎输入压缩空气的同时排出胎坯内空气，使水胎紧贴胎里达到定型目的，定形后的胎坯外周长比外胎硫化模型内轮廓周长约小 6%～8%，便于装模硫化。定型后水胎仍应充入少量压缩空气，保持其定型形状。

## 2. 外胎的硫化方法

按设备不同有罐式硫化机硫化、个体硫化机硫化和自动定型硫化机硫化三种方法。

(1) 罐式硫化机　罐式硫化机俗称立式水压硫化罐，罐体直径有 $\phi$1400mm、$\phi$1600mm、$\phi$1800mm、$\phi$2200mm、$\phi$2800mm 等规格。每组硫化罐周围配有一套运行辊道，并有装模、合模、启模和出胎等辅助装置，上方安装有吊车用以向罐内装卸模型。罐式硫化机罐体深，同时可多模型成组装罐，生产效率高，是沿用已久的硫化设备，只是辅助工序多，劳动强度大，机械化、自动化程度差，罐体因深度大，使上、下模型的温差增大。影响产品质量，消耗能量多，特别是对尼龙轮胎硫化后不能及时进行后充气冷却，也不适用于子午线轮胎硫化因而将被淘汰。罐式硫化机的构造见图 2-36 所示。

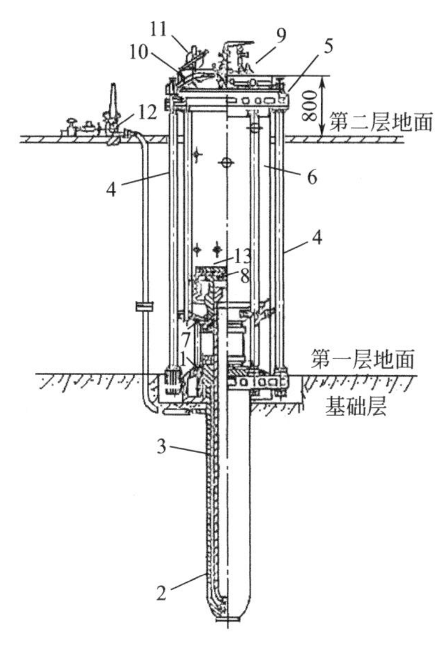


图 2-36　罐式硫化机的构造

1—机架；2—水筒；3—塞柱；4—圆柱；5—上横梁；6—罐体；7—罐底；8—升降面；9—罐盖；10—活动栓；11—安全阀；12—分配装置；13—平行盖

(2) 个体硫化机　个体硫化机有单模和双模两种，模型直接安装在机体上，可自动启模与合模，操作方便，易于自动控制，劳动强度低，只是占地面积大，设备投资费高，更换产品规格困难，生产效率较低。其硫化操作方法是用压缩空气清洁模型后，将装好水胎的胎坯放在硫化机的下模上，安上水胎嘴导管再合模，使循环水管道接通。然后往水胎输入过热水；往模型蒸汽室中送入蒸汽，逐步升温，恒温恒压进行硫化，硫化毕，充入冷却水内外冷却，排水卸压后再启模出胎，最后用拔胎机拔出水胎，整个硫化过程可用周程调整器自动控制。

(3) 自动定型硫化机　自动定型硫化机类似个体硫化机，是模型与机体组合、分单模或双模形式的硫化机，但它用胶囊代替水胎，胶囊呈筒状装在模型上，因此不必预先定型，硫化过程中装胎、定型、硫化、卸胎、后充气处理，全部自动化控制，是自动化程度很高的硫化设备，并有利于产品质量的提高。是当前国内外广泛应用的一种轮胎硫化设备，以机代罐已成为当前发展的必然趋势，自动定型硫化机按结构不同，一般分为 A 型及 B 型两种类型。

① A 型（Autoform）定型硫化机　所用的 A 型胶囊是两端不对称的胶筒，下端为开口端，固定在机体下模下方的储囊筒口上，上端为封闭端，中央有半圆状凹槽，用以定位和推顶方便。A 型定型硫化机在开模时，上模推顶器向下推顶，使胶囊从外胎中脱出，储存在储囊筒内，此时胶囊是翻入向下呈收藏状态，再借助推顶器扇形板的伸延卸胎和揭模。储囊筒有一套升降传动机构，可使储囊筒上升或下降，硫化外胎时，所用加热介质和冷却水是经储囊筒下部的导管输入，从储囊筒顶端圆孔斜注入胶囊内，进行加热相冷却。

A 型定型硫化机优点是没有复杂的中心机构和驱动中心机构的压力水缸及收缩胶囊的真空系统，比 B 型定型硫化机结构简单，维修简易，操作方便，卸胎、装胎可同时进行。缺点是因硫化机结构上的原因，胎坯在定型时，下胎圈部随胶囊的充气会向上移动，造成胶囊输入不均匀，尤其是硫化大型轮胎容易出现胎圈部一边大一边小的质量毛病。因此A型定型硫化机适用于中小型轮胎的硫化，我国尚未开始生产大规格的A型定型硫化机。

A型定型硫化机尼龙轮胎硫化条件见表2-22。

**表2-22　A型定型硫化机尼龙轮胎硫化条件**

| 规格 | | 6.00-13 | 6.50-16 | 7.50-14 |
|---|---|---|---|---|
| 内压 | 一次过热水/min | 1 | 1 | 1 |
| | 二次过热水循环/min | 31 | 33 | 34 |
| | 热排/min | 1 | 1 | 1 |
| | 冷却水/min | 1 | 1 | 1 |
| | 排余压/min | 2 | 2 | 2 |
| | 合计/min | 36 | 38 | 39 |
| 外压 | 恒温[(156±1)℃]/min | 36 | 38 | 39 |
| 后充气 | 压力/kPa | 245～275 | 490～539 | 353～382 |
| | 时间/min | 36×2 | 38×2 | 39×2 |

② B型（Bag-O-Matic）定型硫化机　所用的B型胶囊是两端开口相对称的胶筒，其中部粗，两端直径小，形如桶状。它的下端装在下半模上，由上、下夹持盘将胶囊固定在液压传动的中心机构上，上夹持盘安装在此中心机构的拉杆上，由于上下被固定，中心较稳定，胶囊在定型外胎时，不必翻转弯曲。硫化结束后，胶囊是在真空装置的作用下，从外胎中抽出。

B型定型硫化机比A型定型硫化机应用范围广，尤其适用于中型以上轮胎的硫化。B型定型硫化机尼龙轮胎硫化条件见表2-23。

**表2-23　B型定型硫化机尼龙轮胎硫化条件**

| 规格 | | 7.50-20-8PR | 9.00-20-8PR | 9.00-20-10PR |
|---|---|---|---|---|
| 内压 | 一次过热水/min | 2 | 2 | 2 |
| | 二次过热水循环/min | 50 | 59 | 63 |
| | 热排/min | 1 | 1 | 1 |
| | 冷却水/min | 3 | 3 | 3 |
| | 排余压/min | 2 | 2 | 2 |
| | 抽真实/min | 1 | 1 | 1 |
| | 合计/min | 59 | 68 | 72 |
| 外压 | 闭气/min | 5 | 5 | 5 |
| | 升温/min | 3 | 3 | 3 |
| | 恒温[(145±1)℃]/min | 46 | 55 | 59 |
| | 冷却水/min | | | |
| | 排余压/min | 5 | 5 | 5 |
| | 合计/min | 59 | 68 | 72 |
| 后充气 | 压力/kPa | 588～686 | 785～853 | 785～853 |
| | 时间/min | 59×2 | 68×2 | 72×2 |

注：9.00-20-8PR采用1870dtex/2尼龙帘线，9.00-20-10PR采用1400dtex/2尼龙帘线。

③ 自动定型硫化机工艺操作中的几点说明　定型硫化机集外胎定型与硫化于一机体上进行，成型后，胎坯内表面应涂刷隔离剂，干燥后才能进行装模硫化，硫化过程中工艺操作不同于普通常规的硫化方法。

a.配用装胎机构装胎，装胎机由机械手、横臂、传动部分及支座组成，安装在硫化机前，工作时机械手上的钩爪通过气缸活塞的作用，使钩爪缩小伸入外胎胎圈内，然后均匀伸开，把胎圈撑住，提升转入硫化机，套在胶囊上。

b. 外胎定型时，胶囊内输入饱和蒸汽，可使胶囊舒展张开，排出胎坯内腔的空气，同时进行外胎定型。采用二次定型方法，先充入 60kPa 左右的蒸汽压力使胎坯定型，然后将蒸汽压力提高至 80～120kPa 进行第二次定型，定型后，随即合模硫化外胎。确定定型所采用的蒸汽压力及其作用时间，应与硫化机合模时间相配合，同时应控制其定型高度，此时外胎应完全定型好，其外径与模型内径之间的间隙很小，一般以 5～10mm 为宜。

c. 尼龙轮胎后充气冷却，是解决尼龙轮胎热收缩变形的重要工序。尼龙轮胎在 100℃以上的温度下产生收缩，如果硫化后卸胎，处于内压去除的条件下冷却，帘线当即收缩变形，不但影响外胎外缘尺寸，而且使用时，胎体会胀大，导致胎面磨耗增大及花纹沟裂口。因此尼龙轮胎硫化后必须进行后充气冷却，使轮胎在保持一定压力状态下冷却，轮胎出模后，胎体温度较高，应迅速装在后充气装置中尽快充气，一般后充气压力应为轮胎使用内压的 1.2～1.6 倍，在恒压下冷却到 100℃以下，冷却时间视轮胎规格而定。轿车轮胎的层数少、胎体薄、冷却快，冷却时间可接近硫化周期，中大型轮胎通常冷却时间要长一些，为硫化周期的两倍。

#### 3. 外胎硫化常见的质量缺陷及产生原因

（1）胎侧裂口和重皮　常出现在胎侧部下方防水线附近或胎面接头处。其产生原因是：胶料流动性不好，半成品胎侧表面有油污或涂刷隔离剂过多，模型温度过高或硫化前胎坯在模型内停留时间过长，模型排气线设计不当使模型内有残留气体等。

（2）缺胶　常出现在胎侧部位和花纹胶块上。其产生原因是：模型排气孔或排气线设计不当，排气孔堵塞，水胎内压不足，胶料流动不好，模具有水分或不清洁等。

（3）起泡脱层　通常发生在胎肩和胎冠部位。其产生原因是：胎胚成型后停放时间过短，硫化内压不足或过热水温度下降导致欠硫，半成品胎面形状不合理或胶量不足，帘布层含水分太多或部件中残存空气，成型时布层间涂刷汽油过多，胶料沾有水分及油污等。

（4）花纹裂口、掉块　产生原因是：胎面过硫，启模时温度过高或操作不当，模具设计不合理。

（5）胎里裂缝和跳线　通常出现在第一、二层帘布上，帘线排列不规则、裂口或重叠。其产生原因是：胎坯里存有水分；油污或隔离剂过多，水胎冠部、嘴对应部位或接口处开漏，水胎被刺破；压延或成型时操作不当，造成帘布出兜、局部帘线伸张不均。

（6）子口出边　胎坯胎趾部位有挤出的胶布边称为子口出边，其产生原因是：胎坯胎圈部成型过松、过厚；水胎装放不正，钢丝圈直径设计过小；水胎牙子过宽或变形。

（7）钢丝折断　产生原因是：钢丝圈直径设计过小或胎圈底部压缩系数取值不当，成型操作不慎把钢圈扣歪斜，当硫化合模时极易压坏钢丝或硫化合模操作不注意。

## 二、普通轮胎内胎和垫带的制造工艺

### （一）内胎的制造工艺

内胎制造工艺包括胶垫气门嘴制造、胶料过滤、胎筒压出、内胎成型和内胎硫化等加工工序。

内胎工艺流程为：内胎胶热炼→过滤→加硫黄→下片、冷却→胶料热炼→压出胎筒→冷却、存放→成型（定长、粘贴气门嘴、接头）→定型→硫化→检验。

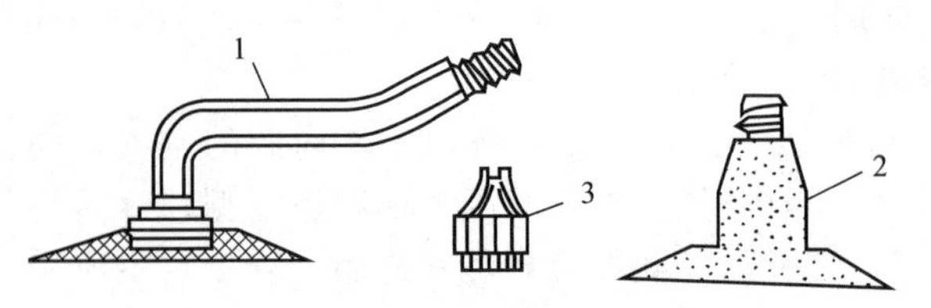


图 2-37 内胎气门嘴

1—载重汽车内胎气门嘴；2—轿车内胎气门嘴；3—气门嘴螺帽

轮胎气门嘴按结构不同可分为橡胶金属气门嘴、胶垫气门嘴和水气两用气门嘴三大类。常用的橡胶金属气门嘴属直管形，适用于轿车、摩托车和拖拉机内胎上；胶垫气门嘴属弯管形，用于载重汽车内胎上。水气两用气门嘴只用于专用车辆内胎上。无内胎轮胎的气门嘴可直接安装在轮胎上，称为轮辋气门嘴。图 2-37 为用于轿车及载重汽车上的内胎气门嘴。

## 1. 胶垫气门嘴的制造

气门嘴由黄铜制成，在与胶垫硫化前必须进行气门嘴表面处理，上下盘面打磨后，一般采用高浓度硝硫混合酸处理，也有个别使用碱洗工艺方法，再经 40～60℃温水漂洗，至 pH 试纸呈中性为止，烘干后即可使用，干燥箱温度 70℃，干燥时间 25min。从干燥箱取出后，应立即在气门嘴底座贴上胶垫，在平板硫化机上用模型硫化，制成半硫化状态的胶垫气门嘴备用。

## 2. 胶料的过滤

内胎壁薄，防止胶料含有杂质影响内胎的气密性和抗撕裂性，在加入硫黄前必须通过螺杆过滤机进行过滤，以保证胶料质量。过滤工艺条件为：热炼机为 407mm 开放式炼胶机；热炼辊温 50～60℃；滤胶机螺杆直径为 254mm；滤胶机头温度（70±5)℃；滤胶机身温度（50±5)℃；供胶温度 80℃以下；排胶温度不超过 135℃。滤网规格：外层滤网用 28 号筛孔，内层滤网用 40 号筛孔。滤出的胶料在开炼机上加入硫黄，胶温不超过 90℃，防止胶料焦烧。

## 3. 内胎胎筒的压出

一般采用螺杆挤出机的联动装置，同时完成内胎胎筒的压出、冷却、定长及裁断。

压出工艺条件为：供胶温度为天然胶 60～70℃，30％丁苯胶 65～80℃，丁基橡胶 80℃；压出机温度为：机身温度 50～60℃，机头温度 40～50℃，口型温度 75～80℃。压出后内胎胎筒因温度高，容易变形，必须充分冷却，定长、裁断后存放，存放可以消除应力，稳定尺寸，但存放时间不宜过长，通常约为 24h。

## 4. 内胎的成型

内胎成型包括内胎胎筒切头、贴胶垫气门嘴、切口接头等工序。内胎成型过程中，首先在胎筒着合面中心线旁距接头 200～250mm 处，用冲孔器冲一孔，清除四周隔离剂和水渍，再均匀涂擦汽油、胶浆，用钢丝刷打磨成黏胶状，待晾干后方可粘贴胶垫气门嘴。胶垫气门嘴使用前需将其底胶打磨。用汽油清除胶沫再涂刷胶浆，停放后，对准胎筒冲孔位置，压贴牢固。最后切口接头。接头方法可用手工对接或斜接压合，切口接头处胎筒内外表面必须洁净，再涂刷汽油增加其黏性，防止接头处裂口。电热刀温度一般为 200℃，切口接头后尽快用手按严。丁基胶尤为关键，因丁基胶自黏性能差，电热刀温度较高，以 230℃为宜，接头部位必须采用冷却方法处理以增加接头强度。冷冻条件为－7～－17℃冷冻 15min，或 0～4℃时冷冻 30min 再进行定型。冷冻部位应在接头位置的行驶面上，因成型时，行驶面伸张变形比着合面要大。

## 5. 内胎的硫化

内胎硫化采用模型夹套式的个体硫化机进行。硫化前在木质或铝制的定型圈上定型，定型时缓慢地充入较低的压缩空气，一般为 7.85～9.8kPa，随即将胎筒理平，使各部位均匀膨胀，保证内胎成品厚度一致。定型圈上有标准指针为尺度，用以控制内胎胎筒断面直径，定型时胎筒断面直径不宜膨胀过大，与硫化模型之间应保留适量的空隙，定型完毕，用易融蜡将气门嘴堵塞即可装模硫化。

硫化内胎采用内外蒸汽高温短时的硫化方法，小型内胎可用压缩空气为内压。天然胶内胎外压蒸汽一般为 490～510kPa，如 9.00-20 内胎硫化时间为 5min，放气 2min。全部采用程序控制来完成内胎硫化进气、排气、合模、启模全过程。丁基橡胶内胎硫化速度较慢，硫化温度应提高。如一般天然橡胶内胎硫化温度为 150～158℃，丁苯橡胶内胎为 164～167℃，而丁基橡胶内胎则为 170～184℃，丁基橡胶内胎硫化蒸汽压力为 686.5～784.5kPa 时，硫化时间为 10～11min。目前，内胎硫化已采用计算机联网控制。硫化内胎前后，宜采用硅油为模型隔离剂，便于卸胎并增加内胎表面光亮度。

## 6. 内胎生产常见的质量缺陷及产生原因

（1）胎壁厚薄不均　产生原因：压出时厚度不一致；定型时充气速度过快；装模操作太慢或合模时间长，造成下模胎筒胶料流动比上模快以致伸张变薄；半成品存放时间过长或胶料过软；半成品过宽或过窄等。

（2）接头裂口　产生原因：接头处粘上未擦净的滑石粉或隔离剂使接头搭接不牢固，定型或装模时，隔离剂掺入接口处，切口温度过高或过低。

（3）生成褶皱　产生原因是：检查半成品时操作不慎使周长增大，定型时充气量过大使胎筒断面直径大于模型断面直径。

（4）膨胀粗细不一致　产生原因：供胶速度快慢不一致，热炼胶软硬程度不均，供胶量不等。

（5）接头或气门嘴胶垫欠硫　产生原因：硫化时间稍有不足。

### （二）垫带的制造工艺

## 1. 垫带的半成品的制造

一般用 $\phi$150mm 螺杆挤出机压出方形胶条。冷却后再进行定长、斜坡切头、称量、涂胶浆接头、压实备用。

## 2. 垫带的硫化

通常用个体硫化机，由上、下、中模构成，模内刻有排气线，上、下模夹套可通蒸汽加热，下模与水压塞柱相连，控制模型的启合，合模后，用高压水顶住硫化模型进行硫化。硫化蒸汽压力一般为 588.4～686.5kPa，硫化时间约为 5～7min。目前已有采用水压注压硫化机以提高产品质量及生产效率，硫化温度为 158～164℃时，约为 8～5.5min。国外也有采用多模位注压机组硫化垫带，硫化温度高达 190～200℃，只需 1～2min。

## 3. 垫带常见质量缺陷及产生原因

（1）缺胶　是由于半成品重量不足，粘有滑石粉或隔离剂影响胶料的流动，模内排气沟设计不当等原因造成。

（2）气泡、孔眼　由于压出时胶料带有气孔，胶料含有水分或挥发物多所致。

（3）边缘不齐　由于半成品重量不足、排气沟设计不当、操作不慎使模型压偏所致。

## 思考题

1. 分组分别对 11.00-20、10.00-20、9.00-20、7.50-20、8.25-16、7.50-16、7.00-16、6.50-16 进行轮胎外胎技术性能确定、外轮廓设计、花纹设计、内轮廓设计、施工设计（项目作业）。
2. 绘出外胎断面示意图，并标出断面各部位代号，说明各代号的含义。
3. 简述外胎胎面花纹设计的基本要求及设计内容。
4. 简述外胎内轮廓设计内容。
5. 简述外胎施工设计内容。
6. 绘出 8 层、10 层、12 层轮胎的包圈示意图。
7. 轮胎常用的成型机头有几种类型？各有何特点？应如何选用？
8. 半鼓式成型机头肩部轮廓设计参数与半芯轮式肩部轮廓设计参数有何不同？
9. 简述半芯轮式成型机头肩部轮廓曲线设计程序，并绘制半芯轮式机头肩部曲线。
10. 何谓成型机头宽度？其宽度由哪些因素影响？
11. 轮胎外胎材料分布图包括哪些部分？
12. 简述内胎的设计内容。
13. 简述垫带的设计内容。
14. 画出轮胎的生产过程流程。
15. 轮胎胎面压出方法有几种？各有何特点？
16. 帘布压延质量缺陷常见的有几种？简述其产生原因？
17. 何谓胶帘布裁断角度和裁断宽度，精度如何？
18. 外胎常用成型操作方法有几种？各有何特点？
19. 外胎成型要求达到“五正、五无、一牢”，分别指什么？
20. 简述钢丝圈制备时工艺过程。
21. 尼龙轮胎为什么要进行后充气？一般工艺条件如何？
22. 简述内胎制造的工艺过程。
23. 简述垫带制造的工艺过程。

03

Chapter

# 第三章

# 子午线轮胎的结构设计与制造工艺

**学习目标**

通过学习掌握子午线轮胎的技术设计及施工设计方法；熟练了解子午线轮胎的构造和结构特点；掌握子午线轮胎的成型工艺；了解半成品部件准备及硫化工艺。

## 第一节　子午线轮胎的分类和组成

### 一、子午线轮胎的分类

#### 1. 按用途不同分类

目前子午线轮胎按轮胎用途来分，多数为轿车子午线轮胎、轻载子午线轮胎、载重子午线轮胎等；另外许多力车胎、工程胎、农业胎、工业胎也部分进行了子午化。

#### 2. 按所用骨架材料不同分类

（1）全钢丝子午线轮胎　子午线轮胎的带束层和帘布层均为钢丝材料制作。

（2）半钢丝子午线轮胎　子午线轮胎的带束层为钢丝材料制作，帘布层为纤维材料制作。

（3）全纤维子午线轮胎　子午线轮胎的带束层和帘布层均为纤维材料制作。

一般载重胎多数为全钢丝子午线轮胎，而轿车胎和轻卡胎多为半钢丝子午线轮胎或全纤维子午线轮胎。

### 二、子午线轮胎的组成

目前子午线轮胎的种类很多，下面主要以轿车子午线轮胎、轻载子午线轮胎、载重子午线轮胎为例介绍子午线轮胎的组成。

## 1. 轿车子午线轮胎的组成

轿车子午线轮胎由胎面、冠带层、带束层、胎体帘布层、气密层和胎圈等部分组成。轿车子午线轮胎的断面图见图 3-1。

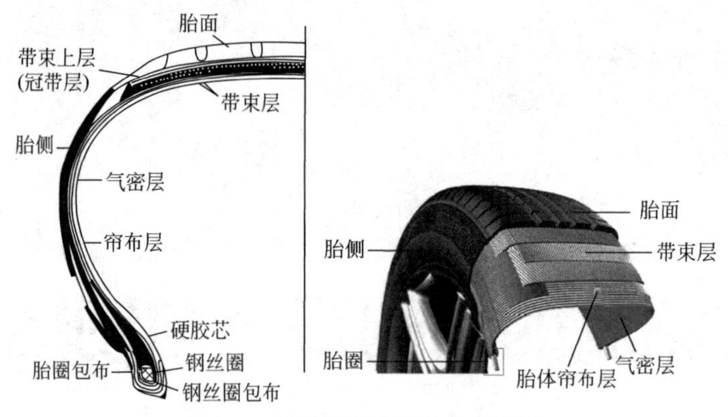


图 3-1 轿车子午线轮胎的断面图

(1) 胎面 胎面由胎冠胶和胎侧胶组成。

① 胎冠胶 为一个整体胶件，可不分基部胶和冠部胶。

② 胎侧胶 主要用于保护胎体帘布层，一般子午胎的胎体层数少，所以胎侧胶厚度需要厚一些。由于子午胎胎体柔软弯曲变形大，故要求胎侧胶的耐屈挠疲劳性能和耐光老化性能好。

(2) 冠带层 冠带层附加在带束层上面，一般用 1～2 层尼龙帘布制成，帘线角度为 90°(即帘线与胎冠中心线平行)，用于提高轿车子午线轮胎的高速性能。

(3) 带束层 是轿车子午线轮胎主要受力部件，一般由两层钢丝帘布组成，但也可选用多层模量高、变形小的纤维帘布，如芳纶纤维。帘线角度约为 65°～72°。可根据轮胎的速度和扁平率来选择带束层的帘线角度。

(4) 胎体帘布层 胎体一般由 1～2 层纤维帘布组成，帘线角度为 0°（即帘线与胎冠中心线垂直）排列。

(5) 气密层 为无内胎子午胎用，位于轮胎胎体最里层第一层帘布下，一般由 1～2 层气密性好的丁基胶或卤化类丁基胶组成。

(6) 胎圈 由填充胶、钢圈和钢圈包布组成。

① 填充胶 位于下胎侧部位，为了使胎侧能圆滑地过渡到胎圈部位，有时也可不采用填充胶，直接用胎侧胶的造型来过渡到胎圈。

② 钢圈 由硬胶芯、钢丝圈、钢圈包布组成。硬胶芯一般采用大的和硬质三角胶芯，以提高胎圈的刚性，同时也可使胎侧和胎圈平滑连接；钢丝圈根据设计要求将钢丝排列成所需要的如矩形、方形、U 形等形状；钢丝圈包布用于裹紧钢丝圈，形成整体钢丝束，同时通过钢丝圈包布，可与三角硬胶芯更好地连接起来，该包布有时也可用胶片来代替。

③ 胎圈包布 主要用于保护胎圈，防止轮辋磨损胎圈。因子午线轮胎胎侧柔软，径向变形大，在轮辋边缘处易磨损，有时也在轮缘与胎圈接触部位采用硬度较高的子口护胶，再附加一层带有骨架材料的加强层。

## 2. 轻载子午线轮胎的组成

轻载子午线轮胎的组成比较接近于轿车子午线轮胎。因速度不像轿车子午线轮胎那样高，所以一般不需要冠带层。轻载子午线轮胎的组成包括胎面、带束层、胎肩垫胶、胎体、内衬层和胎圈等部分。轻载子午线轮胎的断面图见图 3-2。

(1) 胎面　胎面由胎冠胶和胎侧胶组成。

① 胎冠胶　与轿车子午线轮胎类似，胎冠为一个整体胶件，可不分基部胶和冠部胶。

② 胎侧胶　主要用于保护胎体帘布层，一般子午胎的胎体层数少，所以胎侧胶厚度需要厚一些。由于轻载汽车行驶路面质量较差些，故要求胎侧胶的耐撕裂性能较好和耐疲劳性良好。

(2) 带束层　是轻载子午线轮胎主要受力部件，一般由两层钢丝帘布组成。帘线角度约为 65°～80°。

(3) 胎肩垫胶　为了使带束层平直地放置在断面中，在轮胎两胎肩处分别使用了胎肩垫胶，用来垫平胎体轮廓的曲面形状，胎肩垫胶的形状和大小与胎体轮廓形状和带束层的宽度有关。

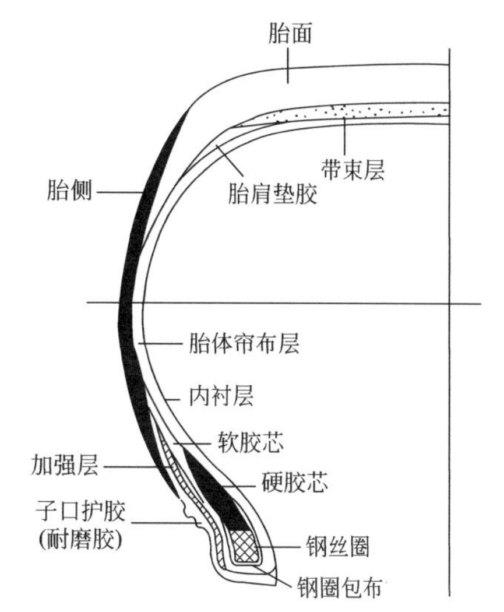

图 3-2　轻载子午线轮胎的断面图

(4) 胎体　一般由 2～4 层纤维帘布组成，帘线角度为 0°（即帘线与胎冠中心线垂直）排列。

(5) 内衬层　是有内胎子午胎的胎里胶层，相当于斜交胎的油皮胶，但厚度要厚些，以免产生胎里露丝而引起与内胎的摩擦。

(6) 胎圈　由钢圈、子口护胶和加强层组成。

① 钢圈　由软胶芯、硬胶芯、钢丝圈、钢圈包布四部分组成。

a. 软胶芯（上胶芯）　位于下胎侧，为了使胎侧能圆滑地过渡到胎圈部位，有时也可不采用软胶芯，直接用胎侧胶的造型来过渡到胎圈。

b. 硬胶芯（下胶芯）　一般采用大的和硬质三角胶芯，硬度可达邵尔 A80。

c. 钢丝圈　根据设计要求将钢丝排列成所需要的如矩形或方形等形状。

d. 钢丝圈包布　一般用尼龙等纤维材料制成，也可用胶片来代替。

② 子口护胶　为防止胎圈磨损，一般在与轮辋接触的胎圈部位贴上硬度较高、耐磨性较好的子口护胶。

③ 加强层　为防止胎圈磨损，增加胎圈刚性，一般采用 1～2 层钢丝帘布或尼龙帘布制成。

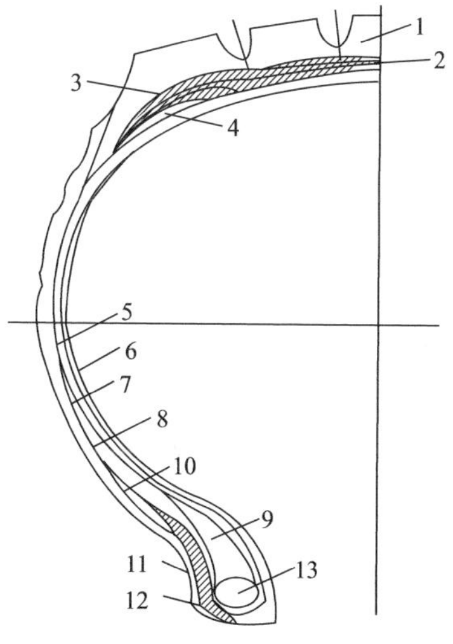

图 3-3　载重子午线轮胎的断面图

1—胎面胶；2—带束层；3—带束层差级胶；4—胎肩垫胶；5—胎体帘布层；6—内衬层；7—胎侧胶；8—上三角胶芯；9—下三角胶芯；10—填充胶；11—子口包布；12—子口护胶；13—钢丝圈

## 3. 载重子午线轮胎的组成

载重子午线轮胎的组成包括胎面、带束层、各种垫胶和胎肩沿条、胎体、内衬层和胎圈等部分。载重子午线轮胎的断面图见图 3-3。

(1) 胎面　胎面由冠部胶、基部胶和胎侧胶组成。

① 冠部胶　胎冠是胎面直接与地面接触的部分，要求胎面胶耐磨、耐老化、抓着性好、滞后损失小。

② 基部胶　要求基部胶生热低、散热好、撕裂强度高

及有良好的钢丝黏着性。

③ 胎侧胶　载重子午线轮胎胎体薄，胎侧要求要厚一些，同时耐撕裂性能和耐疲劳性能要好。

(2) 带束层　载重子午线轮胎的带束层一般为3～4层，主要受力层有2层，称为工作层。带束层为三层结构的，靠近胎体的一层为过渡层，帘线角度为25°～30°，其余两层为工作层，帘线角度为65°～75°；带束层为四层结构的，靠近胎体的一层为过渡层，帘线角度为25°～30°，中间两层为工作层，帘线角度为65°～75°；胎面下的一层为胎冠补强层，帘线角度与紧挨着的工作层角度一致。

(3) 各种垫胶和胎肩沿条　载重子午线轮胎中垫胶分为带束层垫胶和胎肩垫胶。

① 带束层垫胶　位于两层带束层工作层间的位置，因为是应力集中的地方，以防两工作层边缘处脱层。另外还设置了带束层封口胶，覆盖钢丝帘线裁断后露白的端部，以免脱层。

② 胎肩垫胶　用来垫平胎体轮廓的曲面形状，使带束层平直地放置在断面轮廓中。

③ 胎肩沿条　载重子午线轮胎胎冠胶和胎侧胶分两个成型阶段贴合，在这两个部件搭接处易出现裂口现象。胎肩沿条主要为防止胎侧胶和胎冠胶交接处的周向裂口。

(4) 胎体　一般为单层钢丝帘线胎体，帘线角度为0°（即帘线与胎冠中心线垂直）排列。

(5) 内衬层（或气密层）　在有内胎轮胎中称为内衬层，在无内胎子午胎中称为气密层，一般由2层组成，一层为溴化丁基胶或氯化丁基胶胶层，另一层内衬胶可采用钢丝帘布胶，便于在硫化过程中渗入钢丝帘布层内，增加内衬层和胎体之间的附着力。对有内胎子午线轮胎来说，为了节约成本，也可用一层内衬层。

(6) 胎圈　由填充胶、钢圈、子口护胶和加强层组成。

① 填充胶　是用来填充胎侧能圆滑地过渡到胎圈处的部件，有时也可不采用填充胶，直接用带有形状的胎侧胶直接填充过渡。

② 钢圈　由软胶芯、硬胶芯、钢丝圈、钢圈包布四部分组成。

a. 软胶芯（上胶芯）　位于下胎侧，为了使胎侧能圆滑地过渡到胎圈部位；

b. 硬胶芯（下胶芯）　一般采用大的和硬质三角胶芯，硬度可达邵尔A83；

c. 钢丝圈　根据设计要求将钢丝排列成所需要的如圆形、六角形或U形等形状；

d. 钢圈包布　一般用尼龙等纤维材料制成，也可用胶片来代替。

③ 子口护胶　为防止胎圈磨损，一般在与轮辋接触的胎圈部位贴上硬度较高、耐磨性较好的子口护胶，对无内胎轮胎也可起到气密层的作用。

④ 加强层　为防止胎圈磨损，增加胎圈刚性，一般采用1～2层钢丝帘布或尼龙帘布制成。

## 第二节　子午线轮胎用骨架材料

### 一、骨架材料的性能要求

子午线轮胎以其优异的性能在全世界范围内得到了迅速发展。许多发达国家早在20世纪90年代实现了子午化，当今又向无内胎化、扁平化、高速化和环保化等方向发展。随着世界轮胎子午化率的提高和子午线轮胎的性能、结构不断改进与更新，要求轮胎帘线的数量、品种、规格不断增加，应用技术性能也日趋提高。

骨架材料（帘线）是轮胎复杂制品中的增强材料，轮胎主要靠骨架材料来承受各种应力，尤其是子午线轮胎，胎体层和带束层承受着不同方向和不同性质的力，所以对骨架材料的性能各有不同的要求。

## 1. 基本性能要求

① 强度高、模量高（特别是小变形时，或称为初始模量要高）。因这些指标值是产品设计的主要参数。另外，在高温下模量保持率也要高。

② 生热低、耐热性能好。由于轮胎在行驶过程中的橡胶和骨架材料均会产生滞后损失而生成热量，因此要求骨架材料的滞后损失小、生热低，并有良好的耐热性及良好的耐湿热性。而且在湿热、干热下不易降解。

③ 耐疲劳性能好。轮胎行驶时，骨架材料往往受到周期性的伸拉、压缩、弯曲等变形，因此耐疲劳性能要好。

④ 尺寸稳定性好。在常温和升温时的尺寸稳定性要好，加负荷时的伸长率要小，蠕变要小。在轮胎加工过程中不热收缩，在使用过程中不膨胀。

⑤ 对橡胶的黏合性能好。黏合性能不仅是静态的抽出力和剥离力/覆胶率要高，而且在动态下的黏合力也要高。同时还要求在高温下和老化后的黏合力保持率比较高。

⑥ 相对密度小。有利于轮胎的轻量化，降低滚动阻力，节省燃料。

⑦ 耐腐蚀性和化学稳定性好。不应产生胺解、水解或因其他化学作用而降低帘线强度。

⑧ 价格低廉，节约成本。

## 2. 子午线轮胎对骨架材料性能要求的特点

以上所述的轮胎用骨架材料性能要求是比较完整全面的，但往往单一品种帘线性能是不能满足诸多要求的。由于子午线轮胎结构的特殊性，胎体帘线受力与带束层帘线受力情况不同，因此对帘线性能的要求，也有不同的侧重面，这样有利于发挥各种不同骨架材料的优异性能。

（1）胎体帘线的性能要求　轮胎胎体的主要作用是使轮胎保持原有设计的尺寸形状，并赋予轮胎优良的舒适性和牵引性。根据子午线轮胎胎体帘线受力的特点，要求胎体帘线着重具有以下几方面的性能。

① 高强度、高模量，特别是高温下的模量也要高。

② 高尺寸稳定性、低收缩率、小蠕变。

③ 低滞后损失、低生热性、高耐疲劳性。

帘线的性能与轮胎的使用性能有密切关系，它们之间的对应关系如表 3-1 所示。

**表 3-1　帘线性能与轮胎性能的对应关系**

| 轮胎性能 | 帘线性能 | 轮胎性能 | 帘线性能 |
|---|---|---|---|
| 耐机械损伤 | 强度、韧性、耐疲劳性 | 均匀性 | 尺寸稳定性 |
| 耐久性 | 滞后生热性 | 外观质量 | 尺寸稳定性 |
| 操纵性 | 尺寸稳定性 | 成本 | 强度、尺寸稳定性、耐疲劳性 |
| 滚动阻力 | 滞后生热性 | | |

当今世界，轮胎企业高度重视轮胎质量、降低轮胎滚动阻力，使轿车和轻型子午线轮胎向单层胎体方向发展；同时，由于高速级和高性能轿车和轻型载重子午线轮胎的日益发展，对帘线的强度、尺寸稳定性和滞后生热性等性能的要求更加严苛。目前世界各

国都在不断改进帘线性能和生产技术，开发新产品，优化帘线使用性能，以适应轮胎技术的发展需要。

(2) 带束层帘线的性能要求　带束层是子午线轮胎的主要受力部件，带束层的刚性对轮胎使用性能有很大的影响，而帘线性能又直接影响带束层的刚性。一般带束层的结构是由多层帘布组成，根据带束层的结构与性能特点，对帘线性能的重点要求如下。

① 高强力、高模量、伸长变形很小。

② 与橡胶的黏合性能好。

③ 耐疲劳性能好。

④ 耐锈蚀和化学腐蚀性能好。

## 二、骨架材料的分类与性能

子午线轮胎结构复杂，对各部件材料的性能要求不同，因此使用骨架材料的品种较多。下面介绍几种常用帘线，如钢丝、尼龙、聚酯、人造丝和芳纶等。

### 1. 钢丝帘线

钢丝帘线是子午线轮胎生产中用量最大的骨架材料，主要用于全钢载重子午胎的胎体层、带束层、胎圈包布和胎侧加强层等，另外用于轿车和轻型载重子午胎的带束层和胎圈或胎侧的加强层。钢丝帘线的性能优点是耐热性和导热性极好，强度高、初始模量高，伸长率极小，受温度影响极小，当温度高到达到其他纤维的熔点时，钢丝还能保持原强度的93%。其缺点是密度大，与橡胶的黏合性能差，耐疲劳和耐腐蚀性差。为满足子午线轮胎性能的要求，世界各大公司对钢丝帘线的结构、钢丝表面的镀层以及钢丝帘线与橡胶的黏合问题等进行了大量研究工作并开发了许多新产品。以下按钢丝帘线的结构、品种分类介绍。

(1) 普通型结构　普通型结构钢丝帘线使用最早，随子午线轮胎的发展，这种结构钢丝帘线的规格品种已达30余种，单丝直径也有多种规格。一般单丝直径小的（0.150～0.175mm）用于胎体层，单丝直径较大的（0.20～0.38mm）用于带束层。典型结构如3＋9＋15×0.175＋0.15、3＋9＋15×0.22＋0.15，属于多层帘线，帘线内、外层钢丝捻距相反，多层帘线在断面圆形半径方向上各层之间呈分离状态，不同层之间的钢丝为点接触。其帘线断面结构见图3-4。普通型结构多层钢丝帘线存在诸多弊病。由于不同层之间的钢丝为点接触，存在着潜在的磨损破坏问题，另外，胶料的渗透性也差，影响橡胶与钢丝的黏合性能。因此普通型结构钢丝帘线将被开放型、紧密型等新结构钢丝帘线所替代。

(2) 紧密型结构　紧密型钢丝帘线是指那些由捻向和捻距相同的多根钢丝组成的帘线，其帘线断面结构见图3-5。紧密型钢丝帘线中的单根钢丝排列紧密，因而这种帘线的直径较小并且在不同断面位置各不相同。紧密型帘线各单根钢丝间为线接触，因此，接触面积较大、接触压力较小，磨损破坏的倾向较轻。

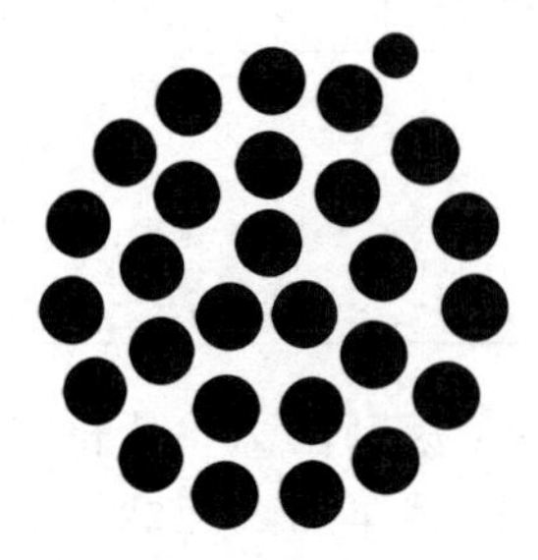

图3-4　普通型帘线断面（3＋9＋15＋1）

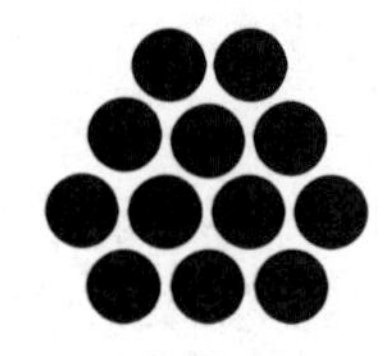

图3-5　紧密型结构帘线断面（12×1）

紧密型帘线对芯线迁移较敏感，即在帘线被切断或受到动态弯曲和动态压缩作用时，芯线钢丝会移动到帘线之外。如果使用紧密型帘线作胎体增强材料，帘线被固定在胎圈上，轮胎设计做得较好，就不致出现芯线外移的现象。如果使用紧密型帘线做带束层增强材料，芯线迁移就可能出现，若芯线由多根钢丝组成且钢丝的直径较大，就可使帘线呈开放状态，从而在某种程度上有利于胶料向帘线内部渗透，确保芯线受到机械锚固作用而减少迁移的危险。

紧密型帘线既可作胎体增强材料又可作带束层增强材料，它具有强度高，黏合保持性好，耐屈挠性、耐磨损性和耐冲击性好等优异性能。目前正在成为越来越受欢迎的子午线轮胎骨架材料。

(3) 开放型结构　开放型结构是将单丝捻制成松散结构的钢丝帘线，即捻度较低，单丝之间的缝隙较大，其帘线断面结构见图 3-6。与普通结构钢丝帘线不同，中心没有封闭空间，因而胶料容易渗透入内，从而既提高了帘线与橡胶的黏合强度，又防止了钢丝锈蚀。目前在轿车子午胎带束层中常用的开放型结构钢丝帘线，如 2+2×0.30HT 钢丝帘线的断面呈开放不规则形状，图 3-7 表明了开放型结构 2+2×0.30HT 与普通结构 1×5×0.25 钢丝帘线在结构上的差异，前者的单丝松散排列，间隙较大，无封闭空间，而后者的中心有个封闭的空间。

图 3-6　开放型结构帘线断面（1×4×0.250C）

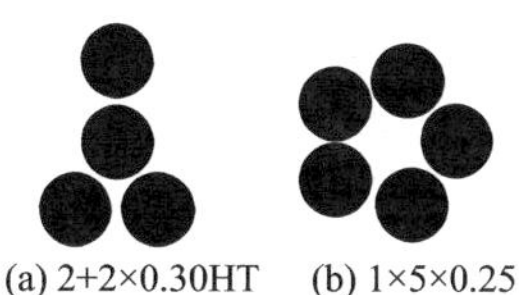


图 3-7　钢丝帘线断面的对比

(4) 高强度型　高强度钢丝帘线不是在帘线结构上不同，而是主要在原材料盘条的化学成分和力学性能上与普通强度钢丝的要求有所不同。明显差异是高强度钢丝盘条的碳含量比普通强度钢丝要高 10%左右，从而盘条的力学性能也不同，表 3-2 对比了两种盘条的力学性能。由此而引起盘条的加工处理工艺也会有所不同。例如生产加工过程中的单丝拉拔工序极为重要，高强度钢丝需要 3 次拉拔，而且拉拔工艺参数还要另作选择调整。

**表 3-2　高强度与普通强度钢丝盘条主要力学性能对比**

| 力学性能指标 | 高强度 | 普通强度 |
|---|---|---|
| 抗拉强度/MPa | 1140+50 | 1040+50 |
| 断面收缩率/% | ≥35 | ≥40 |

近年来，国内钢丝帘线生产厂家如兴达公司在高强度钢丝帘线的研制开发方面取得了一定成绩，目前已可以批量生产 1×2×0.30HT、2+2×0.25HT、2+2×0.35HT、2+7×0.28HT、3×0.20+6×0.35HT 等近 10 种高强度钢丝帘线。高强度钢丝帘线往往不采用普通结构型帘线，而是伴随着采用紧密型和开放型结构帘线，目前已应用于子午线轮胎中的有 1×12×0.22HT、3×0.365+9×0.34CC+1HT、5×0.23HTOC、3×0.30HTOC。

(5) 高伸长率和高抗冲击型　高伸长钢丝帘线的主要特点是伸长率（约为 7.5%）比普通钢丝帘（约为 1.7%）要大 5%左右。高伸长钢丝帘线采用同捻向结构并且捻距较小，因此其断裂伸长率或低负荷伸长率较大，能承受较大的冲击，且有较好的耐疲劳性能。如普通高伸长帘线 3×4×0.22HE、3×7×0.20HE 和 4×4×0.22HE 等。但这类帘线渗胶不充分，而且帘线覆胶后，其断裂伸长率往往会损失 50%左右。

与高伸长钢丝帘线相比，高抗冲击型钢丝帘线具有高伸长和高抗冲击性。新型结构钢丝帘线 5×0.35HI 和 5×0.38HI 属于高抗冲击型钢丝帘线，其特点是单丝直径相对较大，有利于帘线的耐剪切性；且帘线经过特殊变形，捻距大，胶料渗透充分，特别是帘线在覆胶后仍具有很高的断裂伸长率（大于 6%），因而可以改善耐冲击性和耐腐蚀性；帘线只需一次成型，制造成本低；帘线直径小，压延厚度减小，可以减小轮胎质量和降低成本。其典型结构 5×0.35HI 用以替代 3×4×0.22，5×0.38HI 用以替代 3×7×0.22HE。

（6）全渗透型　全渗透型钢丝帘线是一种全新的子午线轮胎用钢丝帘线，与普通帘线相比，全渗透型结构的钢丝帘线，其钢丝排列的断面呈多边形而不是圆形，如图 3-8 所示。与普通钢丝帘线的制造工艺相比，全渗透型钢丝帘线在成型过程中通过特别的钢丝预变形设备，对钢丝帘线施加特别的预变形，使钢丝之间的间隙始终保持恒定，从而使得在压延或挤出过程中，橡胶能够充分渗透到帘线中去，因而提高钢丝的耐腐蚀和耐疲劳性能，延长轮胎使用寿命。

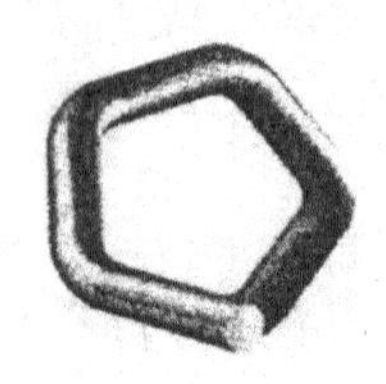
(a) TRU帘线断面(多边形)

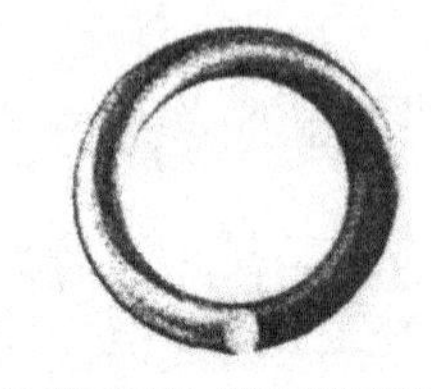
(b) 普通开放式帘线断面(圆形)

图 3-8　不同结构钢丝帘线断面

橡胶全渗透钢丝帘线具有如下优点。

① 更好的橡胶渗透性，阻止任何湿气通道的产生，还可以提高钢丝压延和挤出速度，提高生产效率；

② 帘线结构规整、具有相对均匀的帘线直径，帘线直径小，可以减小带束层帘线的密度和用胶量，减小轮胎质量，降低轮胎的滚动阻力；

③ 更高的钢丝断裂强度，即更低的带束层密度，使钢丝间隙大、覆胶更好，同时质量也减小；

④ 更高的带束层刚度和强度，增强轮胎抗磨损性和耐侧滑性，提高轮胎的安全性和操纵性；

⑤ 具有较低的定负荷伸长，意味着更小的滞后损失，使轮胎具有更好的操纵响应性能，尤其是转向灵敏性能；

⑥ 与橡胶的初始黏合强度高。

总之，全渗透型钢丝帘线渗胶性能好，耐疲劳性能优异，帘线直径小，外观规整，黏合保持率高且工艺性能良好。

## 2. 尼龙帘线

尼龙纤维的优点是强度高、密度小，单位质量强度比人造丝高 1.5～1.8 倍；吸湿率低，湿强度高；弹性好，耐屈挠性能比人造丝高 10 倍；耐疲劳性能优于其他纤维。主要缺点是热稳定性差，热收缩率大带来尺寸稳定性差，使用过程中还会产生“平点”。对此国内外都进行了许多研究改进，使尼龙模量提高、热收缩率降低，从而改善尺寸稳定性。

（1）改性尼龙 66　目前，在一些科技发达的国家使用改性尼龙 66 浸渍帘布制造纤维子午线轮胎已很普遍，如倍耐力公司、固特异公司、费尔斯通公司和它们转让技术的国内轮胎公司都广泛使用改性尼龙 66 浸渍帘布制造子午线轮胎。

据有关资料介绍，尼龙 66 帘布的物理改性有 3 个途径：

① 在原丝生产时直接改性，尽管采用这种方法可将收缩率控制得很低，但断裂强度牺牲较大；

② 原丝生产不变，在后加工时改性，可以得到高强度的帘线，但热收缩的控制和稳定

性较差；

③ 在原丝生产和后加工过程中均采用特殊技术，合理分担改性程度，得到强度较高和干热收缩率较低的改性尼龙 66 帘线，以满足子午线轮胎生产使用的需要。

国内自 1992 年年底神马集团有限责任公司试制成功改性尼龙 66 浸渍帘布开始，经过不断改进，现已开发出 700dtex/2、930dtex/2、1400dtex/2、1400dtex/3、1870dtex/2、2100dtex/2 等 6 个系列、各种规格的改性尼龙 66 浸渍帘布 19 种，产品质量指标均达到进口同类产品的水平。表 3-3 列举了国产改性尼龙 66 与国外同类产品的物理指标对比。

**表 3-3 1400dtex/3 改性尼龙 66 浸渍帘布物理性能指标对比**

| 性能 | 国内实测平均值 | 国外同类产品指示值 | 性能 | 国内实测平均值 | 国外同类产品指示值 |
|---|---|---|---|---|---|
| 断裂强力/N | 327.8 | ≥300 | H 抽出力/(N/cm) | 209.5 | ≥157 |
| 45N 定负荷伸长率/% | 5.4 | 5.4±0.5 | 断裂伸长率/% | 23.2 | 22±1 |
| 干热收缩率/% | 2.3 | ≥3 | 覆胶量/% | 4.2 | 4.5±1 |

（2）低捻度尼龙 66　ICI 公司于 1982 年年底将其所研制的低捻度尼龙 66 帘线试用于单层轿车子午线轮胎的胎体层。四个轮胎厂家成功地用 LT 尼龙 66 制造出轮胎，试验结果表明，LT 尼龙 66 轮胎的耐久性与人造丝轮胎一样；滚动阻力与人造丝轮胎相等或稍小；断面宽比人造丝轮胎宽 1%～2%，外直径比人造丝轮胎大 2mm（普通尼龙则大 5mm）；帘布层接头处出现凹陷。普遍认为 LT 尼龙 66 帘线可以满足子午线轮胎胎体帘布层的基本要求，其轮胎的综合性能与聚酯轮胎相同，但还不能完全达到人造丝的水平。

LT 尼龙 66 帘线的性能特点是：与普通尼龙帘线相比，收缩率低 25%，模量高 25%，因而制造轮胎不需要进行后充气处理；纤维强力利用率高，所以轮胎质量小（比普通尼龙轮胎轻 5%），疲劳性能略低，但因尼龙帘线耐疲劳性能优异，故完全能满足子午线轮胎要求；此外还有生产效率高、能耗少和成本低等优点。表 3-4 列举了 LT 尼龙与其他几种纤维帘线的质量和相对成本的比较。

**表 3-4 西欧单层 155SR13 轿车子午线轮胎帘线质量和相对成本对比**

| 项目 | 帘线质量/g | 相对成本/% | 项目 | 帘线质量/g | 相对成本/% |
|---|---|---|---|---|---|
| 人造丝 | 230 | 100 | 普通尼龙 | 130 | 87 |
| 聚酯 | 150 | 88 | LT 尼龙 | 124 | 73 |

（3）尼龙 46 帘线　荷兰 DSM 公司与韩国科隆公司合作开发的尼龙 46 帘线是由乙二酸与丁二胺聚合而成，它在 120℃下模量比尼龙 66 高 25%，160℃下收缩率比尼龙 66 低 3%。在较高的温度下具有稳定的力学性能；在负荷情况下蠕变小，收缩率低；尺寸稳定性和耐热老化性能均高于尼龙 6 和尼龙 66；与橡胶的黏合性好。20 世纪 90 年代尼龙 46 帘线已批量生产并投放市场。

目前，用于子午线轮胎的冠带层纤维材料主要是尼龙 66，而尼龙 46 具有尺寸稳定性好、高温下模量高、热收缩力大、随时间延长应力保持率高和蠕变率在所有尼龙纤维中最低等特性。由于具有这些性能的综合平衡，因此 DSM 公司认为尼龙 46 是子午线轮胎冠带层的理想增强材料。典型规格有 940dtex/2 尼龙 46 帘线。

### 3. 聚酯帘线

普通聚酯帘线的强度高，耐疲劳性和耐磨性较好，吸湿率低，但其化学及热稳定性较差，黏合性能也不够理想，因此在实际生产中，胶料的配方设计和压延工艺需要特殊考虑，生产出的轮胎需要后充气处理。这种普通聚酯帘线的尺寸稳定性明显不如人造丝，其使用性能无法与之抗争。

（1）高模量低收缩聚酯帘线　20世纪80年代，美国联信公司推出第一代尺寸稳定型聚酯帘线（DSP），新产品兼有高模量和低收缩率的优异性能。商品牌号为1×90——第一代轮胎增强DSP$^{TM}$纤维（尺寸稳定型纤维），1×30——第二代轮胎增强DSP$^{TM}$纤维（高强力尺寸稳定型纤维），1×40——第三代轮胎增强DSP$^{TM}$纤维（超尺寸稳定型纤维）。经试验证明，新型聚酯帘线无须硫化后充气，具有取代人造丝所需的各项性能。

另外，德国Hoechst公司认为，纤维或帘线的尺寸稳定性主要体现在模量高和变形小两方面，而聚酯纤维主要是变形小，因此该公司致力于开发高模量低收缩（HMLS）纤维和帘线，已先后开发出V-718和Trevira748（T-748）两个新型品种。HMLS纤维的特点是：强度与普通聚酯纤维相同，高于人造丝纤维；模量也与普通聚酯纤维相同，但略低于人造丝纤维；热收缩率比普通聚酯纤维低近一半；动态性能也优于普通聚酯纤维。在此基础上，该公司又开发出超高模量低收缩（Ultra HMLS）的第二代聚酯纤维和帘线，目标是在现有基础上，将T-748的收缩率再降低25%左右。

高模量低收缩聚酯帘线具有模量高、强力高、热收缩率低（比普通聚酯低50%）、尺寸稳定性好、干湿强度大致相等、低捻帘线无损于疲劳性能等优点。HMLS聚酯与人造丝相比已获得了性价比的优势，将在大多数轿车和轻载子午线轮胎中取代人造丝，其缺点是使用时生热大、在高温下产生胺解，所以高速、高性能轿车子午线轮胎和中、重型载重轮胎一般不使用聚酯帘线。Z速度级以下的轿车和轻载子午线轮胎中使用聚酯帘线，因聚酯纤维在110～140℃温度范围内损耗因子及生热速率出现峰值，而且应变越大，出现峰值的温度越低。普通聚酯、HMLS聚酯和人造丝帘线的基本性能对比见表3-5。

**表3-5　人造丝、普通聚酯和HMLS聚酯帘线的基本性能对比**

| 项　目 | 人造丝 | | 普通聚酯 | | HMLS聚酯 | |
|---|---|---|---|---|---|---|
| | 1840dtex/2 | 1840dtex/3 | 1110dtex/2 | 1670dtex/2 | 1110dtex/2 | 1670dtex/2 |
| 断裂强力/N | ≥147 | ≥216 | ≥138 | ≥213 | 139.2 | 218.5 |
| 44N定负荷伸长率/% | 3.0±0.5 | 1.6±0.5 | 4.5±0.5 | — | 4.1 | — |
| 断裂伸长率/% | 13±1.0 | 11.5±2.0 | 15±2.0 | 20±2.0 | 13.8 | 16.3 |
| 干热收缩率/% | — | — | ≤5 | ≤5 | 3.1 | 2.4 |
| H抽出力/(N/cm) | >98 | >98 | >118 | >118 | 135.2 | 178.4 |
| 初捻度/(捻/m) | 470±20 | 290±20 | 470±20 | 400±15 | — | — |
| 复捻度/(捻/m) | 450±15 | 290±20 | 470±20 | 400±15 | — | — |
| 粗度/mm | 0.68±0.03 | 0.87±0.04 | 0.55±0.03 | 0.66±0.03 | — | — |
| 断裂强力不匀率/% | ≤4 | ≤5 | ≤4 | ≤4 | 1.3 | 2.3 |
| 断裂伸长不匀率/% | ≤6 | ≤7 | ≤6 | ≤6 | 1.9 | 3.7 |

（2）聚酯纤维　美国Honeywell公司在开发出尺寸稳定型聚酯之后，利用分子设计理论指导开发出性能优于聚酯、价格大大低于芳纶的PEN纤维。PEN的优异特性源于其分子主链中兼有刚性和柔性组分。PEN被普遍认为是聚酯家族中的高性能产品。PEN的萘环提供了较高的刚性，因其玻璃化温度（$T_g$）和模量均比PEN类聚酯材料高。但它与全芳族聚酯或芳纶不同，其结构中的乙烯基团保证了高分子量聚合物可熔融加工。熔融纺丝纤维的加工成本低于凝胶纺丝、溶液纺丝和纺丝后需热拉伸的纤维。

为比较纤维性能，将 PEN 聚酯纤维与人造丝、尼龙 66 和 PET 聚酯纤维在帘线强度、尺寸稳定性、高温性能、屈挠疲劳、压缩模量及收缩力等方面进行了测试对比，其测试结果如下。

① 强度　通过在保证材料有相同重量和收缩率的基础上进行对比实验，发现 PEN 聚酯纤维的强度比人造丝和 PET 聚酯纤维要高。

② 尺寸稳定性　轮胎帘线的尺寸稳定性即材料在高温下的抗变形性能，可通过测定给定收缩率下的模量进行定量评定。研究表明，PEN 聚酯纤维的刚性主链结构使其尺寸稳定性比 PET、人造丝和尼龙 66 等纤维高。由于尺寸稳定型 PEN 聚酯纤维可大大减轻胎侧下凹，因此采用 PEN 聚酯纤维可以排除胎侧下凹的缺陷。

③ 高温性能　通过研究 PEN、PET 聚酯纤维和人造丝浸渍帘线的动态模量与温度的关系，发现人造丝帘线的模量随温度增高几乎变化不大，因此欧洲在高性能产品中大量使用人造丝。同时在图 3-9 中看出 PET 在温度 100℃左右时模量急剧下降，至 150℃左右才缓慢下降。PEN 的玻璃化温度比 PET 高 72℃，随温度增加还保持着较高的模量，直至 150℃时还表现出优良的性能。由于这一温度超过了轮胎实际使用中的温度，因此，PEN 不仅是人造丝最佳的替代品，而且也为采用现有增强材料无法实现的轮胎设计提供了研制机会。

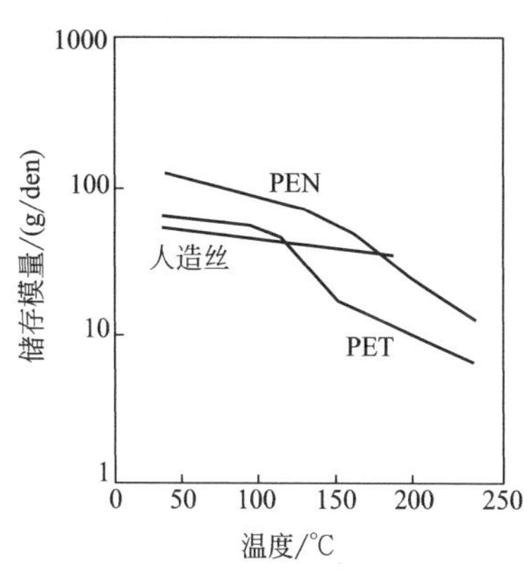

图 3-9　浸渍帘线的动态性能

④ 屈挠疲劳　通过对比 PEN 聚酯纤维与芳纶低捻帘线的屈挠疲劳性能，发现 PEN 在低捻度和疲劳敏感条件下，其强度保持率比芳纶要高许多。通过与人造丝和 PET 对比，测试帘线仿照实际轮胎胎体帘线结构。结果表明，人造丝由于固有屈挠疲劳性能较差，因此需要高捻度系数。高模量纤维在压缩时微纤化，疲劳性能一般较差，而 PEN 具有较高的强度保持率是比较独特的。对 PEN 而言，其结构中含有柔顺的亚甲基主链单元，致使 PEN 可以熔融加工，产生较传统的结晶和无定形微观结构。

⑤ 压缩模量　对于主要使用钢丝带束层而言，压缩模量是非常重要的参数。而所有合成纤维的压缩模量均低于钢丝，但 PEN 的压缩模量却比其他合成纤维高许多。这一性能是化学结构、微观结构和宏观结构作用的结果。

⑥ 收缩力　帘线收缩力的对比表明：尼龙 66＞PEN＞PET。试验采用的 PEN 和 PET 帘线结构为 1100dtex/2，433×433 捻/m，与尼龙帘线极其相近。上述结果在一定程度上取决于这些材料在高温时的固有弹性，但由于无定形区的取向等因素也起一定作用，因此改进加工工艺可以改善这一性能，例如，在帘线处理时，提高净拉伸量可以增大收缩力。

综上所述，PEN 聚酯纤维的优异性能和价格大大低于芳纶，所以目前已有商品投放市场，但年消耗量还低于芳纶。

## 4. 人造丝帘线

与聚酯和尼龙 66 帘线相比，人造丝的明显优点是模量高，干热收缩率低，定负荷伸长小，滞后生热少（能量损耗低）。图 3-10 列举出几种帘线的能量损耗与温度之间的关系，从图中明显看出人造丝的能量损耗大大低于其他品种的帘线。人造丝帘线有极好的尺寸稳定性和低滞后生热性能，因而轮胎的操纵稳定性好，且高速行驶时温度低，生产时不需后充气处理，外观不易产生缺陷。高质量人造丝帘线特别适用于高速轿车子午线轮胎和高性能轮胎。

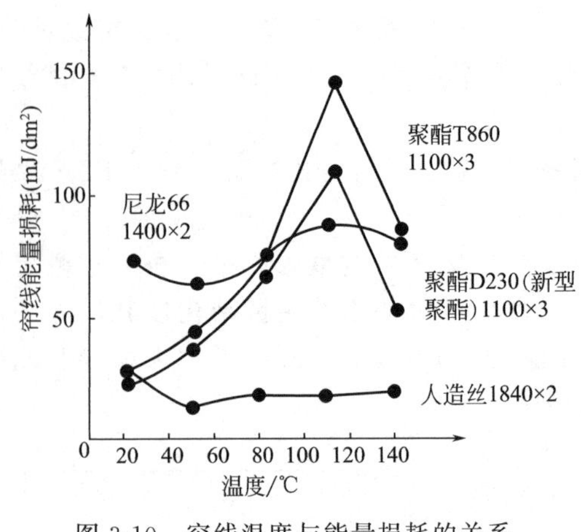


图 3-10　帘线温度与能量损耗的关系

但人造丝帘线的强度低，耐疲劳性不够好，生产成本高，生产过程中环境污染严重。另外，人造丝帘线的自然吸湿率较高，在高湿和高温的生产条件下，收缩率较大（7%～9%），强力、模量损失也较大，因此在轮胎制造过程中对人造丝帘线的含湿率要求严格，从而增加了生产难度。尽管如此，欧洲轮胎厂家仍大量使用人造丝帘线（尤其是在原配胎中）。而且其轮胎在世界市场上具有很强的竞争力，这说明欧洲人造丝帘线的上述不足之处已有所改善，质量优于其他国家产品。表 3-6 列举了不同产地 1830dtex/2 人造丝帘线的主要性能对比。

**表 3-6　不同产地 1830dtex/2 人造丝帘线的主要性能对比**

| 性能项目 | 德国 | 日本 | | | 性能项目 | 德国 | 日本 | | |
|---|---|---|---|---|---|---|---|---|---|
| | 3 超 | 1 超 | 2 超 | 3 超 | | 3 超 | 1 超 | 2 超 | 3 超 |
| 绝干强力/N | 185.2 | 137.2 | 154.8 | 171.5 | 44N 定负荷伸长率/% | 3.3 | 4.2 | 3.8 | 4.0 |
| 断裂强度/(cN/tex) | 62.1 | 32.4 | 36.9 | 41.4 | 断裂伸长率/% | 15.2 | 14.8 | 14.4 | 16.6 |

20 世纪 70 年代出现了价格低廉的聚酯纤维，尽管欧洲人造丝价格高于聚酯，而且人造丝还存在环境污染问题，但在欧洲市场上仍以人造丝帘线为主。因普通聚酯帘线尺寸稳定性明显不如人造丝帘线，需要硫化后充气，以减轻胎侧凹痕和改善轮胎的均匀性。直到 20 世纪 80 年代，美国 Allied Signal 公司开发出尺寸稳定型聚酯 DSP（或称高模低收缩聚酯 HMLS），才解决了长期困扰轮胎制造业的胎侧凹陷问题和省去了硫化后充气工艺，这样，改变了欧洲特别是欧洲轮胎制造业对聚酯的看法。确定采用聚酯帘线生产中档和部分高档子午线轮胎，速度级别在 Z 级以下的产品，但在速度级别更高的高性能子午线轮胎和跑气保用轮胎等一类的高性能轮胎中，目前还没有任何一种纤维材料可以代替人造丝。人造丝仍具有其他纤维材料不具备的优异性能，其独特性能表现在诸多方面，最重要的是优异的尺寸稳定性和低滞后性。

## 5. 芳纶帘线

芳纶也称为芳酰胺，是一种芳香族聚酰胺纤维。根据其分子结构又可分为以下几种。

(1) 芳纶 1414　其化学名称为聚对苯二甲酰对苯二胺（PPTA）。它是美国杜邦公司首批推出的产品，商品名为 Kevlar 或 Kevlar29。其单体分别为对苯二甲酰氯和对苯二胺。采用低温溶液缩聚法，经添加硫酸成液晶后纺丝和水洗，150℃空气干燥制成供帘线用的纤维。

(2) 芳纶 14　其化学名称为聚对苯甲酰胺。商品名为 Kevlar49，高模量级。生产该纤维的单体为对氨基苯甲酰胺，在聚合前先转化为亚硫酰胺苯甲酰氯或对氨基苯甲酰氯的盐酸盐，再溶解于溶剂中，经低温溶液缩聚，按干法或湿法纺丝及后处理制成纤维。其强度略低于 Kevlar29，而其弹性模量在所有有机合成纤维中居首位，又因密度小，故其比强度和比模量仅稍次于玻璃纤维、碳纤维和硼纤维。

(3) 芳纶 1313　其化学名称为聚间苯二甲酰间苯二胺。它是一种由芳族二胺和芳族二酰缩聚所制得的纤维，它是全芳族酰胺纤维中主要品种之一。该纤维具有耐热性好、阻燃、热收缩率小、耐酸碱和抗辐射等优点，但与橡胶的黏合性差。

美国杜邦公司在20世纪60年代开始进行聚对苯二甲酰对苯二胺纤维的研究开发，初始时其强力并不高。1964年美国赛拉尼斯公司找到新的纺丝溶剂，实现了纺丝技术的一个突破，随后又发现了这种聚合物的硫酸溶液的液晶行为，开发出干湿法纺丝工艺，使芳纶的纺丝工艺趋于完善。1972年，杜邦公司实现了这种纤维的工业化生产并定名Fiber-B（B纤维），其强度达到18cN/dtex的水平。1973年，该公司把这种纤维定名为“Kevlar”作商品出售。现在芳纶已成为当今世界各工业发达国家推广应用的重点商品之一，其中美国杜邦公司和荷兰AKZO公司（商品名为Twaron）最为积极。

从1971～1972年开始，轮胎厂已将芳纶作为轮胎骨架材料，到20世纪70年代中期，欧洲第1条由一层钢丝帘布和一层芳纶帘布制成带束层的H速度级轿车子午线轮胎投放市场。固特异公司也自1974年开始生产芳纶带束层轿车子午线轮胎，1976年该公司已在大型生产线上生产“鹰”牌芳纶带束层子午线轮胎。20世纪80年代中期，米其林公司采用少量芳纶帘布生产V速度级轮胎，该公司M系列M××轮胎的带束层采用2层芳纶帘布。之后，芳纶开始被用于轻载子午线轮胎胎体。在235/75R17.5、385/65R19.5、385/65R22.5和425/65R22.5等规格的载重子午线轮胎中使用。芳纶帘布的规格有3360dtex/3、3780dtex/3、4320dtex/3、5040dtex/3等。20世纪90年代末以后，在我国也开始研制芳纶用于轿车子午线轮胎175/85R13和轻载子午线轮胎作单层胎体，并在轻载子午线轮胎6.50R16LT 10PR和145R12LT 6PR中用芳纶帘线（1680dtex/3）代替钢丝帘线（3+9×0.22和2+2×0.25）作带束层。所用芳纶帘线1680dtex/3（荷兰AKZO NOBEL公司）的性能见表3-7。

**表3-7　芳纶帘线1680dtex/3的性能**

| 项目 | 实测 | 标准 | 项目 | 实测 | 标准 |
|---|---|---|---|---|---|
| 断裂强力/(N/根) | 933.8 | ≥747.0 | 黏合强度(H抽出法)/(kN/m) | 18.71(老化前) | ≥22.3 |
| 断裂伸长率/% | 6.1 | 5.0 | | 20.53(老化后) | |
| 断裂伸长不匀率/% | 5.4 | — | 经密/(根/30cm) | 83 | 84 |
| 300N定负荷伸长率/% | 1.9 | 1.7±1.0 | 帘线直径/mm | 0.830 | 0.825 |

目前在子午线轮胎中使用的不同品牌芳纶纤维性能见表3-8。从表中可以看出，与芳纶1414相比，芳纶14的拉伸模量较高，拉伸强度略低。芳纶14适合用作复合材料的增强骨架。

**表3-8　不同品牌的芳纶纤维性能**

| 商品名 | 直径/μm | 密度/(g/cm³) | 拉伸强度/GPa | 拉伸模量/GPa | 断裂伸长率/% | 热膨胀系数/×10⁻⁶K |
|---|---|---|---|---|---|---|
| Kevlar29 | 12 | 1.45 | 2.8 | 63 | 2.5 | |
| Kevlar49 | 12 | 1.44 | 3.6 | 134 | 2.5 | −2.8 |
| Kevlar149 | | 1.47 | 3.8 | 176 | 1.45 | |
| Nomex | 4 | 1.57 | 0.7 | 14～17.5 | 22 | |
| CBM | | 1.43 | 2.8～3.5 | 80～120 | 2～4 | |
| Twaron | | 1.44 | 3.0～3.1 | 125 | 12.3 | |
| Technora | 12 | 1.39 | 2.8～3.0 | 70～80 | 4.4 | −1.6 |
| 芳纶14 | 12 | 1.43 | 2.7 | 176 | 1.45 | 0.47 |
| 芳纶1414 | 12 | 1.43 | 2.98 | 103 | 1.7 | 0.41 |

注：CBM为俄罗斯产品。

芳纶是一种新型的增强材料，而且是目前唯一能够完全满足轮胎及汽车设计所需的各种性能的增强材料。芳纶纤维具有以下优异特性：

① 优异的尺寸稳定性（模量高、蠕变小、不收缩）；

② 密度小（只有钢丝的 1/5）；

③ 强度高；

④ 滞后损失小，生热低，耐热性好；

⑤ 耐磨损和抗撕裂；

⑥ 耐腐蚀性好。

从轮胎结构设计的角度看，芳纶可减小增强材料的体积和质量，而且最大限度地减少材料和能源消耗。此外，芳纶属有机材料，抗化学腐蚀，因此不存在生锈问题。芳纶纤维与其他工业用纤维相比具有明显的优越性能，见表 3-9。芳纶纤维的化学结构决定了它具有高断裂强度、高模量及低伸长率的优异性能。某些性能在纤维的应力-应变曲线中得到充分体现。研究表明，芳纶纤维具有高模量、高断裂强度、低热收缩和低伸长率等优异性能，此外，芳纶纤维还有很好的耐刺扎、耐切割性能。

**表 3-9　芳纶与其他工业用纤维的性能对比**

| 项目 | 芳纶 | 钢丝 | 人造丝 | 尼龙 66 | 聚酯 |
|---|---|---|---|---|---|
| 密度/($g/cm^3$) | 1.44 | 7.85 | 1.53 | 1.14 | 1.38 |
| 熔点/℃ | 514 | 1600 | | 255 | 260 |
| 断裂强度/(cN/tex) | 197 | 178 | 54 | 67 | 80 |
| 比强度/(cN/tex) | 197 | 33 | 51 | 84 | 83 |
| 初始模量/(cN/tex) | 5500 | 2000 | 1200 | 500 | 1000 |
| 断裂伸长率/% | 3.8 | 1.9 | 13 | 20 | 13.5 |
| 耐热性(200℃×48h)/% | 90 | 100 | 20 | 45 | 55 |
| 热收缩率(160℃×4min)/% | 0.1 | 0 | 1.0 | 3.8 | 5.0 |

对芳纶帘线进行往复拉伸-回缩试验，属于非线性黏弹行为。这是模拟轮胎在行驶过程中受周期性拉伸-压缩变形的状态，具有实际应用意义。研究表明芳纶帘线的滞后损失率最小，而聚酯帘线最大。试验证明采用芳纶帘线做骨架材料的轮胎行驶过程中生热低，而聚酯帘线轮胎生热高，因此目前制造高速和高性能子午线轮胎采用芳纶帘线是理想的骨架材料。

尽管芳纶纤维具有强度高、变形小、尺寸稳定性好等优异性能，但它仍存在着耐压缩弯曲疲劳性差的缺点。选择试样进行弯曲、拉伸、压缩及剪切的疲劳试验，测定帘线的强力保持率，其结果是尼龙 66 帘线强力保持率为 100%，芳纶帘线为 70%～78%，芳纶-尼龙复合帘线为 85%，从中可以明显看出芳纶帘线耐疲劳性能差的缺点。据说目前正在开发芳纶的复合材料，如芳纶-尼龙、芳纶-聚酯复合帘线，可降低成本 44%，同时还可提高耐疲劳性能来弥补纯芳纶帘线的不足之处。芳纶和芳纶复合材料均为轮胎工业非常有前途的纤维骨架材料。

芳纶的优异性能决定了它是一种多用途材料，在各种轮胎和轮胎的各种部件（如子午线轮胎的带束层、胎体层、冠带层、胎圈包布、胎圈芯，赛车斜交轮胎胎体，斜交轮胎缓冲层）中进行广泛的应用，同时也成为高速轿车轮胎、超轻量（ULW）轮胎、绿色轮胎、节能轮胎等高性能轮胎所需的理想骨架材料。芳纶除了连续纤维外，还有短纤维和纤维浆也在发达国家和发展中国家扩大应用。

#### 6. 玻璃纤维帘线

玻璃纤维是一种人造无机纤维，它的基本特性是：有很高的强度，初始模量也很高，具有很好的抗变形能力，断裂伸长率小于4%，长期蠕变性小，在长期荷载情况下，玻璃纤维不发生蠕变，耐热性能极好（玻璃纤维的熔点在1000℃以上），在高温下保持性能稳定，物理化学稳定性好，不受油类、酸类和有机溶剂的腐蚀。主要缺点是耐屈挠性能极差，耐磨性能亦差，与橡胶的黏合性能不好。玻璃纤维制成帘线后，在动态屈挠下，帘线因单丝间摩擦而断裂，以致疲劳性能很差。国外采用间苯二酚-甲醛-胶乳浸渍再合股成帘线，这样单丝之间有橡胶中间层，避免了帘线在屈挠过程中单丝的摩擦，从而能使单丝保持高强度，又改善了耐疲劳性能。

玻璃纤维帘线是美国在特定条件下研制开发成功并推广应用于轮胎工业。曾用于带束斜交轮胎的缓冲层和子午线轮胎的带束层做骨架材料。1980年用量达到高峰（1.7万吨，占帘线总消耗量的5%），此后由于子午线轮胎的带束层采用钢丝帘线，因而用量日趋下降。玻璃纤维帘线厂家为挽回颓势，为进一步提高其帘线的疲劳性和黏合性而研制了新产品。欧文思·柯灵公司新研制的高模量Vitrex HMI玻璃纤维帘线，耐疲劳性、黏合性及模量均有改进，因而试图用于单层子午线轿车轮胎帘布层，以与聚酯帘线竞争，还研究用于子午线轿车轮胎的带束层，以与钢丝帘线竞争。现在，玻璃纤维已从轮胎行业退出，只被加工成线绳用来做同步胶带的骨架材料，以充分利用其不易变形的特点，在价格上与芳纶线绳竞争。目前，全球同步胶带制造业年消耗玻璃纤维为数千吨，我国为数百吨。

## 第三节　子午线轮胎的结构设计

### 一、子午线轮胎结构设计的程序

子午线轮胎结构设计与斜交轮胎一样分两个阶段进行。

第一阶段为技术设计，主要任务是：

① 收集为设计提供依据的技术资料和确定轮胎的技术性能要求；

② 设计外胎外轮廓曲线；

③ 设计外胎面花纹；

④ 设计外胎内轮廓曲线；

⑤ 设计绘制外胎花纹总图。

第二阶段为施工设计，主要任务是：

① 确定外胎成型方法；

② 确定成型鼓直径及机头宽度；

③ 绘制材料分布图；

④ 制订施工标准表。

最后提出结构设计文件（包括技术设计和施工设计说明书）。

虽然子午胎的设计与斜交轮胎相同，但在各个设计阶段，其设计参数的取值，特别是施工设计与斜交轮胎差别很大，需用专门的成型机才能完成。

## 二、子午线轮胎的技术设计

### （一）子午线轮胎技术性能要求的确定

子午线轮胎设计前的准备工作。

（1）搜集技术资料作为设计依据　与斜交轮胎设计前一样，必须搜集有关的技术资料。例如，车辆类型及技术资料，车速及路面条件，轮轴情况，轮胎使用要求及经济性、安全性等。

（2）确定技术性能　轮胎类型、规格、层级、帘布层数及胎面花纹形式；最大负荷和相应内压；轮辋规格、尺寸及轮廓曲线；充气外胎外缘尺寸等。

（3）确定骨架材料　在主要技术指标确定之后，应考虑选择制造轮胎用的骨架材料。子午线轮胎按其采用的骨架材料来分，有全纤维子午线轮胎、半钢丝子午线轮胎（即胎体为纤维帘线，带束层为钢丝帘线）和全钢丝子午线轮胎三种，根据用途、规格、类型不同，考虑选择。例如，全纤维子午线轮胎主要为轻型轿车轮胎和拖拉机轮胎，半钢丝子午线轮胎主要为高速轿车轮胎和轻型载重轮胎、9.00R20 以下的中型载重轮胎。全钢丝子午线轮胎主要适用于重型载重轮胎和工程轮胎，9.00R20 可用全钢丝，亦可用半钢丝。纤维胎体子午线轮胎，国际上多选用人造丝尼龙或聚酯帘线，芳纶帘线是一种新型骨架材料，是子午线轮胎理想的胎体材料，很有发展前途。钢丝帘线主要用于子午线轮胎的胎体及带束层，其主要特点是耐热性和预热性极好，强度高，同时伸长率极小，对保持轮胎尺寸稳定性极为有利。

### （二）子午线轮胎轮廓的设计

#### 1. 外胎外直径、断面宽、断面高的确定

根据国家标准确定轮辋类型、宽度、充气外直径 $D'$、充气断面宽 $B'$之后，可确定断面外直径 $D$ 和断面宽 $B$。轮胎在充气状态下工作，充气外缘尺寸增大，但增大的程度远比斜交轮胎小，特别是低断面纤维胎体钢丝带束的轿车胎，断面宽和外径的膨胀率就更小。根据经验，轿车子午线轮胎，高宽比为 0.7～0.8 时，$D'/D$ 值大约在 1.000～1.003，$B'/B$ 值为 1.00～1.02 左右。根据轮胎外直径和内直径，可计算得到断面高：$H=(D-d)/2$。几种轿车子午线轮胎断面膨胀率如表 3-10 所示。

**表 3-10　几种轿车子午线轮胎断面膨胀率**

| 轮胎规格 | $D'/D$ | $B'/B$ |
|---|---|---|
| 205/75R15 | 1.0022 | 1.016 |
| 185SR14 | 1.0015 | 1.000 |
| 185/70SR14 | 1.000 | 1.002 |
| 185/70SR13 | 0.998 | 1.000 |
| 165SR14 | 1.001 | 1.007 |
| 175SR14 | 1.001 | 1.011 |

#### 2. 断面水平轴位置确定

子午线轮胎 $H_1/H_2$ 通常在 1～1.12 左右，轿车轮胎约在 1.00～1.20。子午线轮胎 $H_1/H_2$ 值大于普通斜交轮胎，原因在于子午线轮胎胎体帘线垂直于钢圈呈辐射形排列，故

胎圈所受应力远远大于普通斜交轮胎。水平轴远离胎圈，使法向变形最大值靠近胎冠，可减少胎圈变形，改善胎圈脱层相磨损。

## 3. 行驶面宽度 $b$ 和弧度高 $h$ 的确定

子午线轮胎 $b$、$h$ 的取值与轮胎类型、花纹形式、路面条件有关，取决于带束层刚性，亦要考虑行驶面弧度半径 $R$ 与行驶面宽 $b$ 的比值。

带束层刚性对胎面磨耗均匀性影响很大，多层钢性大的钢丝带束层子午线轮胎应采用较小的行驶面弧度高，以增大轮胎与路面的接地面积。一般子午线轮胎 $h/H$ 为 0.02～0.04，相应 $b/B$ 取值为 0.70～0.85。轿车子午线轮胎间按增大 $b$ 和减小 $h$ 的趋势发展，但行驶面宽度一般不应超过下胎侧弧度与轮辋曲线交点之间的距离。高速轮胎行驶面宽度应比常速轮胎窄，通常取断面宽的 65%～70%，以改善胎肩部应变状况和减小滚动损失。

## 4. 各部弧度半径确定

（1）胎冠断面形状　一般情况下用正弧，高速胎有时也有用反弧（反弧在离心力作用下，直径增大而成为正弧）。

正弧胎面半径计算方法与斜交轮胎相同：$R_n=\dfrac{b^2}{8h}+\dfrac{h}{2}$

$$S=0.01745R_n\alpha \quad [S=0.017(R_n\alpha+2R_n''\alpha'')]$$

胎肩弧度半径 $R_n''\approx20\sim45\text{mm}$，视轮胎规格大小而定。

（2）上下胎侧弧度半径及胎肩部设计　轿车子午胎下胎侧弧度半径大于上胎侧弧度半径，即 $R_2>R_1$，并要适当增大 $R_2$，使下胎侧挺直，增大支撑性，减少屈挠变形。

在上胎侧部分，还要设一减薄区或设一凹槽，其深度约为胎侧胶厚度的 15%～35%。有的厂家为了保证胎侧不被刮伤，在轮胎的一侧水平轴附近设一加强筋，厚度约 10mm。

胎肩部损坏是子午线轮胎的主要损坏特征之一。其损坏特点在大多数条件下表现为带束层钢丝端点脱空现象。因此在设计子午线轮胎时应设法减少胎肩部应力，为避免带束层边缘早期损坏，将轮胎变形区域移向下胎肩与上胎侧之间，但因子午线轮胎胎冠部坚硬而胎侧部十分柔软，如果按照普通斜交轮胎胎肩设计方法，采用切线从胎冠逐渐向胎侧过渡，势必使带束层边缘部应力增大，因此胎肩部外轮廓不宜用切线，最好用适应轮胎变形的各种弧形设计，同时在施工设计上确定内轮廓时尽量减薄下胎肩厚度。在高速轿车轮胎设计上甚至采用胎冠向胎侧的突然过渡法将胎冠部和胎侧部的作用分开，使变形应力集中在突然过渡的部位，几种子午线轮胎胎肩部轮廓如图 3-11 所示。

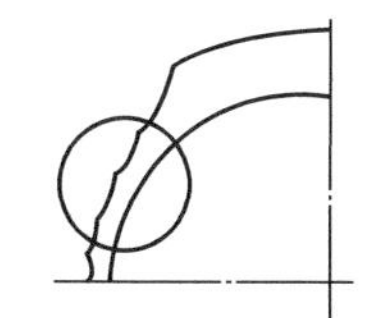

(a) 载重子午线轮胎胎肩设计

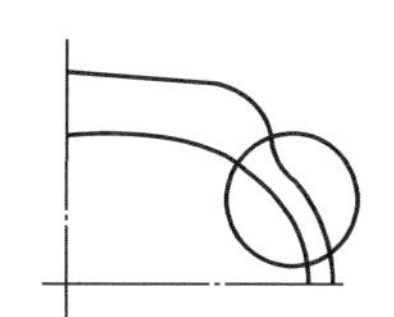

(b) 载重子午线轮胎胎肩设计

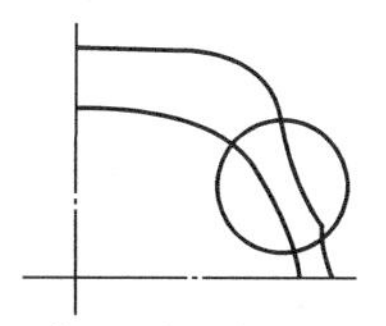

(c) 载重子午线轮胎胎肩设计

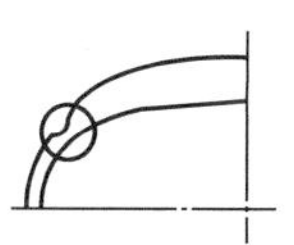

(d) 轿车子午线轮胎胎肩设计

图 3-11　子午线轮胎胎肩部轮廓设计

子午线轮胎胎肩部花纹挖空形状不同于普通斜交轮胎，应尽量避免挖空或少挖空胎肩部，以满足布置宽而平的带束层的需要，并能使肩部有足够的刚性。

（3）胎圈弧度半径 $R_4$ 和 $R_5$ 设计　一般轿车子午胎同斜交轮胎设计一样，胎圈弧度半径 $R_4$ 较相应轮缘半径小 0.5～1.0mm，圆心位置下降 0.5～1.0mm，高速轿车的胎圈弧度

半径 $R_4$ 可大于或等于相应轮缘半径。$R_5$ 小于或等于轮辋的相应半径，使它们配合紧密。

#### 5. 胎圈设计

（1）胎圈着合直径　有内胎轿车子午线轮胎着合直径较轮辋标定的直径小 0～0.5mm；无内胎轿车子午线轮胎着合直径较轮辋标定直径小 0.5～1.5mm。

（2）胎圈底部的倾斜角度　有内胎轿车子午胎，胎圈底部的倾斜角度与轮辋圈座倾斜角度基本相同，为 5°左右。而无内胎轿车子午胎圈底部一般用两个角度，两个角度均大于轮辋圈座倾斜角度。第一角度一般为 7°左右，第二角度为 10°～25°。

### （三）子午线轮胎花纹的设计

#### 1. 子午胎对花纹的要求

轮胎胎面花纹对轮胎的行驶性能和使用寿命都有直接的影响，子午胎对花纹的要求：

① 应保证在高速下与路面有优良的附着性能（纵向和横向），确保行车安全；

② 胎面耐磨且磨耗均匀；

③ 滚动阻力小，节约燃料；

④ 耐刺扎、不崩花掉块；

⑤ 噪声小、美观。

轿车子午胎一般采用纵横相结合的花纹，如果汽车的行驶速度很高，就要把安全检查性和舒适性放在首位，采用以纵向花纹沟为主的花纹，适当配置横向花纹沟为主的花纹。但横向花纹沟多，噪声可能就大，因此要根据车辆的用途及路面条件来确定。

#### 2. 花纹形式

① 以纵向花纹沟为主的花纹；

② 纵横相结合的花纹；

③ 以横向花纹沟为主的花纹；

④ 全天候花纹。

#### 3. 设计要点

① 花纹块面积为行驶面总面积的 60%～80%。

② 纵向花纹沟与横向花纹沟配置要适当，一般在纵向花纹沟基础上，横向分割花纹条。

③ 在花纹条上开宽 0.4～1.0mm 的刀槽花纹，深度 5mm 左右，为防止裂口，一般把刀槽花纹设计成波浪形或有一定倾斜角度的斜线。

④ 采用不等周节距，即在圆周上将花纹系分割成不等尺寸的花纹块来减少噪声。一般采用了 3～4 个不等的节距，在圆周上按一定顺序排列，最大和最小节距约差 20%～25%。

⑤ 有时为了提高轮胎在冰雪地上行驶时的抓着力，可在胎面上镶钉，镶钉后对地面的抓着力可提高 5 倍，但对路面的破坏很大，要酌情使用。

⑥ 胎肩花纹沟一般延伸至胎肩弧度的终止处。

⑦ 花纹沟不宜过窄，花纹沟的深度，一般速度的子午胎为 9mm 左右，高速轿车子午胎花纹沟较浅，为 7～8mm。

⑧ 在轿车子午胎的花纹沟中要设磨耗标记。胎面磨至磨耗标记处，表示轮胎已磨损至危险的程度，必须更换；磨耗量标记的形状为拱形，宽约为 10mm，在圆周上设 6～8 个，比胎面基高 1.6mm。

载重子午线轮胎花纹设计，主要围绕降低胎面发热量、提高轮胎在不同路面上的行驶性能等进行，如可采用周向花纹为主的条块（边缘）结合的胎面花纹。常见轿车子午线轮胎花纹形式如图 3-12 所示。

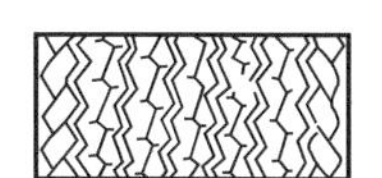
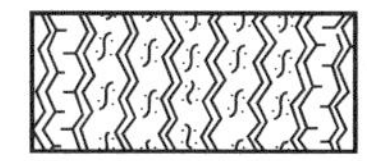

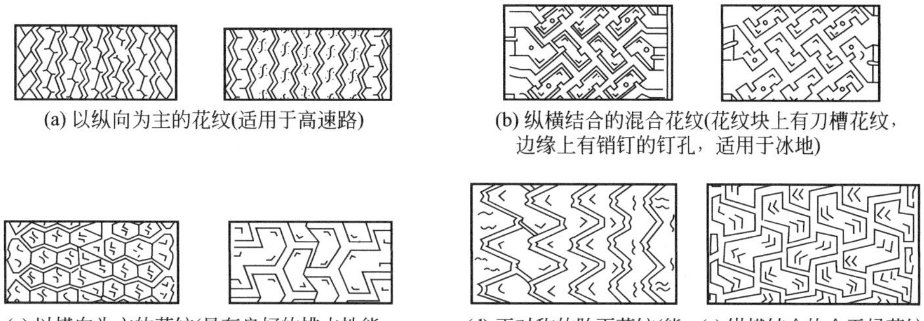

(a) 以纵向为主的花纹(适用于高速路)

(b) 纵横结合的混合花纹(花纹块上有刀槽花纹，边缘上有销钉的钉孔，适用于冰地)

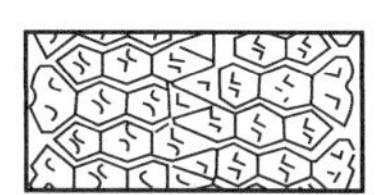
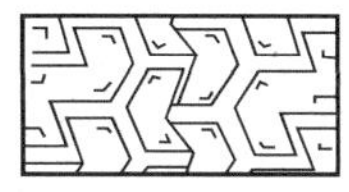

(c) 以横向为主的花纹(具有良好的排水性能，适用于湿路面上)

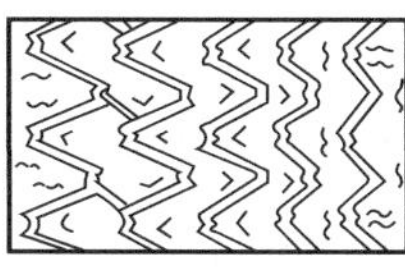
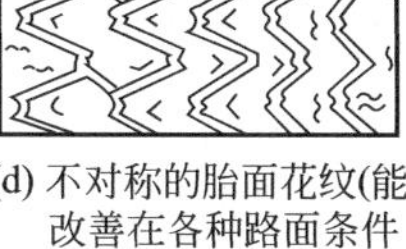

(d) 不对称的胎面花纹(能改善在各种路面条件下的行驶性能)

(e) 纵横结合的全天候花纹(适用于各种路面及气候条件)

图 3-12　常见轿车子午线轮胎花纹形式

花纹深度根据标准行驶里程和 1000km/h 胎面实际磨耗量计算确定。子午线轮胎 1000km/h 磨耗量大约在 0.07～0.2mm 左右。也有资料介绍用于好路面上的载重子午线轮胎。花纹深度一般为断面高的 6%。子午线轮胎花纹饱和度一般在 77%左右。如 9.00R20 载重子午线轮胎，在好路面上行驶，花纹面积与胎面磨耗量之比如表 3-11 所示。

**表 3-11　花纹面积与磨耗量之比**

| 花纹面积/$m^2$ | 磨耗量/(mm/km) | 花纹面积/$m^2$ | 磨耗量/(mm/km) |
|---|---|---|---|
| 0.68 | 0.09 | 0.78 | 0.08 |

## （四）子午线轮胎的胎体和带束层设计

子午线轮胎用纤维胎体钢丝带束层结构，这是一种比较理想的结构，它有许多优点。见表 3-12 所示。

**表 3-12　子午线轮胎用纤维胎体钢丝带束层结构性能**

| 项　　目 | 尼龙斜交胎 | 带束斜交胎 | 全纤维子午胎 | 纤维胎体钢丝带束子午胎 |
|---|---|---|---|---|
| 牵引性抓着性 | 100 | 120 | 140 | 180 |
| 舒适性 | 100 | 100 | 110 | 110 |
| 抗刺扎性 | 100 | 120 | 140 | 150 |
| 高速性 | 100 | 110 | 125 | 150 |
| 价格 | 100 | 110 | 115 | 130 |
| 耐磨性 | 100 | 130 | 145 | 200 |
| 负荷能力 | 100 | 110 | 110 | 120 |
| 节油性 | 100 | 105 | — | 115 |
| 耐久性 | 100 | 100 | 130 | 160 |

### 1. 胎体结构

子午线轮胎胎体的骨架材料很多，有人造丝、聚酯和尼龙。胎体骨架材料的作用：增加轮胎的强度，提高轮胎的刚性，承担负荷、限制轮胎的变形。因此轮胎的性能和质量，在很大程度上为骨架材料所制约，是提高质量的重要保证之一。胎体强力的计算如下：

$$N=0.1P\frac{R_k^2-R_0^2}{2R_k ni}$$

式中，$n$ 为胎体层数（不包括带束层）；$i$ 为胎冠帘线密度，根/cm。

安全倍数 $K$：

$$K=\frac{S}{N}$$

式中，$S$ 为单根帘线强力，N；$N$ 为单根帘线所受应力，N。

对轿车子午线轮胎胎体安全倍数的要求见表 3-13，对载重子午线轮胎胎体安全倍数的要求见表 3-14。

**表 3-13　对轿车子午线轮胎胎体安全倍数的要求**

| 路面质量 | 安全倍数 | 路面质量 | 安全倍数 | 路面质量 | 安全倍数 |
| --- | --- | --- | --- | --- | --- |
| 好路面 | 10～12 | 不良路面 | 12～14 | 高级轿车胎 | 12～14 |

**表 3-14　对载重子午线轮胎胎体安全倍数的要求**

| 路面质量 | 安全倍数 | 路面质量 | 安全倍数 | 路面质量 | 安全倍数 |
| --- | --- | --- | --- | --- | --- |
| 好路面 | 8～12 | 不良路面 | 12～16 | 矿山森林 | 18～20 |

## 2. 带束层结构

（1）骨架层的选取　带束骨架层为子午线轮胎的主要受力部件，需具有一定的强度和刚度，带束层的刚性决定于帘线的种类、角度、密度，通常采用钢丝帘线，而且帘线粗度较大，一般单丝粗度不低于 0.2mm，在 0.2～0.38mm 范围内，视轮胎规格和性能而定。例如 9.00R20 轮胎的钢丝帘线为 3＋9×0.22 结构，帘线强度为 1127N/根，而 10.00R20 轮胎选用 3＋9＋15×0.22 钢丝帘线，帘线强度为 2471N/根，轿车子午线轮胎带束层钢丝帘线结构多为 1×4 或 1×5，单丝直径为 0.21～0.25mm，帘线直径 0.5～0.8mm，帘线强度为 294～588N。由此可见钢丝帘线规格不同，带束层强度亦不同，但无论采用何种结构帘线，国际上所用的钢丝帘线粗度都不低于 0.22mm。为提高带束层刚度，一般载重胎采用以下结构的钢丝帘线作带束层：3×0.20＋6×0.35，3×0.20＋6×0.38，3×9×0.22，3＋9＋15×0.22，7×4×0.22。

高速轿车子午胎除钢丝帘线之外，还采用 1～2 层尼龙帘线，以增加带束与胎面胶的附着力和箍紧力。

轿车胎常用的钢丝帘线规格有：

1×4×0.23　　1×5×0.23　　2＋7×0.20＋1×0.15
1×4×0.25　　1×5×0.25　　2＋7×0.23＋1×0.1
1×4×0.28　　　　　　　　　2＋2×0.28
　　　　　　　　　　　　　　2＋2×0.25

（2）带束层结构　带束层层数视轮胎类型及胎体和带束层所用帘线品种而定。

载重轮胎的带束层通常由三层或四层组成。三层带束层有较大的弹性，在平坦的好路面上内外层带束钢丝的应力比较均匀，在不平的坏路面上钢丝应力变化范围更小些。三层带束层中的第一层为过渡层，钢丝角度为 25°～30°，以增加轮胎侧向稳定性及改善胎肩部的应力状态，第二、三层为基本层，其钢丝排列角度为 65°～75°，其作用是承受主要应力。三层带束层结构如图 3-13 所示。

四层结构带束层排列方法有两种。目前较合理的典型结构为MichELin载重子午线轮胎带束层。该结构使胎冠和胎肩应力分布比较均匀。带束层整体强度高，从轮胎性能来说能够提高耐磨性能和耐冲击性能，改善了子午线轮胎的操纵性和稳定性。四层结构具体形式是：第一层用两边对称窄条过渡层，角度为25°～30°排列方向与第二层一致，并非交叉排列，宽度为基本层1/3左右。过渡层的作用是提高侧向稳定性和增强该部刚性。第二、三层为基本层，是主要承载部件，角度为65°～75°，所使用的钢丝强度较大，以保证整体轮胎在使用中不至于膨胀变形。第四层为胎冠补强层，补强层的帘线角度和排列方向通常和第三层基本层帘线相一致，宽度一般为最宽带束层（第二层）的50%左右。增设补强层的作用在于带束层两肩部采用第一层过渡层补强以后，胎冠部刚度小于两肩部，同时带束层中部内压应力又高于两肩部，故在带束层中部增加一层补强层，可使带束层宽度各点上的刚性和应力相接近。在基本层边缘端点之间设置硬度80（邵尔A）左右的隔离胶，以克服因内外带束层屈挠弯曲程度不同而造成两端点之间的剪切力。四层带束层排列结构如图3-14所示。

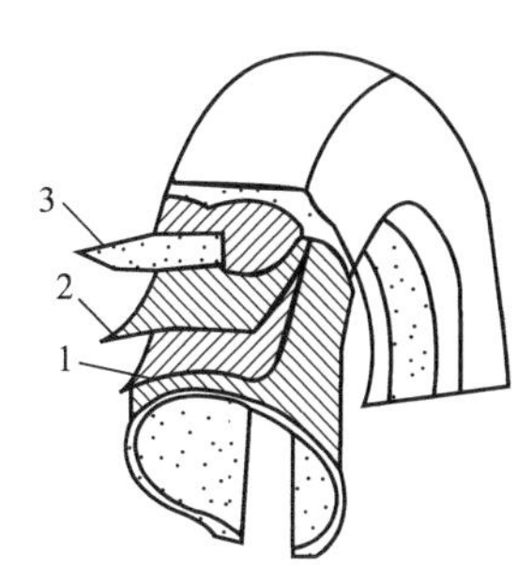

图3-13　三层带束层结构

1—过渡层（第一层）；2，3—基本层（第二、三层）

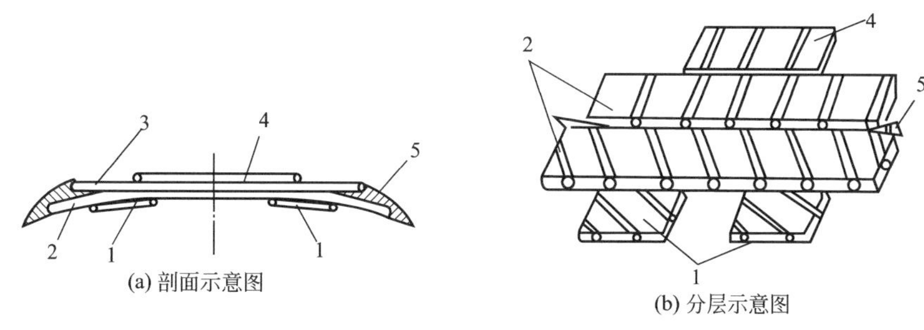

图3-14　四层带束层结构

1—过渡层；2，3—基本层；4—补强层；5—隔离胶

带束层结构对高速轮胎的临界速度影响极大。轿车子午胎的带束层一般采用2层钢丝帘线，角度为65°～80°，常用角度为65°～73°。也有纤维帘布做带束层的，但一般不单独使用，而是与钢丝帘线组合在一起形成复合结构。

带束层的宽度应尽可能加宽，一般不小于行驶面宽度的95%（即不小于胎面的接地宽度），但应小于装在轮辋上的两胎圈间距。避免胎肩磨损和带束层端点脱层。

带束层结构有以下两种类型：

① 一般情况下带束层采用层叠结构。

② 为了提高轮胎的临界速度，可以采用以下结构形式：包边式、折叠式、加尼龙罩（冠带）的混合结构。

折叠式结构和加尼龙罩的混合结构，特别是后者为高速轿车子午胎常用的结构形式，折叠式结构能增加带束层端点的刚度，行驶时变形小，工作温度低，能有效地避免肩空。折叠边的宽度最大为总宽度的1/3。

混合结构中的尼龙罩（冠带）的帘线角度为90°，S级的轮胎用0～1层，H级的轮胎用1～2层。

带束层的层数不宜过多，不能单纯地通过增加层数来达到提高刚度的目的，层数过多，将使接地面积减小，导致磨耗下降。

目前带束层结构的改进工作，主要围绕加强端部、改进帘线排列、减少肩部应力集中所引起的脱层等方面。

(3) 箍紧系数　带束层箍紧系数的大小，决定轮胎的断面形状和胎体、带束层中帘线的受力状况。箍紧系数越大，带束层中帘线应力越大，胎体帘线应力越小。

$$K=(H'-H)/H'$$

式中　$H'$——无带束层时，充气轮胎断面高，cm；

$H$——有带束层时，充气轮胎断面高，cm；

$K$——箍紧系数，0.10～0.21（尼龙帘线 0.11～0.15，人造丝帘线 0.04～0.11，钢丝帘线 0.05～0.08）。

(4) 带束层强力计算　带束层内压总应力计算公式为：

$$T_b=0.1P\left[\frac{F}{2}-(R_k^2-R_0^2)\right]$$

式中　$T_b$——带束层内压总应力，N；

$P$——轮胎内压，kPa；

$F$——轮胎内轮廓断面积，$cm^2$；

$R_k$——胎里半径，cm；

$R_0$——零点半径，cm。

带束层每根钢丝应力计算公式为：

$$N_b=\frac{T_b}{b_b n_b i_b \sin^2\beta_b}$$

式中　$N_b$——带束层单根钢丝所受应力，N；

$b_b$——带束层平均宽度，cm；

$n_b$——带束层层数；

$i_b$——带束层帘线密度，根/cm；

$\beta_b$——带束层角度，(°)。

带束层安全倍数计算公式为：

$$K=\frac{S_t}{N_b}$$

式中　$S_t$——带束层单根帘线强度，N；

$N_b$——带束层单根帘线所受应力，N；

$K$——带束层安全倍数。

用此公式算出的安全倍数要求达到 15～20 以上。

应用举例：以 9.00R20 轮胎为例，已知轮胎内压 $P$ 为 686.5kPa，胎里半径 $R_k$ 为 48cm，零点半径 $R_0$ 为 38.3cm，$F$ 实测为 2212.95cm。

则带束层内压总应力为：

$$\begin{aligned}T_b&=0.1P\left[\frac{F}{2}-(R_k^2-R_0^2)\right]\\&=0.1\times686.5\times\left[\frac{2212.95}{2}-(48^2-38.3^2)\right]\\&=18491.9(\text{N})\end{aligned}$$

带束层基本层平均宽度 $b_b$ 为 14.8cm，$n_b$ 为 2 层，基本层帘线角度为 70°，基本层密度 $i_b$ 为 6.5 根/cm。

则带束层每根钢丝应力为：

$$N_b = \frac{T_b}{b_b n_b i_b \sin^2 \beta_b}$$

$$= \frac{18491.9}{14.8 \times 2 \times 6.5 \times \sin^2 70°}$$

$$= 108.84(\text{N})$$

又知使用的钢丝强力为 1765.2N，则安全倍数为：

$$K = \frac{S_t}{N_b} = \frac{1765.2}{108.84} = 16.218$$

### （五）子午线轮胎的胎圈结构设计

子午线轮胎胎圈部除承受着充气压力、制动力矩、侧滑和离心力以及胎圈与轮轴配合上所造成的复杂应力外，还由于胎体帘线子午排列，胎体帘布层少，胎体柔软，致使轮胎在行驶中一直处于反复屈挠状态之中。在这样的应力状态下，胎侧下部、子口部分和钢丝圈受力很大，使得帘布包边部位的端点易产生脱离，由于胎侧柔软，在行驶时尤其是高速行驶时就会增加不稳定性，不利于车辆灵敏控制，因此胎圈部必须大大增强。同时，又要使增强的胎圈与柔软的胎侧之间有一个适宜的刚性过渡，以防胎圈断裂和出现其他类型的损坏，改善轮胎行驶性能。

#### 1. 子午线轮胎胎圈结构

因子午线轮胎胎圈强度要加强，故子午线轮胎胎圈部结构比普通斜交轮胎复杂，各部件设计也有所不同。胎圈结构如图 3-15 所示。

(1) 三角胶芯设计　在普通斜交轮胎中三角胶芯仅起填充作用，往往掺入一些低质胶及大量填料，含胶率很低。而子午线轮胎的三角胶芯则是加强胎圈强度的主要措施之一。因此三角胶芯尺寸比斜交轮胎大，上端位置约在下胎侧高度 $H_1$ 的 75% 位置处，大大超越轮辋高度。为了达到刚性的均匀过渡，采用软硬两种胶料复合结构。硬胶芯硬度一般在 80（邵尔 A）左右，软胶芯硬度为 70（邵尔 A）左右，两者采取逐渐交错复合形式，下部的硬胶芯为三角形，上部的软胶芯为长菱形。复合三角胶芯的尺寸、形状、硬度以及软硬配合过渡方法对整体胎圈质量影响很大，在设计时应根据具体情况而定。一般轿车子午线轮胎可采用一个三角胶芯，硬度为 80～90（邵尔 A）左右。

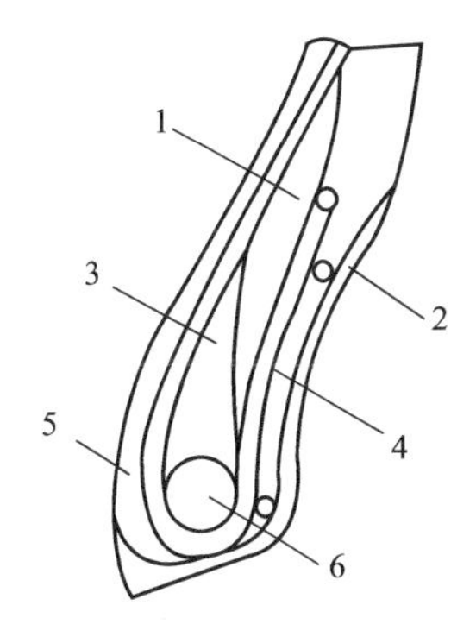


图 3-15　子午线轮胎胎圈构造

1—软胶芯；2—子口胶；3—硬胶芯；4—补强层；5—油皮胶；6—钢丝胶

(2) 钢圈包布　为提高钢圈包布的刚性，一般采用钢丝、玻璃纤维或化纤等低伸张的帘布。

(3) 补强层　采用补强层补强胎圈的刚性，补强层与普通斜交轮胎的胎圈包布作用及结构相似，也可称为补强包布。采用低伸张的钢丝、化纤或玻璃帘布，覆胶硬度 75～80（邵尔 A），帘线角度一般为 70°～75°，也有的取 30°～45°，一般包布在胎圈外侧，也有的内外各贴一层，其高度可超越轮辋边缘高度；上端向胎侧延伸至胎体帘布包边端点，呈差级排列，可提高胎侧刚性，减小变形，防止下胎侧脱层断裂。

(4) 护圈垫胶　在胎圈与轮辋接触部位，增贴耐磨胶料，称为护圈垫胶，包覆胎圈外侧及底部，以保护胎圈免受轮辋磨损，一般胶垫厚度为 1.5～3mm。

## 2. 钢丝圈设计

子午线轮胎胎圈受力较普通斜交轮胎大，必须采用高强力钢丝和钢丝圈结构来提高胎圈强度。

（1）钢丝圈类型　用于子午线轮胎钢丝圈类型很多，其断面形状对钢丝圈强力有很大影响。图 3-16 为钢丝圈几种断面形状。

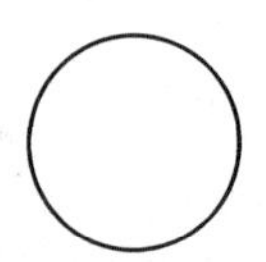

(a) 圆形断面钢丝圈

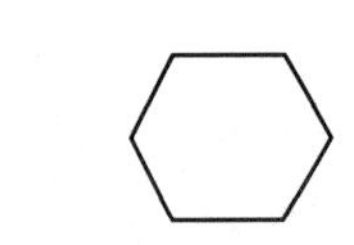

(b) 六角形断面钢丝圈

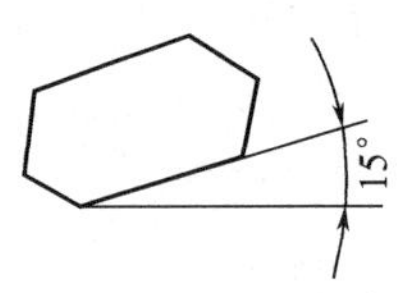


(c) 宽斜六角形钢丝圈

图 3-16　钢丝圈断面形状

方型断面钢丝圈应力不均匀，故子午线轮胎不宜用多层数的方形钢丝圈。但目前在纤维胎体载重子午线轮胎和轿车子午线轮胎上仍有应用。

圆形钢丝圈是由单根钢丝缠绕制成的，断面呈圆形，强度利用率高。在达到相同的强度安全倍数下，圆形钢丝圈比方形钢丝圈根数可减少 45%，同时在加工过程中，易包得牢固且无损于胎圈，是正在发展的一种钢丝圈形式，但这种结构也存在着稳定性差的弱点，需增添一些附加部件，提高胎圈刚性。圆形钢丝圈目前已广泛用于纤维胎体的轿车和载重子午线轮胎。

宽斜六角形钢丝圈呈扁平状，可增宽胎圈，加大胎圈刚性和挺性，使胎圈紧密地与轮辋配合，不至于因滑动而导致慢泄气。无内胎轮胎应用此种钢丝圈。

试验表明，当胎圈钢丝根数相等时，以圆形断面钢丝圈强度最高，六角形断面次之，长方形断面强度最低。19 号钢丝直径 (1±0.02)mm，因单根钢丝强度小，根数多不易排列整齐，不能有效利用全部钢丝强度，且生产效率低，操作不便，现已向采用直径大于 1mm 的钢丝发展，如 $\phi$1.3mm 的钢丝，扯断强度为 2403N/根，能大大减少钢丝根数，在选取断面形状时，还要注意钢丝排列的层数不少于 3 层，最好不超过 10 层。

（2）钢丝圈强度计算　钢丝圈所受总压力计算公式（一个胎圈）为：

$$T=0.1P\frac{R_k^2-R_0^2}{2}\quad（用于平底式轮辋）$$

$$T_0=T+T_t\quad（用于斜底轮辋或平底、斜底轮辋）$$

式中　$T_0$——钢丝圈的总压力（包括过盈力），N；

$T$——钢丝圈所受应力，N；

$T_t$——过盈力，N；

$P$——轮胎内压，kPa；

$R_k$——胎里半径，cm；

$R_0$——零点半径，cm。

如果胎圈与轮辋为过盈配合（无内胎轮胎或用于斜底轮辋上的轮胎），因过盈力所造成附加应力，胎圈对轮辋过盈力计算公式为：

$$T_t=\frac{Ebr\delta_r}{2t}$$

$$\delta_r=d_r-d_t+2a(\tan\alpha_t-\tan\alpha_r)$$

式中　$T_t$——钢丝圈过盈力，N；

$E$——钢丝圈下部材料的平均弹性模量（一般在 30～50MPa）；

$b$——钢丝圈宽度，cm；

$r$——钢丝圈平均半径，cm；

$t$——钢丝圈底部材料厚度，cm；

$\delta_r$——胎圈对轮辋的过盈量，cm；

$d_r$——轮辋着合直径，cm；

$d_t$——轮胎着合直径，cm；

$a$——轮缘至胎圈中心距离，cm；

$\alpha_t$——胎圈底部倾斜角度，(°)；

$\alpha_r$——轮辋胎圈座倾斜角度，(°)。

用此公式计算安全倍数为5～6倍。

钢丝根数计算公式为：

$$n=\frac{T_{\delta}k}{S_n}$$

式中 $n$——钢丝根数，根；

$T_{\delta}$——钢丝圈总压力（包括过盈力），N；

$S_n$——单根钢丝强度（19#钢丝强度为1372N/根，18#钢丝强度为2058N/根）；

$k$——安全倍数（5～6倍）。

## 三、子午线轮胎的施工设计

由于子午线轮胎胎体帘线排列的特殊性，必须有一个多层结构和帘线角度排列接近于周向的带束层来相应配合。因此，子午线轮胎与斜交轮胎的成型工艺不同，要求将胎体先定型，之后再进行带束层和胎面胶的贴合，而且成型后的胎坯尺寸几乎接近于成品，这样就带来了子午线轮胎成型方法的复杂性和多样性，同时也会使轮胎成品对半成品施工要求多样化。所以需要根据轮胎成品的不同结构和性能要求先选择成型方法，然后才能确定施工方案，并对半成品的尺寸形状以及工艺参数，如机头宽度等进行计算和确定。

### （一）成型方法与成型鼓类型的选择

#### 1.成型方法的选择

成型方法的选择主要与子午线轮胎的结构（如胎体层数、扁平比等）和性能要求（如高速、高性能轮胎等）有关，但同时也应考虑生产效率和设备价格等因素。目前比较成熟的成型方法有一次成型法和二次成型法。

（1）一次成型法　一次成型法是在一台成型机上完成扣胎圈、正反包、上带束层和胎面等成型步骤。不用上、下装卸胎坯，因此不会引起半成品部件对中心线或分布不均等问题。由于一次法成型机头直径小于钢丝圈直径，所以包胎圈后帘线分布均匀不起褶皱。另外，在钢丝圈定位的同时反包，不再发生转动，亦可避免胎圈周围的材料部件发生变形。根据一次法成型过程的特点，归纳出以下优点：

① 确保成型精度，各材料部件正确贴合到位，不发生转动移位。

② 胎圈部位质量好，包圈后不起褶皱，帘线分布均匀，提高轮胎的均匀性。

③ 省去上、下装卸胎坯和中间搬运，从而避免了胎体帘线扭曲变形，保证胎坯质量。

④ 复合部件、带束层、胎面等半成品部件自动定长、截断，且各部件按设定程序均匀错开接头分布，大大提高了轮胎的均匀性。

⑤ 工艺操作方便，机械化和自动化水平高，成型周期短，生产效率高。

一次成型法虽有众多优点，但也存在不足之处：

① 胎体膨胀比值大，在定型时膨胀率高达80%～100%，所以胎体帘布接头易发生劈缝

和其他部件接头也易开裂（如胎侧胶接头）。

② 一次法的成型鼓结构复杂，当要更换轮胎规格时，则费事、费时，工作量大，转产灵活性差。另外，成型机结构复杂，维修保养难度大。

③ 一次法成型机价格昂贵，据报道，一台一次法成型机的耗资相当于 2～3 套二次法成型机。

一次成型法是 20 世纪 70 年代发展起来的，目前轮胎的扁平化、超扁平化更促进了一次法成型工艺的长足发展。虽然一次法成型工艺难度较大，但适用于伸张较小的扁平化和超扁平化子午线轮胎，特别适用于对轮胎性能要求档次高的高性能轿车子午线轮胎。另外，也适用于全钢丝载重子午线轮胎，更适用于扁平化的无内胎钢丝子午线轮胎。

（2）二次成型法　将一条轮胎的成型步骤分别在两台设备上完成。在第一段成型机上完成上帘布筒、扣胎圈、正反包、贴子口胶和胎侧胶等，在第二段成型机上完成贴带束层和胎面胶称为二次成型法。

二次成型法是子午线轮胎问世后早期的成型方法，历史悠久，技术成熟。本成型法中的第一段成型机一般认为可以利用斜交轮胎的成型机，可配用多种形式的成型鼓，即半芯轮式、半鼓式、鼓式均可适用。二次成型法的主要优缺点如下：

① 更换轮胎规格适应性强，转产灵活。

② 胎体膨胀比值小（约 50%），胎体帘布接头和其他部件接头不易劈缝和裂口，工艺操作容易掌握。

③ 从斜交轮胎转产子午线轮胎，成型设备投资费用低。

④ 在成型过程中，胎坯要在二台设备上、下装卸和中间搬运，易发生胎体帘线扭曲变形，影响胎坯质量。另外，半成品各部件再次对中心总会产生偏差，这难以保证轮胎的均匀性。

⑤ 成型鼓直径大于钢丝圈直径，胎体帘布反包钢丝圈易产生褶皱，影响胎圈质量；机械化和自动化水平比一次成型法差，影响成型质量和生产效率。

综上所述，根据二次成型法的特点，比较适用于多层（两层以上）胎体的纤维子午线轮胎和扁平比大的圆断面子午胎，如轻载子午线和纤维载重子午线轮胎以及对性能要求档次不高的轿车子午线轮胎。

（3）曲面鼓成型法　在一个可移动的曲面成型鼓上进行成型轮胎。换句话说，实际上是在芯轮式机头上采用缠绕法工艺，成型出胎坯形状与硫化后的成品轮廓很接近。这样可省去半成品的制备和储存，该工艺可直接向成型机连续供应帘布而无须对覆胶帘布进行裁断，从而避免了帘布层的不均匀性。胎体帘布层围绕着整个轮胎断面进行编织缠绕，以其环状端部勾住钢丝圈。多根挤出钢丝穿过胎体层端部，锁定胎圈位置不变。胎侧胶直接向旋转曲面成型鼓上挤出，并渗透到胎体帘布层上。胎面是通过胶条挤出系统缠绕到旋转鼓上，后改为预硫化环状胎面。曲面成型鼓设有加热系统，最后将胎坯进行硫化，严密地控制着轮胎的内轮廓形状。

根据曲面鼓成型特点，可以认为是目前子午线轮胎保证高精度、高质量的成型方法，它清除了传统工艺中全部的半成品制备和储存，并使多部件贴合成型过程避免了膨胀、转动、移位等，确保各部件的精确到位，提高了轮胎的均匀性。米其林公司目前已投产应用于轿车子午线轮胎，准备进一步开发应用于载重子午线轮胎，但因机械设备复杂，投资巨大，一时还不会广泛使用此种方法。

### 2. 成型鼓类型的选择

成型鼓常见类型与斜交轮胎采用的相似，有半芯轮式、半鼓式和鼓式三种。曲面鼓是属于芯轮式的特殊类型。一般二次成型法的第一段成型鼓多数采用半鼓式或半芯轮式，而一次成型法的成型鼓则采用鼓式。

（1）半芯轮式　适用于大型和中型载重子午线轮胎，特别是纤维胎体（多层帘布胎体层）和扁平比大的圆断面子午线轮胎。其主要优缺点如下：

① 钢丝圈在成型时反包定位好，在二段胎坯定型以及硫化过程中不易发生转动变形，因此对成品胎圈部位的形状容易保证；

② 成型鼓直径取值大，与胎里直径的膨胀比小，对胎体帘线的安全系数有所提高；

③ 成型鼓直径大于钢丝圈直径，成型反包时胎圈子口褶皱多，胎圈质量差；

④ 成型鼓直径大，折叠周长大，卸胎坯难，劳动强度大，不易自动化。

（2）半鼓式　主要适用于胎体为2～3帘布层的中、轻型载重子午线轮胎和轿车子午线轮胎，二次成型法的第一段成型鼓。其主要优缺点如下：

① 成型鼓直径取值小，与钢丝圈直径比值小，胎圈子口褶皱少，胎圈质量较好；

② 采用层贴法上胎体帘布层，劳动强度减轻，提高了自动化水平；

③ 钢丝圈在第二段成型（定型）时会发生转动，影响胎圈质量；

④ 成型鼓直径至胎里直径的膨胀比值较大，胎体帘布层安全系数相对会降低。

（3）鼓式　主要适用于单层胎体帘布的全钢丝子午线轮胎和轿车子午线轮胎的一次成型法。其主要优缺点如下：

① 成型鼓直径小于钢丝圈直径，成型反包后胎圈子口不产生褶皱，胎圈质量高；

② 折叠直径小，机械化和自动化程度高，可用于一次成型法；

③ 成型鼓直径至胎里直径的膨胀比值很大，对胎体帘布接头和其他部件的接头均易劈缝、裂开；

④ 膨胀比值大，胎体帘布层安全系数下降。

### （二）成型鼓直径与鼓肩曲线设计

由于子午线轮胎胎体帘线排列是相互平行的，在成型过程中不发生帘线角度的变化，而只有帘线密度的变化。因此，成型鼓直径与鼓肩曲线的设计与斜交轮胎相比有较大的差异。以下列举了不同类型的成型鼓直径与鼓肩曲线选取设计原则。

#### 1. 半芯轮式成型鼓

（1）成型鼓直径选取　为了减少子午线轮胎成型时胎圈子口处起褶皱，成型鼓直径在保证足够的胎冠帘线密度下，应尽可能取值小一些。一般可选用轮胎成型鼓统一设计国家行业标准中相应小一挡轮胎规格的成型鼓直径，对轮胎扁平比值小的，鼓直径可取值小一些；反之，扁平比值大的轮胎，鼓直径应取值大一些。根据以往实践经验，9.00R20钢丝子午线轮胎成型鼓直径可取630mm，既达到了保证轮胎胎体帘线的强度要求，又满足了子午线轮胎成型工艺上的要求。成型鼓的直径一般可按轮胎胎里直径 $D_k$ 与成型鼓直径 $D_b$ 之间的比值来选取。$D_k/D_b=0.40\sim0.60$。

（2）成型鼓肩曲线设计　设计半芯轮式的鼓肩形状与尺寸时，应尽量接近轮胎胎圈结构形状，且操作方便，钢丝圈定位准确。对鼓肩曲线设计有以下几项原则：

① 鼓肩曲线形状与成品胎圈内轮廓曲线尽量接近一致，减少胎圈部位的变形；

② 鼓肩曲线展开长度与胎体外层帘布曲线展开长度的差值要小，例如9.00R20差值为20mm以下；

③ 鼓肩曲线设计要求压辊易压紧胎圈，包胎圈操作方便。

由于子午线轮胎胎体帘布层数少，钢丝圈只有一个。为避免在包钢丝圈时起褶皱，应采用浅鼓肩曲线，在保证内、外层帘线长度接近时，尽量将鼓肩深度设计得浅一些。与斜交轮胎相比，子午线轮胎的成型鼓肩深度 $W_R$ 应小于同规格斜交轮胎用成型鼓肩深度 $c_B$，同时曲线部分的鼓肩宽度子午线轮胎也可比斜交轮胎小。

① 鼓肩宽度 $c$　根据轮胎胎体帘布层反包最高差级来定。一般帘布层反包差级的边缘不超出鼓肩宽度。如中、小型载重轮胎取值约为 30～60mm，视轮胎规格及成型鼓直径的大小而定。

② 鼓肩深度 $W$　根据轮胎的胎圈结构，保证成型胎圈的质量和操作方便，鼓肩深度取值尽量小一些。如 9.00R20 约取 15～20mm。具体值视半成品材料分布的需要而定。

③ 鼓肩弧半径 $r_1$、$r_2$、$r_3$　$r_1$ 弧的半径最大，对载重轮胎用成型鼓一般 $r_1$ 取值为 100mm 左右，$r_2$ 弧半径取值可小一些，约 15～30mm，$r_3$ 弧半径取值可参考胎圈内轮廓曲线半径而定，一般取值约 20～30mm。$r_3$ 半径的圆心定位直径 $D_{r_3}$ 也应根据胎圈内轮廓曲线半径的位置而定。

④ 成型鼓内直径 $d$　为操作方便，减轻劳动强度，内直径 $d$ 的取值须结合成型鼓折叠周长来考虑。一般 $d$ 不宜设计太小，约比胎坯内径小 5～10mm。

## 2. 半鼓式成型鼓

（1）成型鼓直径选取　主要适用于中、轻载重子午线轮胎和轿车子午线轮胎的二次成型法中第一段成型，其鼓直径选取方法如下。

① 中、轻载重子午线轮胎成型鼓直径的选取，可按胎里直径与成型鼓直径之比 $D_k/D_b=1.50\sim1.65$。另外，据日本横滨橡胶公司的介绍，用于二次成型法的第一段成型鼓直径可根据轮胎着合直径来设计，取值范围为着合直径加 2.5～4in（63.5～101.6mm），认为比较理想的成型鼓直径取值为轮胎着合直径加 3in（76mm）。

② 轿车子午线轮胎的半鼓式成型鼓直径取值范围仍可按胎里直径对成型鼓直径之比 $D_k/D_b=1.55\sim1.70$。例如轿车子午线轮胎 185/70SRB 选用成型鼓直径 $\phi$364mm，成品轮胎的胎里直径为 $\phi$565mm，$D_k/D_b=565/364=1.552$。

（2）半鼓式成型鼓肩曲线设计　半鼓式成型鼓肩曲线的形状比较简单，只需确定鼓肩宽度 $c$ 和两个鼓肩弧半径 $r_1$、$r_2$。鼓肩宽度的选取原则，要求帘布层反包差级的边缘基本不超出鼓肩宽度，一般取值为 20～30mm。鼓肩弧半径 $r_1$ 可参考胎圈结构的材料分布而定，使三角胶芯、帘布层、加强层和子口护胶等材料在鼓肩曲线平滑分布过渡到成型鼓的直线部分。$r_2$ 为鼓肩边缘直线与 $r_1$ 的连接弧，取值不宜太大，为 5～10mm。例如轿车子午线轮胎 185/70SRB 的半鼓式成型鼓肩曲线参数 $c=20$mm，$r_1=30$mm，$r_2=10$mm。

## 3. 鼓式成型鼓

一次法成型载重或轿车子午线轮胎均采用鼓式成型机头（鼓），要求成型鼓直径小于轮胎钢丝圈直径，约比减去钢丝圈底部半成品厚度后的直径再略小一些，以便成型操作。

法国 PLM 一次法成型机的成型鼓直径 $D_b$ 为 495mm，适用于成型 9.00R20、10.00R20、11.00R20 和 12.00R20。其中以 9.00R20 为例，钢丝圈直径 $D_c$ 为 529mm，成型鼓直径与钢丝圈直径之比 $D_b/D_c=0.936$；胎里直径 $D_k$ 与鼓直径之比 $D_k/D_c=1.927$；着合直径 $d_0$ 与成型鼓直径之比 $d_0/D_b=1.034$。轿车子午线轮胎采用国产一次法成型机鼓直径为 343mm，以 174SR14 为例，$D_b/D_c=0.942$；$D_k/D_b=1.750$；$d_0/D_b=1.035$。以上参数仅供参考。因在 20 世纪 90 年代初，国内引进了子午线轮胎生产技术，同时购买了多家公司的一次法成型机（如荷兰 VMI 公司、德国克虏伯公司等），可能对一次成型法的参数会有更合理的选择。

（三）成型鼓宽度计算

子午线轮胎成型鼓宽度计算的方法与斜交轮胎的方法基于相同的原理，只因子午线轮胎帘线排列方向的特殊性（与径向断面轮廓线方向平行），无帘线角度的变化，从而大大简化了轮胎成品中所需帘线长度的计算。以下介绍不同类型成型鼓宽度的计算。

#### 1. 半芯轮式成型鼓宽度计算

借助于斜交轮胎成型鼓宽度的计算公式如下：

$$B_s=(2L/\delta_1-2l)\cos\beta_b+2c$$

式中 $2L$——轮胎成品中一个钢丝圈到另一个钢丝圈的帘线长度，mm；

$l$——成型鼓肩曲线部位的半成品帘线长度，mm；

$\beta_b$——成型鼓上的帘线角度，(°)；

$c$——鼓肩宽度，mm；

$\delta_1$——帘线假定伸张值。

由于子午线轮胎的 $\beta_b=0°$，$\cos0°=1$，使上式转化为子午线轮胎成型鼓宽度计算公式：

$$B_s=2L/\delta_1-2(l-c)$$

式中 $L$——成品胎里内轮廓帘线长度（从胎冠点至钢丝圈底线），mm；

$l$——成型鼓肩曲线长度，mm；

$c$——鼓肩宽度，mm；

$\delta_1$——帘线假定伸张值。

#### 2. 半鼓式成型鼓宽度计算

因采用半鼓式成型，胎坯在定型（二段成型）和硫化时，胎圈会发生转动，所以半鼓式成型鼓宽度计算方法要在上一个公式基础上增加一个调整系数，如下式所示。

$$B_s=2L/\delta_1-2(l-c)-U$$

式中，$U$ 为调整系数；其他参数与前式相同。

由于各家生产厂的工艺条件不同，特别是成型鼓曲线和硫化工艺的差异直接影响调整系数 $U$ 的取值。以下提供三种方式作参考选用。

① $U$ 单纯为一种工艺经验系数，取值为 5～12mm（适用于 70～80 系列轿车子午线轮胎和小规格的轻载子午线轮胎）。

② 根据两侧胎圈的扭转情况，可认为各侧均会有半个胎圈宽度的扭动，故调整系数 $U$ 的取值约等于一个胎圈宽度。

③ 对于不同成型鼓曲线，其胎圈扭转情况各有差异，因此，可根据扭转角 $\gamma$ 的变化范围，取其正弦函数作为工艺调整系数来计算成型鼓宽度。调整系数 $U$ 的表达式为：

$$U=2X\sin\gamma$$

式中 $X$——钢丝圈外缘至成型鼓边缘距离，mm；

$\gamma$——扭转角度，(°)。

#### 3. 鼓式成型鼓宽度计算

因鼓式成型鼓设有鼓肩，所以没有鼓肩曲线，也没有鼓肩宽度。即 $l=0$，$c=0$。因此鼓式成型鼓宽度计算公式可简化为：

$$B_s = 2L/\delta_1$$

式中　$L$——成品胎里内轮廓帘线长度（从胎冠点至钢丝圈底线），mm；

$\delta_1$——帘线假定伸张值。

此公式曾用于9.00R20钢丝子午线轮胎一次法成型鼓宽度计算，帘线假定伸张值取$\delta_1 = 1.02$，计算得出成型鼓宽度，在法国PLM一次法成型机上进行试制应用，其试验结果表明能满足施工要求。

由于各厂家的一次成型法设备有差异，另外工艺操作也不同，所以鼓式成型鼓宽度计算公式就有不同的表达式。实际上，鼓式成型鼓宽度即两个钢丝圈之间的距离，如果需按钢丝圈的外侧来计算并锁定钢丝圈位置，则成型鼓宽度计算公式为：

$$B_s = 2L/\delta_1 + 2b_c$$

式中　$L$——成品胎里内轮廓帘线长度（从胎冠点至钢丝圈底线），mm；

$\delta_1$——帘线假定伸张值；

$b_c$——钢丝圈宽度，mm。

假定伸张值$\delta_1$是成型鼓宽度计算中的一个重要参数，它的选取与采用的成型方法（特别是成型鼓类型）和所选用的帘线品种与性能有关。另外，还受轮胎生产工艺条件（如压延工艺中所用帘线张力等条件）的影响。若假定伸张值$\delta_1$取大，易产生胎里露线、钢丝圈抽窄（或上抽）、子口护胶流失以及加强层露线等缺陷，但$\delta_1$取小时易引起胎体帘线打弯。总之，要根据具体实际情况来选取$\delta_1$，达到轮胎成品中的帘线既不打弯、又不露线。目前一些生产厂家在子午线轮胎制造过程中选用各种类型帘线的假定伸张值范围，见表3-15。表中的数值范围仅供参考，因制造工艺因素特别是成型鼓曲线和鼓直径，对假定伸张值的取值都有较大的影响。

**表3-15　不同类型帘线假定伸张值**

| 帘线类型 | 帘线假定伸张值$\delta_1$ | 帘线类型 | 帘线假定伸张值$\delta_1$ | 帘线类型 | 帘线假定伸张值$\delta_1$ |
|---|---|---|---|---|---|
| 钢丝 | 1.01～1.025 | 聚酯 | | 尼龙 | |
| 人造丝 | | 普通 | 1.03～1.045 | 普通 | 1.05～1.08 |
| 一超、二超 | 1.02～1.04 | HMLS | 1.02～1.03 | 改性 | 1.04～1.05 |
| 三超 | 1.01～1.02 | | | | |

## 4.二段成型机头宽度的确定

无论是一次成型法还是二次成型法，子午线轮胎在贴合带束层和胎面胶时，均需先将胎体定型后才能进行。因此，先要确定胎坯尺寸。主要是确定胎坯的外直径，这需根据硫化模型的不同类型选取，模型与轮胎外直径的膨胀率可由1%～5%（即活络模或两半模）而定。然后，确定二段成型时两胎圈之间的距离或称为二段成型（定型）机头宽度$B_Q$。

有关$B_Q$的取值影响因素较多，它与轮胎的结构、规格、扁平比、成型鼓类型以及成型方法等都是密切相关的，所以要按具体情况来取值。例如9.00R20全钢丝载重子午线轮胎在法国PLM一次法鼓式成型机上进行成型，$B_Q$的宽度约取$B_s$宽度的45%。又如195/65R15轿车子午线轮胎采用二次法半鼓式成型机，其$B_Q$的取值约为$B_s$宽度的70%。一次成型法或二次成型法其二段成型机头宽度$B_Q$的大小，还须在试制时进一步调整，主要控制第一层带束层直径（即带束层贴合鼓直径）和成型鼓内充气压力，以保证压合带束层/胎面胶的质量。此外，随轮胎扁平化的发展，允许使用轮辋宽度越来越宽，也会导致$B_Q$的取值增大。

### （四）成型鼓上半成品部件的施工

目前工厂制造子午线轮胎广泛应用的有两种成型方法：一种是一次成型法，另一种是二次成型法。以下列举这两种成型方法对半成品各部件在成型鼓上的施工。

#### 1. 一次成型法的半成品施工顺序

按预先计算好的成型鼓宽度，再加上钢丝圈宽度和帘布反包高度，算得胎体帘布的总宽度。然后，根据成品的材料分布图设计半成品各部件尺寸和要求的差级。在胎圈部位的半成品胶体与成品中的部件尺寸比较接近，变化不大，但在冠部和肩部这些半成品胶件尺寸，应按成型鼓至该位置的膨胀比来换算确定，各半成品部件准备完毕之后，根据轮胎成品结构材料分布按反包的顺序进行排列。例如钢丝载重子午线的成型施工顺序为：先贴胎侧胶，再贴子口护胶，然后依次贴内衬层胶（或气密层胶）、钢丝加强层、填充胶、胎体钢丝帘布层、中间胶和带束层肩垫胶。以上部件在贴合鼓上预先贴成套筒，由传递环送至一次法成型鼓，上钢丝圈进行反包压合。胎面与带束层在另一贴合鼓进行贴合成套筒，用传递环送至已膨胀定型到所需外直径的一次法成型鼓上，将胎面带束层套筒一次贴压完成。

由于轮胎结构设计不同，半成品部件的分布就有差异。另外，在制造工艺中现在已普遍采用复合压出技术，如胎侧胶与子口护胶复合以及与填充胶复合即可减少部件数量，所以在成型鼓上的材料部件施工也有所不同。

#### 2. 二次法成型施工顺序

子午线轮胎采用二次法成型，其中的第一段成型操作顺序与斜交轮胎成型相似，在成型鼓上贴合胎体帘线层和其他半成品部件以及包压胎圈。带束层与胎面在第二段成型机上完成贴合。如果轮胎结构要求胎侧胶盖胎面胶，则在第一段成型时，胎侧胶的上半部分先不要与胎体层进行压合，等到第二段成型时，将胎侧胶上半部分翻到胎面胶的外侧。目前已广泛使用复合压出工艺，在胎面胶端部与胎侧胶（小块）进行复合压出，可实施胎面盖胎侧，免去翻胎侧胶的操作工艺。

## 第四节　子午线轮胎的制造工艺

子午线轮胎在结构上与普通斜交轮胎有本质上的区别，尤其是子午线轮胎部件多，结构复杂，各部件的精度要求高，因而对其工艺设备也提出许多新的要求，因此在制造工艺方面与斜交轮胎有许多不同。例如，在钢丝帘布压延联动装置中，钢丝帘线锭子房必须有恒温恒湿空调设备，须配制专用的钢丝裁断机，要求有圆形或多角形钢丝缠绕机组及适应子午线轮胎结构的胎圈成型机，要求有专用外胎成型机及带有活络模块的硫化机等。如果加工设备达不到所需精确度，就无法生产出质量和性能优良的轮胎。在工艺操作上，无论是混炼、压出，还是帘布压延、裁断及外胎成型，均比斜交轮胎要求严格。

子午线轮胎工艺流程见图 3-17。

### 一、子午线轮胎成型前半成品部件的准备

#### 1. 胶料压出

子午线轮胎工艺特点之一是半成品部件多，不同部件要用不同的工艺方法，其中胎面胶、胎肩垫胶、上下三角胶芯、内衬层胶等均由压出工艺方法来制备。

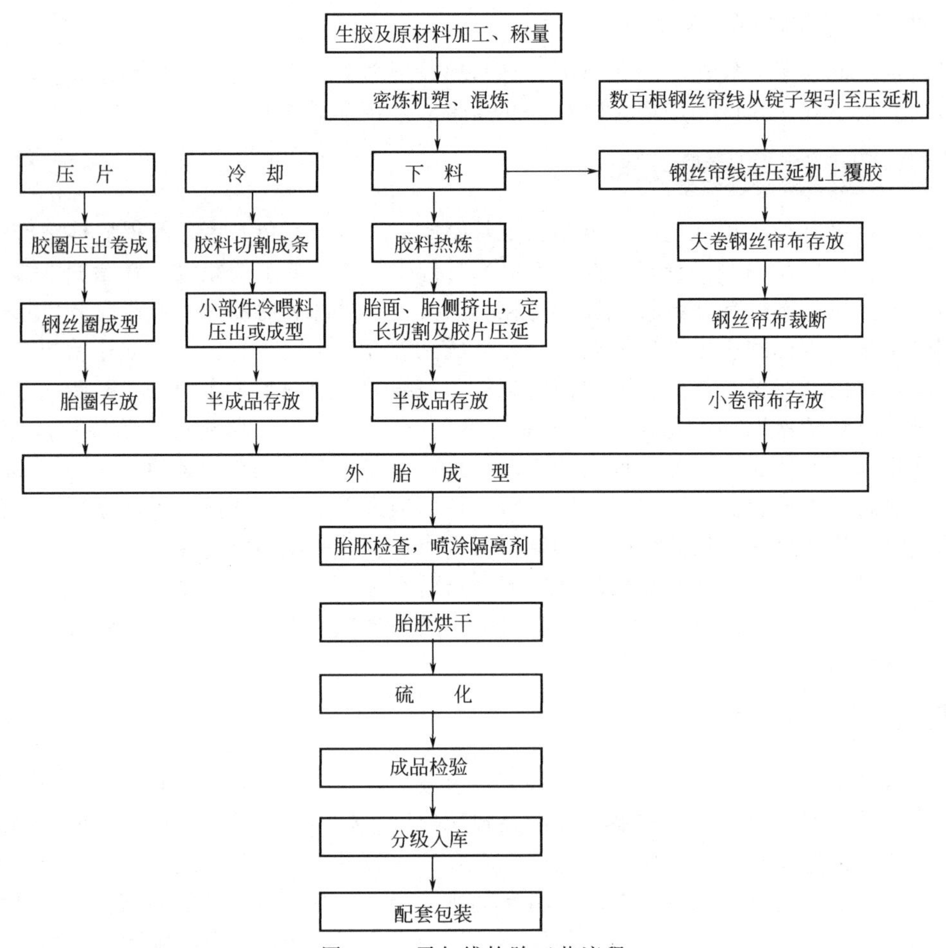

图 3-17 子午线轮胎工艺流程

（1）胎面压出　子午线轮胎胎面半成品由于成型工艺要求，胎面和胎侧胶必须分开。胎面和胎侧的压出与普通斜交轮胎基本相同，但其尺寸的准确性和稳定性要求更为严格，因为重量或尺寸的误差大会影响轮胎的静平衡误差，径向力变化大。胎面的断面形状不对称，也会造成轮胎的均匀性差、径向力偏差大的缺点，因此，必须严格掌握胎面胶、胎侧胶以及各压出部件尺寸的均一性，并要求表面保持新鲜以保证与带束层黏合牢固。

子午线轮胎胎面压出可采用热喂料或冷喂料挤出机来制备。

① 热喂料胎面复合挤出　采用两台热喂料挤出机，用机头复合或机外复合的方法制备胎面。为保证半成品胎面质量，在工艺方面要注意以下几点。

a. 严格控制混炼胶质量。

b. 供胶均匀，出胶量与供胶量基本平衡，防止供胶太多造成机头压力增加，产生焦烧，或供胶不足造成胎面尺寸波动，还要保证所供胶料的温度和可塑度均匀一致，防止挤出速度和挤出膨胀的变化。

c. 挤出温度控制。挤出温度对半成品尺寸稳定性有很大的影响，一般要求供胶温度为85～90℃，挤出机各部位的温度要分段控制，进料处为常温，机身为35～50℃，机头为75～85℃，口型板温度不能超过100℃。

② 冷喂料胎面复合挤出　冷喂料复合挤出有很多优点，如尺寸稳定性好、工艺简化、减少能耗等，所以广泛用于子午线轮胎的胎面挤出。但采用冷喂料挤出机时，对混炼胶的质

量要求也相应提高。热喂料因需胶料热炼，可使胶料得到补充混炼，配合剂得以进一步分散均匀，而冷喂料挤出机则直接使用密炼机排出的混炼胶，根据这一特点，混炼工序的设备最好做相应改变，如在密炼机排料下设置挤出机，通过挤出机压出一定宽度和厚度的胶条，并进行冷却及涂隔离剂，放到锌盘上，待下工序直接供冷喂料挤出机使用。冷喂料挤出机挤出时，机头压力高，口型板厚度大，所以挤出半成品密实收缩小，比较新型的子午线轮胎胎面挤出机均采用电子设备来控制调节机身各区段温度、挤出速度和机头压力。胎面尺寸由光电装置控制定长，激光装置控制厚度，联动装置中自动控制冷却水的温度及流速，从而保证用冷喂料挤出机制备的半成品胎面质量均匀。

(2) 钢丝圈的钢丝覆胶及制造　子午线轮胎由于钢丝圈所受应力比普通斜交轮胎大30％～40％，为提高强度，大多采用圆形或六角形钢丝圈。子午线轮胎胎体帘布层数少，只能采用单钢丝圈。我国一般轻载子午线轮胎和乘用子午线轮胎多采用U形或圆形钢丝圈，载重子午线轮胎采用六角形或圆形钢丝圈，载重无内胎子午线轮胎采用斜六角形钢丝圈。

制备钢丝圈一般先使钢丝通过挤出机，并采用特殊的T形机头使钢丝包覆橡胶，然后用专门设计的钢丝圈卷成装置来保证得到所需的断面形状。

钢丝覆胶所用挤出机可用热喂料或冷喂料挤出机。如果采用单根钢丝挤出覆胶缠卷钢丝，可用直径30mm挤出机；如果5～6根钢丝同时覆胶，则选用直径65mm的挤出机。

胎圈成型是将钢丝圈、胶芯和胎圈包胶或包布组成一体的过程。子午线轮胎胶芯较宽较高，载重轮胎的胶芯更大，而且采用上下硬度不同的复合胶芯，为把胶芯固定在钢丝圈上，可用薄胶片包裹，其钢丝圈成型机也比普通斜交轮胎复杂得多，一般使用专用的钢丝圈三角胶芯成型机。

(3) 内衬层制备　子午线轮胎内衬层相当于普通斜交轮胎的油皮胶。载重子午线轮胎成型时，两胎肩部位的膨胀能达160％～200％，而两胎圈部位基本不膨胀。如果使用压延法制备等厚度内衬层，就会出现胎冠部位内衬层太薄而两胎圈部内衬层又太厚的问题。为此，一般使用挤出法来制备具有一定断面形状的内衬层，使得膨胀后各部分内衬层厚度基本相同。但由于内衬层断面积缩小，宽度又较大，用普通挤出机挤出时易发生机内胶料焦烧，同时机头压力太大容易造成设备损坏，所以一般要选用大规格的挤出机。辊筒机头挤出机是解决这一问题的最好办法。一台带辊筒机头的冷喂料挤出机，通过更换辊头，可以加工不同规格的载重子午线轮胎内衬层。

无内胎子午线轮胎内衬层具有双重作用，它既是轮胎的内腔，又是密封气压的内胎。对于载重无内胎子午线轮胎的内衬层，要使用带辊筒机头的双复合挤出机制备，而乘用无内胎子午线轮胎的内衬层要求采用四辊压延机来制备，采取两次贴合的方法将两种胶料的胶片贴合到一起。

轻型载重子午线轮胎和乘用子午线轮胎的定型膨胀相对较小，约为140％～160％，且内衬层又较薄，一般使用三辊压延机按照压延胶片的制备方法来制造符合规定尺寸的内衬层。

(4) 胎侧子口复合挤出及小胶条制备　子午线轮胎子口胶硬度高，为防止喷霜而失去黏性，胶料中使用不溶性硫黄，所以在工艺上要求采用冷喂料挤出机进行制备。为减少子午线轮胎成型时的贴合工序和保证贴合准确性，一般将胎侧与子口胶进行复合制备。

子午线轮胎的小胶条部件很多，如胎肩垫胶、上下三角胶芯等，均是硬度高、黏性大、使用不溶性硫黄的部件，故都要求使用冷喂料挤出机制备，要严格控制温度，防止焦烧。

## 2. 帘布压延

帘布压延工艺是子午线轮胎生产中最关键的工艺之一。压延帘布的质量直接影响轮胎的内在质量。根据骨架材料的不同，帘布压延可分为纤维帘布压延和钢丝帘布压延。

（1）纤维帘布压延　半钢丝子午线轮胎的胎体帘布要求使用高精度的四辊压延机来制备。为保证纤维帘布在整个长度和宽度上厚度一致、质量均一，在工艺上要注意以下几点。

① 供胶　首先要严格控制供压延用的混炼胶质量，如可塑度、硬度等必须符合工艺标准。同时要控制供胶温度及压延辊筒温度，这三者中任何一种因素变化，都会引起辊筒所受横压力的变化，从而影响压延厚度。如供胶温度太高，造成胶料焦烧，帘布表面起胶疙瘩；供胶温度过低，胶料流动性不好，帘布表面不平、起疤。供胶量应均衡，在辊筒的横向不能出现局部堆积胶过多的现象，以免出现该部位压延胶片过厚等质量问题。

② 压延帘布热伸张和干燥　用于半钢丝子午线轮胎的胎体帘布一般为尼龙和人造丝。在进入压延机贴胶前，一定要经过热伸张和干燥处理，才能保证压延质量。尼龙帘布热收缩比较大，为保证成品轮胎尺寸的稳定性能，压延时要对帘布加张力，张力根据帘布的根数而定。一般为 5.88～6.86N/根。为获得良好的压延效果，压延用帘布应严格控制含水率。采用人造丝帘布时，由于其吸湿性很大，而湿态下强度下降又特别显著，为保证挂胶帘布性能，防止因水分过大而在压延帘布中产生气泡，甚至引起成品脱层，要认真对待人造丝的干燥问题。一般要求进入压延辊筒时人造丝帘布的水分应在 2%以下。尼龙帘线吸湿性小，帘布压延前的水分应控制在 1%以下，干燥辊筒温度保持在 110～120℃。帘布温度应保持在 70℃左右，使压延时获得较好的黏合性。

③ 压延速度和温度　为保证供胶温度、供胶量均匀一致，保证辊筒对帘布的横压力相同，保证帘布的含水率达到规定的要求，一定要控制压延速度，一般以稳定的中速压延为好。天然胶配方胶料两面贴胶时，辊筒温度以 100～105℃较好，中辊的温度应高于旁辊和下辊 5～10℃，但对于丁苯胶料来说，因胶料易于黏附在冷辊上，故上、中辊温度反而应低 5～10℃，供胶温度则应保持在 90℃。

（2）钢丝帘布压延　全钢丝子午线轮胎的胎体帘布、带束层，半钢丝子午线轮胎的带束层帘布都是由多根平行的钢丝线经压延覆胶制备的。钢丝帘布的压延质量对子午线轮胎的使用性能有极大影响。

① 钢丝帘布压延工艺方法　制造钢丝帘布的方法有四种，即热压延法、冷压延法、挤出法和缠绕法。其中前三种方法较为常见，现将热压延法、冷压延法及挤出法的特点介绍如下。

a. 热压延法　采用钢丝帘布压延联动装置来进行钢丝帘布两面贴胶。该设备主要部分有帘线导开架，它装有数百个排列规整的锭子座；绕满钢丝帘线的锭子套入锭子座中。单根钢丝由导开架导出，经排线分线架使钢丝帘线进行初步排列，在经一次整径、二次整径使帘线在恒定张力下，按规定的设计密度整齐地通过整径辊，进入四辊压延机进行双面贴胶。压延主机带有测厚装置及刺泡装置等附属设备。钢丝帘布离开压延机被牵引进入冷却装置，通过辊筒逐步冷却帘布后，再经储布架进入卷取装置；此时亦可把钢丝帘布的塑料薄膜垫布经导开装置同时卷入。

目前，大多数厂家均用此法来制备钢丝帘布。钢丝帘线四辊压延工艺流程如图 3-18 所示。

b. 冷压延法　国外一些厂家也有用冷压延法来制备钢丝帘线的。可分为两种形式，一种是将胶片压好打卷，然后使钢丝及上、下胶片通过两辊压延机压成钢丝帘布。这种方法设

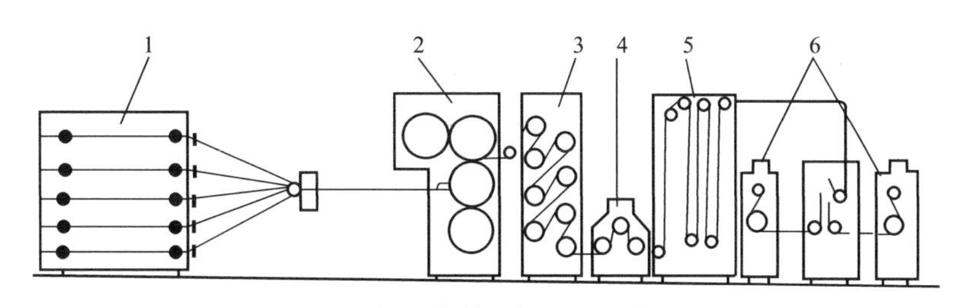


图 3-18　钢丝帘线四辊压延工艺流程

1—锭子架；2—压延机；3—冷却辊；4—牵引区；5—缓冲器；6—卷取装置

备简单，也可避免因受热而使钢丝表面产生氧化。但这种方法不易控制胶片的厚度，帘布的钢丝密度也难控制均匀。另一种最新的冷压延法是采用两台三辊压延机和一台两辊压延机组合装置，两台三辊压延机分列于两辊压延机的两侧供压制胶片用。胶片经冷却辊筒冷却后导入压延机，钢丝帘线通过整径辊同时进入压延机辊隙制成钢丝帘布。这种方法的缺点是设备较多，占地面积大。

c. 挤出法　这是一种新型的制备钢丝帘布的工艺方法，用冷喂料挤出机（也可用热喂料挤出机）来对钢丝帘布覆胶。为了保证密度，使用高精度的进出口型。这种方法的特点是帘布的厚度精度高，边部整齐，密度均匀，操作简单。但由于受挤出机口型宽度的限制，它的最大挤出宽度仅为 150～200mm，且挤出口型加工困难，对帘线直径的要求较高，一般只用它来制备带束层。

钢丝帘布的制造均采用无纬压延法，其设备特点除了需装备专用的钢丝帘线锭子存放架及整径装置外，四辊压延机的长径比也较小，$L/D$ 约为 2.3～2.5。整径辊的直径为压延机辊筒直径的为宜。并应尽量使整径辊靠近压延机辊筒，以保证钢丝帘线排列均匀地进入压延机挂胶。

四辊钢丝帘布压延机的常用规格有：直径×辊筒长度分别为 400mm×1000mm、500mm×1250mm、600mm×1500mm、700mm×1800mm 等。最大压延宽度分别为 800mm、1000mm、1200mm、1500mm。联动线总长达 50m，其中锭子房单独隔开，安装空调装置。必要时，锭子房设计宽度扩大，能放下两个锭子架，以变换钢丝密度和规格。

② 影响钢丝帘布压延质量的因素　钢丝帘布压延工艺有非常严格的要求，尤其是必须保证胎体帘线排列密度和均匀性。

胶料与钢丝帘线之间要密实，胶料要充满间隙。压延后的钢丝帘线要平整、光滑、不变形、不缺胶、无杂质和胶块等。

为制备合格的钢丝帘布，必须要考虑设备、钢丝帘线的工艺性能、压延胶料性能及某些工艺因素对钢丝帘布压延质量的影响。

a. 钢丝压延设备对压延帘布质量的影响　除要保证钢丝压延机精度外，钢丝压延联动设备的其他部分也必须完善，如果这些部件的精度不高或位置不对，也难以制备出高质量的钢丝帘布。如锭子架的排列角度，锭子轴上的上挠角度以及排线架的距离对压延质量均有影响，一般锭子架的排列角度为 3°～10°，锭子轴的上挠角为 8°～12°，锭子架与排线架的距离为 1.2～2.5m。排线架的材质选取不当会造成钢丝帘线表面的镀层磨损和折断材料，如铝、钢等不能用于排线架的排线孔，应采用玻璃、陶瓷等材料。

整径辊是钢丝帘布压延联动设备的主要部件之一，它不但影响钢丝帘布的密度，而且还影响钢丝帘线进入压延机前的张力。整径辊与压延机辊筒的距离以 3～5m 为好，为保证帘线排列均匀性，一般要使用两个以上整径辊。

由于钢丝帘线是无纬压延，帘线排列是否整齐很大程度取决于所有钢丝帘线是否都承受比较均匀的张力。钢丝的张力由锭子座上设置的张力调整机构进行调节。通过张力装置，使导出的钢丝保持恒定的张力。根据我国的使用经验，每根钢丝帘线的导出张力可控制在4.9～14.7N，所有钢丝帘线的锭子要保持基本一致的张力，误差在±5%以下。

另外，牵引与冷却装置对压延后帘布的张力变化、帘布的变形以及喷霜性能都有影响。压延后的牵引张力太大，造成帘线张力变化，帘布附胶不良。冷却辊与主机要绝对平行，否则会使压延后的帘布变形。冷却辊的温度由高到低，防止帘布因急冷而喷霜。

b. 钢丝帘线的工艺性能对压延质量的影响　钢丝帘线的工艺性能包括平直度、残余应力、残余扭转以及切口松散性等。钢丝帘线的残余扭转大、平直度较差时，进入压延机前的帘线排列不均匀，压延后的帘布不平整、卷曲、并线和稀缝，影响裁断质量。

c. 压延用胶料的性能对钢丝帘布压延质量的影响　钢丝帘布是借助于胶料将单根钢丝帘线组成整体帘布的。压延后的钢丝帘布，胶料不仅要包住钢丝帘线，还要渗入到钢丝帘线缝隙中，才能保证黏着力。影响钢丝帘布压延质量的胶料性能较多，如胶料的可塑性、流动性、门尼黏度、自黏性、焦烧性、收缩性和生胶硬度等。对钢丝压延用胶料有如下要求：胶料中水分和挥发物含量要尽可能低，防止产生气泡，胶料要有适宜的可塑性和流动性，焦烧时间要相对长一些，胶料中配合剂要分散均匀，无杂质。

d. 某些工艺因素对钢丝帘布压延质量的影响　钢丝帘布压延时其辊筒的温度应比纤维帘布压延机辊温稍低，一般为80～90℃，供胶温度也应低于90℃，如果温度超过90℃会加剧钢丝表面镀层的氧化作用，从而降低胶料与钢丝的黏合力。

压延帘布的冷却辊辊温最好能控制前高后低，胶帘布先进入温度较高的辊筒，然后转入温度较低的辊筒，这样防止骤冷引起胶料喷霜，降低黏合力。

此外，还要特别注意改进钢丝帘线锭子间的条件，因钢丝帘线进入锭子房后，很容易受温度和湿度的影响，引起钢丝表面生锈，故锭子间除了要求无灰尘和整洁外，一定要安装空调设备，使室内温度保持在30℃左右，相对湿度大约为40%。

### 3. 帘布裁断

子午线轮胎的裁断分纤维帘布裁断和钢丝帘布裁断。

（1）纤维帘布裁断　子午线轮胎纤维帘布裁断与普通斜交轮胎相似，一般采用同一裁断设备，为提高裁断精度和工作效率，可采用高台式卧式裁断机，自动定长、自动分离和自动定头。在工艺上，要求所裁断的帘布符合施工表标准，帘布的角度和宽度要准确；接头完毕的帘布卷取要采用专用的丙纶垫布，其表面经特殊处理，使帘布能保持新鲜的表面和黏合力。

（2）钢丝帘布裁断　钢丝帘布裁断和接头是子午线轮胎生产的特有工艺。钢丝帘布裁断的精度、接头的质量对子午线轮胎的质量和性能有举足轻重的影响。

① 钢丝帘布裁断设备　用于钢丝帘布裁断的设备主要有以下几种：剪板机、铡刀式裁断机、圆盘刀-矩形刀式裁断机、圆盘刀-圆盘刀式裁断机。各自的性能特点如下。

a. 剪板机　这是我国中小工厂生产子午线轮胎常用的裁断工具。它原为剪钢板用机器，经过改造后进行钢丝帘布裁断。其特点是操作方便，设备简单，占地面积小，但它的裁断精度差，效率低，劳动强度大，只能裁断较小的帘布。

b. 铡刀式裁断机　这是一种比较复杂的新型钢丝帘布裁断机。其特点是裁断精度高，裁断速度快，为6～10次/min，劳动强度小，被裁断的帘布宽度可达1000mm，裁断线长达5000mm，适用于工业化子午线轮胎生产。但价格较贵，设备占地面积较大。这种裁断机的裁断装置为两块矩形刀，呈铡刀式排列，下矩形刀平行装配在机架上，裁断时，上矩形刀向下产生冲切功将帘布裁断。它的裁断角度范围为0°～76°。

c. 圆盘刀-矩形刀式裁断机　它与铡刀式裁断机的区别在于裁断装置为圆盘刀-矩形刀配合。裁断时，高速电机带动圆盘刀沿矩形口进行，产生很大的剪切力将钢丝帘布裁断。该设备具备铡刀式裁断机的优缺点。裁断精度较高，角度误差±0.5°，宽度±0.1mm。这种裁断机已为我国子午线轮胎生产厂所采用。

d. 圆盘刀-圆盘刀式裁断机　它的特点是裁断时上、下圆盘刀一起转动，靠剪切力将钢丝帘布裁断。它除有铡刀式裁断机特点外，裁断的宽度误差较大，而且由于往返裁出的宽度不同，一般只作单向裁断。

② 钢丝裁断工艺操作要求　钢丝帘布裁断关键是要保证帘线的密度不变，裁断的宽度、角度符合施工表标准，误差达到最小。特别是胎体、带束层等帘布裁断后在连接和卷取过程中，接头或卷取拉伸应力稍有不均匀，都会引起帘线的位移，造成稀密不均及帘线角度变化，这样会给轮胎的使用性能带来极不利的影响。如胎侧出现波浪形、均匀性差、行驶中汽车振动大、操纵稳定性差等问题，也降低了帘线与橡胶的黏合力。

③ 钢丝裁断质量影响因素

a. 接头工艺对裁断质量的影响　钢丝帘布接头工艺是子午线轮胎生产中的关键工艺。子午线轮胎特别是全钢丝子午线轮胎的膨胀率达170%以上，这就要求钢丝帘布接头强度高才不致造成局部应力过大，引起接头部分帘线间的橡胶拉开，形成所谓“劈缝”现象。

压延帘布宽度和密度直接影响接头质量，钢丝压延帘布宽度较大，同一胎体上帘布接头数量就小，产生接头质量问题的机会就降低。由于子午线轮胎膨胀较大，为保证胎体强度，就要有较高的压延密度，密度大时，两根钢丝之间的胶料就很少，直接影响接头质量。

压延帘布停放时间长会造成表面喷霜，自黏力下降，接头强度下降。

改善钢丝帘线接头质量可采用不同接头方式，如对接、搭接和斜坡接头等。从保证均匀性出发，应该采用对接接头，但在帘布停放时间长、自黏力下降时，采用对接会造成稀缝，宜采用搭接或斜坡接头方式来提高强度，但搭接易产生并线和摞线。由于出现接头质量问题的主要原因是接头强度低，所以可以通过加贴封口胶片的方法来提高接头强度。

帘布接头可采用机械式拼接装置进行自动拼接，也可用人工接头，但手工接头时，操作人员的接头技术如压合力、压合速度的变化都会影响接头强度，故采用先进的专用接头工具有利于接头质量提高。

b. 压延帘布质量对裁断性能的影响　压延帘布的质量也影响裁断性能，压延帘布有缺胶、边部不整齐、厚薄不均匀、卷取时不整齐等问题时，裁断后的帘布其角度和宽度误差就大，压延过程中变形的帘布甚至不能进行正常裁断。因此要保证裁断的质量，必须保证压延帘布的质量。

c. 裁断机的特性与钢丝性能对裁断的影响　裁断机的精度直接影响钢丝帘布的裁断质量，剪板机仅适用于裁断压延宽度较小的帘布，适用于裁断固定角度的帘布。圆盘刀-矩形刀式钢丝帘布裁断机则可以裁断压延宽度如1000mm的帘布，裁断角度可随意调节，裁断宽度也不受限制，裁断质量明显优于剪板机。

不同规格不同结构的钢丝制成的帘布对裁断质量有明显的影响。直径小，钢丝柔性好，钢丝内应力和不带外缠绕的钢丝帘布的裁断性能好，裁断后帘布的质量也好。进口钢丝的裁断性能优于国产钢丝。

## 二、子午线轮胎的成型

子午线轮胎加工精度要求很高，其带束层为伸张很少的刚性带，因此不能用普通斜交轮胎的成型机进行成型。为了保证成型操作中各部件贴合位置准确和能使带束层在基本保持轮胎成品尺寸的条件下贴合，要使用专用的子午线轮胎成型设备和工艺。

### 1. 成型工艺及设备

子午线轮胎的成型有一次法成型和二次法成型。

（1）一次法成型　子午线轮胎一次法成型的特点是在成型鼓上一次完成轮胎的成型，取消了帘布正包工序。两边的钢丝圈装上胎体后由胎圈锁紧机构使之定位扣紧，胎体定型时拉紧帘布使胎侧不出现褶皱。胎面与带束层在另一机台上贴合成套筒，用一次法成型机头定型膨胀到所需的外缘尺寸，将套筒一次压贴完成。

一次法成型的膨胀鼓又分金属鼓和胶囊鼓两类。这两种成型机实现一次成型的原理虽然相同，但操作步骤却不同，主要特点是胶囊膨胀机头比较软，上带束层采用套筒法，而金属膨胀机头比较硬，不易变形，下带束层采用层贴法。

一次法成型的贴合过程为：胎侧胶→子口护胶→加强层→内衬层→胎体帘布→中间胶→胎肩垫胶→扣钢丝圈→机头一次膨胀→定型膨胀→辊压胶芯和钢丝围→贴合带束层→贴胎面→辊压胎面带束层→反包操作→辊压胎侧→卸胎。

一次法成型胎圈部位没有褶子且密实，整个成型过程中各部件处于固定的位置，胎体帘布变形小，所以适用于制造全钢丝载重子午线轮胎。

（2）二次法成型　子午线轮胎二次成型法的第一段成型与层贴法斜交轮胎成型机相似，通常采用折叠机头。但在供料过程中要避免帘布、布条和胶条被拉伸变形，各部件必须准确定位，胎体帘布层的帘线密度要均匀。可采用指形正包和胶囊反包机械，以保证帘布包边不产生褶子，质量好。如用布筒正包装置容易引起帘线变形歪斜，不宜使用。

载重子午线轮胎一段大多采用半芯轮式，轻载和乘用子午线轮胎一段多采用半鼓式机头。第二段为胶囊定型鼓，将第一段的胎坯进行定型膨胀后贴合带束层和胎面。

二次法成型的贴合工艺过程为：第一段，内衬层→胎体帘布→正包→反包→中间胶→胎肩垫胶→子口护胶→胎侧胶→卸胎。第二段，一段胎坯套上机头→胎圈定位→定型膨胀→贴合带束层和胎面→辊压胎面→反包胎侧→卸胎，成型完毕。

在第二成型机上上带束层和胎面也有两种方法：一种是用金属膨胀机头时，需直接把带束层和胎面在定型后的胎体冠部分别贴上；另一种是将带束层和胎面在专用的贴合鼓上贴合，由传递环将胎面-带束层组合件传送到已定型的胎体上进行贴合，并将胎冠和胎侧辊压。

子午线轮胎的带束层由过渡带束层和带束层组成，过渡带束层裁断角度为55°～60°，带束层帘布的裁断角度为15°左右。因为带束层的刚性大，其角度和形状都不易变化。因此在专用的贴合鼓上贴合带束层和胎面有利于提高生产率，所以目前用骨架胶囊鼓成型机并配以贴合鼓的二段成型机最广泛。

二次成型法要把胎体从第一段成型机上卸下，经搬运装到第二段成型机上，在搬运和装卸过程中胎体容易变形和歪扭，对成型质量和生产率有很大影响。要求对胎体定型尺寸必须严格控制，否则就会影响到硫化前必须控制的尺寸。此外，胎体定型后要求帘线分布均匀，胎面、带束层、胎侧等贴合时必须对称，不然就会导致轮胎的平衡性和均匀性下降。

二次法成型多用于成型半钢丝载重子午线轮胎和轻载子午线轮胎。

### 2. 成型工艺要点

子午线轮胎的成型工艺对轮胎质量是至关重要的，为了保证轮胎的质量，成型中除了要做到对斜交胎的一般要求外，还必须注意以下几方面的操作。

① 贴任何部件都不能拉伸。胎体帘布层帘线呈90°排列，带束层过滤层一般为55°～60°，拉伸时很容易产生稀密不均现象，其他胶料的拉伸也会使部件尺寸产生波动，导致轮胎径向和侧向均匀性不好。

② 所有部件的贴合都必须对中心、两边对称。贴合操作中如果把部件贴偏或歪斜，特别是胎体帘布不对称，会造成反包高度不一致，影响轮胎的操纵性能及使用寿命。带束层或胎面贴不正会引起偏磨及操纵性不良。

③ 为了使轮胎平衡性和均匀性好，各部件接头处要错开位置，均匀分布。此外，胎面胶、胎侧胶和其他部位的接头应呈45°对接，保证接头的强度及匀称。

④ 成型操作过程中应尽量不刷汽油。对于裁断角度大的帘布，如胎体层的帘布和带束层的过渡层，刷汽油后容易使帘线间开裂，影响轮胎质量。为了能在成型中不刷汽油，帘布或其他半成品部件应采用塑料薄膜或塑料垫布隔离，以保持胶料表面的新鲜程度。

⑤ 辊压要均匀、密实，防止胎坯中残存空气，使用不同压力对胎面和带束层、胎侧以及胎圈部位进行辊压。因为任何没有经压实的部位都可能存在空气，硫化时，残存的空气受热膨胀，必然导致脱层或鼓泡，严重影响轮胎的使用性能。

⑥ 轮胎成型时必须使帘布的正包或反包最大限度地减少出现褶子，因产生褶子后，会引起胎圈脱空。

## 三、子午线轮胎的硫化

子午线轮胎由于其结构上的特点，在硫化工艺上与普通斜交轮胎也有很大不同。

### 1. 子午线轮胎的硫化特点

① 胎面胶长度变化小。由于子午线轮胎贴合胎面时的直径已接近成品直径，所以硫化过程中伸长很小，一般仅为百分之几。

② 角度变化小。普通斜交轮胎成品角度与半成品角度相差较大，而子午线轮胎角度变化很小，胎体帘布几乎不变，带束层角度变化为1°～2°。

③ 胎面内周长变化小。由于子午线轮胎的胎体帘布牢牢地固定着两钢丝圈，所以硫化时胎体内周长变化甚小，胎冠总厚度变化也很小。

④ 胎圈厚度变化较大，一般达10%以上，各部件胶料流动小。

### 2. 子午线轮胎硫化工艺特点

① 子午线轮胎硫化设备必须采用硫化机硫化。对于胎圈16in以下的子午线轮胎，多采用A型胶囊硫化机硫化，大于16in的子午线轮胎多采用B型胶囊硫化机硫化。

② 硫化模型与普通斜交轮胎不同。由于子午线轮胎成型后已完成定型过程，钢丝带束层把胎体箍紧。由于钢丝帘线的伸长率仅为2%～3%，周向难以伸张，为了适应子午线轮胎这一特点，采用活络模硫化模型来进行子午线轮胎的硫化。

活络模由上侧模、下侧模和冠部模三部分组成。可根据不同的花纹形状等分为8～9块活动的扇形模块。硫化机打开时，滑块可以径向分开，关闭时可以缩拢。使用活络模可以减少外胎硫化时的伸张，生胎装入模型和胎面花纹压形时，可减少胎面的移动，并可降低外胎的脱模应力，以避免胎圈和胎体的脱层。

活络模硫化子午线轮胎宜采用恒温硫化，能加快胶料快速定型，减少部件位置的变动，有利于各部件排列正常而准确。

一般来说，全钢丝子午线轮胎或纤维胎体、钢丝帘布带束层的子午线轮胎采用活络模硫化才能保证硫化轮胎高质量要求。但全纤维帘线的子午线轮胎（如轿车轮胎、拖拉机轮胎等）因带束层的帘线伸长较大，亦可用普通半模硫化。

要注意定型压力控制，由于子午线轮胎成型后的胎坯已接近成品尺寸，所以定型压力太高会造成胎侧部件膨胀太大，产生外观质量和内部帘线密度不均匀的问题。一般一次定型压力为 30～50kPa，二次定型压力为 60～80kPa，此外还要精确计算定型高度。

为保证子午线轮胎硫化质量，要求内压较大，特别是使用活络模硫化时，压力要求更高。一般半钢丝子午线轮胎的硫化内压不得低于 2156kPa，全钢丝子午线轮胎硫化时的内压要达到 2646kPa 以上的压力。

硫化前要注意胎坯修整。因子午线轮胎硫化过程中各部件胶料流动很少，如果硫化前的胎胚表面不规整、接头太高等，都会造成硫化后的轮胎外观有重皮、裂口、明疤等质量问题。为此，要对硫化前的胎坯进行检查和修整，才能保证成品的外观质量。

## 思考题

1. 与斜交轮胎相比，子午线轮胎的结构和性能有何特点？
2. 子午线轮胎的外直径及断面宽膨胀率与斜交轮胎相比有何区别？
3. 子午线轮胎的 $H_1/H_2$ 值为什么要大于斜交轮胎？
4. 子午线轮胎胎肩部设计与普通斜交轮胎有何不同？
5. 子午线轮胎带束层角度的大小对轮胎性能有何影响？
6. 怎样提高橡胶和钢丝帘线的黏合性能？
7. 子午线轮胎生产工艺流程与普通斜交轮胎有何不同？写出子午线轮胎生产工艺流程。
8. 子午线轮胎钢丝帘布压延工艺方法有几种？影响钢丝帘布压延质量的因素有哪些？
9. 子午线轮胎二次法成型与一次法成型有何不同？简述成型过程。
10. 子午线轮胎硫化的主要特征是什么？

# 第四章

# 力车胎的结构设计与制造工艺

**学习目标**

通过学习掌握力车胎的结构特点和规格表示方法；掌握力车胎的技术设计及施工设计方法；掌握成型工艺；了解胎面压型及硫化工艺。

## 第一节　力车胎的分类及结构特点

### 一、力车胎的分类

力车胎是安装在以人力为主的车辆如自行车、手推车、三轮车以及赛车上使用的充气轮胎。这些车辆具有轻便、灵活、无噪声、不用燃料、不污染、占空间少等特点，因此在现代汽车及其他机动车迅速发展的情况下，仍未能被取代。力车胎一直处在不断改进与发展之中。

力车胎的分类方法较多，通常按以下几种方法分类。

#### 1. 按用途分类

力车胎按用途分为自行车轮胎、三轮车轮胎及手推车轮胎等。而自行车轮胎的品种较多，又可分为重用、轻便、普通、载重自行车轮胎，赛车和轻便摩托（两用）轮胎等。

#### 2. 按胎圈结构不同分类

由于轮辋固着形状不同，力车胎的胎圈结构形状不相同，可分为软边轮胎、直边轮胎、钩边轮胎、管式轮胎和实心轮胎等。这种分类方法较能反映力车胎的类别，应用较多。

### 二、力车胎的结构

力车胎与汽车轮胎一样，是充气空心轮胎，由外胎和内胎组成。直边轮胎为了防止轮辋辐条刺伤内胎，一般可由废内胎胶条代替垫带，不必专门生产垫带配套；软边轮胎可利用胎圈边缘包布相互重叠而起垫带保护内胎的作用。几种不同类型的力车胎如图 4-1 所示。

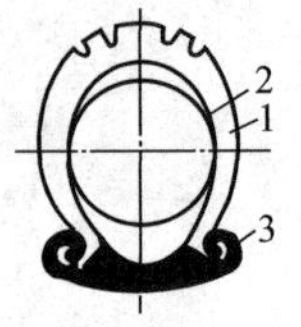

(a) 软边轮胎

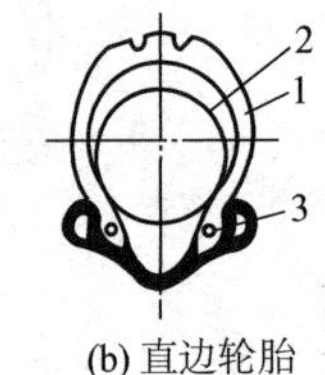

(b) 直边轮胎

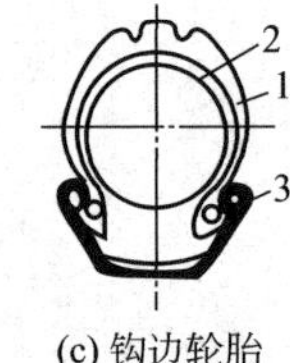

(c) 钩边轮胎

图 4-1　力车胎装配图

1—外胎；2—内胎；3—轮辋

外胎由胎面胶（包括胎侧胶）、帘布层和胎圈等主要部件组成。胎冠帘线角度一般为 48°～50°。自行车轮胎一般取 2 层帘布，手推车轮胎一般取 4 层帘布。胎圈由半硬质胶芯或钢丝圈为骨架，外包挂胶帘布及胎圈包布，使胎圈有足够的强度，能牢固、坚实、稳固于轮辋上。

力车胎没有缓冲层。胎面有花纹，一般为普通花纹，也有混合及越野花纹。

力车胎根据胎圈结构及形状不同，其结构设计有所不同，现分述如下。

## 1. 软边轮胎

软边轮胎代号为 BE（beade edge）。胎圈由半硬质胶芯在帘布及胎圈包布的包覆下组成坚实体，并具有耳形的胎踵结构。胎耳嵌入轮辋内，在胶芯的收缩力和轮辋边缘的限制下，使外胎稳固于轮辋上（胎圈直径略小于轮辋直径），以承受内压及负荷。软边轮胎断面结构见图 4-2。

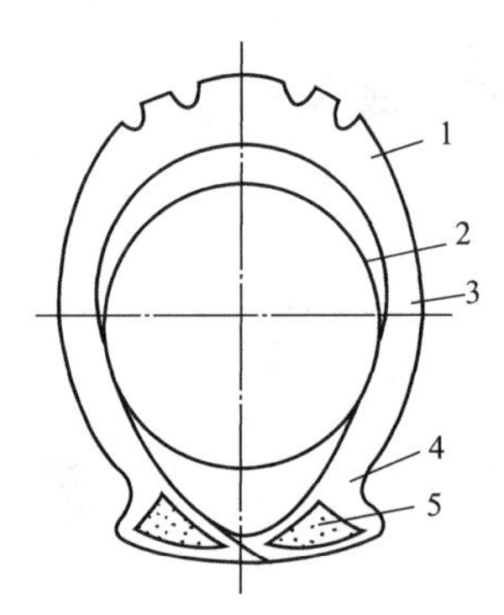

图 4-2　软边轮胎

1—外胎胎冠；2—内胎；3—外胎胎侧；4—外胎胎耳；5—胶芯

软边轮胎为老式结构，胎圈不够坚固，使用中易产生“烧边”现象。胎体较重，胶料及帘布用量比硬边轮胎多 10%～14%。但这种轮胎对轮辋尺寸要求不严格，较易维修，稍有内压不足时，也不易滑出轮辋，生产技术工艺较稳定。因此国内软边力车胎的生产比例仍然较大。但产品的发展已渐趋于硬边化。国外经济发达国家，力车胎已基本硬边化，如欧美等国家自行车轮胎系列标准中只分直边及钩边轮胎，没有软边轮胎的规格系列，日本软边轮胎只占 5%左右，主要保留 $26\times2\frac{1}{2}$ 规格轮胎。

## 2. 直边轮胎

直边轮胎代号为 WO（wired-on）。胎圈外形与汽车轮胎相似，具有直角形胎踵结构，由于以钢丝圈为骨架，又称硬边轮胎。胎圈是由单根或多根钢丝为芯，外层以挂胶帘布及细帆布作保护层，依靠钢丝圈的强度稳固于轮辋上。直边轮胎断面结构见图 4-3。

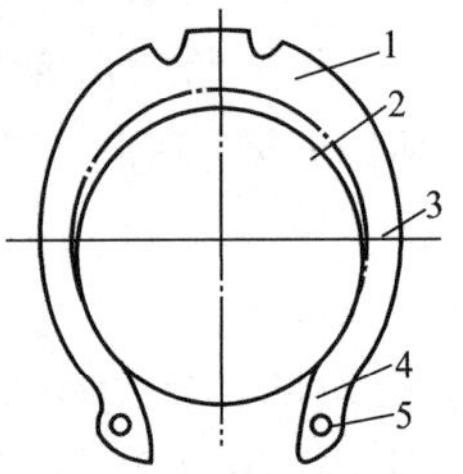

图 4-3　直边轮胎

1—外胎胎冠；2—内胎；3—外胎胎侧；4—外胎胎圈；5—钢丝

直边轮胎乘骑轻便，缓冲性能好，固着性能好，装卸方便。其生产工艺机械化程度高，劳动强度比软边轮胎低，原材料消耗较合理，使用广泛。

## 3. 钩边轮胎

钩边轮胎代号为 HE（hooked edge）。胎圈外形及结构综合软边轮胎和直边轮胎的特点，具有马蹄形胎踵结构，由于以钢丝圈为骨架，也属于硬边轮胎。胎圈由单根或多根钢丝为芯，外层由挂胶帘布及细帆布作为保护层，依靠钢丝圈强度和受轮辋边缘的限制，使外胎稳固于轮辋上。这种结构适用于宽断面、低气压、小轮径的轻便自行车轮胎。其轮胎充气容量大、乘骑舒适，是国际上新发展的一个品种。我国于1973年已开始生产。钩边轮胎断面结构见图4-4。

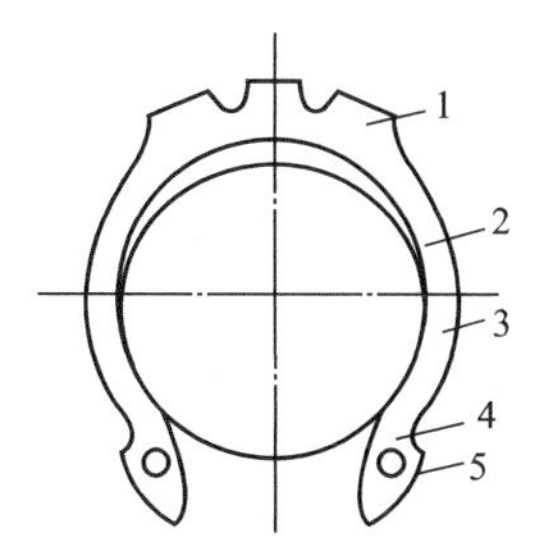


图4-4　钩边轮胎

1—外胎胎冠；2—内胎；3—外胎胎侧；4—外胎胎圈；5—钢丝

钩边轮胎由于胎圈呈突缘形状，具有在低气压下不易脱出轮辋的优点，也具有直边轮胎缓冲性能好、便于装卸的优点。这种轮胎国外发展较快，按公称断面宽系列有1.25、1.35、1.75、2.125，按公称外直径系列有16、20、24、26，共组合成为16个规格。

### 4. 管式轮胎

管式轮胎（tubular）是密封环形管，由无纬帘布包覆在薄壁内胎上，经缝制硫化而成，内外胎组成一整体，用黏合胶浆直接安装在轮辋上。固着面覆有加强布层。在充气内压下，内圈压力使轮胎与轮辋牢固箍紧着合，轮胎在高速滚动摩擦时，也能避免轮胎的脱出。管式轮胎断面结构见图4-5。

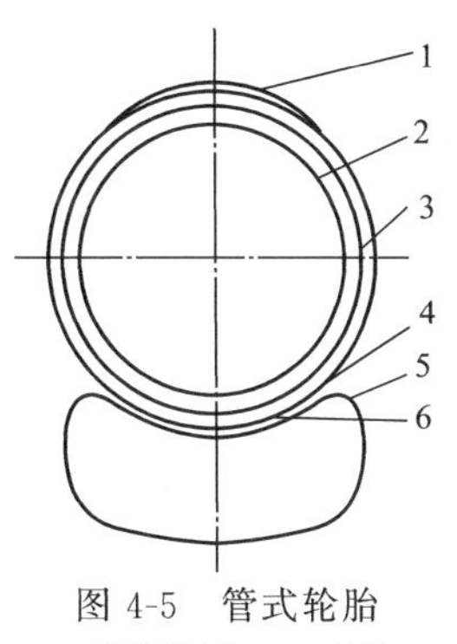


图4-5　管式轮胎

1—外胎胎冠；2—内胎；3—外胎胎侧；4—封口带；5—轮辋；6—包缝处

管式轮胎为特殊型的自行车轮胎，是一种赛车专用轮胎。具有弹性好、重量轻、乘骑轻快、滚动阻力小、安全耐用的特点。由于制造工艺复杂，生产效率低，维修困难，只适合体育锻炼及比赛用。自行车赛车速度一般为40km/h，高速达60km/h。我国于1965年试制成功27×1规格的管式赛车轮胎，现在该产品性能已达到意大利同类产品水平。

根据不同的使用条件和性能要求，将管式轮胎分为三大类，即练习型、场地型和公路型。这种轮胎断面小，力求轻量化，国际比赛轮胎每条只有130g左右。

## 三、力车胎的规格表示

力车胎规格品种按国际标准（ISO）形成系列化，除了少数软边轮胎以外，直边轮胎和钩边轮胎每种规格都有标准轮辋，其外缘尺寸、充气内压、相应负荷都有较具体的规定。各国基本上趋向统一标准，使产品在国际市场上配套，具有通用性和适用性。

我国力车胎的规格标志、主要参数已与ISO保持一致。新国标中的力车胎规格类型除了软边、直边外，又增加了钩边类。外胎按使用对象不同分为载重型（Z级）、普通型（P级）和轻型（Q级）三种类型。

力车胎规格命名法可分为以下两种。

### 1. 英制命名法

一般以外胎外直径$D$和断面宽度$S$的公称尺寸来表示，中间用“×”号将$D$、$S$相连，即“$D\times S$”，单位为in。

（1）软边轮胎　用$D\times S$ B/E来表示，如$28\times1\frac{1}{2}$B/E等。

（2）直边轮胎　用$D\times S$ W/O来表示，如$28\times1\frac{3}{8}$W/O等。

(3) 钩边轮胎　用 $D \times S$ H/E 来表示，如 26×2.125H/E 等。

(4) 管式轮胎　用 $D \times S$ 来表示，目前，管式轮胎的规格仅有 27×1 一种。

英制命名法数字简单，便于记忆，当轮胎规格品种不复杂时较为适宜，目前，软边轮胎和钩边轮胎仍采用这种命名法。

## 2. 公制命名法

以外胎断面宽度 $B$ 和胎圈着合直径 $d$ 的公称尺寸来表示，中间用"-"符号将 $B$、$d$ 相连，即 $B$-$d$，单位为 mm。

直边轮胎的规格标志采用国际（ISO）中的有关规定表示，如 37-590W/O(26×1W/O)、40-635W/O(28×1W/O) 等。公制命名法适合轮胎规格品种繁多，便于系列化的产品。主要力车胎规格及基本参数见表 4-1 和表 4-2。

**表 4-1　主要力车直边轮胎（W/O）的基本参数**

| 级别 | 轮胎规格 | | 帘布层数 | 标准轮辋/mm | | 主要尺寸/mm | | 使用标准 | | 用途 |
|---|---|---|---|---|---|---|---|---|---|---|
| | 标志 | 原 GB 1702—79 标志 | | 着合直径，±1mm | 断面内口宽度，±0.5mm | 充气断面宽，±2mm | 充气外直径，±5mm | 最大负荷/kN | 相应气压/MPa | |
| Q、P | 32-630 | 27×1 | 2 | 630 | 18 | 29 | 693 | 0.69 | 0.49 | 赛车 |
| Q、P | 37-540 | 24×1 | 2 | 540 | 22 | 32 | 614 | 0.69 | 0.34 | 自行车 |
| Q、P | 37-590 | 26×1 | 2 | 590 | 22 | 32 | 660 | 0.69 | 0.34 | 自行车 |
| P | 40-330 | 16×1 | 2 | 330 | 25 | 37 | 408 | 0.54 | 0.41 | 自行车 |
| P | 40-432 | 20×1 | 2 | 432 | 25 | 37 | 510 | 0.59 | 0.41 | 自行车 |
| P | 40-584 | 26×1 | 2 | 584 | 25 | 37 | 660 | 0.78 | 0.34 | 自行车 |
| Q | 40-635 | 28×1 | 2 | 635 | 25 | 37 | 713 | 0.78 | 0.34 | 自行车 |
| P | 40-635 | 28×1 | 2 | 635 | 25 | 37 | 715 | 0.98 | 0.39 | 自行车 |
| Z | 40-635 | 28×1 | 2 | 635 | 25 | 37 | 715 | 1.47 | 0.59 | 载重自行车 |
| P | 47-622 | 28×1 | 2 | 622 | 27 | 44 | 712 | 0.98 | 0.34 | 自行车 |
| Z | 70-535 | | 2 | 535 | 45 | 66 | 675 | 3.92 | 0.69 | 手推车 |
| Z | 80-535 | | 2 | 535 | 45 | 76 | 692 | 4.90 | 0.69 | 手推车 |

**表 4-2　主要力车软边轮胎（B/E）和钩边轮胎（H/E）的基本参数**

| 级别 | 轮胎规格 | 类别 | 帘布层数 | 标准轮辋/mm | | 主要尺寸/mm | | 使用标准 | | 用途 |
|---|---|---|---|---|---|---|---|---|---|---|
| | | | | 外直径，±1mm | 断面内口宽度，±0.5mm | 充气断面宽，±2mm | 充气外直径，±5mm | 最大负荷/kN | 相应气压/MPa | |
| Z | 26×1 | 软边 | 2 | 600 | 22.5 | 37 | 660 | 0.98 | 0.44 | 三轮车、自行车 |
| P | 28×1 | 软边 | 2 | 650 | 22.5 | 37 | 715 | 0.98 | 0.41 | 自行车 |
| Z | 28×1 | 软边 | 2 | 650 | 22.5 | 37 | 715 | 1.47 | 0.59 | 载重自行车 |
| Z | 26×1 | 软边 | 2 | 600 | 25 | 40 | 682 | 1.18 | 0.41 | 三轮车 |
| Z | 26×2 | 软边 | 4 | 600 | 28 | 46 | 688 | 1.96 | 0.59 | 三轮车、手推车 |
| Z | 28×2 | 软边 | 4 | 651 | 27 | 48 | 741 | 1.96 | 0.59 | 手推车 |
| P | 28×1 | 软边 | 2 | 622 | 28 | 43 | 712 | 0.98 | 0.34 | 自行车 |
| Z | 26×2 | 软边 | 4 | 584 | 36 | 62 | 698 | 3.19 | 0.59 | 手推车 |
| Z | 13×2 | 软边 | 4 | 270 | 36 | 62 | 365 | 1.58 | 0.59 | 小手推车 |
| Q、P | 20×1.75 | 钩边 | 2 | 422 | 25 | 44 | 500 | 0.64 | 0.34 | 自行车 |
| Q、P | 24×1.75 | 钩边 | 2 | 524 | 25 | 44 | 602 | 0.69 | 0.34 | 自行车 |
| Q、P | 20×2.125 | 钩边 | 2 | 422 | 25 | 54 | 518 | 0.78 | 0.29 | 自行车 |

# 第二节　力车胎的结构设计

力车胎结构设计程序及方法与汽车轮胎设计基本相同。力车胎断面小、胎体薄，使用条件不同，胎圈形状也各异，因此，在结构设计上具有不同的特点。其结构设计的主要方面分述如下。

## 一、几种不同类型的外胎轮廓图

力车外胎断面轮廓见图 4-6。

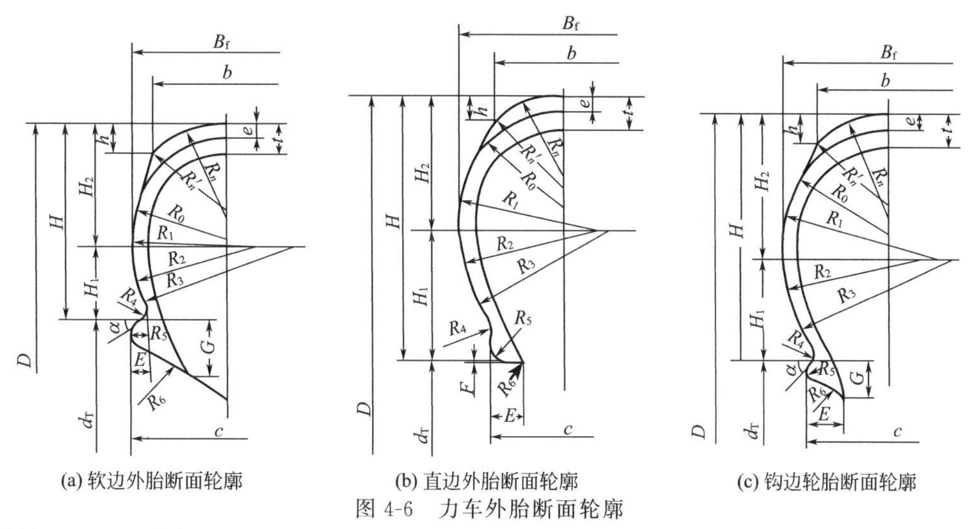


(a) 软边外胎断面轮廓　(b) 直边外胎断面轮廓　(c) 钩边轮胎断面轮廓

图 4-6　力车外胎断面轮廓

$D$—外直径；$d_T$—着合直径；$H$—断面高；$H_1$—下断面高；$H_2$—上断面高；$B_f$—断面宽；$b$—胎冠宽；$h$—胎面弧度高；$c$—模型胎圈间距离；$e$—花纹深度；$t$—外胎厚度；$E$—胎踵宽度；$G$—胎趾边高度；$F$—胎圈底部斜度高；$\alpha$—胎耳（或踵）角度；$R_0$—胎肩弧度半径；$R_n$—胎冠弧度半径；$R_n'$—胎肩与胎冠连接弧度半径；$R_1$—胎侧上弧度半径；$R_2$—胎侧下弧度半径；$R_3$—胎侧下端与胎踵根部连接弧度半径；$R_4$—胎侧与胎踵连接弧度半径；$R_5$—胎踵弧度半径；$R_6$—胎趾边弧度半径

## 二、力车胎外胎外轮廓设计

### 1. 断面宽度 $B_f$ 值和断面高度 $H$ 值的确定

未充气力车胎（即硫化模型尺寸）的断面宽度 $B_f$ 值和断面高度 $H$ 值是力车胎结构设计的两个重要参数，其比值 $H/B_f$ 所选取的大小与轮胎的结构形式、帘线种类、花纹类型及轮辋宽度等因素有关。$H/B_f$ 值决定轮胎的变形规律，直接影响轮胎的使用性能。一般取值范围见表 4-3。

**表 4-3　力车胎 $H/B_1$ 值和 $D'/D$ 值**

| 轮胎类型 | $H/B_1$ | $D'/D$ |
|---|---|---|
| $26\times2\frac{1}{2}$软边外胎 | 0.992～1.061 | 1.024～1.039 |
| $28\times1\frac{1}{2}$软边外胎 | 0.921～1.028 | 1.011～1.021 |
| 40-635$\left(28\times1\frac{1}{2}\right)$硬边外胎 | 1.15～1.246 | 0.944～0.997 |

（1）断面宽度 $B_f$ 值的确定　力车胎断面宽度是根据充气断面宽度及变化率 $B_1/B_f$ 来确定的。而 $B_1/B_f$ 值与 $H/B_f$ 值大小有关。由于力车轮辋宽度一般较窄，其硫化模型胎圈间距离 $c$ 值需大于轮辋宽度，使其有利于改善胎侧胶料的流动，克服胎侧缺胶现象。由于 $c_{胎}>c_{辋}$，则模型断面宽相应增大，一般规律接近轮胎充气断面宽度，$B_1/B_f \approx 0.97 \sim 1.05$，设计时提供取值范围的轮胎断面宽度计算公式。

硬边自行车轮胎：$B_1=B_f(1.04\sim1.05)$

软边手推车轮胎：$B_1=B_f(0.99\sim1.02)$

软边自行车轮胎：$B_1=B_f(0.97\sim1.01)$

轮胎最大宽度：$B_{max}=B_1+3(mm)$

（2）断面高度 $H$ 的确定　根据 $H/B_f$ 值来计算断面高度 $H$ 值：

$$H=(H/B_f)B_f$$

轮胎外直径 $D$ 计算公式为：

$$D=d_T+2H$$

式中，$d_T$ 为轮胎着合直径。

$$轮胎最大外直径：D_{max}=D'+6(mm)$$

## 2. 胎面行驶面宽和胎冠弧度高的确定

一般力车胎多采用有胎肩结构，赛车轮胎为无胎肩结构。力车胎行驶面宽度 $b$ 值趋于取小值，弧度高 $h$ 取大值，由 $b/B_f$ 及 $h/H$ 值进行确定。

$$b=(b/B_f)B_f$$

$$h=(h/H)H$$

几种常用力车胎的 $b/B_f$ 及 $h/H$ 值范围见表 4-4。

**表 4-4　几种不同规格力车胎的 $b/B_f$ 及 $h/H$ 值**

| 轮胎类型 | $b$/mm | $b/B_f$ | $h$/mm | $h/H$ |
|---|---|---|---|---|
| $26\times2\frac{1}{2}$软边外胎 | 40～45 | 0.65～0.70 | 7～8 | 0.11～0.13 |
| $28\times1\frac{1}{2}$软边外胎 | 20～22.5 | 0.55～0.6 | 3～4 | 0.08～0.12 |
| 40-635$\left(28\times1\frac{1}{2}\right)$硬边外胎 | 20～22 | 0.58～0.65 | 3.5～4.5 | 0.08～0.1 |

## 3. 断面水平轴位置的确定

轮胎断面水平轴位置用 $H_1/H_2$ 值来表示。水平轴位置决定着胎侧最大变形部位，若水平轴偏低或偏高，对轮胎性能有很大影响，必须正确选择 $H_1/H_2$ 值。软边手推车轮胎 $H_1/H_2$ 值一般为 0.6～0.7，软边自行车轮胎 $H_1/H_2$ 值一般为 0.55～0.65，直边自行车轮胎 $H_1/H_2$ 值一般为 0.8～0.9。

$H_1$ 及 $H_2$ 计算公式：

$$H=H_1+H_2$$

$$H_1=(H_1/H_2)H_2$$

$$H_2=H-H_1$$

## 4. 胎圈设计

胎圈设计包括轮胎着合直径、胎圈着合宽度（胎圈间距离）及胎圈、胎耳轮廓尺寸等方面。设计依据是以轮胎所配标准轮辋尺寸为准进行设计。

（1）胎圈间距离 $c$ 值的确定　胎圈间距离是指模型上两胎圈间距离，其大小与轮胎类型及规格有关。断面较小的硬边轮胎（如 40-635、20×2.125 等）以及大部分软边轮胎，其 $c$ 值一般大于轮辋宽度，而大型硬边轮胎（如硬边手推车轮胎和摩托车轮胎等）$c$ 值一般等于轮辋宽度。$c$ 值的选取必须根据轮胎的结构和工艺条件而定，当 $c$ 值较大时，轮胎下胎侧轮廓曲率减小，有利于胶料流动，能够减少在硫化时的胎侧缺胶现象。但 $c$ 值过大时，将使胎侧成为直线，轮胎安装在轮辋上后胎侧伸张变形大，将降低胎侧耐屈挠性能，导致胎侧胶早期老化和裂口。$c/B_f$ 值应在一定范围内，软边自行车轮胎为 0.85～1.00；软边手推车轮胎为 0.8～0.95；硬边自行车轮胎为 0.70～0.95。

$c$ 值由断面宽 $B_f$ 和 $c/B_f$ 值计算，计算公式为：

$$c=(c/B_f)B_f$$

（2）胎圈直径的确定　轮胎是依靠胎圈与轮辋固着，才能保证轮胎的正常运转。轮胎的着合直径 $d_T$ 就是指与轮辋着合和受力最大部位的直径，既要配合紧密，又要装卸方便。因此胎圈着合直径 $d_T$ 应根据轮辋为设计基准，按照软边轮胎和硬边轮胎的不同特点进行确定。

① 软边力车胎着合直径 $d_T$ 的确定　$d_T$ 是指胎耳根部的直径，根据轮辋相应的直径 $D_r$ 的尺寸来确定。$d_T$ 值取决于 $D_r/D_T$ 的比值（见图 4-7）。此值对轮胎使用性能影响很大。$D_r/D_T$ 之值选取过小，胎耳对轮辋伸张力小，又降低胎耳对轮辋的固着性，在使用过程中发生滑边。$D_r/D_T$ 之值选取过大，胎体对轮辋的伸张变形大，不但轮胎装卸困难，严重者将使胎耳胶芯和帘布撕裂，降低胎耳刚性，容易发生烧边。一般软边手推车轮胎 $D_r/D_T$ 比值范围为 1.045～1.055，软边自行车轮胎 $D_r/D_T$ 比值范围为 1.025～1.035。

② 硬边力车胎着合直径 $d_T$ 的确定　依据标准轮辋相应的直径 $D_r$ 来确定。直边轮胎胎圈和轮辋示意图见图 4-8。$d_T$ 值的确定必须考虑轮胎与轮辋之间的紧密配合。如果 $d_T<D_r$ 则装卸轮胎较困难，易损坏胎圈，并且轮胎与轮辋不易装正，影响使用性能。如果 $d_T>D_r$，则易产生相对位移与扭转，严重的会造成脱圈现象，使产品失去使用价值。直边轮胎的着合直径 $d_T$ 选取比标准轮辋 $D_r$ 小 0.5～1.5mm。钩边轮胎的着合直径一般取 $d_T=D_r$。

$$D_r=\phi-2R$$

式中　$\phi$——钩边轮辋外直径，mm；

　　$R$——轮辋圈口圆弧半径，mm。

$d_T$ 的公差范围上限为 0.2mm，下限为 0，胎耳夹角取 30°左右。

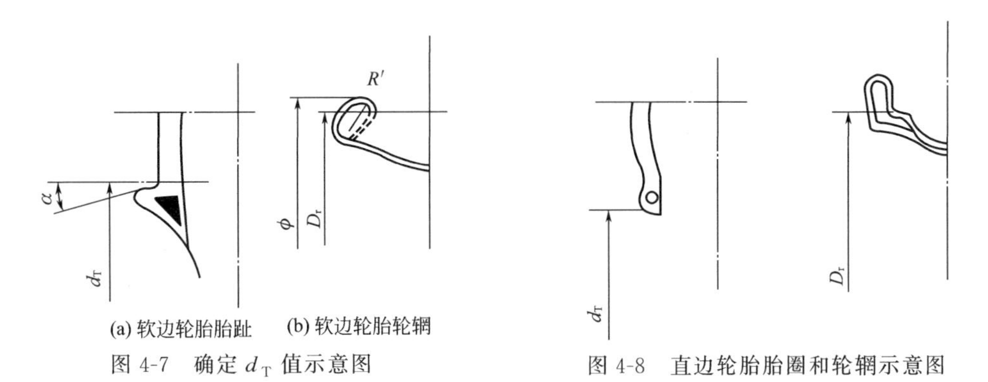


图 4-7　确定 $d_T$ 值示意图

图 4-8　直边轮胎胎圈和轮辋示意图

（3）胎圈及胎耳部轮廓曲线设计　硬边轮胎胎圈及软边轮胎胎耳曲线设计以所配标准轮辋曲线为基准，必须紧密卡在轮辋上。如果配合不好，两者易产生相对位移而磨损胎圈及烧边。

## 三、力车胎外胎胎面花纹设计

力车胎花纹要求有较好的抓着性、防侧滑性、自洁性、耐刺伤性、轻快性，以及美观、新颖、舒适、易于加工。通常根据使用要求选取合适的花纹类型。

### 1. 花纹类型

力车胎花纹有普通花纹（水波、竹节、条形、宝石、方块等）、混合花纹和越野花纹，见图 4-9。

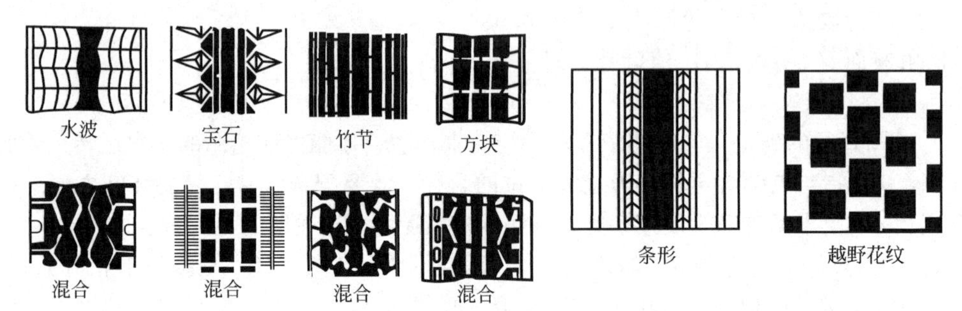


图 4-9　力车轮胎花纹类型

因使用及行驶性能较好，自行车轮胎多采用方块花纹及混合花纹。越野自行车其轮胎采用越野花纹，使用性能除不轻快外，其他均较好。

手推车轮胎常用宝石及水波花纹，轻快性及防侧滑性较好，但抓着性和耐垫伤性较差，模型也不易加工。竹节花纹轻快性好，加工容易，但自洁性及抓着性均不如水波花纹。烟斗花纹的耐磨性、防侧滑性、耐垫刺伤性均优于其他花纹，但不轻便、散热性差。

### 2. 花纹沟宽度、深度及基部胶厚度的确定

设计花纹沟宽度、深度应根据规格大小、花纹类型、使用条件及胎面胶厚度等因素进行综合考虑。力车胎以轻便省力、舒适美观为主，其耐磨性能没有汽车轮胎严格，对花纹饱和度可不作要求。胎面花纹参数见表 4-5。

**表 4-5　力车胎胎面花纹参数**

| 力车胎断面规格 | 轮胎类型 | 花纹深度/mm | 花纹基部胶厚/mm | 花纹沟宽度/mm |
|---|---|---|---|---|
| $1\frac{1}{2}$以上 | 硬边、软边 | ≥2.5 | ≥2.5 | 3.0～5.5 |
| $1\frac{1}{2}$以下$\left(包括1\frac{1}{2}\right)$ | 普通、硬边、软边<br>加重、硬边、软边 | ≥2.0 | ≥2.0<br>≥2.0 | 2.0～2.5<br>2.0～2.5 |

## 四、力车胎外胎内轮廓设计

轮胎内轮廓决定内压应力分布，并影响胎体的变形，所以要合理选取骨架材料、确定各部位材料厚度。

### 1. 帘布层数确定

帘布层数、帘线强度及密度等因素影响胎体强度。胎体强度决定轮胎的承载能力和使用性能。帘布层数主要根据所使用的充气压力、安全倍数和帘线强度来确定。力车胎帘布层数

虽然基本不变，但帘线规格品种是根据轮胎帘线伸张应力的大小而进行选取。为合理选用骨架材料，仍需计算在充气压力下单根帘线所受的伸张应力及安全倍数。一般应用斯莫利雅尼诺夫近似公式计算（见图 4-10）。

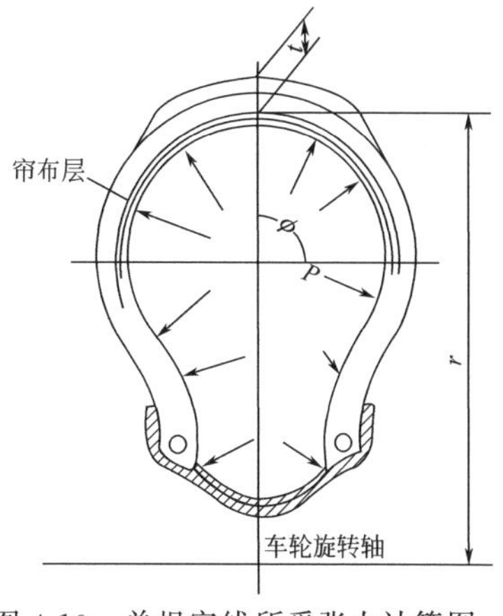


图 4-10　单根帘线所受张力计算图

$$I=\frac{P\rho[r(2\tan\beta+\cot\beta)-\rho\sin\phi\tan\beta]}{10Nri}$$

式中　$I$——帘线所受最大伸张应力，N/根；

$i$——成品帘线密度，根/cm；

$r$——轮胎断面第一层帘布上的中心点到车轮旋转轴的距离$\left(r=\frac{D-2t'}{2}\text{，}t'\text{为胎面胶厚度}\right)$，cm；

$P$——充气压力，kPa；

$\rho$——按帘布中心层计算的充气外胎的断面半径$\left(\rho=\frac{L}{2\pi}\text{，}L\text{ 为外胎内轮廓断面周长}\right)$，cm；

$\beta$——胎冠帘线角度（48°～50°），(°)；

$\phi$——断面水平轴与径向间的夹角（力车轮胎一般都为径向轴与水平轴的夹角，$\phi=90°$，$\sin\phi=1$）；

$N$——帘布层数。

成品帘线密度计算公式为：

$$i=\frac{i_0\cos\alpha}{\delta\cos\beta}$$

式中　$i$——成品帘线密度，根/cm；

$\alpha$——帘布裁断角度，(°)；

$i_0$——半成品帘线密度，根/cm；

$\delta$——胎里直径与第一层帘布筒直径之比。

为了证实所确定的帘布层数与帘线规格的合理性，可用安全倍数 $K$ 值来进行验证，$K$ 值应用下式计算。

$$K=\frac{\sigma}{I}$$

式中　$K$——帘线强力安全倍数，一般为 5～7 倍；

$\sigma$——帘线强力，N/根；

$I$——帘线所受最大伸张应力，N/根。

## 2. 钢丝圈结构

钢丝圈是硬边轮胎的重要部件，必须根据技术要求进行设计。一般力车胎钢丝圈有单根钢丝和多根钢丝两种组成形式。单根钢丝一般多采用 14#、15# 钢丝，直径为 1.8～2.3mm，接头处理要求严格。多根钢丝一般采用直径 1mm 的 19# 钢丝经包胶缠绕成型，其钢丝圈比较柔软、弹性好，并可按照负荷、规格的不同而增减缠绕数，灵活性较大，接头工艺简单。

（1）钢丝圈规格的选择　根据轮胎规定的气压、负荷、结构形状计算出钢丝圈所受的应力，然后以钢丝的强度及安全倍数来选择钢丝的规格，并确定钢丝圈中的钢丝根数。钢丝规格及强度见表 4-6。

表 4-6　钢丝规格及强度

| 钢丝规格 | 钢丝断面直径/mm | 钢丝强度/(kN/根) |
|---|---|---|
| 镀锌 15# | 1.825 | 4.51 |
| 镀锌 14# | 2.032 | 5.77 |
| 镀锌 13# | 2.337 | 6 |
| 镀锌 19# | 1 | 1.3 |

(2) 钢丝圈直径　根据轮胎使用时安装方便、不发生滑圈等要求来确定。

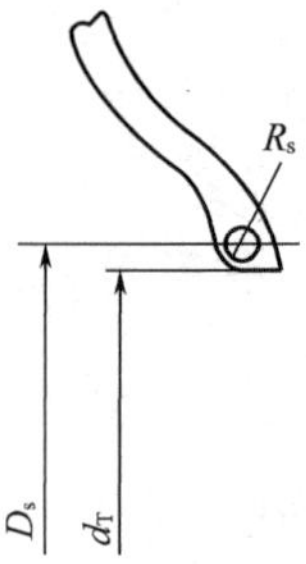

直边轮胎钢丝圈直径计算见图 4-11，计算公式为：

$$D_s = d_T + 2(TK + R_s)$$

式中　$D_s$——单根钢丝圈中心直径，mm；

$d_T$——轮胎着合直径，mm；

$T$——未压缩时钢丝圈下部材料的总厚度，mm；

$K$——压缩系数，一般为 0.90～0.95；

$R_s$——单根钢丝断面半径，mm。

图 4-11　直边轮胎钢丝圈计算

直边轮胎多根钢丝圈中，$D_s$ 为钢丝圈的内直径，计算公式为：

$$D_s = d_T + 2KT$$

钩边轮胎单根钢丝圈直径计算见图 4-12，计算公式为：

$$D_s = d_T - 2(T + R_s)$$

式中　$D_s$——钩边轮胎钢丝圈中心直径，mm；

$d_T$——钩边轮胎着合直径，mm；

$T$——轮胎着合直径至钢丝圈上部间隙，取 $T$=1.5～2.0mm；

$R_s$——钢丝圈断面半径，mm。

钩边轮胎多根钢丝圈中，$D_s$ 值指钢丝圈的内直径，计算公式为：

$$D_s = d_T - 2(T - \phi_s)$$

式中，$\phi_s$ 为多根钢丝圈的断面高度（见图 4-13）。

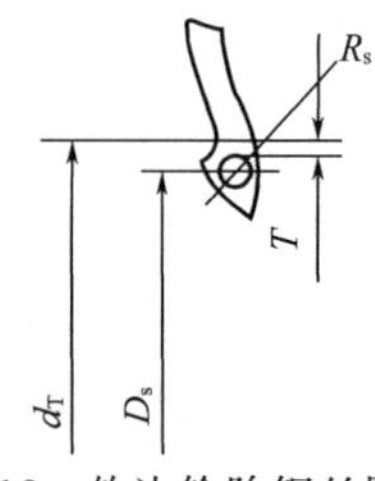

图 4-12　钩边轮胎钢丝圈计算

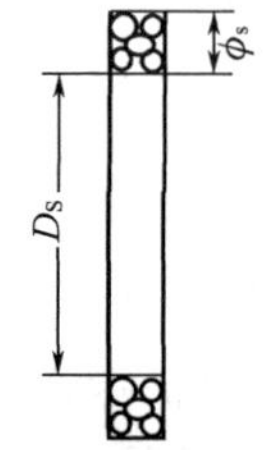

图 4-13　钩边轮胎多根钢丝圈的断面高度

(3) 钢丝应力计算　钢丝圈应力计算如图 4-14 所示，计算公式为：

$$Q = \frac{P}{40}[2\pi\rho^2 + D_r(W' - 2E)]$$

式中　$Q$——钢丝圈所受应力，N；

$P$——轮胎充气压力，kPa；

$W'$——轮辋宽度，cm；

$D_r$——轮辋着合直径，cm；

$E$——胎趾宽度，cm；

$\rho$——按帘布中心层计算的充气轮胎的断面半径$\left(\rho = \frac{L}{2\pi}\right.$，

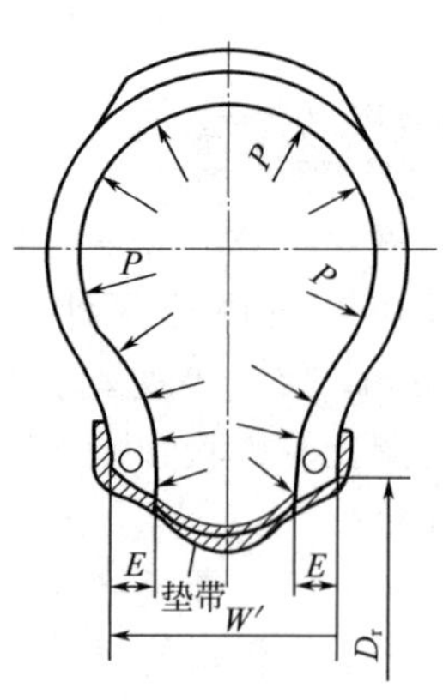

图 4-14　钢丝圈应力计算

$L$ 为外胎内轮廓断面周长$\Big)$，cm。

钢丝圈安全倍数的计算公式为：

$$K=\frac{n\sigma}{Q}$$

式中 $K$——钢丝圈安全倍数，一般为 4～7；

$n$——每个钢丝圈中钢丝根数，根；

$\sigma$——单根钢丝强度，N/根；

$Q$——钢丝圈应力，N。

## 五、力车胎外胎施工设计

力车胎断面小，帘布层数少，而内外直径较大，因此成型较方便。

### 1. 成型方法

根据产品结构形式，力车外胎成型方法基本有 4 种，如表 4-7 所示。几种成型方法如图 4-15 所示。

**表 4-7 力车外胎成型方法**

| 成型方法 | 适用轮胎类型 | 成型鼓形式 | 成型鼓鼓面结构 |
| --- | --- | --- | --- |
| 多层差级贴合法 | 软边力车外胎 | 单鼓 | 平鼓式 |
| 多层包边贴合法 | 硬边手推车外胎 | 单鼓 | 平鼓式 |
| 单层包叠法 | 硬边自行车外胎 | 单鼓、双鼓 | 平鼓式 |
| 单层缠绕法 | 硬边自行车外胎 | 双鼓 | 平鼓式 |

注：单层缠绕法由于不适合尼龙帘线成型，现在我国已基本不用。

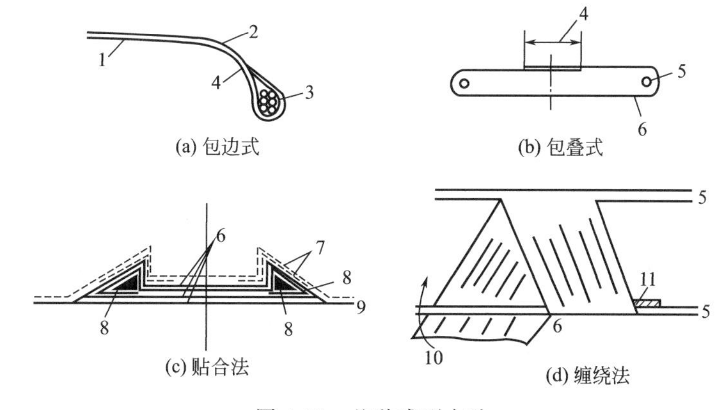


图 4-15 几种成型方法

1—第一帘布层；2—第二帘布层；3—多根钢丝圈；4—帘布搭头宽度；5—钢丝；6—帘布；7—外包布；8—胶芯；9—坐垫布；10—缠绕方向；11—帘布起点搭头

### 2. 成型鼓直径设计

力车外胎成型鼓分单鼓和双鼓，其形式如图 4-16 所示。

(1) 包叠式成型鼓直径的确定 硬边自行车外胎多采用包叠式成型方法。单鼓成型鼓直径可认为是钢丝圈直径，而双鼓成型鼓直径的选择应考虑成型加工时二鼓中间所需的成型工艺间隔。

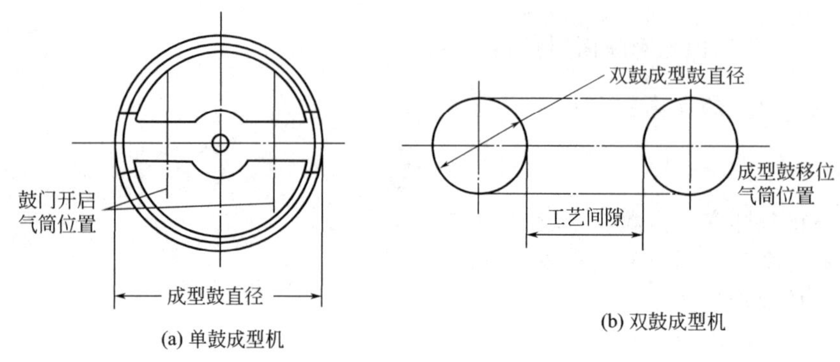


图 4-16　成型鼓

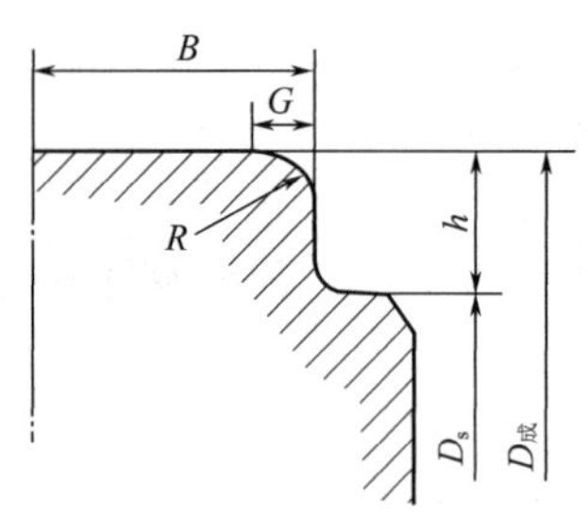


图 4-17　半鼓式成型鼓鼓面

（2）包边式成型鼓直径的确定　硬边手推车外胎采用包边式成型方法，使用单鼓、半鼓式成型鼓，见图 4-17。成型鼓直径的计算公式为：

$$D_{成}=D_{s}+2h$$

式中　$D_{成}$——半鼓式成型鼓直径，mm；

$D_{s}$——钢丝圈内径，mm；

$h$——鼓肩高度，一般取 15～20mm。

（3）贴合法成型鼓直径的确定　软边力车外胎均采用贴合法成型，使用单鼓、平鼓式成型鼓。外胎胎里直径与成型鼓直径之比一般取 1.10～1.20。成型鼓直径应用计算公式：

$$D_{成}=\frac{D_{外}}{\delta}$$

式中　$D_{成}$——成型鼓直径，mm；

$D_{外}$——外胎胎里直径，mm；

$\delta$——外胎胎里直径与成型鼓直径之比，取 $\delta=1.10$～1.20。

## 3. 力车外胎成型宽度 $B_s$ 值的计算

软边外胎成型宽度是指两个三角胶芯之间的距离，硬边外胎成型宽度是指胎坯两钢丝圈底部之间的距离，根据外胎内轮廓进行计算确定。成型宽度 $B_s$ 值与成型鼓直径、帘布裁断角度和帘线假定伸张值有关。

（1）帘线假定伸张值 $\delta_1$ 的选取　帘线假定伸张值应根据帘线的种类、帘布挂胶方法等因素来决定。一般选取 1.03～1.05。

（2）帘线裁断角度 $\alpha$ 的确定　裁断角度 $\alpha$ 根据成品外胎胎冠角度 $\beta_k$ 确定。成品外胎胎冠角度 $\beta_k$ 一般选取 48°～50°。$\beta_k$ 的大小对力车胎性能的影响与汽车轮胎原理相同。

（3）成型宽度 $B_s$ 的计算方法　由于力车胎断面小，一般按 2∶1 绘制外胎 $\frac{1}{2}$ 断面轮廓的材料分布图。将内轮廓曲线按 4mm 等分成小段，软边外胎分至三角胶芯上部止，硬边外胎分至钢丝圈底部，并求出每 4mm 等分段弧长的平均直径。硬边外胎和软边外胎断面内轮廓分段计算见图 4-18、图 4-19。

成型宽度 $B_s$ 值计算公式为：

$$B_{s}=2\sum b_{0}$$

$$b_0=\frac{b\cot\alpha}{\left(\dfrac{\delta_1^2}{\sin^2\alpha}-\delta_N^2\right)^{\frac{1}{2}}}$$

$$\delta_N=\frac{D_y}{D_0}$$

式中　$b_0$——在成型鼓上相应于轮胎断面内轮廓每等分段宽度，mm；

$b$——轮胎断面内轮廓等分段宽度，mm；

$\delta_N$——第一层帘布筒（或成型鼓）直径；

$D_0$——对外胎胎里等分段平均直径 $D_y$ 之伸张值；

$\alpha$——帘布裁断角度；

$\delta_1$——帘线假定伸张值。

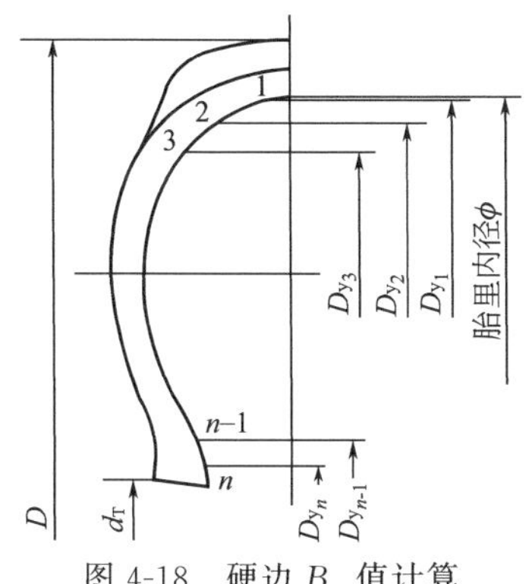


图 4-18　硬边 $B_s$ 值计算

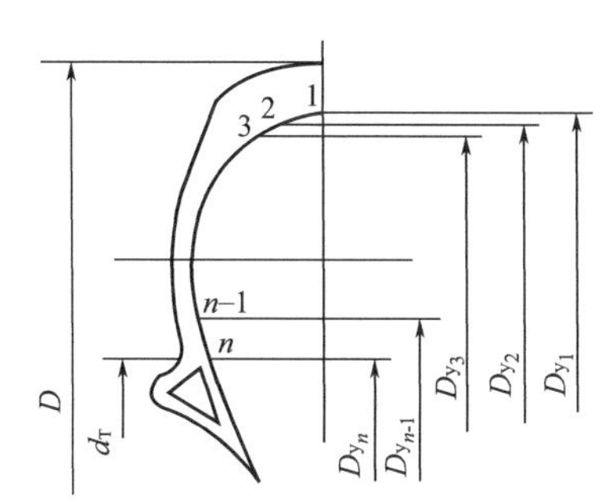


图 4-19　软边 $B_s$ 值计算

用上述公式计算各段 $b_0$ 值，可将所得值列入表 4-8，以便于计算。

**表 4-8　力车外胎成型宽度计算**

| 序号 | $D_y$ | $\delta_N$ | $\delta_N^2$ | $b$/mm | $b\cot\alpha$ | $\dfrac{\delta_1^2}{\sin^2\alpha}$ | $\left(\dfrac{\delta_1^2}{\sin^2\alpha}-\delta_N\right)^{\frac{1}{2}}$ | $b_0$ |
|---|---|---|---|---|---|---|---|---|
| 1 | | | | 4 | | | | $b_2$ |
| 2 | | | | 4 | | | | $b_2$ |
| 3 | | | | 4 | | | | $b_3$ |
| ⋮ | | | | ⋮ | | | | ⋮ |
| ⋮ | | | | ⋮ | | | | ⋮ |
| $n$ | | | | ≤4 | | | | $b_n$ |

## 4. 半成品外胎材料分布图的绘制

成型鼓轮廓设计及其宽度计算完成后，可以绘制半成品外胎的材料分布图（按 2∶1 或 3∶1 或 4∶1），见图 4-20、图 4-21。该图与成品外胎材料分布绘制在同一张图纸上。

绘制时应首先绘出已确定的成型鼓轮廓，然后在该轮廓上按顺序自第一层帘布起，根据各半成品部位的厚度，从成品外胎各部位的边缘位置，按外胎分段换算成等分段，在成型鼓上分段点，逐点移绘出半成品外胎的所有部位厚度。而半成品部位厚度在技术设计阶段确定内轮廓时已经确定。

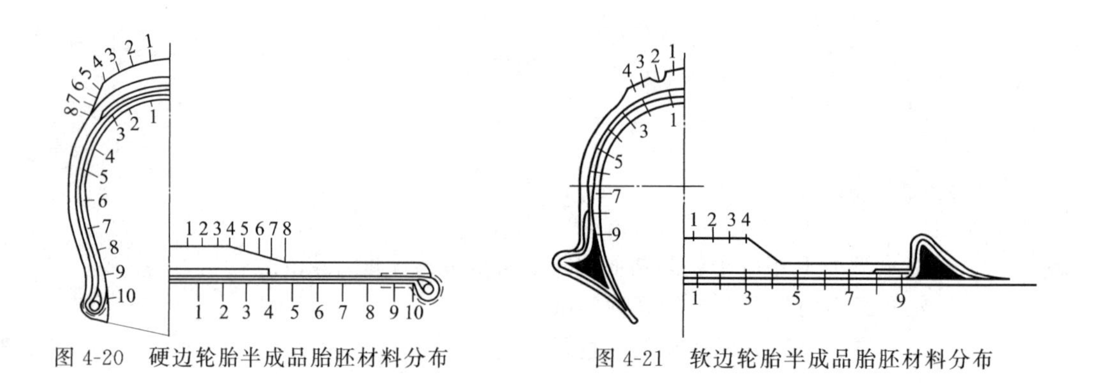

图 4-20　硬边轮胎半成品胎胚材料分布　　图 4-21　软边轮胎半成品胎胚材料分布

# 第三节　力车胎外胎的制造工艺

## 一、外胎生产工艺流程

### 1. 力车软边外胎生产工艺流程

力车软边外胎生产工艺流程见图 4-22。

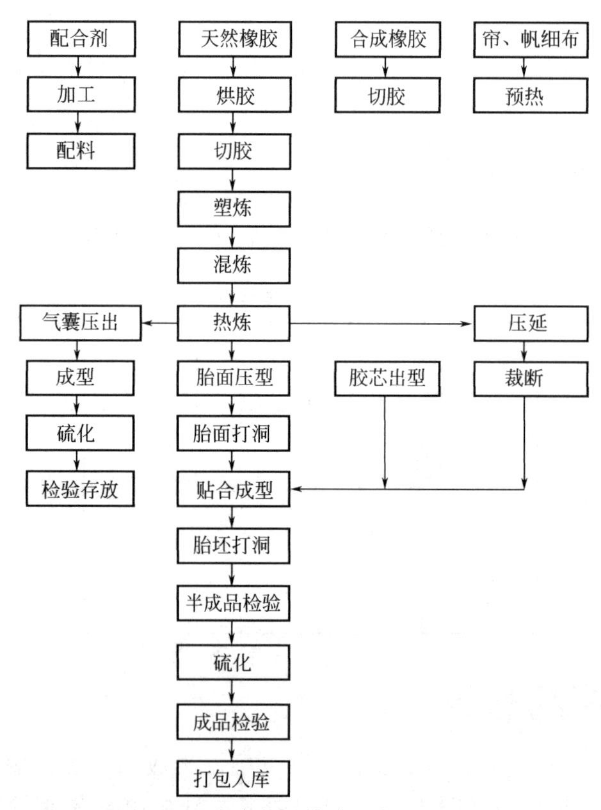

图 4-22　力车软边外胎生产工艺流程

### 2. 力车硬边外胎生产工艺流程

力车硬边外胎生产工艺流程见图 4-23。

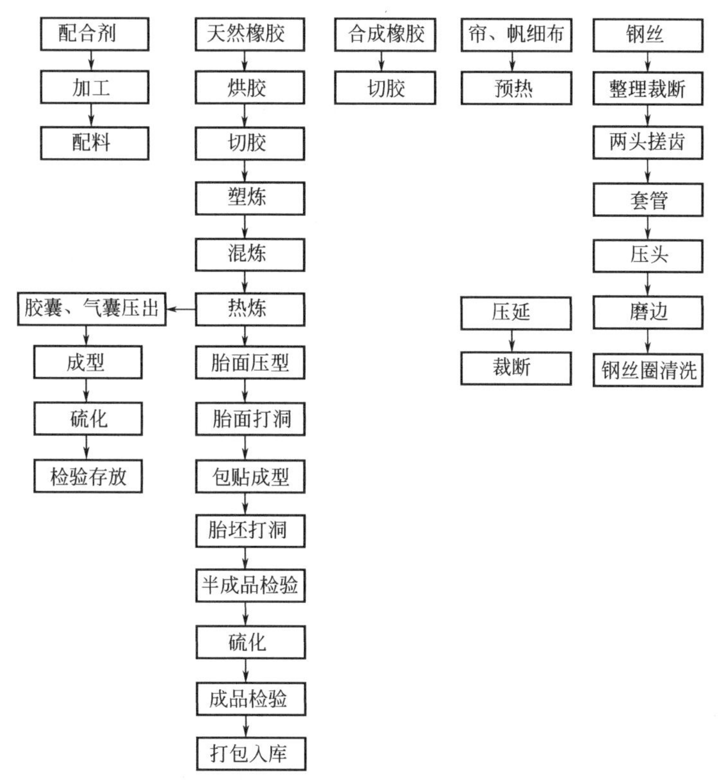

图 4-23　力车硬边外胎生产工艺流程

## 二、胎面压型工艺

胎面压型主要是利用辊筒压延机或挤出机制造具有一定断面形状的带状胶片。力车胎胎面较薄，宽度较小，这两种压型方法在实际生产中均广泛应用，一般根据胎面胶的结构形式进行选择。

### 1. 胎面压型前的准备

采用热喂料式压型设备进行胎面压型时，其混炼胶必须先经开炼机热炼。粗炼通常采用低温薄通，辊温为 50～55℃，以提高胶料的可塑性。细炼主要是提高胶料温度及均匀性，辊温为 60～65℃。采用冷喂料式压型设备压型胎面时，需将混炼胶制成一定宽度与厚度的胶条，以便通过加料辊自动喂料。

### 2. 胎面压型方式

(1) 单色胎面压型　一般采用辊筒压延法，其辊筒直径为 230mm 的三辊或四辊压延机，胶料通过压型辊而获得所需的胎面。辊筒温度：上辊为 55～60℃，中辊为 75～80℃，下辊为 65～70℃，旁辊温度与中辊相同。辊筒温度过低时，会造成胎面表面不光滑，收缩性较大；辊筒温度过高又会造成胎面表面节油增多。胎面压型温度天然胶高于合成胶，但不得高于 90℃。

(2) 单色胎面压延法压型　为胎面整体一次压型，即胎冠与胎侧用一种胶料一次压型。此法工艺操作简便，压型质量容易控制，生产效率较高，采用四辊压延机压型胎面的质量优于三辊压延机。

(3) 彩色胎面压型　目前自行车彩色轮胎的品种多为双色胎面，其胎冠和胎侧胶料颜色不同，分别满足不同的性能要求。

① 双色胎面压型工艺　主要有复合挤出法和辊筒压延法两种。

a. 复合挤出法　一般采用直径为 65mm 的冷喂料复合挤出机，胎冠与胎侧分别有两种不同颜色的胶料（或不同配方的胶料）进入挤出机，同时通过复合机头口型板一次完成胶料的热炼和胎面压出。冷喂料挤出机螺杆长径比（$L/D$）为 14∶1，上机筒温度 60～70℃，下机筒温度 65～75℃，上螺杆温度 65～75℃，下螺杆温度 70～80℃，机头温度 90～100℃。采用这种方法，胶料不需热炼，耗电能少，自动控制温度，胎面气泡少，彩色胶边分线齐，操作人员少，更换胎面规格方便。但胶料要求严格，清洗机头麻烦。双色胎面的断面形状如图 4-24 所示。

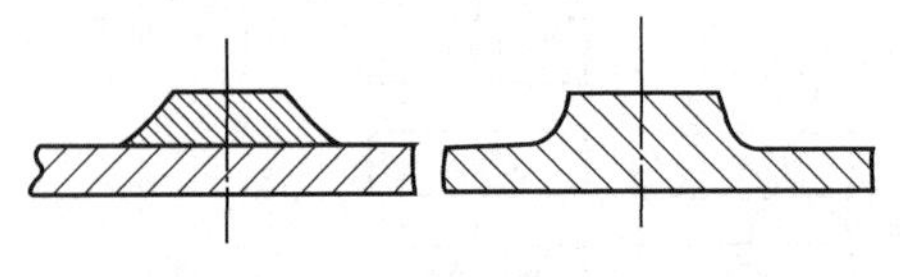

图 4-24　双色胎面断面形状

b. 辊筒压延法　采用两台直径为 230mm 的三辊压延机复合压型，见图 4-25。也可以采用一台热喂料挤出机与一台三辊压延机复合压型，见图 4-26。胎冠与胎侧两种不同颜色的胶料（或不同配方的胶料）分别通过型辊或挤出机口型板出片，然后在复合压辊上完成胎面压型。螺杆挤出机温度：机身为 45～50℃，机筒为 80～85℃，口型为 95～100℃。这种方法可同时压出两条胎面，胶料要求不严格，清洗辊筒方便，但胶料需要热炼，耗电多，胎面压型质量低于复合挤出法。

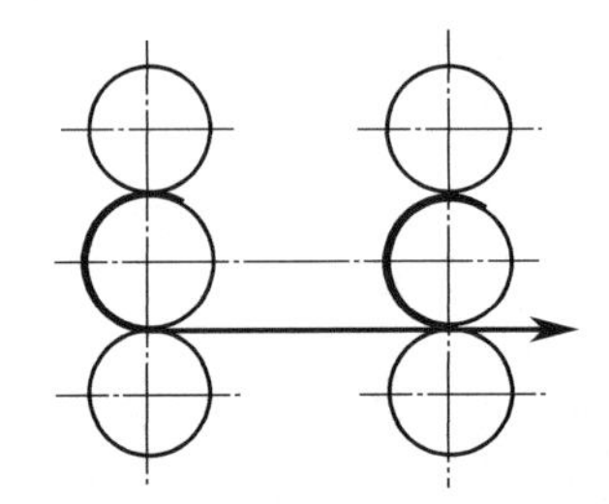

图 4-25　两台三辊压延机双色胎面压型

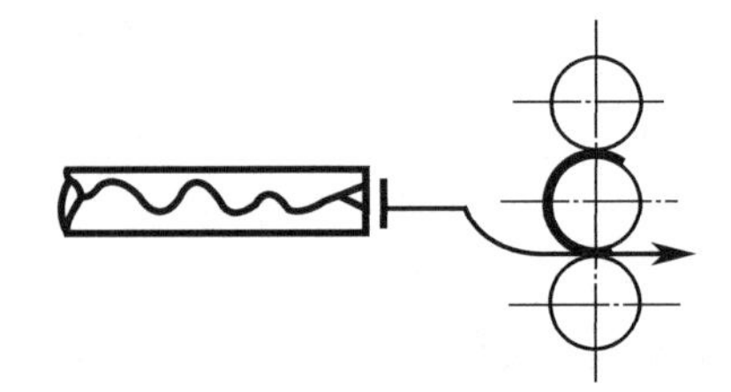

图 4-26　一台挤出机与一台三辊压延机配合胎面成型

② 三色胎面压型　其结构一般是由黑色胎冠胶、白色胎侧胶和彩色底胶（一般为红色或蓝色）构成，底胶是花粒或胶条，它是用研磨或切削工艺将底色露出而成的。这种胎面压型方法一般是在双色胎面压型工艺的基础上再增加一台复合挤出机或压延机即可复合压型。三色自行车轮胎的胎面压型必须采用三方五块结构，要求胎侧胶片很薄，故压型工艺要求较高。

### 3. 胎面压型工艺要求

控制胎面压型温度，温度过低会造成胎面表面不光滑，收缩性大，温度过高又会造成胎面表面气泡多；控制胎面压出速度，速度过快容易产生气孔，速度过慢，生产效率低；压型的胎面，必须经冷却后才能使用，冷却后停放的时间一般不超过 3.6h；胎面压型后采用打洞的方法，以减少尼龙轮胎成品的气泡缺陷；胎面返回胶掺用率不得大于 20%。

## 三、外胎成型工艺

### 1. 外胎成型前的准备

(1) 钢丝圈制造　力车硬边外胎成型用的钢丝圈分为单根（镀锌）焊接冷压接头和单根或多根（镀铜）压出钢丝圈两种类型。

单根焊接钢丝由于工艺复杂，生产效率低，接头强力不易控制，已逐渐被单根挫齿式冷压接头新工艺所取代，见图 4-27。

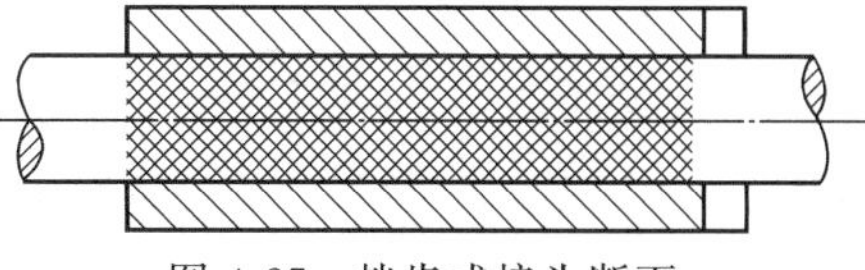
图 4-27　挫齿式接头断面

单根冷压接头钢丝圈的制造工艺过程为：钢丝调直→定长裁断→两头挫齿→汽油洗头→接头套管→压头→套管磨边→汽油清洗钢丝圈→检查。

国外钢丝冷压接头方式有两种：一种为螺纹式冷压接头，如图 4-28 所示；另一种是嵌接式冷压接头，如图 4-29 所示。

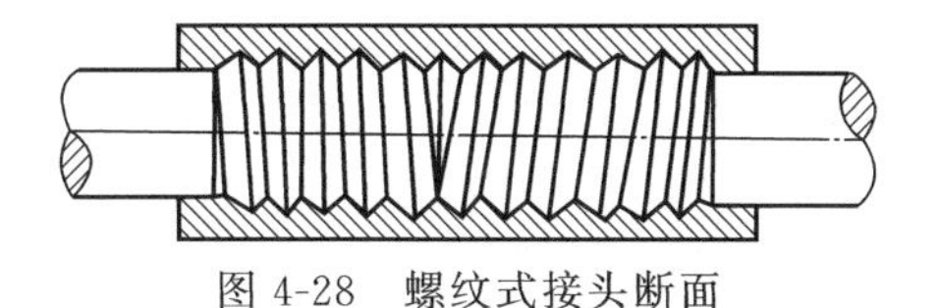
图 4-28　螺纹式接头断面

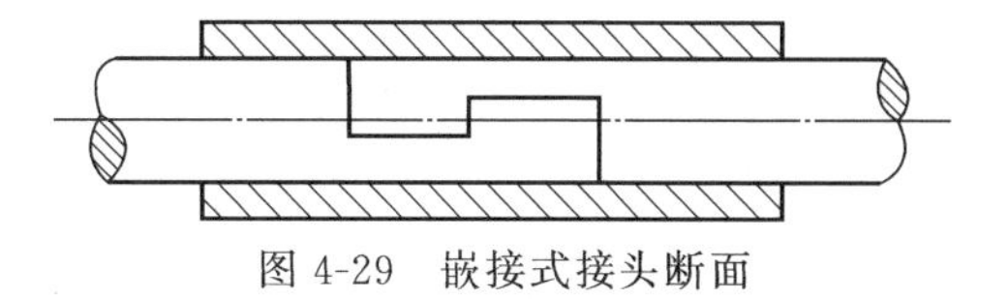
图 4-29　嵌接式接头断面

单根或多根压出钢丝圈的制造工艺为：钢丝整理→浸盐酸处理→清洗→吹干水分→压出→卷层。钢丝处理工艺标准和钢丝压出工艺标准与汽车轮胎钢丝圈制造工艺相同。

单根钢丝压出缠绕组成的钢丝圈，两端需用胶布包扎或用锡焊之，并全部缠以纱线后进行半硫化定型。

单根或多根压出钢丝圈与单根冷压接头法相比具有工艺操作简单、机械化连续化程度及劳动生产率高的特点。

(2) 挂胶帘布、帆布和细布的裁断　挂胶帘布在立式或卧式裁断机上按一定的宽度和角度进行裁断。胶帘布裁断公差见表 4-9。裁断宽度与角度按施工标准选取。

**表 4-9　胶帘布裁断公差**

| 名称 | 裁断公差 | | 说　明 |
|---|---|---|---|
| | 宽度/mm | 角度 | |
| 尼龙帘布 | ±2.5 | ±1° | 帘布拼接压线宽度 3～6 根，拼接长度不小于 30mm，每层接头数不多于 4 个 |

胶帆布、胶细布裁断在卧式裁断机与撕布机上进行，裁断宽度与角度按施工标准选取，裁断公差见表 4-10。

**表 4-10　胶帆布、胶细布裁断公差**

| 名称 | 裁断角度 | 裁断公差 | | 说　明 |
|---|---|---|---|---|
| | | 宽度/mm | 角度/(°) | |
| 胶帆布 | 45° | ±1.5 | ±1 | 拼接长度不小于 50mm，接头宽度±10mm |
| 胶细布 | 90° | ±1 | ±1 | 接头宽度±10mm |

(3) 三角胶芯制造　软边力车胎胎耳三角胶芯制造工艺与汽车轮胎胎圈三角胶芯相同，其断面尺寸较小。

## 2. 外胎成型

外胎成型就是将胶帘布、内外包布、三角胶芯或钢丝圈及胎面等各种部件在成型鼓上，借助各种辅助装置，按施工工艺的要求进行贴合成型，制成半成品胎坯。其成型方式有双鼓式包叠成型、半鼓式贴合成型和平鼓式贴合成型。

(1) 双鼓式包叠成型　采用双鼓立式或卧式成型机，成型时将钢丝圈套在鼓面沟槽中，再将供布架上的胶帘布贴在上部钢丝圈下，同时贴上胎圈外包布。成型鼓运转时，包叠装置上的翻布轮、抹布轮进行自动包叠，辊压密实后构成胎壳，贴上胎面后就成为胎坯。

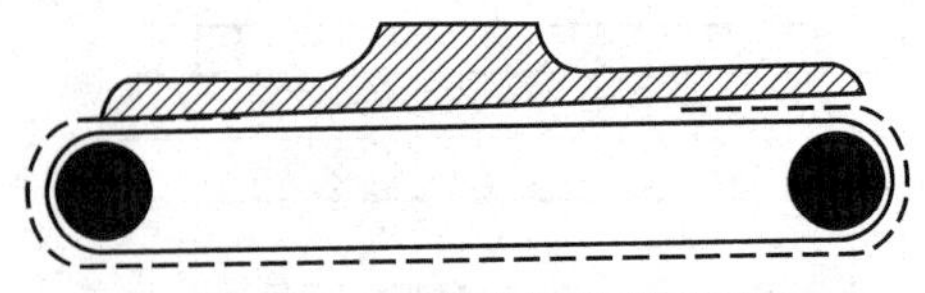

图 4-30 双鼓式包叠成型断面

包叠成型断面见图 4-30。

该成型方法的特点是帘布在胎冠部搭接，可增加胎体的强度，提高轮胎的使用性能。搭接宽度一般为 20～35mm，包叠偏歪值不大于 7～10mm。硬边自行车外胎通常采用这种成型工艺。

（2）半鼓式贴合成型　采用单鼓立式成型机，成型时将供布架上的胶帘布层贴在鼓面上，胎圈以多根钢丝为芯，帘布边在胎圈部反包或包叠贴合，外包以保护布条，贴上胎面后就成为胎坯。这种成型工艺适用于硬边手推车外胎及轻型摩托车外胎。其包叠贴合成型断面如图 4-31 所示。

（3）平鼓式贴合成型　采用单鼓坐式成型机。成型时将帘布、内包布、三角胶芯、外包布依次均匀贴合在鼓面上，压合后贴上胎面构成胎坯。其贴合成型断面如图 4-32 所示。这种成型工艺适用于软边手推车外胎和软边自行车外胎。成型鼓鼓面为平鼓型或双斜面型，斜面角为 3°～5°，使用平鼓型成型鼓时，成型操作较为方便，但帘布贴合质量不及双斜面型鼓好。

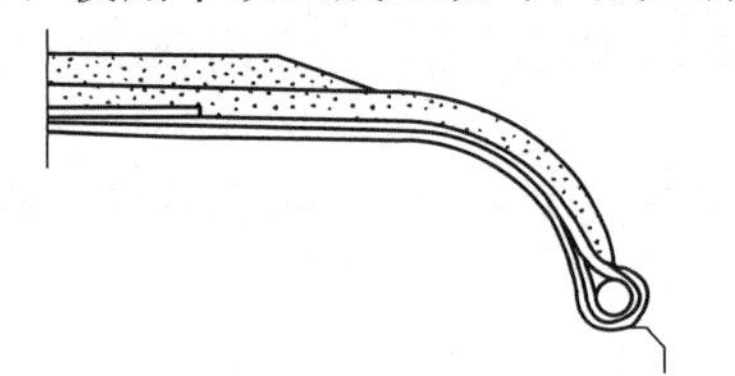

图 4-31 半鼓式包叠贴合成型断面

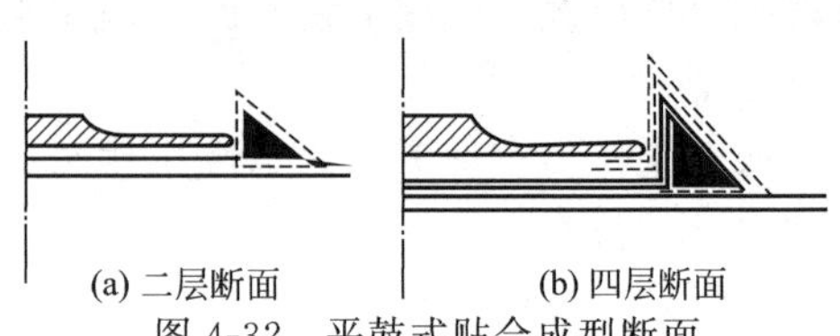


图 4-32 平鼓式贴合成型断面

### 3. 成型工艺要求

（1）外胎成型操作　各部件贴合要正，层层压实，并做到伸张均匀一致。

（2）胎坯（或胎壳）打洞　为了更加有效地减少尼龙外胎的气泡现象，除了胎面采取打洞方法外，对胎坯（或胎壳）也可进行打洞。

（3）胎坯存放与输送　成型后且经过检验合格的胎坯，需经短时间的存放，然后按成型先后顺序供给硫化工段。尼龙胎坯的停放时间一般不超过 36h。

## 四、外胎硫化工艺

### 1. 力车外胎硫化前的准备

（1）胎坯或气囊涂刷隔离剂　在胎坯胎里或气囊表面涂刷液体隔离剂，以便防止在硫化过程中外胎与气囊粘连，易于胎坯装囊、定型及硫化后的拔囊操作，减轻劳动强度。其液体隔离剂组分与汽车轮胎所用的基本相同。

（2）硫化设备　力车外胎硫化一般采用立式个体硫化机，分为电动（螺杆传动）和水压硫化机两种，前者采用单合传动控制，启动合模快，但活动部件多，维修量较大，有噪声。后者结构简单，制造方便，噪声小，便于维修，但不能采用单台传动控制，需要配备一套高低水动力系统，发生故障影响大，启动合模较慢。硫化机还可以根据硫化模型层数的不同分为单层、双层和三层三种形式，一般的硫化机采用双层或三层。

（3）外胎定型　胎坯胎里或气囊表面涂上液体隔离剂后，将胎坯套在伞形定型机上定型，然后装入气囊，或在定型机上先放上气囊，再套上胎坯进行定型。

### 2. 硫化工艺

（1）硫化方式　力车外胎分为气囊（又称风胎）硫化和胶囊（又称隔膜）硫化两种。前者是将气囊装入定型好的胎坯内，放在模型内加温、加压进行硫化；后者则将胎坯直接放在胶囊式定型硫化机上连续完成定型和硫化，胶囊硫化可简化操作，降低劳动强度，并可充分利用热能，但外胎硫化后没有气囊支撑胎体，尼龙帘线轮胎易局部产生热收缩变形。

（2）硫化条件　力车外胎硫化条件的选择是根据不同的产品以及产品各部件胶料半成品的正硫化时间、产品的材料结构、硫化设备和工艺要求而确定的。

① 硫化温度　力车外胎硫化时其模型采用的加热介质多为蒸汽，通常硫化温度为165～170℃，也有采用较高温度硫化的。硫化过程中一般自动控制蒸汽压力，稳定硫化温度。

② 硫化压力　一定的硫化压力能使外胎各部件紧密结合，增强了胎体强度、屈挠性能和胎面耐磨性能，并获得精确的轮廓和清晰的花纹。

力车外胎硫化时气囊及胶囊加压介质有压缩空气和蒸汽。采用蒸汽时，形成外胎内外双向加热，能缩短硫化时间，提高生产效率。但目前提高蒸汽内压有一定难度，另外由于温度随蒸汽压力增加而增高，易导致胎体帘线性能下降，尚有待于改进。一般采用压缩空气作加压介质，内压力容易提高，有利于提高轮胎质量，但是硫化时间较长。

不同类型的轮胎硫化压力不同，手推车外胎硫化压力一般为1.47～1.77MPa，自行车外胎硫化压力一般为1.27～1.57MPa。为了提高硫化效率，可采用压缩空气预热及蒸汽与压缩空气混合硫化等方法。

力车外胎硫化时间包括正硫化时间和操作时间。正硫化时间是根据硫化温度、产品规格、胶料配方以及成品性能要求而定。不同规格和类型的外胎硫化时间见表4-11。

**表4-11　力车外胎硫化时间示例**

| 轮胎类型 | 蒸汽压力/MPa | 正硫化时间/min | 轮胎类型 | 蒸汽压力/MPa | 正硫化时间/min |
|---|---|---|---|---|---|
| $26\times\frac{1}{2}$软边外胎 | 0.74 | 19 | $28\times\frac{1}{2}$软边普通外胎 | 0.64 | 11 |
| $28\times\frac{1}{2}$软边加重外胎 | 0.64 | 12 | $28\times\frac{1}{2}$软边普通外胎(胶囊) | 0.59 | 7 |
| $28\times\frac{1}{2}$软边普通外胎 | 0.64 | 11 | | | |

（3）尼龙力车外胎硫化工艺特点　尼龙帘线具有热收缩变形的特点，尼龙外胎硫化工艺应注意几点：气囊在装入胎坯等待硫化时，气囊表面温度应控制在60～70℃，其方法可采用三套气囊循环使用，即硫化后冷却、大模硫化和定型装入胎坯各一套；尼龙外胎硫化后冷却4～6min，才能取出胶囊；胎坯按成型先后顺序硫化，胎坯存量停放时间不超过36h；硫化成品外胎必须冷却至50℃以下才能进行包装。

## 思考题

1. 力车胎根据胎圈结构及形状不同，共分为几种类型？各有什么特点？
2. 为什么力车胎产品的发展是趋于硬边化？
3. 力车胎的模型胎圈间距离为什么大于轮辋公称宽度？
4. 直边轮胎、钩边轮胎及软边轮胎的着合直径 *d* 值应如何确定？
5. 力车胎钢丝圈结构有几种？
6. 试绘出力车外胎制造工艺流程。
7. 试述力车胎面单色及彩色胎面的压型方法。
8. 力车外胎的基本成型方法有哪几种？各适用于哪种类型轮胎成型？
9. 力车外胎硫化常采用什么方法？磷化介质如何确定？

05 Chapter

# 第五章

# 轮胎CAD设计方法

**学习目标**

通过学习了解橡胶CAD技术和RCAD轮胎结构设计系统的组成；掌握轮胎RCAD设计方法、设计内容和设计流程；且会运用“轮胎结构设计系统”绘制轮胎外胎花纹总图和材料分布图。

## 第一节　CAD 轮胎结构设计概述

### 一、橡胶 CAD 技术简介

计算机辅助设计（CAD）是指利用计算机来辅助设计人员进行产品和工程的设计，是传统技术与计算机技术的结合。设计人员通过人机交互操作方式进行产品设计构思和论证，进行产品总体设计、技术设计、相关信息的输出以及技术文档和有关技术报告的编制。计算机辅助设计已在很多领域得到广泛应用，如橡胶工业中制品的配方设计、结构设计、模具设计等。

橡胶 CAD 技术是 CAD 技术的一个应用领域，特指运用计算机辅助橡胶相关设计人员进行产品和工程设计的技术。随着计算机性能的迅速提高，计算机在橡胶行业中的应用日益广泛深入。计算机辅助设计（CAD）是计算机应用的重要领域。国内已有部分大型橡胶企业建立起较完整的 CAD 系统，设计开发新产品，提高市场竞争能力。另外，少数大型企业采用 CAD 技术后产生明显的经济效益，对中小企业的影响十分巨大。它们首先应用计算机和相应的 CAD 软件组成 CAD 系统，进行产品的配方设计和工程图纸的绘制，与传统设计方法相比提高了效率。同时，应用范围也不断扩大，而且逐步深化。从 20 世纪 80 年代起，国内一些高等院校和科研机构在橡胶 CAD 技术领域内进行了大量的研究工作，自行开发了一些实用的 CAD 软件。如青岛科技大学开发的“橡胶配方优化设计系统”“轮胎结构设计系统”等。目前徐州工业职业技术学院正在应用青岛科技大学开发的“轮胎结构设计系统”。在实践教学和企业培训上效果显著。

计算机技术的引进，大大促进了设计能力的提高。这种能力的提高，不但体现在工作效率和工作质量方面，更体现在先进的计算机技术对传统工作方式的促进和变革方面。但要指出，CAD 技术不能代替人们的设计行为，而只是实现这些行为的先进手段和工具，而人们的设计行为，则由专业技术人员的创造能力和工作经验以及现代设计方法等提供的科学思维方法和实施办法来确定。

## 二、 RCAD 轮胎结构设计系统

RCAD 轮胎结构设计系统是目前国内较先进的专用于轮胎结构设计的专业 CAD 软件。可代替人工完成大量的结构计算、力学分析与绘图工作。该系统分为三个部分：技术设计、施工设计和模具设计。技术设计部分包括外胎内外轮廓设计、轮胎负荷计算、充气平衡轮廓计算与绘图、帘线和钢丝圈应力计算、外胎与轮辋配合图绘制、花纹设计、外胎总图设计等；施工设计部分包括成型机头曲线设计、外胎材料分布图设计、成型机头宽度计算、施工表设计、胶囊设计、水胎设计、内胎设计、垫带设计等。

轮胎结构设计系统将设计者的经验与计算机的高速运算功能相结合，可大幅度提高设计效率、改进产品质量，提高竞争能力。

## 三、设计中应注意的问题

### 1. 树立正确的设计思想

在设计中要自始至终本着对工程设计负责的态度，从难从严要求，综合考虑经济性、实用性、安全可靠性和先进性，严肃认真地进行设计，高质量地完成设计任务。

### 2. 全新的设计与继承的关系

橡胶制品设计是一项复杂、细致的创造性劳动。在设计中，既不能盲目抄袭，又不能闭门“创新”。在科学技术飞速发展的今天，设计过程中必须要继承前人成功的经验，改进其缺点。应从具体的设计任务出发，充分运用已有的知识和资料，进行更科学、更先进的设计。

### 3. 正确使用有关标准和规范

一个好的设计必须较多采用各种标准和规范。设计中采用标准的程度也往往是评价设计质量的一项重要指标，它能提高设计质量，因为标准是经过专业部门研究而制定的，并且经过了大量的生产实践的考验，是比较切实可行的。应学会正确使用标准和规范，使设计有法可依、有章可循。当设计与标准规范相矛盾时，必须严格计算和验证，直到符合设计要求，否则应优先按标准选用。

### 4. 计算与绘图的关系

进行轮胎结构设计时，并不仅仅是单纯的绘图，常常是绘图同设计计算交叉进行的。有些部件可以先由计算确定其基本尺寸，然后再经过草图设计，决定其具体结构尺寸；而有些部件则需要先绘图，取得计算所需要的条件之后，再进行必要的计算。如在计算中发现有问题，必须修改相应的结构。因此，结构设计的过程是边计算、边画图、边修改、边完善的过程。

# 第二节　RCAD 轮胎结构设计

运用“轮胎结构设计系统”绘制轮胎规格为 9.00-20-16PR 的外胎花纹总图和材料分布图。

## 一、添加轮胎基本信息

运行“轮胎结构设计系统”，在 AutoCAD（“轮胎结构设计系统”是在 AutoCAD 基础上进行的二次开发）的屏幕菜单上单击“RCAD”（图 5-1），在图 5-2 中添加一新规格 9.00-20-16PR，然后单击【保存】。

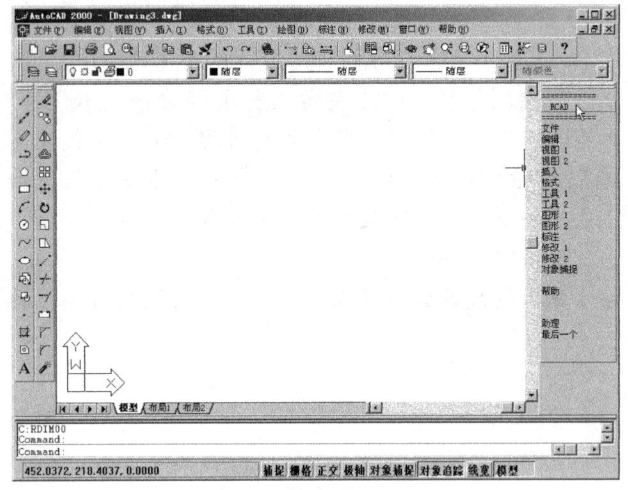

图 5-1　单击“RCAD”

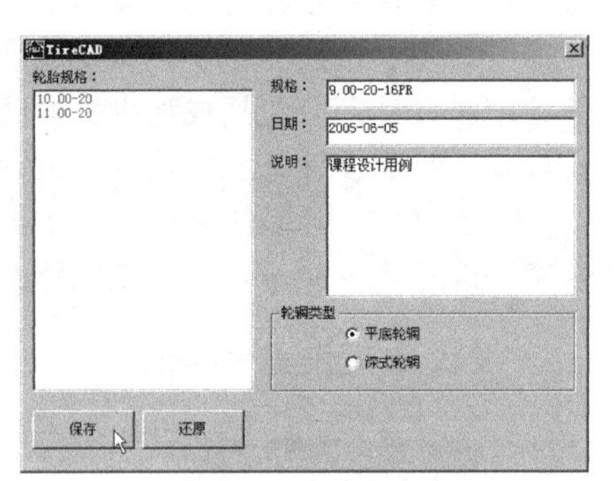

图 5-2　添加新轮胎规格

## 二、外轮廓设计

如图 5-3 所示，选中新添加的“9.00-20-16PR”，单击【设计】开始绘图。

### 1. 主要参数的输入

在图 5-4 中，依次单击【轮廓设计】→【参数输入】，并在图 5-5 中输入各参数值，单击【确定】保存数据。

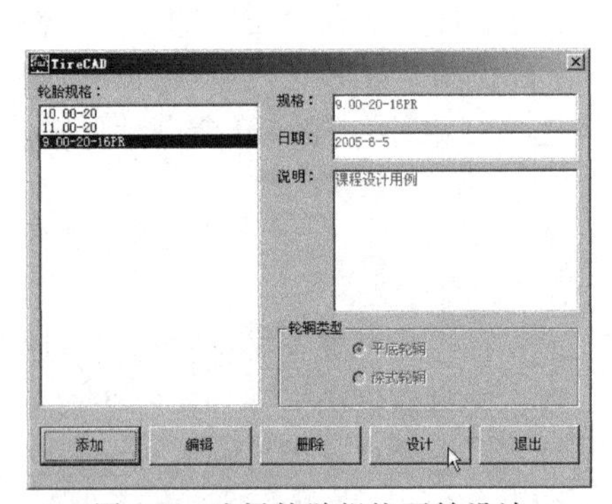

图 5-3　选择轮胎规格开始设计

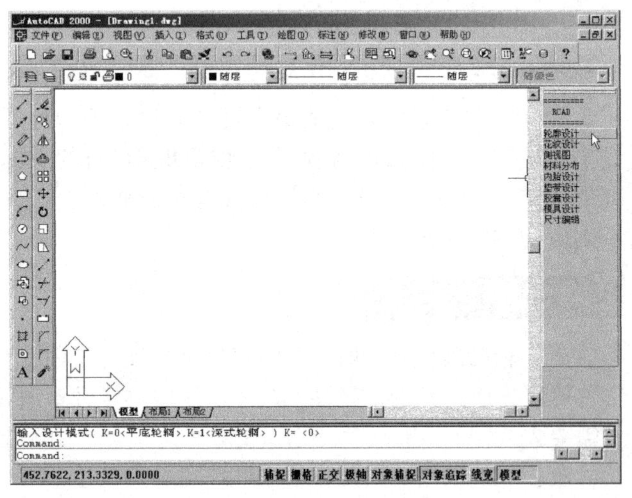

图 5-4　轮廓设计

### 2. 轮辋设计

根据轮胎轮辋标准，采用 7.0 轮辋，单击【轮辋设计】→【7.0】（图 5-6）。

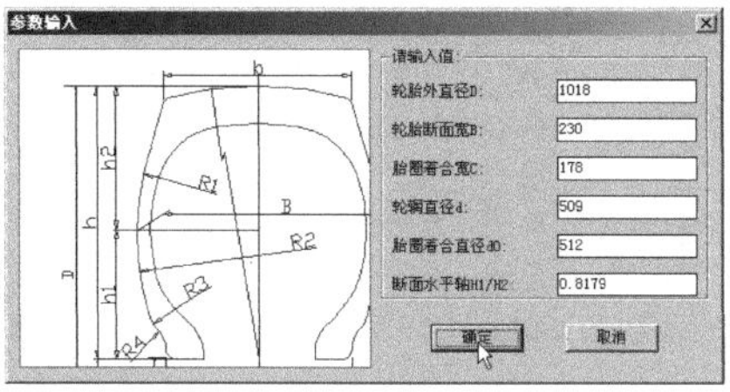

图 5-5　轮胎主要参数输入

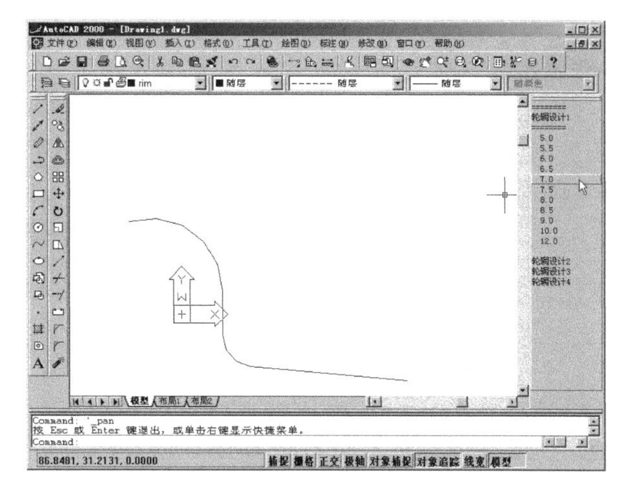

图 5-6　轮辋设计

## 3. 上胎侧设计

本例采用一段弧设计，在图 5-7 中依次单击【轮廓设计】→【一段弧】，在图 5-8 中输入行驶面弧度宽 $b$、弧度高 $h$，胎肩切线长 $L$ 和肩部圆弧半径 $R_{n_1}$，单击【确定】开始绘图和标注尺寸（图 5-9）。

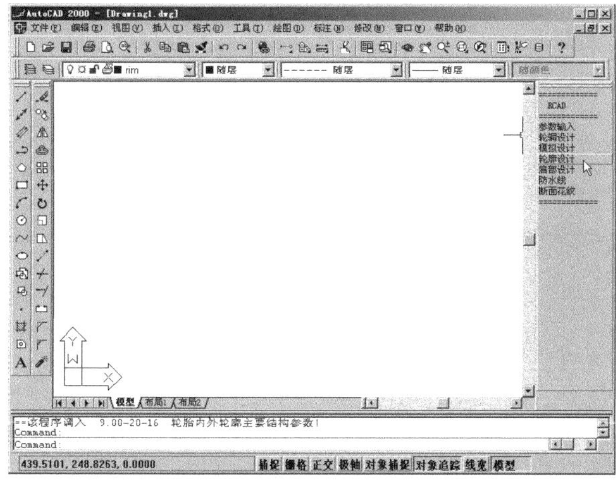

图 5-7　轮廓设计

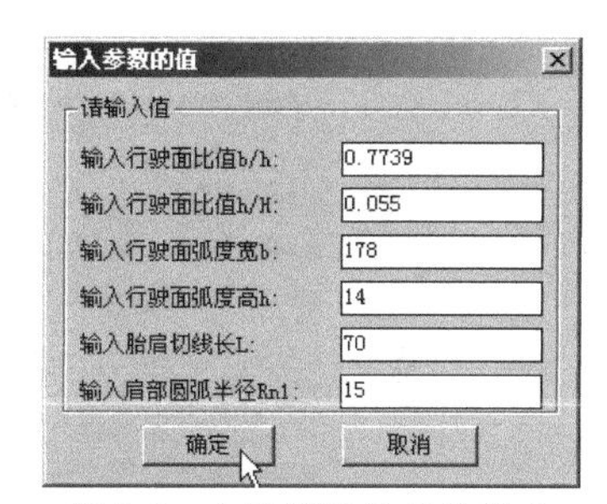


图 5-8　上胎侧设计参数输入

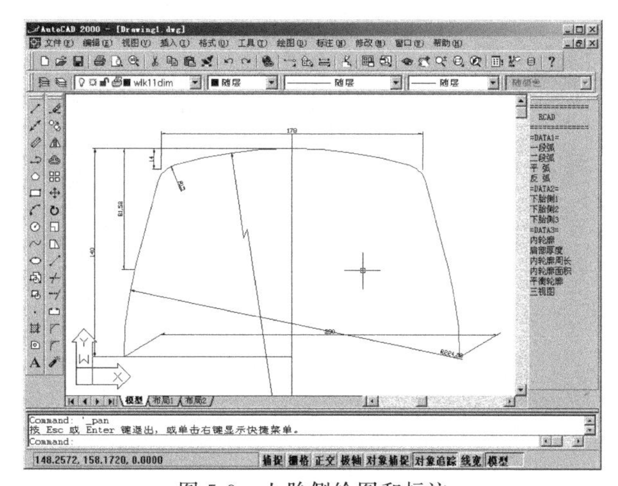

图 5-9　上胎侧绘图和标注

## 4. 下胎侧设计

在图 5-9 的 AutoCAD 屏幕菜单中，【下胎侧 1】为平底轮辋，【下胎侧 2】为深式轮辋，【下胎侧 3】为无内胎轮辋，本例中应选择 1，单击【下胎侧 1】，在图 5-10 中输入下胎侧参数，单击【确定】绘制下胎侧并标注（图 5-11）。

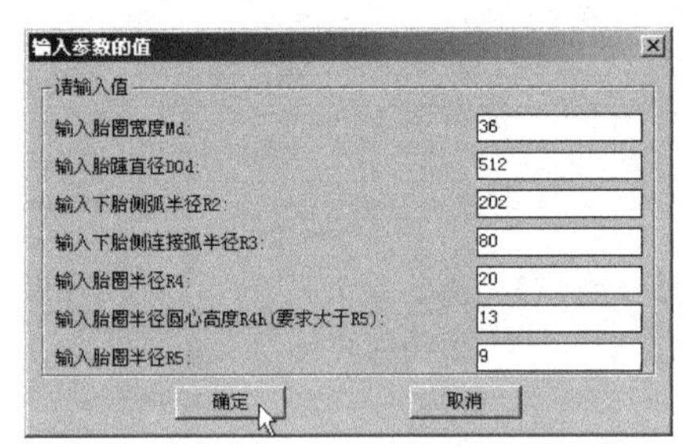


图 5-10 下胎侧参数输入

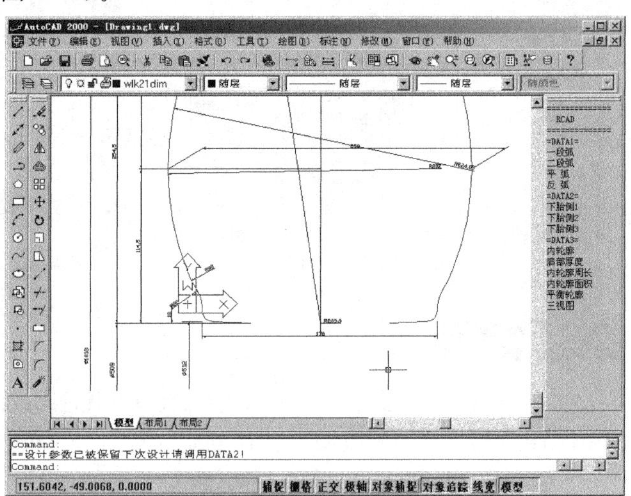


图 5-11 下胎侧绘图和标注

## 5. 肩部设计

选择相应的肩部花纹类型，输入参数（图 5-12），绘制肩部曲线（图 5-13）。

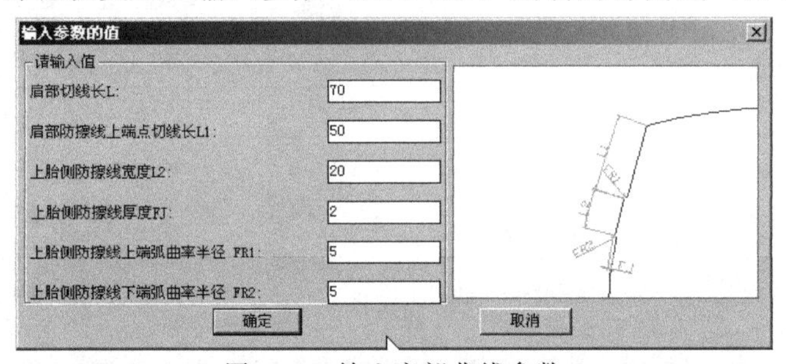


图 5-12 输入肩部曲线参数

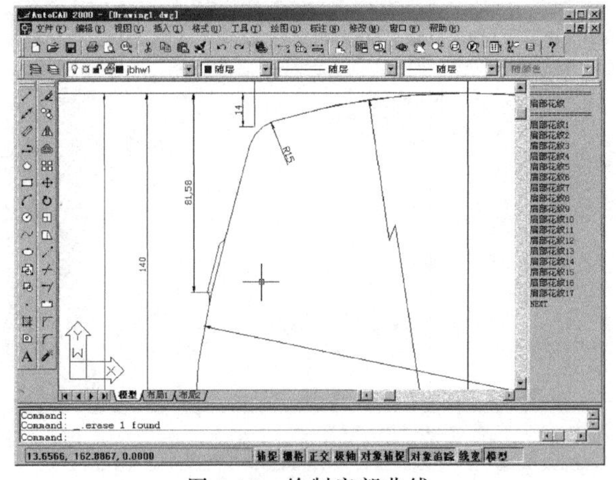


图 5-13 绘制肩部曲线

防水线、胎面花纹沟、肩部花纹沟的绘制方法基本相同，这里不再赘述。

## 三、花纹设计

### 1. 绘制花纹框

花纹框类型分为图 5-14 中的两种，轮胎结构设计系统菜单中的【花纹框 1】为图 5-14(a)，【花纹框 2】为图 5-14(b)。本例采用花纹框 1。

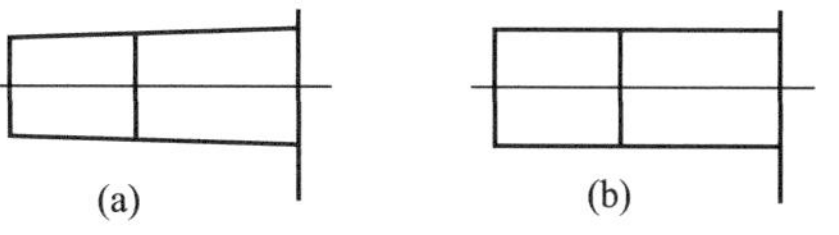

图 5-14　花纹框类型

单击【花纹框 1】，根据提示输入数据，绘制的花纹框如图 5-15 所示。

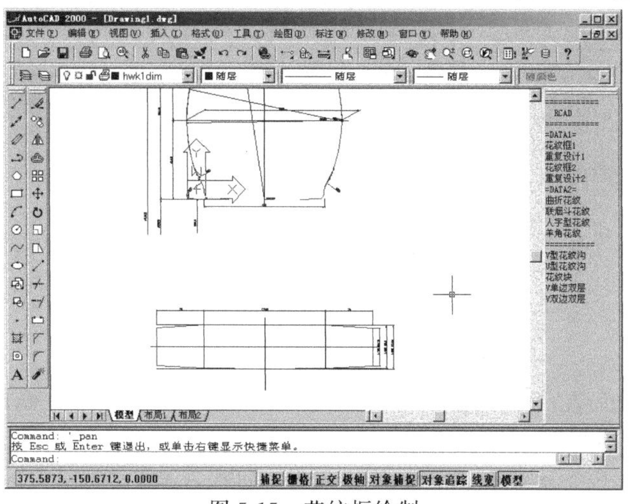

图 5-15　花纹框绘制

### 2. 绘制胎面花纹

轮胎结构设计系统中提供了四种典型花纹的设计，可直接输入参数由系统自动绘制花纹。由于胎面花纹千变万化，很多时候需要手动绘制。本例采用曲折花纹（图 5-16）。

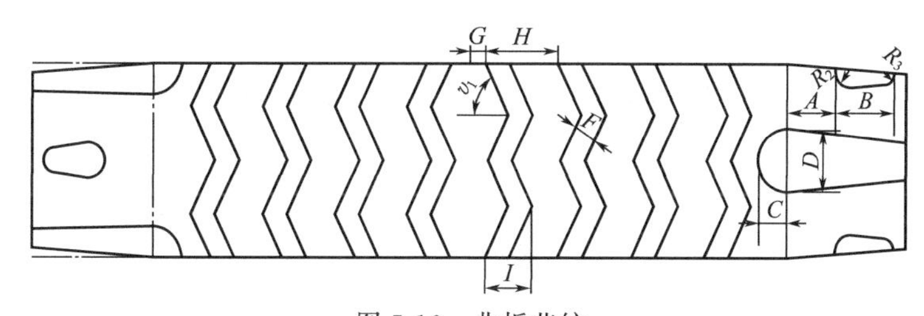

图 5-16　曲折花纹

每一步的操作过程都比较相似，从本部分起只介绍绘制的流程。

### 3. 绘制胎面小花纹沟

花纹沟分为 V 形花纹沟、U 形花纹沟、花纹块、V 单边单层和 V 双边双层等几种（图 5-17）。

## 四、侧视图设计

侧视图见图 5-18。

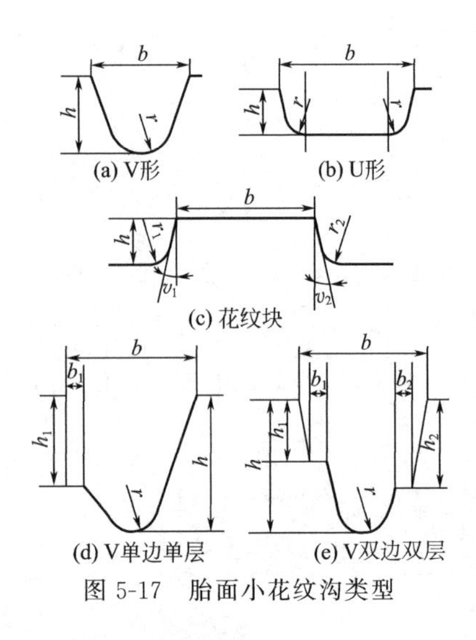


图 5-17　胎面小花纹沟类型

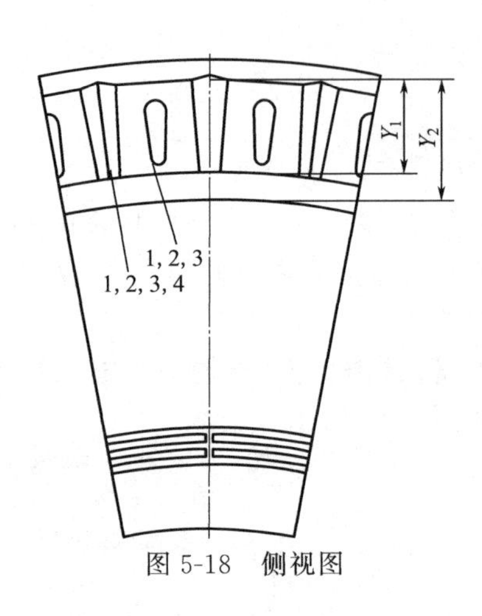


图 5-18　侧视图

## 1. 冠部和肩部花纹转化

在胎面花纹展开图上沿着冠部花纹一小段一小段地点击鼠标，直至把所有的花纹都点击过，即完成侧视图花纹的转化。

## 2. 排气孔设计

为避免外胎硫化后花纹块、胎侧和胎圈缺胶，在以上部位设排气孔或排气线。排气孔的直径一般为 0.6～1.8mm，其数量和位置随花纹形状和外胎外轮廓曲线而定。一般排气孔设于胎肩、胎侧、下胎侧防水线和花纹块的拐角处（见图 5-19）。

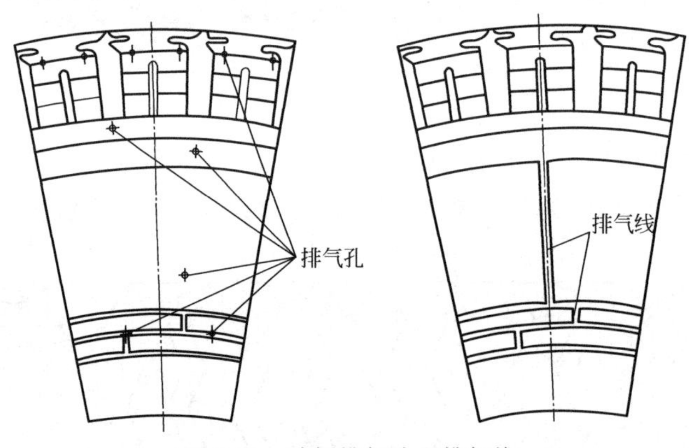


图 5-19　胎侧排气孔和排气线

# 五、图框设计

所有的部位绘制完成后，进入图框设计，鼠标左键选择图纸的右下角点，即可自动以右下角点为参照，自动绘制指定大小的图纸外框（见图 5-20）。

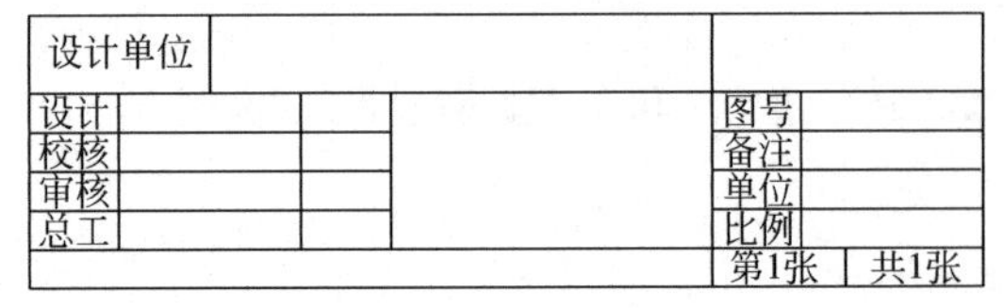
设计单位
设计
校核
审核
总工
图号
备注
单位
比例
第1张
共1张

图 5-20　图框示意图

6.50-16 规格的外胎花纹总图样图见图 5-21 至图 5-25；12.00-20 规格的外胎花纹总图样图见图 5-26 至图 5-30。

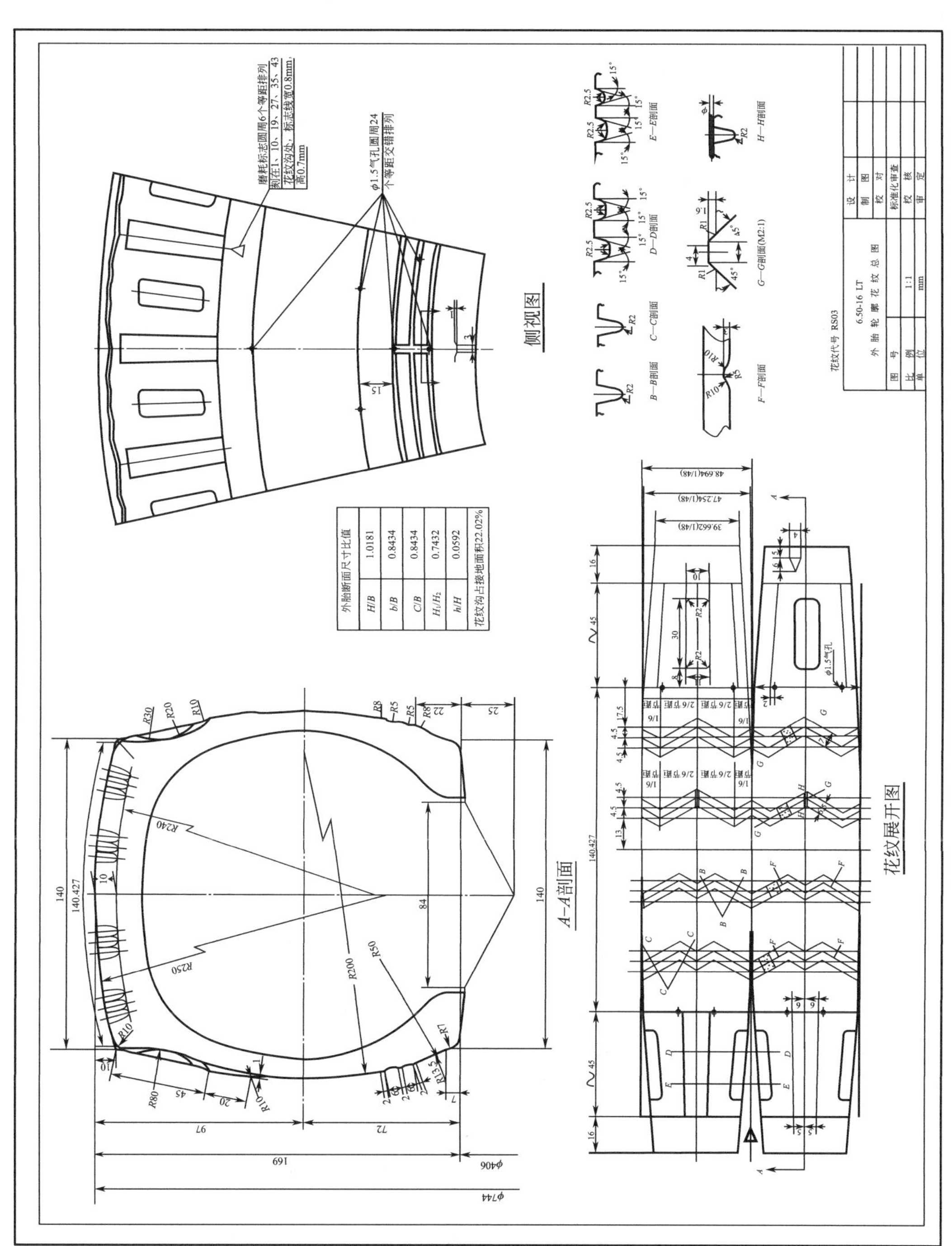


图 5-21 6.50-16 外胎花纹总图

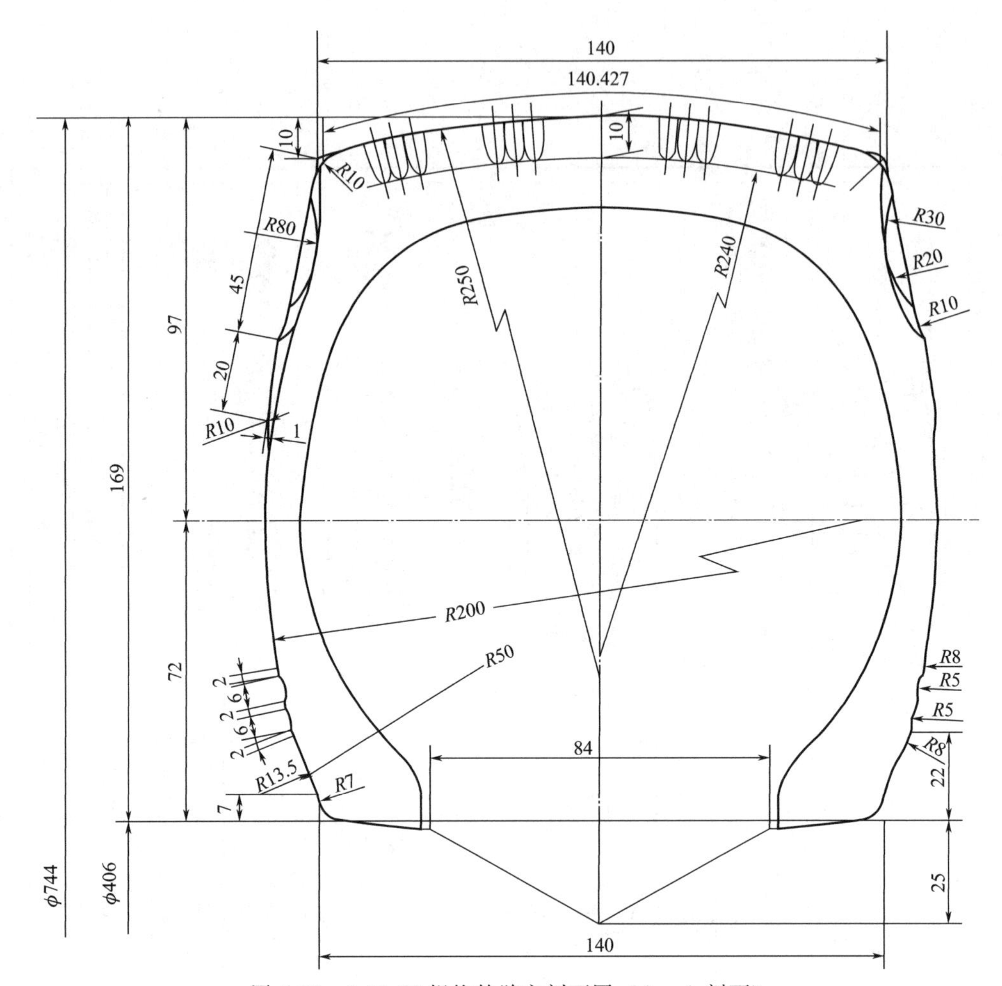


图 5-22　6.50-16 规格轮胎主剖面图（A—A 剖面）

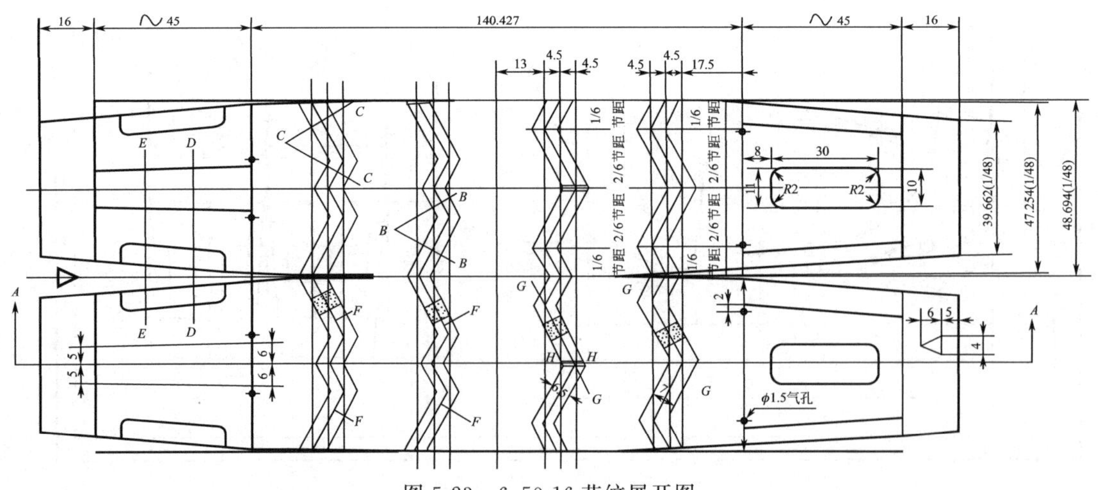


图 5-23　6.50-16 花纹展开图

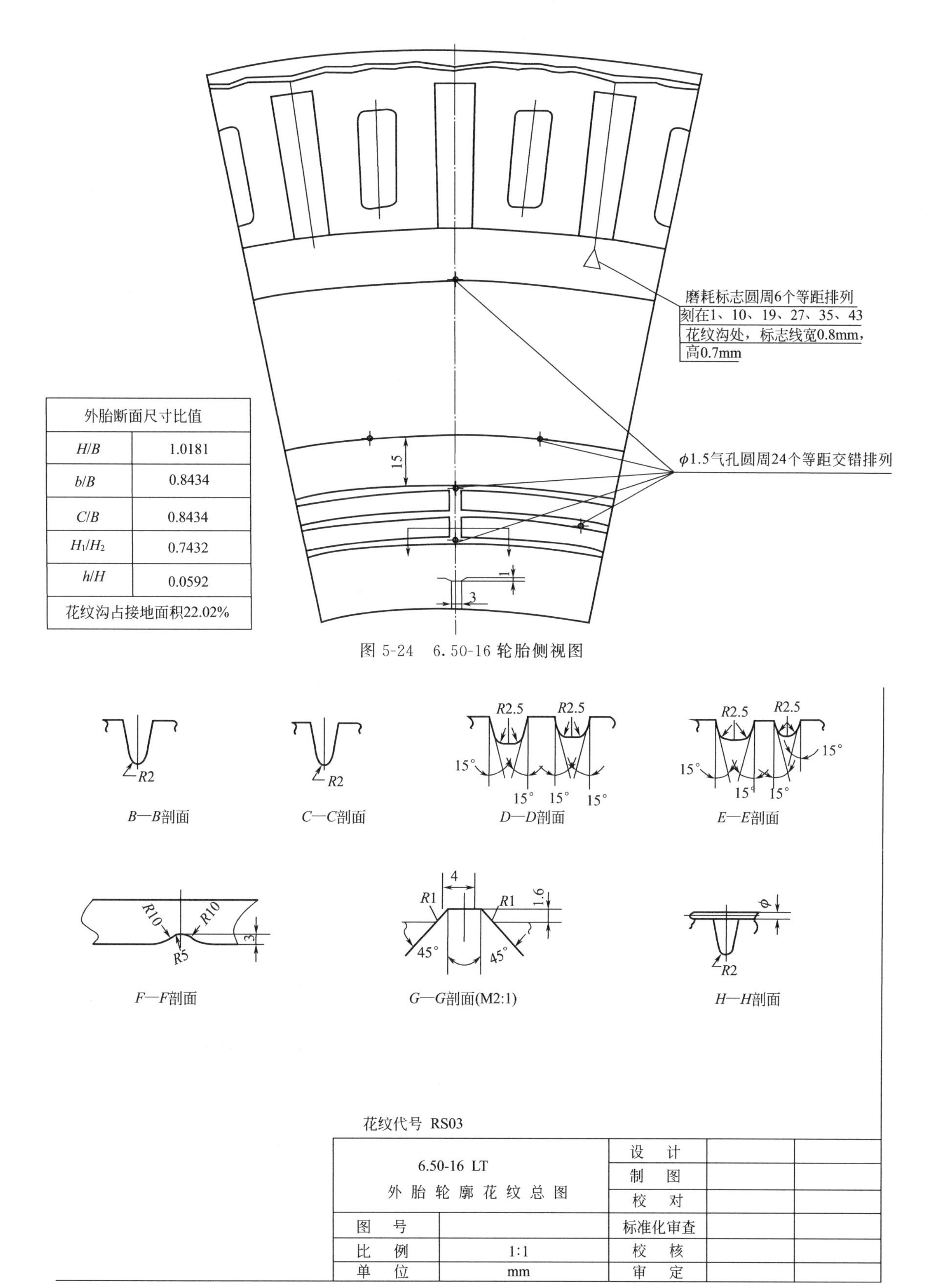


| 外胎断面尺寸比值 | |
|---|---|
| $H/B$ | 1.0181 |
| $b/B$ | 0.8434 |
| $C/B$ | 0.8434 |
| $H_1/H_2$ | 0.7432 |
| $h/H$ | 0.0592 |
| 花纹沟占接地面积22.02% | |

| 6.50-16 LT 外胎轮廓花纹总图 | | 设 计 | | |
|---|---|---|---|---|
| | | 制 图 | | |
| | | 校 对 | | |
| 图 号 | | 标准化审查 | | |
| 比 例 | 1:1 | 校 核 | | |
| 单 位 | mm | 审 定 | | |

图 5-24　6.50-16 轮胎侧视图

图 5-25　6.50-16 轮胎面小花纹块

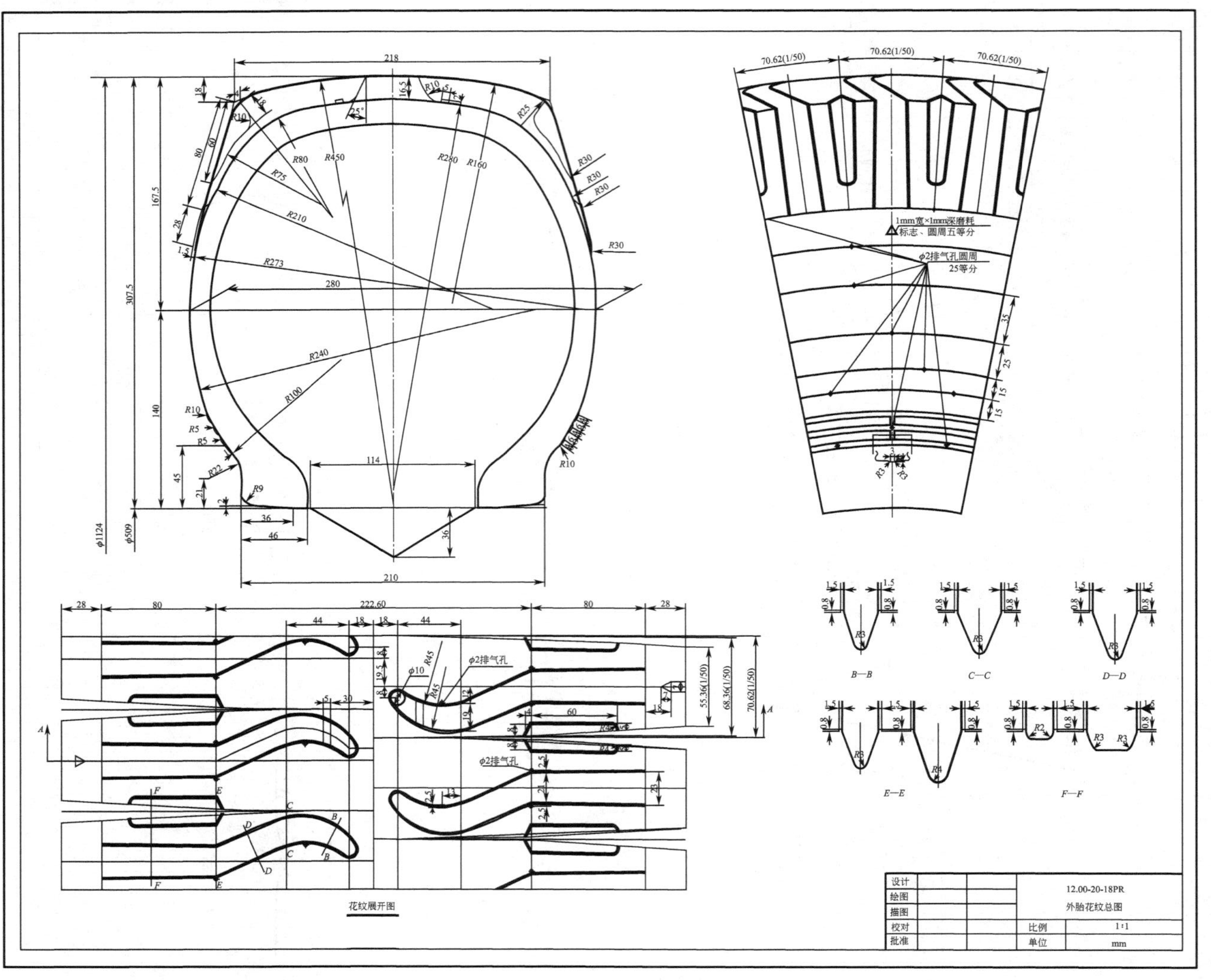

图 5-26 12.00-20 外胎花纹总图

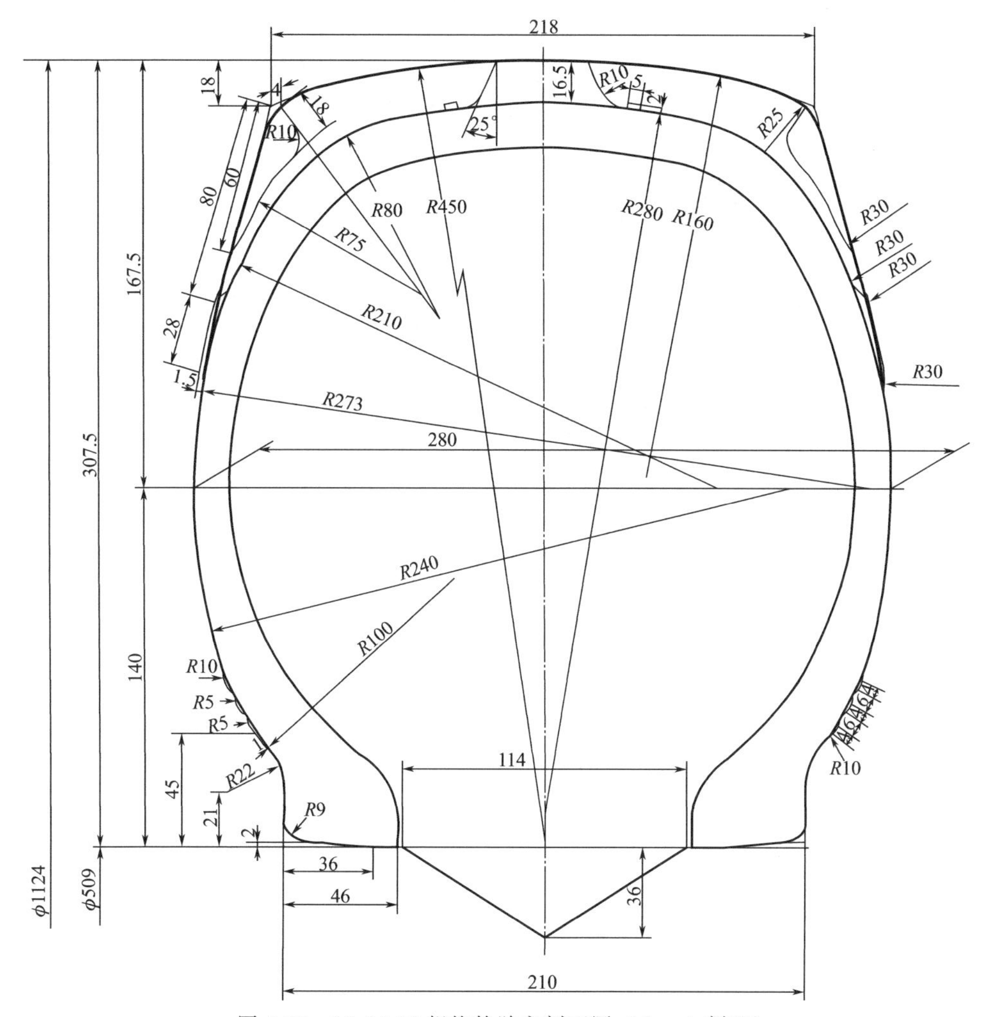


图 5-27　12.00-20 规格轮胎主剖面图（A—A 剖面）

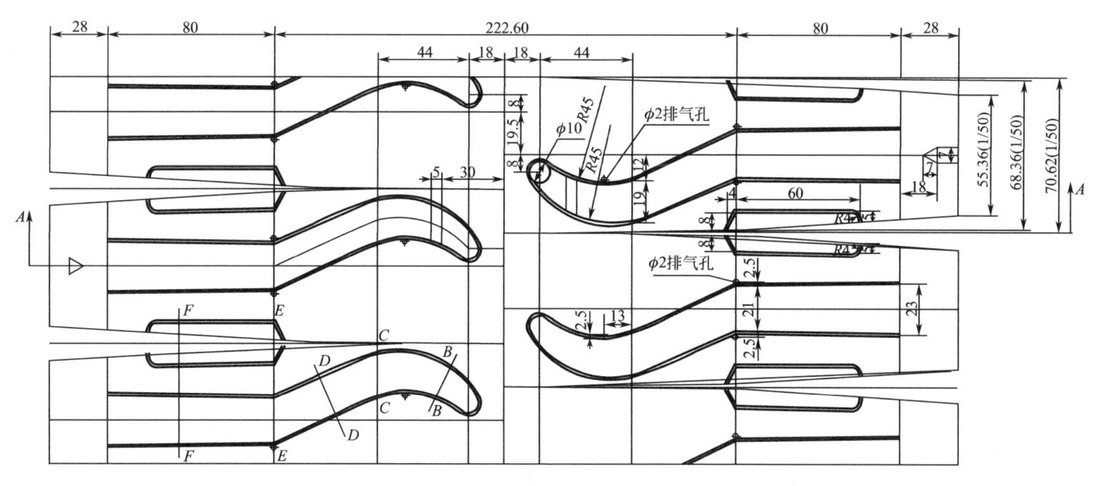


图 5-28　12.00-20 花纹展开图

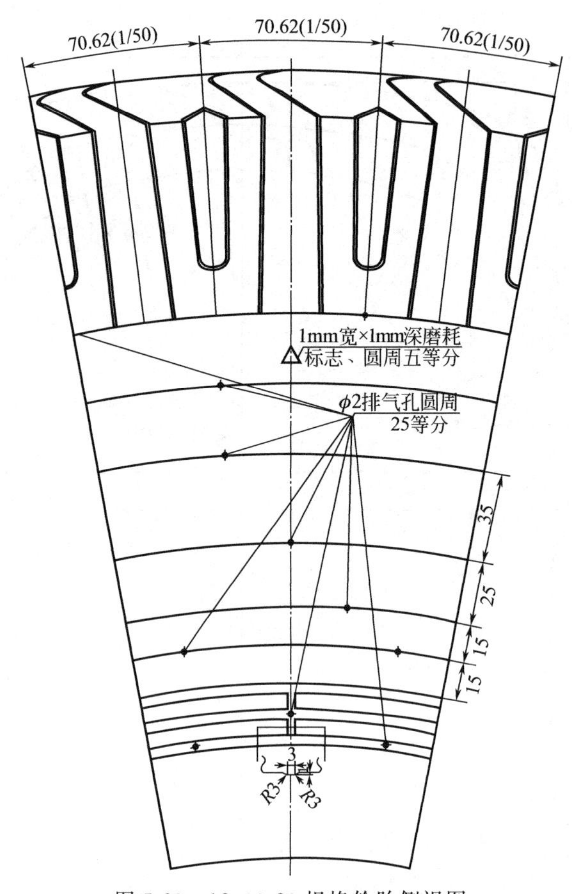


图 5-29　12.00-20 规格轮胎侧视图

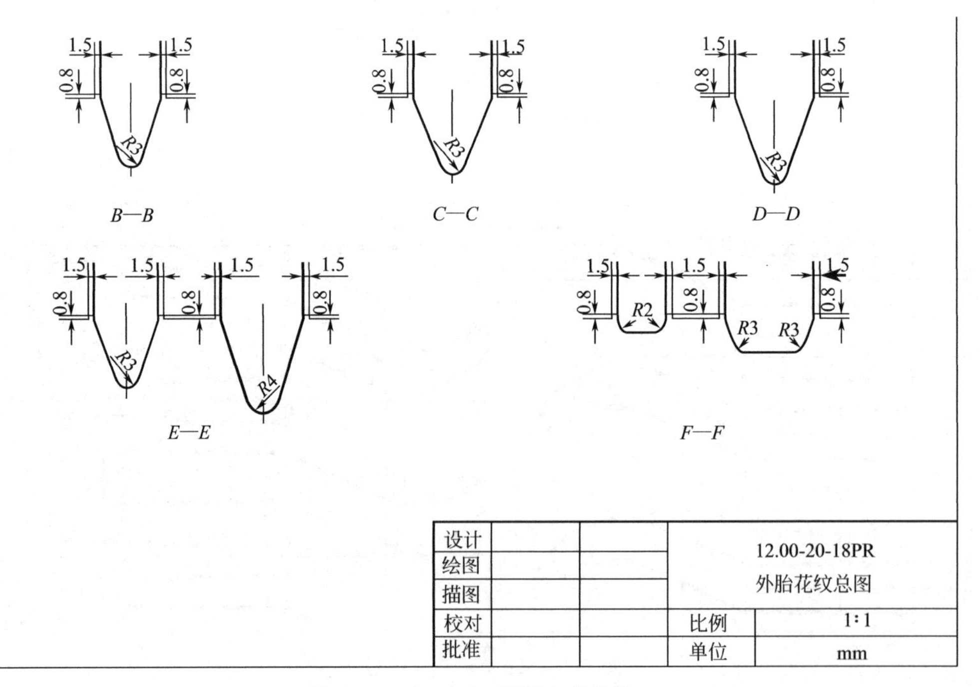


图 5-30　12.00-20 胎面小花纹沟

# 第二篇

# 非轮胎橡胶制品

06 Chapter

# 第六章

# 胶管设计与制造工艺

**学习目标**

通过学习掌握胶管的构造和规格表示方法；掌握常用类型胶管的结构设计方法；掌握胶管成型工艺；熟悉胶管的硫化方法；了解胶管的发展方向；了解胶管的常见质量问题及改进措施。

## 第一节　概　　述

### 一、胶管的用途、发展及组成

#### 1. 胶管的用途

胶管是由内外胶层、骨架层加工制成的中空管状橡胶制品，广泛应用于农业生产及交通运输各部门，在不同压力下输送固体、液体或气体介质。例如汽车用刹车胶管，农业用排吸胶管，各种输油、输蒸汽、输酸碱胶管等。胶管的生产是橡胶工业的重要组成部分。

#### 2. 胶管的发展

胶管生产的发展趋势为无接头、大长度、大口径、高耐压。长度最高者达 600m，口径最大为 1.5m，最高爆破压力可达 30MPa。由于使用条件的苛刻，在耐高压、低压，脉冲性能及耐介质环境等方面具有较高的综合要求。因此，胶管的生产与研究应向着不断改进工艺、改进骨架材料、扩大使用新型高分子材料方面去发展。

胶管的骨架材料是胶管的增强层，其强度按棉→人造丝→维纶→尼龙→聚酯→钢丝的次序逐渐增加。骨架材料强度的增加，意味着骨架层数的减少和管体重量的减轻，相应地提高胶管的爆破压力、脉冲、屈挠性能。因此，以合成纤维代替天然纤维，以高强度碳素钢丝、不锈钢丝代替普通钢丝骨架，才能适应越来越高的技术性能要求。

胶管加工、成型方法的改进，直接关系到产品质量及生产效率的提高。如软芯、无芯成型法可以实现连续化生产，既简化工艺又改善劳动条件。在硫化方法上采用新型硫化介质如熔盐硫化、微波硫化等有利于产品外观质量改善及实现连续硫化。

随着胶管工业的不断发展和新型高分子材料的不断出现，采用橡胶与其他高聚物材料复合及并用制造胶管愈趋广泛。这类胶管不仅具有胶管耐高压及柔软、弯曲性能，而且具有优于橡胶的抗介质、抗臭氧老化性能。常用的材料，如聚乙烯具有优越的耐酸碱性；聚氯乙烯具有优越的耐溶剂、耐油性；聚四氟乙烯具有优越的耐酸、碱及电化学腐蚀性，耐溶剂性；氯磺化聚乙烯、氯化聚乙烯具有优越的耐溶剂及耐臭氧老化性。

由于液压技术不断发展，合成树脂软管的发展尤为迅速。其最大特点是无须硫化，且简化工艺、节省能源、提高效率、降低成本，有利于连续化生产，密度小于橡胶管，耐腐蚀、耐溶剂、耐臭氧老化性及外观色泽等方面均优于橡胶管。常用的合成树脂材料有苯乙烯-丁二烯嵌段共聚物、聚酯系热塑性弹性体、氯化聚乙烯、改性聚氯乙烯等。近年来，国内外市场上越来越多的高压合成树脂软管迅速开发，并逐渐代替橡胶管。这类胶管在耐压及使用条件上更为苛刻，因此，在选用材料及制造工艺上提出更高要求。一般是采用高强度合成纤维及钢丝做骨架，通过编织或缠绕制成，并用特殊的技术予以整体结合。

### 3. 胶管的组成

胶管一般由内胶层、外胶层、骨架层三个基本部分组成。

(1) 内胶层　它直接与被输送介质接触，其作用是支撑管体、保护骨架层。技术要求有以下几点。

① 具有良好的耐介质性能，抵抗接触介质的腐蚀。

② 具有足够的硬度和挺性，以适应工艺加工时变形和压力的需要。一般内胶层硬度在60～70 (邵尔 A)，可塑度在0.2～0.3左右为宜。

(2) 骨架层　是胶管承受压力的部位 (如正压或负压)，由纤维材料或金属材料组成，也是胶管的增强层。技术要求有以下几点。

① 具有良好的加工性能，以保证胶料与骨架材料顺利地加工为一个整体。

② 具有良好的黏合性能，必要时要进行专门的处理。

③ 具有良好的耐屈挠性能，这与骨架材料的品种、结构及工艺加工方法有关。

(3) 外胶层　是胶管的最外层，其作用是保护骨架及管体。技术要求有以下几点。

① 具有良好的耐老化性能，如耐光、耐臭氧及耐候性。

② 具有良好的耐摩擦、耐撕裂性能。

为达到以上要求，胶管的外胶层常采用丁苯橡胶、氯丁橡胶制作。

## 二、胶管的类型

### 1. 夹布胶管

夹布胶管若按使用条件、工作压力及结构的不同，可分为以下三种。

(1) 耐压胶管　在工作压力高于大气压力下输送物料。由内胶层、夹布层、外胶层组成。根据使用压力及工作条件的需要可在外层用铠装金属丝，见图6-1。

（2）吸引胶管　在工作压力低于大气压力（负压）下抽吸物料。分为埋线式和露线式两种。埋线式是指骨架层中金属螺旋线埋在胶布层中间，它是由内胶层、夹布层、金属螺旋线、中间胶层、胶布层、外胶层组成，结构见图 6-2(a)。露线式是由金属螺旋线、内胶层、夹布层、外胶层组成，结构见图 6-2(b)。露线式吸引胶管的金属螺旋线在胶管的内壁，在使用过程中内胶层和夹布层不会出现早期脱落现象，但容易造成因内壁不光滑而淤积杂物，增大输送介质的阻力，且不适于输送腐蚀性物质。因此，一般情况下都采用埋线式吸引胶管。

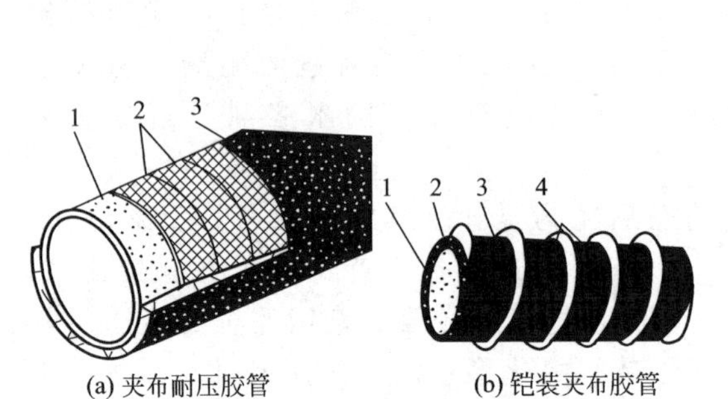


图 6-1　夹布耐压胶管

1—内胶层；2—夹布层；3—外胶层；4—铠装金属丝

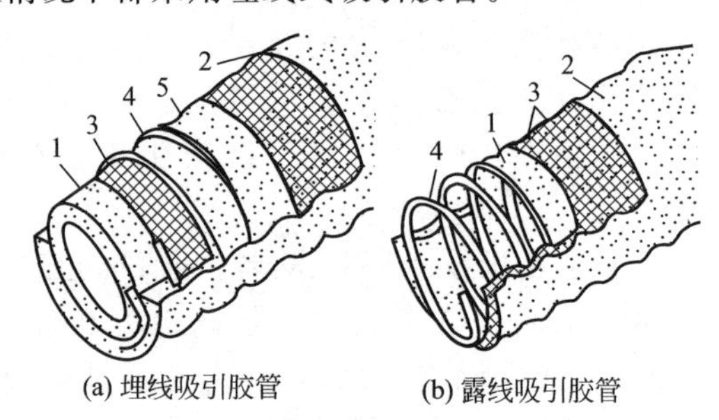


图 6-2　吸引胶管

1—内胶层；2—外胶层；3—夹布层；
4—金属螺旋线；5—中间胶层

（3）耐压吸引胶管　是排吸两用胶管，在高于或低于大气压力下输送、抽吸物料。其结构基本与吸引胶管相同，只是在布层之上再多一层金属螺旋线。按用途不同，又可分为内露线外铠装、内露线外埋线等形式，见图 6-3。

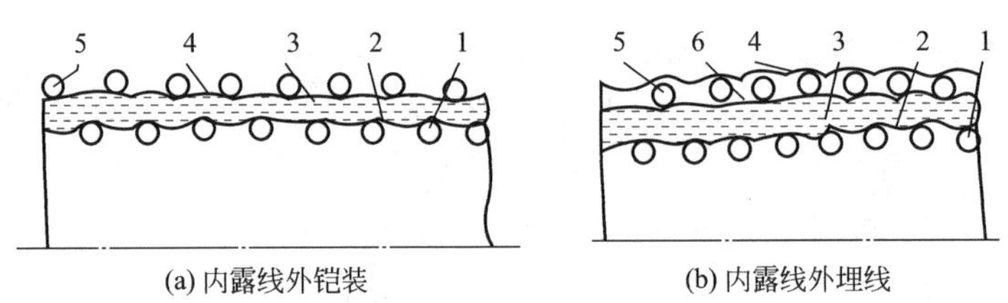


图 6-3　耐压吸引胶管

1—内金属螺旋线；2—内胶层；3—夹布层；4—外胶层；5—外金属螺旋线；6—中间胶

无论何种夹布胶管，其性能特点是：加工工艺简单，易于操作；管体挺性好，便于成型硫化；造价低，应用较广泛。但由于夹布胶管骨架层为挂胶帆布裁制而成，不能按理想平衡角度加工，使夹布胶管具有工作压力较低、耐屈挠性差、易褶皱及龟裂老化、劳动强度大、管体加工长度受限制等缺点。

## 2. 编织胶管

编织胶管的骨架层是在编织机上按理想设计的平衡角度编制而成，见图 6-4。

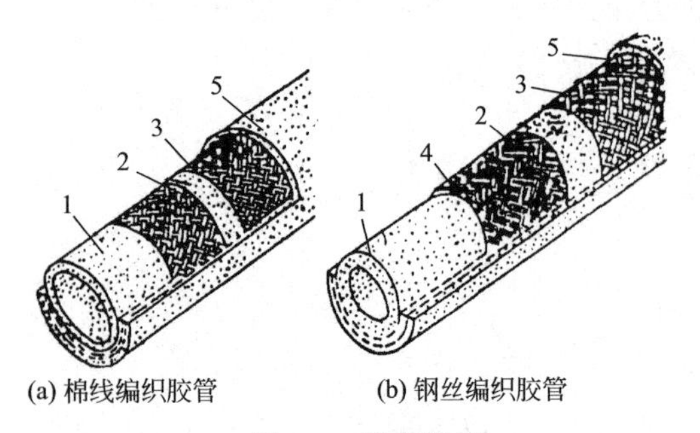


图 6-4　编织胶管

1—内胶层；2—中间胶层；3—棉线编织层；
4—钢丝编织层；5—外胶层

纤维编织胶管可采用棉线、人造丝、合成纤维等制作。一般棉线编织胶管工作压力为 0.5～2MPa，钢丝编织胶管工作压力为 8～17MPa，耐液压高压胶管工作压力可达 55MPa。

编织胶管按设计角度编织骨架材料，具有优于夹布胶管的许多优点。如耐压强度高于夹布胶管数倍，脉冲及屈挠性能良好，加工长度不受限制等。但缺点是因为编织层仍有一定的缠节点，当受内压作用时容易因应力集中而磨损，导致夹布层断裂。编织胶管骨架材料强度仍不能充分发挥作用，只能达到骨架材料应有强度的70%左右。

### 3. 缠绕胶管

缠绕胶管的结构与编织胶管相似，只是骨架层不是交叉编织，而是按一定设计角度、同一方向呈螺旋状一层一层缠绕在内胶层上，其结构见图6-5。

缠绕胶管其相邻的骨架线缠绕方向以胶管中心为对称轴相向缠绕而成。因此，缠绕胶管骨架层应是两层单向层为一层工作层，缠绕层数只能是偶数。

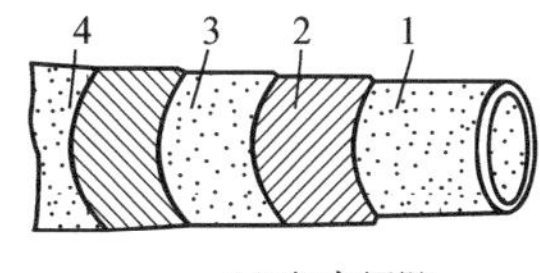

(a) 有中间胶

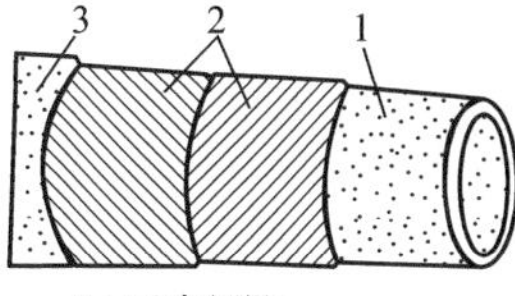

(b) 无中间胶

图6-5　缠绕胶管

1—内胶层；2—缠绕层；3—中间胶层；4—外胶层

缠绕胶管与编织胶管相比具有许多优点，如骨架材料没有应力集中的缠节点，材料强度可以充分发挥作用，爆破压力高于编织胶管约30%～40%，而且管体轻、耐屈挠及脉冲性能良好，节省骨架材料。

## 三、胶管的规格与计量表示方法

### 1. 规格表示方法

一般是以内径尺寸（mm）×骨架层数、骨架材料、工艺方法×长度（m）-工作压力（MPa）来表示。夹布胶管以“P”表示；棉线编织胶管以“C/B”表示；钢丝编织胶管以“W/B”表示；缠绕胶管以“S”表示。

例如：$\phi$25×3P×20-0.15意义是内径25mm，骨架为三层夹布结构，长度20m，工作压力为0.15MPa。$\phi$25×3C/B×20-10意义是内径25mm，骨架为三层棉线编织结构，长度20m，工作压力10MPa。若骨架层为2W/B，表示2层钢丝编织结构，2C/S表示2层棉线缠绕结构。

### 2. 计量表示方法

一般以内径（cm）×长度（m）来表示。例如：$\phi$2.5cm×20m计量表示为50cm·m。$\phi$10cm×20m计量表示为200cm·m，计量数值可用来表示某生产单位的生产能力。

# 第二节　胶管的结构设计

## 一、胶管的技术性能要求

胶管的技术性能要求是根据不同类型胶管制订的，主要有以下三方面。

### 1. 尺寸

包括内径、胶层（内、外胶层）厚度、长度尺寸及公差。

### 2. 压力

（1）工作压力　以“$P$”表示，单位为MPa，是指设计规定的胶管可供使用的最大压力。

（2）爆破压力　以“$P_B$”表示，单位为MPa，是指胶管发生爆破时的压力，其数值为工作压力乘以安全倍数，即 $P_B=cP$。

胶管的类型不同，安全倍数不同，一般输水胶管安全倍数为3～4，输酸、碱胶管为5～6，输蒸汽、输油胶管为7～8。

（3）试验压力　以“$P_S$”表示，单位为MPa，检验胶管强度而进行的非破坏性试验时的压力，大小为工作压力的1.5～2倍。

### 3. 力学性能

胶管的力学性能是指胶料的断裂强度，断裂伸长率，老化后断裂强度及断裂伸长率的变化率，胶层与布层、布层与布层间的附着力，耐介质系数等，表6-1、表6-2为夹布输水胶管的技术性能、物理性能指标。

**表6-1　夹布输水胶管技术性能**

| 内径/mm | | 胶层的厚度/mm　≥ | | 工作压力/MPa | 其他要求 |
|---|---|---|---|---|---|
| 公称尺寸 | 公差 | 内胶层 | 外胶层 | | |
| 13 | ±0.8 | 1.8 | 1.0 | | |
| 16 | ±0.8 | 1.8 | 1.0 | | |
| 19 | ±0.8 | 2.0 | 1.0 | 0.3 | ①成品长度由使用方提出，经制造方同意确定。 |
| 25 | ±0.8 | 2.0 | 1.0 | | |
| 32 | ±1.2 | 2.3 | 1.0 | | |
| 38 | ±1.2 | 2.3 | 1.2 | 0.5 | ②成品长度公差，10mm以下者为胶管全长的1.5%；10mm以上者为胶管全长的1%。 |
| 45 | ±1.2 | 2.3 | 1.2 | 0.7 | |
| 51 | ±1.2 | 2.3 | 1.2 | | |
| 64 | ±1.5 | 2.5 | 1.5 | | |
| 76 | ±1.5 | 2.5 | 1.5 | | ③爆破压力应不低于工作压力3倍 |
| 89 | ±1.5 | 2.5 | 1.5 | （3层、5层、7层） | |
| 102 | ±2.0 | 2.5 | 1.5 | | |
| 127 | ±2.0 | 2.5 | 1.5 | | |

**表6-2　夹布输水胶管物理性能指标**

| 性能名称 | | 内胶层 | 外胶层 |
|---|---|---|---|
| 断裂强度/MPa | | ≥4.9 | ≥5.9 |
| 断裂伸长率/% | | ≥250 | ≥300 |
| 热老化（70℃×72h） | 断裂强度变化率/% | +25～−25 | |
| | 断裂伸长率变化/% | +10～−30 | |
| 附着力 | 各胶层与骨架层之间/(kN/m) | ≥0.147 | |
| | 各骨架层之间/(kN/m) | ≥0.147 | |

## 二、胶管的结构设计

### 1. 胶管结构设计原则

设计胶管的原则首先是胶管使用条件，如输送介质、工作压力、环境温度等，根据这些要求确定骨架材质及结构。一般低压胶管多采用夹布骨架层或稀疏的纤维编织、缠绕结构，中压胶管多采用编织、缠绕结构，高压胶管则采用钢丝编织或缠绕结构。

另外应考虑产品标准，根据各类胶管所需技术要求进行设计；所用原材料必须满足技术要求，并应保证来源充足、成本低；所用设备合理、有较高生产效率。既要保证产品质量，又要有较高经济效益。

## 2. 胶管结构设计方法

（1）编织胶管爆破压力计算

① 棉线编织胶管爆破压力计算　棉线编织胶管的爆破压力根据胶管受力分析可得到如下计算公式：

$$P_B = 0.735\frac{K_B N n i}{D^2}$$

式中　$P_B$——爆破压力，MPa；

0.735——计算系数；

$K_B$——单根线的强度，N；

$N$——编织机锭子数；

$n$——每锭子上线的根数；

$i$——编织层数；

$D$——胶管的平均直径（即胶管骨架层中间位置处直径），mm。

a. 棉线编织胶管爆破压力计算　由于胶管属非匀质材料制成，工艺加工中种种原因会使结构产生一定误差和变形，所以在实际计算爆破压力时，应考虑不同的修正系数，才能提高使用的安全性。因此，计算爆破压力的公式如下：

$$P_B = 0.735\frac{K_B N n i C_2 C_4}{D^2 C_1^2 C_3^2}$$

$C_1$、$C_2$、$C_3$、$C_4$ 均为不同的修正系数，其意义和数值分别如下。

$C_1$ 为编织角度修正系数，计算公式如下：

$$C_1 = \frac{\sin 54°44'}{\sin\alpha}$$

式中，$\alpha$ 为实际编织角度（见图 6-6 和图 6-7），(°)。

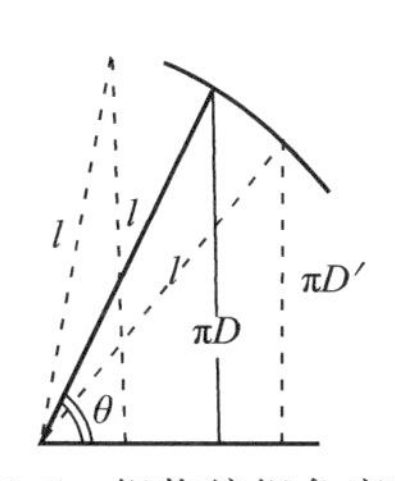

图 6-6　织物编织角度变化

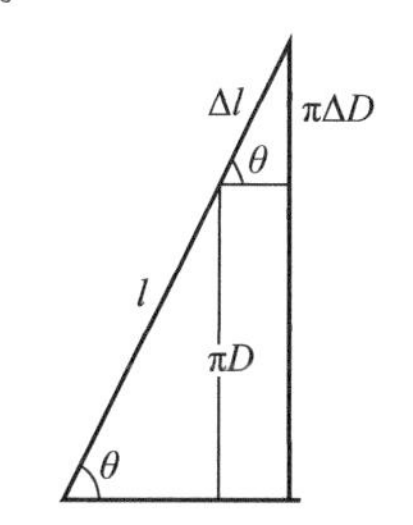

图 6-7　编织角度与棉线变形的关系

爆破压力与 $C_1$ 成反比，又因每层编织层的截面为两根线，故 $P_B$ 与 $C_1^2$ 成反比。

$C_2$ 为编织松紧修正系数。由于编织层数增加，成型工艺中误差及变形增大，线与线间的张力不均匀性增加。故层数越多，修正系数越小，可由表 6-3 中数值选择。

**表 6-3　修正系数 $C_2$ 的选择**

| 编织层数 | $C_2$ | 编织层数 | $C_2$ |
|---|---|---|---|
| 1 | 0.85～0.9 | 3 | 0.6～0.65 |
| 2 | 0.7～0.8 | 4 | 0.5 |

$C_3$ 为棉线长度伸长修正系数，$C_3=1+\varepsilon$。其中，$\varepsilon$ 为棉线伸长率。棉线伸长率也可由直径增长率求出。当 $\varepsilon$ 越大时，如其他部位尺寸不变，必然造成胶管直径 $D$ 的增大，$P_B$ 有下降趋势。又因一层编织层截面为两层线，故 $P_B$ 与 $C_3^2$ 成反比。

$C_4$ 为编织不均匀度修正系数。当编织无误时，$C_4=1$。因此，其值为 0～1，当编织不均匀时，$C_4$ 值减小，$P_B$ 下降，故 $C_4$ 与 $P_B$ 成正比。

b. 钢丝编织胶管爆破压力计算　其计算方法依据棉线编织胶管计算方法，只是修正系数的选择有一定的独立性。

(a) 计算系数 $K$ 值的选择　当钢丝层数增加时，受内压作用，骨架间相互发生挤压、剪切，靠内层的骨架除受内压作用外，还要受到外层骨架的挤压，使 $P_B$ 不是随骨架层数增加而成正比趋势上升。$K$ 值的选取如下：当一层钢丝时，$K$ 取 0.735；当二层钢丝时，$K$ 取 1.105；当三层钢丝时，$K$ 取 1.287；当四层钢丝时，$K$ 取 1.378。

$$P_B=K\frac{K_BNni}{D^2}$$

式中，$K$ 为计算系数。

(b) 修正系数的选择　角度修正系数 $C_1$ 仍需考虑。编织层松紧修正系数 $C_2$ 可忽略不计（因钢丝变形基本为零）。钢丝长度变形修正系数 $C_3$ 可忽略不计（为 1）。多根钢丝不均匀度系数 $C_3'$（棉编管为 $C_4$），见表 6-4。

**表 6-4　多根钢丝不均匀度系数**

| 每锭上钢丝根数/根 | $C_3'$ | 每锭上钢丝根数/根 | $C_3'$ |
|---|---|---|---|
| 4 以下 | 0.9 | 8 以下 | 0.8 |
| 6 以下 | 0.85 | 10 以下 | 0.65 |

钢丝编织胶管爆破压力公式为：

$$P_B=K\frac{K_BNniC_3'}{D^2C_1}$$

式中，$K_B$、$N$、$n$、$i$、$D$、$C_1$ 意义与棉编管相同。

② 施工设计

a. 编织行程的计算　见图 6-8。

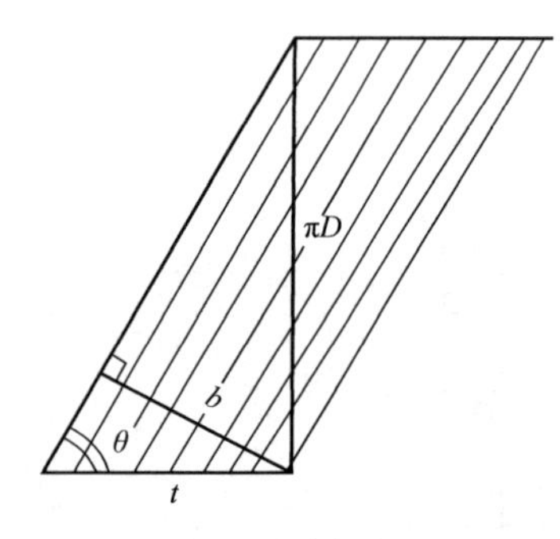


图 6-8　编织行程

$$\tan\theta=\frac{\pi D}{t}$$

$$t=\frac{3.14D}{\tan54°44'}=2.2D$$

式中　$\theta$——平衡角 54°44′；

$D$——胶管计算直径，$D=$内径$+2\times$内胶厚$+i\times d_0$；

$t$——编织行程，mm。

b. 每锭上骨架线根数计算　见图 6-8。

$$\sin\theta=\frac{b}{t}$$

因为

$$b=\frac{Nnd_0}{2}\text{（每层编织层为两层线）}$$

所以

$$\sin\theta=\frac{Nnd_0}{2t}$$

$$n=\frac{2t\sin54°44'}{Nd_0}=1.63\frac{t}{Nd_0}$$

式中　$b$——骨架线旋转一周的垂直距离，mm；

$d_0$——单根线的直径，mm。

c. 棉线编织胶管锭子上线根数计算　由于棉线编织后受到一定挤压，产生一定的压扁变形，使线与线间过于密集，失去弹性。为保持胶管一定的弯曲性能，线根数计算式应加压扁系数修正。即

$$n_1 = 1.63\frac{t}{Nd_0C}$$

$$C = \frac{\text{单线压后直径}}{\text{单线压前直径}}$$

式中　$n_1$——每锭上棉线根数；

$C$——压扁系数。

d. 钢丝编织胶管锭子上线根数计算　由于钢丝不会被压扁，但因钢丝挺性强、弹性小，密度应适当减小，根据经验将线根数计算式加以修正。

$$n_2 = 1.63\frac{t}{Nd_0} - 0.73$$

式中，$n_2$ 为每锭上钢丝根数。

**【例 6-1】**　今有胶管内径为 10mm，内胶厚 2mm，编织机为 24 个锭子，每锭上为 6 根棉线，若编织单层棉线和单层钢丝编织胶管，棉线单根强度为 0.4N；钢丝单根强度为 1.6N；$d_0=0.3$mm；棉线伸长率 $\varepsilon=10\%$，$C_1=1$，$C_2=1$，$C_4=1$，$C_3'=0.85$，求爆破压力各为多少。

胶管平均计算直径：$D=10+2\times2+2\times0.3=14.6$(mm)

$$C_3 = 1+\varepsilon = 1+10\% = 1.1$$

将已知数据代入棉编管爆破压力公式：

$$P_B = 0.735\frac{K_BNniC_2C_4}{D^2C_1^2C_3^2} = 0.735\times\frac{0.4\times24\times6\times1\times1\times1}{14.6^2\times1\times1.1^2} = 0.164(\text{MPa})$$

再将已知数据代入钢编管爆破压力公式：

$$P_B = K\frac{K_BNniC_3'}{D^2} = 0.735\times\frac{1.6\times24\times6\times1\times0.85}{14.6^2} = 0.675(\text{MPa})$$

(2) 缠绕胶管

① 爆破压力计算　缠绕胶管是在编织胶管基础上设计的，是将骨架按平衡角单向相向缠绕在内胶层上，每两个单向层为一层工作层。计算爆破压力的原理、方法与编织管基本相同，但应保持以下独特性。

a. 所计算的骨架层数为工作层。

b. 以 $N_i$ 代替骨架的总根数。

c. $C_3''$ 为缠绕不均匀度修正系数。当工作层为一层时取 0.9；工作层为两层时取 0.8；工作层为三层时取 0.75。

d. $C_4$ 为骨架层强力修正系数，如棉线或钢丝为合股线时，取 0.9～0.95。

计算爆破压力公式如下：

$$P_B = 0.735\frac{K_BN_iC_3''C_4}{D^2C_1^2C_3^2}$$

式中　$N_i$——缠绕骨架的总根数；

$C_1$——角度修正系数；

$C_3$——缠绕层长度变形修正系数；

$C_3''$——缠绕不均匀度修正系数；

$C_4$——骨架材料强度修正系数。

**【例 6-2】** 今有一单层工作层棉线缠绕胶管，内径为 25mm；缠绕层总根数为 131 根；单线强度为 0.45N/根（合股线）；胶管平均计算直径为 31mm；$C_1=1$，$C_3=1.1$，$C_3''=0.9$，$C_4=0.9$，求 $P_B$。

$$P_B=0.735\frac{K_B N_i C_3'' C_4}{D^2 C_1^2 C_3^2}=0.735\times\frac{0.45\times131\times0.9\times0.9}{31^2\times1^2\times1.1^2}=0.03\ \text{(MPa)}$$

② 施工设计

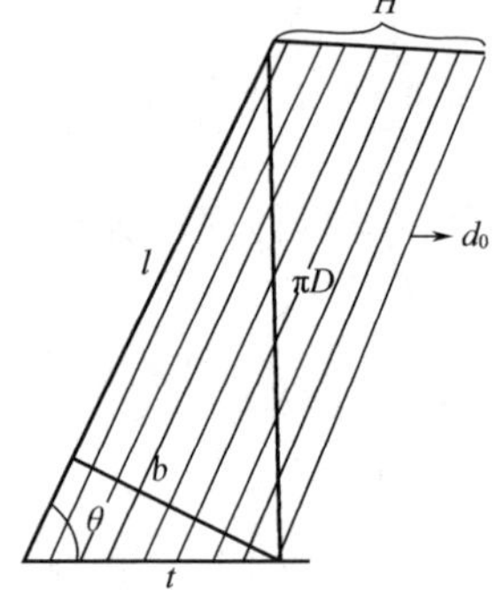


图 6-9 缠绕骨架剖面

a. 每层缠绕骨架根数的计算 见图 6-9。

$$\sin\theta=\frac{b}{t}=\frac{Hd_0}{t}$$

$$H=\frac{t\sin\theta}{d_0}=\frac{2.2D\sin54°44'}{d_0}=1.80\frac{D}{d_0}$$

式中 $t$——骨架缠绕行程，mm；

$H$——缠绕根数；

$D$——胶管计算直径，mm。

缠绕时骨架间应保持一定稀疏度（密度），棉线取 50%～90%，钢丝取 70%～90%，代入上式。

$$H=1.80\frac{D\rho}{d_0}$$

式中，$\rho$ 为线的密度。

b. 缠绕层总根数计算 计算公式为：

$$N_i=H_1+H_2+H_3+H_4+\cdots$$

式中 $N_i$——缠绕线总根数；

$H_1,H_2,H_3,H_4,\cdots$——各缠绕层根数。

**【例 6-3】** 今有四层单向层的钢丝缠绕胶管，已知钢丝直径 0.6mm；胶管内径 20mm；每层钢丝间中间胶厚度 $h$ 为 0.3mm，并在内胶层外有一层 0.2mm 的保护层（胶片）；内胶层厚度 2.8mm；$C_1=1$，$C_3=1$，$C_3''=0.8$，$C_4=1$；各缠绕层密度均取 0.92；钢丝强度 $K_B=6$N/根，求各层钢丝根数及胶管的爆破压力。

$$D_1=20+2\times2.8+2\times0.2+0.6=26.6\text{(mm)}$$

$$H_1=1.80\frac{D_1\rho}{d_0}=1.80\times\frac{26.6\times0.92}{0.6}=73\text{(根)}$$

$$D_2=26.6+2\times0.3+2\times0.6=28.4\text{(mm)}$$

$$H_2=1.80\times\frac{28.4\times0.92}{0.6}=78\text{(根)}$$

$$D_3=28.4+2\times0.3+2\times0.6=30.2\text{(mm)}$$

$$H_3=1.80\times\frac{30.2\times0.92}{0.6}=83\text{(根)}$$

$$D_4=30.2+2\times0.3+2\times0.6=32\text{(mm)}$$

$$H_4=1.80\times\frac{32\times0.92}{0.6}=88\text{(根)}$$

$$\text{总根数}\ N_i=H_1+H_2+H_3+H_4=73+78+83+88=322\text{(根)}$$

$$P_B=0.735\frac{K_B N_i C_3'' C_4}{D^2 C_1^2 C_3^2}=0.735\times\frac{6\times322\times0.8\times1}{\left(\frac{26.6+28.4+30.2+32}{4}\right)^2\times1^2\times1^2}=1.32(\text{MPa})$$

(3) 夹布胶管

① 爆破压力计算　夹布胶管爆破压力计算也是由径向应力推出计算公式，但夹布胶管骨架截断角度为 45°，即经纬线与轴线夹角为 45°，见图 6-10。若取胶管长度为 1cm，则 $b=\frac{\sqrt{2}}{2}$cm，作用在 $b$ 宽度总强力为：

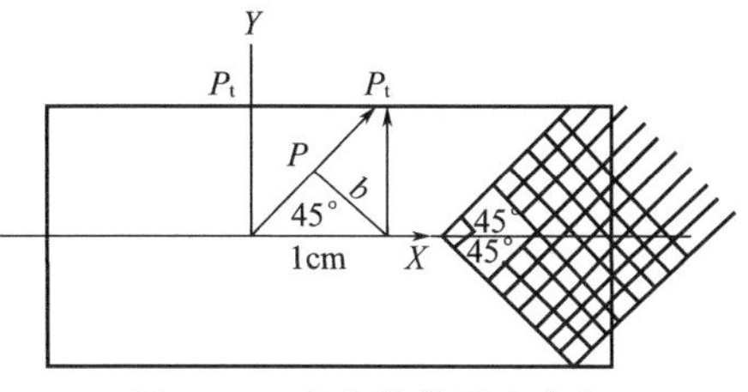

图 6-10　夹布胶管受力分布

$$P=K_B' bi$$

式中　$K_B'$——1cm 宽的胶布强度，N；

$i$——夹布层的层数；

$b$——夹布层宽厚，cm。

由于骨架层是经纬向组织，经纬向密度和强度相同，并且均能发挥其强度，作用在 $Y$ 轴上的强度 $P_t=2P\sin45°$。

因为 $P=K_B' bi=\frac{\sqrt{2}}{2}K_B' i$（$P$ 为胶管所受压力），所以 $P_t=2\times\frac{\sqrt{2}}{2}K_B' i\sin45°=K_B' i$，此力应与径向力相平衡，即

$$\frac{PD}{2}=K_B' i$$

$$P=\frac{2K_B' i}{D}$$

如夹布层数越多，强力越不均匀，应乘以布层的修正系数 $C_2$。

$$P_B=\frac{2K_B' iC_2}{D}$$

式中　$K_B'$——夹布层的强度，N/mm；

$C_2$——骨架层不均匀度修正系数，为 $\frac{D'}{(i-1)\delta}$ 的函数值，可由表 6-5 查出；

$\delta$——每层胶布厚度，mm；

$D'$——胶管内胶层的外径，mm。

**表 6-5　$C_2$ 与 $\frac{D'}{(i-1)\delta}$ 的对应值**

| $\frac{D'}{(i-1)\delta}$ | $C_2$ | $\frac{D'}{(i-1)\delta}$ | $C_2$ | $\frac{D'}{(i-1)\delta}$ | $C_2$ | $\frac{D'}{(i-1)\delta}$ | $C_2$ |
|---|---|---|---|---|---|---|---|
| 0.2 | 0.32 | 3.1 | 0.474 | 4.2 | 0.575 | 5.6 | 0.653 |
| 2.1 | 0.335 | 3.2 | 0.485 | 4.3 | 0.582 | 5.8 | 0.660 |
| 2.2 | 0.35 | 3.3 | 0.496 | 4.4 | 0.589 | 6.0 | 0.667 |
| 2.3 | 0.365 | 3.4 | 0.506 | 4.5 | 0.596 | 6.2 | 0.674 |
| 2.4 | 0.38 | 3.5 | 0.516 | 4.6 | 0.602 | 6.4 | 0.681 |
| 2.5 | 0.394 | 3.6 | 0.526 | 4.7 | 0.608 | 6.6 | 0.687 |
| 2.6 | 0.41 | 3.7 | 0.535 | 4.8 | 0.614 | 6.8 | 0.694 |
| 2.7 | 0.424 | 3.8 | 0.544 | 4.9 | 0.620 | 7.0 | 0.700 |
| 2.8 | 0.437 | 3.9 | 0.553 | 5.0 | 0.625 | 7.2 | 0.705 |
| 2.9 | 0.45 | 4.0 | 0.561 | 5.2 | 0.635 | 7.4 | 0.710 |
| 3.0 | 0.462 | 4.1 | 0.568 | 5.4 | 0.645 | 7.6 | 0.715 |

续表

| $\frac{D'}{(i-1)\delta}$ | $C_2$ | $\frac{D'}{(i-1)\delta}$ | $C_2$ | $\frac{D'}{(i-1)\delta}$ | $C_2$ | $\frac{D'}{(i-1)\delta}$ | $C_2$ |
|---|---|---|---|---|---|---|---|
| 7.8 | 0.720 | 10.5 | 0.767 | 22 | 0.857 | 70 | 0.937 |
| 8.0 | 0.724 | 11.0 | 0.773 | 24 | 0.860 | 80 | 0.944 |
| 8.2 | 0.729 | 12 | 0.784 | 26 | 0.867 | 90 | 0.950 |
| 8.4 | 0.733 | 13 | 0.793 | 28 | 0.874 | 100 | 0.956 |
| 8.6 | 0.737 | 14 | 0.803 | 30 | 0.880 | 110 | 0.960 |
| 8.8 | 0.742 | 15 | 0.810 | 32 | 0.883 | 120 | 0.964 |
| 9.0 | 0.745 | 16 | 0.817 | 35 | 0.890 | 130 | 0.966 |
| 9.2 | 0.751 | 17 | 0.824 | 40 | 0.906 | 140 | 0.968 |
| 9.4 | 0.753 | 18 | 0.831 | 45 | 0.910 | 200 | 0.977 |
| 9.6 | 0.755 | 19 | 0.837 | 50 | 0.917 | | |
| 9.8 | 0.757 | 20 | 0.842 | 55 | 0.922 | | |
| 10.0 | 0.761 | 21 | 0.852 | 60 | 0.929 | | |

**【例 6-4】** 今有内径为 25mm 的两层帆布骨架的夹布胶管，每层胶布厚度 0.8mm；内胶层厚度 3mm；胶布强度 $K'_B$ 为 20N/mm，求该夹布胶管的爆破压力。

$\frac{D'}{(i-1)\delta}=\frac{25+2\times3}{(2-1)\times0.8}=38.75$，查表 6-5 知 $C_2$ 值为 0.9 左右。

$$P_B=\frac{2K'_BiC_2}{D}=\frac{2\times20\times2\times0.9}{25+2\times3+2\times0.8}=2.2(\text{MPa})$$

② 施工设计

a. 夹布层数的计算　利用爆破压力公式求出层数 $i$ 值。

$$i=\frac{PKD}{2K'_BC_2}$$

式中　$P$——胶管的工作压力，MPa；

$K$——安全系数；

$K'_B$——胶布强度，N/mm；

$D$——胶管的平均直径，mm；

$C_2$——骨架层不均匀度修正系数。

胶管的安全系数根据工作条件选择为：输水胶管 2～3，输油胶管 4～5，输气胶管 4～5，输酸、碱胶管 4～5，耐热胶管 7～8。

b. 胶布裁断宽度的计算　计算公式为：

$$L_1=\pi Di+B$$

式中　$L_1$——胶布裁断宽度，mm；

$B$——附加宽度，mm。

$B$ 与胶布拉伸及成型操作有关，也叫搭接宽度，可由表 6-6 查出。

**表 6-6　附加宽度（$B$）参照表**

| 胶管内径/mm | $B$/mm | 备　注 |
|---|---|---|
| 13 以下 | 1.5～2.0 | ①以无芯法成型时，再适当增加 1～1.5mm；<br>②本表为经验数据，使用时可根据具体情况增减 |
| 13～25 | 2.0～2.5 | |
| 25～51 | 2.5～3.0 | |
| 51 以上 | 3.0～3.5 | |

c. 内胶层宽度计算　计算公式为：

$$L_2=\pi D_{计}+B$$

式中　$L_2$——内胶层宽度，mm；

$B$——内胶成型时附加宽度，取 3～15mm；

$D_{计}$——计算直径，mm。

d. 外胶层宽度计算　计算公式为：

$$L_3=\pi D_{计}+B$$

式中，$L_3$ 为外胶层宽度，mm。

## 第三节　胶管的成型与硫化

### 一、半成品的准备工艺

根据胶管生产的要求，其主要工序的工艺技术条件如下。

#### 1. 塑炼的工艺条件

单一胶种的塑炼直接采用开炼机或密炼机，如果是几种胶或橡塑并用，采用开炼机操作必须进行预掺合，制成合炼胶。采用密炼机操作时，也可直接进行混炼，但在混炼前必须进行捏合。为保证质量，生胶在预掺合前可塑度必须相接近。如天然橡胶与顺丁橡胶、丁苯橡胶并用时，天然橡胶必须塑炼后再与合成橡胶合炼。如果是橡塑并用，必须根据不同材料选择共混操作的塑化温度。

现将常用的橡塑并用体系的并用条件及用途列于表 6-7。胶管各胶制件部位塑炼胶可塑度列于表 6-8。

**表 6-7　橡塑并用工艺条件及用途、特性介绍**

| 品种 | 并用条件（塑化温度）/℃ | 用途与特性 | 品种 | 并用条件（塑化温度）/℃ | 用途与特性 |
|---|---|---|---|---|---|
| 天然橡胶/聚乙烯 | 120～130 | 常用于内胶层或无芯成型内胶层，耐老化，挺性好，工艺改善，成本降低 | 丁苯橡胶/高苯乙烯 | 90～110 | 用于内胶层、纯胶管，耐撕裂，强度高，挺性好，成本低 |
| 丁苯橡胶/聚乙烯 | 130～140 | 用于内胶层或纯胶管，耐老化，防焦烧，收缩率降低 | 丁腈橡胶/聚氯乙烯 | 140～150 | 用于内胶层，耐油，耐老化，耐燃，工艺改善，成本降低 |

**表 6-8　不同胶层的塑炼胶可塑度要求**

| 胶　　种 | 胶层部件 | 可塑度（威氏） |
|---|---|---|
| 天然橡胶（或与丁苯、顺丁橡胶等并用） | 内胶层 | 0.25～0.30 |
| | 外胶层 | 0.30～0.40 |
| | 擦胶布 | 0.45 |
| | 胶浆胶 | 0.30～0.40 |
| 丁腈橡胶（或与氯丁橡胶并用） | 内胶层 | 0.30～0.35 |
| | 外胶层 | 0.35～0.40 |

#### 2. 混炼工艺条件

胶管各胶层部件混炼胶可塑度见表 6-9。若无芯成型的编织或缠绕胶管的内胶层可采用半硫化工艺，其外胶层可塑度适当增大。

**表 6-9　各胶层部件混炼胶可塑度**

| 胶层部件 | 胶管制造工艺 | 可塑度(威氏) |
| --- | --- | --- |
| 内胶层 | 有芯法(夹布、纤维编织及缠绕)<br>有芯法(夹布)<br>无芯法(夹布)<br>无芯法(纺织、缠绕) | 0.25～0.35<br>0.15～0.2<br>0.2～0.3<br>0.15～0.2 |
| 外胶层 | 压出法<br>压延法 | 0.35～0.45<br>0.3～0.4 |
| 擦布胶<br>胶浆胶<br>中间胶 | | 0.5 以上<br>0.3～0.4<br>0.35～0.45 |

## 3. 压延工艺条件

(1) 胶片压延　以包贴法成型的大口径胶管，内、中、外胶层都采用三辊压延机压片。为保证压片质量必须严格控制压延机辊温，见表 6-10。

**表 6-10　不同胶种胶料压片温度**

| 胶种 | 辊温/℃ | | | 胶种 | 辊温/℃ | | |
| --- | --- | --- | --- | --- | --- | --- | --- |
| | 上 | 中 | 下 | | 上 | 中 | 下 |
| 天然橡胶 | 80～90 | 75～85 | 70～80 | 天然橡胶＋氯丁橡胶 | 60～65 | 40～50 | 40 以下 |
| 天然橡胶＋丁苯橡胶 | 65～75 | 60～70 | 45～55 | 丁腈橡胶 | 75～85 | 65～75 | 60～65 |
| 天然橡胶＋顺丁橡胶 | 60～70 | 50～60 | 40～50 | 丁基橡胶 | 75～85 | 60～70 | 70～75 |

(2) 胶布擦胶　胶管用胶布擦胶的方法有两种：一种是“厚擦”(中辊包胶，包胶厚度 2～3mm)，优点是不易损坏胶布，但胶对织物的渗透性差。另一种是“薄擦”(也称光擦)，中辊不包胶，使胶料全部渗入布料中，上胶量高，但易损伤胶布。一般丁基橡胶胶料常采用“薄擦”，大部分胶料常采用“厚擦”。

擦胶各辊筒温度对工艺有直接影响，表 6-11 为不同胶种胶料的擦胶辊温。

擦胶胶料可塑度为 0.5，“厚擦”可在 0.5 以上。

**表 6-11　不同胶种胶料的擦胶辊温**

| 胶种 | 辊温/℃ | | |
| --- | --- | --- | --- |
| | 上 | 中 | 下 |
| 天然橡胶 | 90～100 | 70～80 | 75～85 |
| 天然橡胶＋丁苯橡胶 | 90～100 | 80～90 | 75～85 |
| 天然橡胶＋氯丁橡胶 | 85～95 | 75～85 | 65～75 |
| 氯丁橡胶＋丁腈橡胶 | 80～90 | 70～80 | 60～70 |
| 丁基橡胶 | 80～90 | 90～95 | 60～70 |

(3) 胶布贴胶　贴胶胶料应充分热炼，保持一定塑性和温度，采用少量多次续胶，保持一定数量积胶，严格控制辊距，保持均一厚度。贴胶辊温对工艺有直接影响，表 6-12 为常用胶种胶料贴胶辊温。

表 6-12　不同胶种胶料贴胶辊温

| 胶种 | 辊温/℃ | | |
|---|---|---|---|
| | 上 | 中 | 下 |
| 天然橡胶 | 90～100 | 85～95 | 65～75 |
| 天然橡胶＋氯丁橡胶 | 75～85 | 80～90 | 50～60 |
| 天然橡胶＋丁苯橡胶 | 80～90 | 90～95 | 60～70 |

## 4. 挤出工艺

挤出是制造胶管的重要工序，其产品质量及生产效率均优于胶片包贴工艺，广泛应用在有芯、无芯、软芯法胶管的内、外胶成型。常用的挤出机为 $\phi$50～150 螺杆挤出机，有直头型、横头型（T 形）及斜头型（Y 形）三种。一般不带管芯的内管坯采用直头型挤出机；大部分胶管的外胶层、中层及带硬芯的内管坯采用横头或斜头型挤出机挤出。

横头与斜头型挤出机挤出时，胶料所受阻力比直头型大，生热量高。而斜头型挤出机挤出方向接近于挤出机螺杆轴向，胶料挤出后流向改变较小，挤出后胶料密度及质量优于横头型挤出机。

（1）内胶层的挤出

① 挤出温度　挤出机机身、机头、口型的温度，对挤出管坯质量有直接影响，应根据胶种、含胶率、可塑度等因素来确定。表 6-13 为不同胶种胶料的挤出温度。

表 6-13　不同胶种胶料的挤出温度

| 胶种 | 挤出机各部位温度/℃ | | | 胶种 | 挤出机各部位温度/℃ | | |
|---|---|---|---|---|---|---|---|
| | 机身 | 机头 | 口型 | | 机身 | 机头 | 口型 |
| 天然橡胶 | 50～60 | 60～75 | 85～95 | 丁腈橡胶＋氯丁橡胶 | 20～30 | 50～60 | 70～80 |
| 天然橡胶＋氯丁橡胶 | 30～40 | 50～60 | 65～75 | 丁基橡胶 | 50～60 | 70～80 | 85～95 |
| 天然橡胶＋丁苯橡胶 | 40～50 | 60～70 | 75～85 | 氯磺化聚乙烯 | 40～50 | 50～60 | 65～75 |
| 天然橡胶＋顺丁橡胶 | 40～70 | 60～70 | 75～85 | 乙丙橡胶 | 45～55 | 55～65 | 90～100 |
| 丁苯橡胶 | 25～35 | 55～65 | 70～85 | | | | |

② 芯型的选择　管坯挤出时，芯型一般为圆锥形结构，锥型芯型有利于挤出时压力递增，又易于调节内径。直头型挤出机芯型锥度较大，对挤出管坯内径的调节范围较宽。因此，在内胶挤出过程中，采用直头挤出机时，只需选配与挤出管坯内径相适应的芯型即可。

③ 口型选择　管坯压出时口型一般都是内圆锥形结构。由于挤出规格及胶料膨胀率等因素的影响，对挤出口型选配的变换较频繁。

口型内壁尺寸应根据所用胶料试挤出的膨胀率大小进行计算：

$$B=\frac{D_2-D_1}{D_1}\times 100\%$$

式中　$B$——胶料挤出膨胀率，%；

$D_1$——口型内径，mm；

$D_2$——试压出管坯的外径，mm。

**【例 6-5】** 某胶料在一定条件下挤出，若口型内径为 21mm，测得挤出管坯外径为 24.1mm，试计算挤出膨胀率。

将已知数值代入公式：

$$B=\frac{D_2-D_1}{D_1}\times 100\%=\frac{24.1-21}{21}\times 100\%=14.8\%（胶料膨胀率）$$

若采用该胶料在上述条件下压出内径为19mm、胶层厚度为2.4mm的内胶管坯，试计算应选配口型的规格。

$$D_2=19+2\times2.4=23.8(\text{mm})$$

$$D_1=\frac{D_2}{1+B}=\frac{23.8}{1+0.148}=20.73(\text{mm})$$

应选择内径为20.5mm或21mm的口型。

④ 挤出内胶厚度的补偿　为使胶管成品内胶层厚度符合产品标准，挤出胶层厚度要比设计厚度适当增大些，以补偿在工艺加工过程中所造成的壁厚减薄现象。

引起内胶壁减薄的原因很多，例如硬芯法成型胶管，在内胶筒套管时，因充气而产生膨胀，以及编织、缠绕、缠水布等过程，对内胶受到挤压、拉伸，都会造成胶层减薄。此外，挤出后的内胶管坯，由于冷却、定型时间不够或相互黏着，而在成型时拉扯也会使胶层减薄。

内胶的补偿厚度要根据胶料性质和工艺要求而定。胶料可塑性和锭子张力较大时，其胶层补偿厚度要大些，一般情况下补偿厚度为0.2～0.4mm。对有些要求较高的产品，补偿厚度还需随季节不同而变化，一般夏季补偿厚度要比冬季适当增大些。

(2) 外胶挤出　胶管外胶层挤出必须采用横头（或斜头）型挤出机，其工艺要求与内胶层挤出无大区别。在挤出过程中，由于管坯从芯型内孔的一端通向另一端，胶料通过芯型与口型之间的空隙挤出并包覆在管坯上，成为紧密压合的管体，因此，挤出时，芯型和口型的选配是十分重要的。

① 芯型选配　在外胶层挤出过程中对芯型内孔及外直径的选配，必须与挤出管坯的规格相适应。如果所配的芯型内孔太大，会造成包覆的外胶层起鼓或褶皱，胶层不能紧贴在管坯表面，甚至造成脱层、起泡等质量问题；若芯型内孔配得太小，在挤出外胶时，管坯难以通过而引起胶料堵塞，甚至产生管坯局部严重堆胶，或使管坯强行拉伸而造成质量事故。

一般情况下，选配芯型的孔径，应为未包外胶时管坯直径加0.5～1mm，但在测量管坯外径时应多测几处，并取外径较大的部位作为选配芯型的依据。

② 口型选配　外胶挤出口型的选配主要是控制挤出胶层的厚度，如果选配不当，除造成胶层厚度超差之外，还会使胶层对管坯的包覆性能受到影响。

对外胶挤出口型选择的要求是：以未包胶时的管坯外径再加上胶层单面厚度为基础，进行适当调节，使管坯包覆的胶层厚度达到产品标准或设计要求。

在实际操作中，还应根据胶料特性、设备及工艺条件等具体情况适当掌握。

(3) 复合挤出法　这种挤出方法是采用具有复合机头装置的挤出机，在挤出过程中，使胶管的不同胶层同时进行挤出，尤其适用于同时包覆在管状织物内外的不同胶层。主要优点是生产效率高，产品质量好，适于连续生产。

这种挤出机的结构特点是有一个延长的挤出机头，具有一些管状装置，排列成两个主要的环状通道，伸入上述机头的纵向出料口，其中一个环状通道供挤出内胶层，另一个通道口挤出外胶层，可供不同的胶料进行挤出，是新型的挤出工艺。

### 5. 胶浆的制备

胶浆在胶管制造工艺中是用在编织和缠绕胶管生产中增加骨架和胶层间黏合力的。随着工艺的改进，胶浆应用逐渐减少，而采用直接黏合技术和中间胶片黏合法越来越多。

胶浆有溶剂胶浆和乳胶浆两种。在制备溶剂胶浆时又有稀胶浆和浓胶浆两种，稀胶浆是在编织、缠绕胶管的第一次涂浆；浓胶浆是第二次涂浆。稀胶浆胶料与溶剂比为1∶(3～5)；浓胶浆为1∶(1.5～2) 左右。乳胶浆的制备需在球磨机上分别制备配合剂的乳化液及乳胶的乳液，然后搅拌均匀待用。

### 6. 胶布裁断和拼接

夹布胶管、吸引胶管所用胶布是在擦胶后于裁断机上按45°角裁成所需宽度的胶布，再拼接成所需长度，打卷供成型使用。拼接宽度一般为15～20mm，如拼接宽度小于15mm，直接影响胶管爆破压力和使用寿命。

### 7. 纤维线绳合股

为满足胶管工艺的需要，在编织胶管制造工艺中需将单线纤维或钢丝在专用合股机上合拼成多股，并绕在线轴上供编织使用。

（1）纤维线绳合股

① 根据胶管结构的需要，按规定的线绳规格进行合股。

② 合股时线绳要有均匀的张力，保证各股线长短均匀，减少线绳在编织过程中局部伸长，避免胶管受压时膨胀变形，保证强度。

③ 线绳应清洁无污，以免影响附着力。

④ 线绳接头应尽量减少，接头不要太大，以免编织时结疤或外胶穿破。

（2）钢丝合股

① 根据胶管结构需要，按规定的钢丝规格和根数进行合股。

② 钢丝不能有油污和锈蚀，必须清洗干净后才能合股。

③ 合股时，每根钢丝必须有均匀张力，防止编织时松紧不一。

④ 合股后的钢丝线轴存放时间不宜过长，以免污染和氧化生锈。

## 二、胶管的成型

### 1. 夹布胶管的成型

夹布胶管的成型有硬芯法、软芯法、无芯法三种。具体方法及特点如下。

（1）硬芯成型法　是传统的工艺方法，至今仍广泛应用。它的优点是质量稳定、规格尺寸准确、层间附着较好、工艺简单易于掌握，但工序较多，劳动强度大，生产效率低，需耗用大量辅助材料（如水布、铁管芯等）。

硬芯法成型夹布胶管一般是在三辊成型机上进行，其结构简图见图6-11。成型机架上是由数个相距1.5～2m的铸铁架组成，机架之间用连杆连接。成型机分两面，一面作贴合夹布层和内、外胶用，另一面用作包水布，两面都有铺钢板的工作台和三个回转的压辊。将已套内胶的管坯置于两个下辊中间，将胶布的一边贴于内胶上，上压辊压在胶布上，开动电机，压辊相对转动，即可完成胶布和内、外胶的贴合成型。三辊成型机工作原理见图6-12。

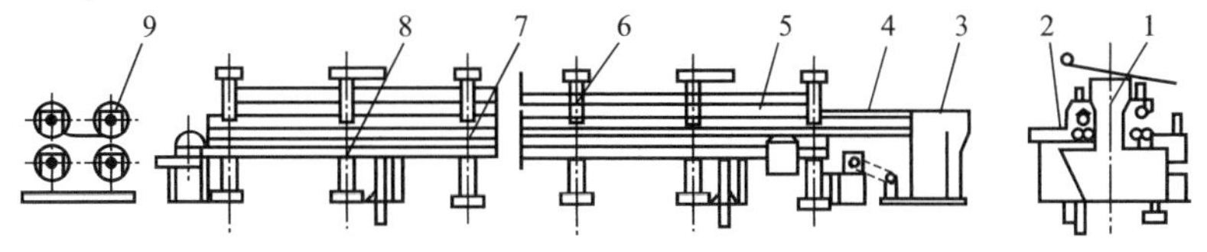


图6-11　20m双面胶管成型机

1—机架；2—工作台；3—传动部分；4—万向联轴节；5—上压辊；6—上气缸；7—下压辊；8—下气缸；9—胶布存放架

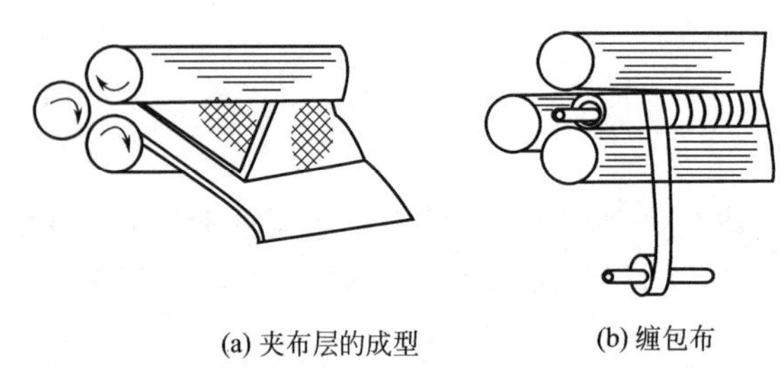

图 6-12　三辊成型机工作原理

成型时一定要校正三个压辊间的距离，先将两个下辊间的距离调整到与胶管直径相适应的位置上，再进行以下成型操作。

① 套芯　将合格的内胶坯平直放在工作台上，为便于套芯和脱芯，管芯表面应涂上适量隔离剂，在内胶坯的一端充入压缩空气，使管坯鼓圆，另一端插入管芯，后开动套芯机。将管芯套入管坯内。

② 成型　套芯后把管坯置于两下压辊之间，管坯表面涂溶剂，干净后，将胶布平整地贴在管坯上，贴合时，将上压辊放下，包胶布及外胶层，注意贴合时应无褶皱。

③ 缠水布　成型好的管坯送往缠水布工作面上进行缠水布，水布叠压宽度不应小于布条宽度的1/2，缠水布要平整、无皱、用力均匀，防止胶管扭动。水布按要求撕成一定宽度。

口径超过76mm以上的夹布胶管，内胶挤出困难，可用压延胶片贴合成型法。

(2) 无芯成型法　无芯成型法从20世纪60年代初开始在我国使用。它具有工艺简单，劳动强度低，生产效率高，可节省大量管芯、水布等优点，胶管表面光滑平整。但口径圆度及规格的精度不易控制，胶管的整体结合牢度不如有芯法。

无芯法成型时不用管芯，直接将挤出内胶坯置于三辊成型机上，两端插入约半米长的标准芯棒，并从一端注入压缩空气（约0.1MPa），将管坯鼓起，在表面涂抹溶剂（汽油），将胶布平整地贴合在管坯上，放下上压辊进行成型，这时压缩空气压力可加大到0.3～0.4MPa，以增加胶布层间的致密性。

成型好的管坯用T形机头挤出机挤出外胶层，挤出后管体两端用专用夹具将内、外胶层紧密黏合为一体，以免硫化时蒸汽或水渗入夹布层中。在选配挤出机口型和芯型时，要根据成型管坯外径、胶料性能、外胶厚度进行选配，在芯型、口型表面应尽量少涂隔离剂，以防外胶与布层间脱落。在挤出外胶时，管坯牵引速度必须与挤出速度相适应。胶料中发现杂质及时清除。挤出后的管坯表面应及时涂隔离剂水溶液，后平直放置工作台上，以备硫化。

(3) 软芯成型法　软芯成型法成型时管芯采用耐热老化较好的高分子材料制成，并应具有一定刚性和柔性。常用天然橡胶、丁苯橡胶、三元乙丙橡胶、聚丙烯、尼龙等材料制作。为减少软芯在使用过程中伸长变形，有时可加入纤维绳或钢丝绳作骨架。

软芯成型的优点是管坯可盘卷、弯曲，占地面积小，劳动强度低，生产胶管长度不受限，有利于连续化生产及提高生产效率，比三辊成型法效率高2～3倍左右。

软芯法可生产夹布胶管，见图6-13，是将挤出的内管坯置于专用成型设备上包贴胶布，再挤出外胶制成。软芯通过$\phi$115mm T形挤出机挤出内胶。经传送带2自然冷却，并送至

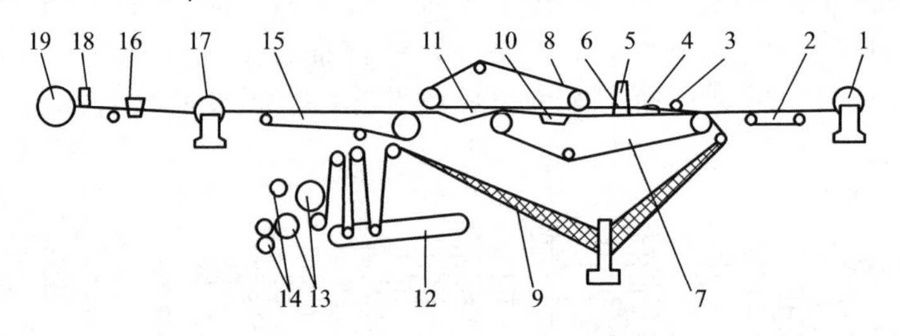

图 6-13　软芯法胶管成型流水线

1,17—$\phi$115mmT形压出机；2—传送带；3—压辊；4—倒边装置；5—毛刷；6—包布挤压辊；7,8—包布皮带；9—夹布；10—托板；11—半圆形包布器；12—储布装置；13—夹布卷；14—垫布卷；15—传送带；16—牵引轮；18—导辊；19—卷轴

包布机上。夹布 9 由包布皮带 7 牵引和供布。当内胶经过压辊 3，胶布平贴于内胶的上方，再经倒边装置 4 将胶布的一边压贴在内胶上，然后进入包布挤压辊 6，它是由两个并列的槽轮组成，胶布和胶管由包布皮带 7 包紧并由压辊压合，同时由设置在挤压辊上面的可旋转毛刷 5 将夹布的另一边压倒，并进入第二阶段包布皮带 8 和半圆形包布器 11，将胶布紧包于胶管上，经包布后的胶管由传送带 15 送至 $\phi$115mm 的 T 形挤出机 17 挤出外胶，经牵引轮 16 最后卷在卷轴 19 上，供布装置由夹布卷 13、垫布卷 14 两套交替使用，使生产连续化。

这种工艺的特点如下。

① 包胶布不是用传统的滚卷法，而是用直包法，成型长度不受限。

② 外胶若不用挤出法挤出，也可采用直包法。贴合口多余的胶用刀片切割。

③ 包水布工艺不是传统的滚卷法，而是采用盘式缠包法，即成型好的胶管轴向前进，通过包水布机的转盘中心，装在盘上的水布以固定的角度和叠压宽度缠包在胶管上。

④ 内胶挤出前，软芯表面应均匀涂抹隔离剂，挤出时应将软芯顺直地送入挤出机，以免扭转和卷曲。

## 2. 吸引胶管的成型

吸引胶管成型与硬芯法夹布胶管成型方法基本相同。对内径为 76mm 以下的胶管，其内胶层多采用挤出后套管、包贴成型。也有用无芯成型的，其主要工艺是将金属丝制成一定螺距和圈径的金属螺旋圈，再套在挤出的内管坯上，然后用三辊成型机包贴成型。此法工艺简单，生产效率高，但管体弯曲性能不好。对于内径 76mm 以上的吸引胶管可采用单机成型法、多机成型法。

单机成型是从胶层到胶布、钢丝、水布、棉绳全部成型过程都在同一机台完成。

多机成型是各道成型工序分段成型，由各机台分工进行联合作业，组成流水线，可提高生产效率，降低劳动强度，操作安全。

埋线式吸引胶管成型顺序如下：

内胶（用套管或包贴法）→贴端部补强胶→贴第一胶布层→贴端部补强布→金属螺旋线→贴中间胶→贴第二胶布层→贴外胶层→缠水布、棉绳。

成型操作要点如下。

① 成型时管芯温度不应高于 40℃，包贴内胶层要紧贴管芯，以免缠水布、棉绳时，管坯扭动。内胶搭头要紧密，防止隔离剂渗入内胶导致起泡、脱层。

② 各层胶布层搭头要互相错开，避免管壁厚薄偏差影响外观和性能。

③ 缠金属丝时两端都要弯曲到一定弧度，使金属丝贴服于管坯上，并用胶布条固定，以免损坏其他胶层或布层。金属丝必须无油污，锈蚀严重者不能使用。金属丝螺距按要求施工，要均匀，否则易造成缠棉绳时混乱。

④ 包贴中胶、外胶要紧密，不得有露丝、露布现象。

⑤ 各胶布层包贴要紧覆，不得有褶皱。

⑥ 缠水布、棉绳压力适当，棉绳不应混乱及松动现象。

## 3. 编织胶管的成型

编织胶管分纤维编织胶管和钢丝编织胶管两种。

编织成型分有芯成型法和无芯成型法。有芯成型法又包括硬芯成型、软芯成型。无芯成型有半硫化无芯成型、生内胶无芯成型。为增加胶层与骨架间的附着力，传统工艺是采用涂胶浆法，但随着黏合技术的提高，可在内、外胶层中直接黏合树脂（RF、RH），或采用中间过渡胶层直接与骨架黏合。

软芯和无芯编织一般采用立式编织机，而硬芯编织多采用卧式编织机。对多层编织胶管可采用多台编织机串联，一次编织而成，也可用单机台逐层多次编织。但前者效率高，往返工序少，可实现连续化生产。

编织联动装置一般由编织机、牵引装置、卷曲与导开装置、贴中胶或涂胶浆装置组成。图 6-14 为无芯（软芯）卧式编织联动装置。图 6-15 为钢丝（硬芯）胶管卧式编织联动装置。

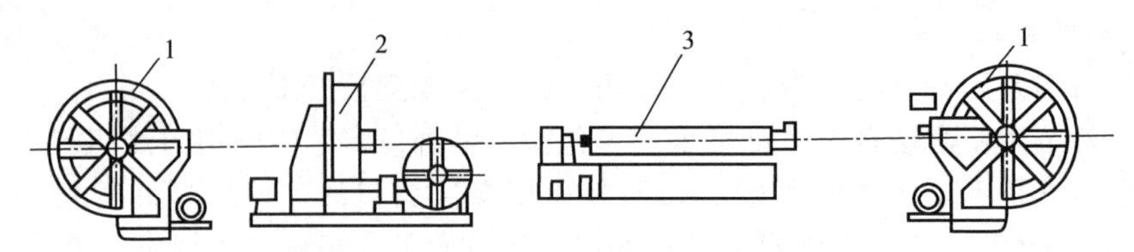


图 6-14　无芯（软芯）胶管卧式编织联动装置

1—导开与卷取鼓；2—棉线编织机；3—涂胶浆装置

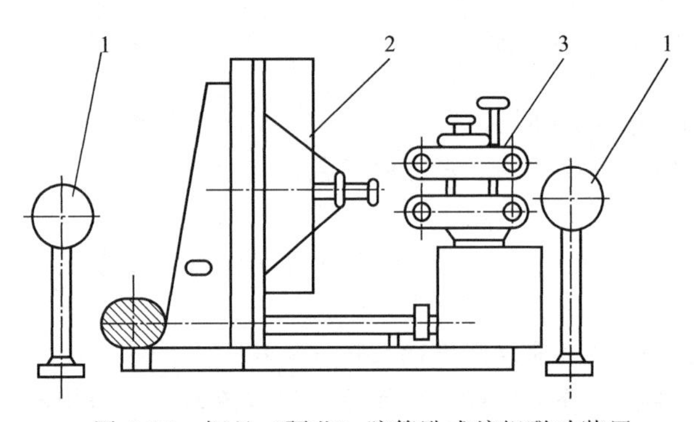


图 6-15　钢丝（硬芯）胶管卧式编织联动装置

1—托架；2—钢丝编织机；3—索引装置

为保证胶管使用时受力均匀、不变形，编织时要对编织线均匀地施加一定编织张力。钢丝编织胶管的编织张力一般为 44～113N。棉线编织胶管编织张力较小，口径在 10mm 以下的棉线编织胶管，编织张力一般在 4N 以下。口径较大、压力较高的胶管，编织张力应适当增大。除此之外，应严格控制编织角度（54°44′）。

（1）纤维编织胶管的成型

① 无芯编织成型　分为内胶半硫化编织、生内胶充气编织。

a. 内胶半硫化编织　将挤出的内胶坯先经短时间硫化（定型），使其具有一定的加工挺性，编织时不变形。半硫化后的内胶与纤维黏合力差，应采用涂浆编织，编织后再涂浆 1～2 遍，干燥后用 T 形挤出机挤出外胶。此法适用于口径较小的编织胶管，具有生产长度不受限、工艺简化、节省辅料、生产效率提高等优点。其成型工艺流程为：内胶坯挤出→半硫化→涂浆编织→涂浆→停放→涂浆编织→涂浆→干燥→挤出外胶→涂隔离剂→盘卷→硫化。

b. 生内胶充气编织　要求内胶有足够挺性、不变形。在内胶挤出后将两端用气门嘴堵塞，通入适当压缩空气（约 0.05MPa），然后进行编织。为保证编织管坯直径准确，必须使锭子张力和牵引速度始终保持恒定，并注意内胶坯外径的变化。特别是长度较大的管坯，当编织到约全长 2/3 时，将管内压缩空气放掉一部分，以保持编织直径的一致。此法工艺简单，可配合包铅硫化，适合长度较大的胶管，但要严格控制工艺及半成品尺寸，否则会出现质量问题。

② 有芯编织成型　分为软芯编织成型和硬芯编织成型。

a. 软芯编织成型　首先将软芯子涂隔离剂，通过 T 形挤出机挤出内胶，冷却后编织。但隔离剂要适量，过多时内胶包贴不紧，编织时因受到线绳张力作用，会使内胶后移，影响内胶厚度及编织层尺寸。此法适用于小口径（19mm 以下）、编织长度在 50m 以下的胶管，当长度太长时，脱芯子有困难。成型工序流程为：软芯→挤出内胶→冷却（停放 8h）→编织→涂胶浆→干燥→挤出外胶→涂隔离剂→盘卷或卷鼓→硫化→脱芯子。

b. 硬芯编织成型　对质量要求较高、口径较大、长度较短的胶管常采用此法。该法质量稳定、易于掌握。方法基本与夹布胶管相同。所不同的是使用编织机编织，外层胶可采用胶片包贴成型、缠水布硫化。也可采用挤出外胶层，但管芯要平直，有辅助牵引装置才能挤出。成型工序流程为：内胶套芯→纤维编织→涂胶浆或贴中间胶片→纤维编织→涂胶浆→包外胶（或挤出）→缠水布→硫化→脱水布→脱芯子。

（2）钢丝编织胶管成型　与纤维编织胶管基本相同。大口径、长度少者，多采用硬芯编织成型；小口径、长度大者（100～200m），采用软芯或无芯编织成型。钢丝编织胶管一般在高压下使用，而且要装配接头，内、外径尺寸要准确。要求各锭子张力均匀一致，每编织完一层后，应将锭子上钢丝拉齐，编织时发生断线，不能结扣，应采取压接工艺，压接长度不小于一个行程。每个编织层应一次编织完毕，中途不得任意停车，更不能长时间停车，以免钢丝张力集中，将内胶压薄或构径不一致，特别是室温高时更应注意。硬芯编织法外胶成型一般是采用胶片包贴、缠水布硫化。硬芯法成型的内胶坯要停放 4h 后编织。

### 4. 缠绕胶管的成型

缠绕胶管成型有两种方法：一种是帘布缠绕；另一种是单根线或线绳缠绕。

帘布缠绕是以经向裁成一定宽度的帘布条，以一定角度缠绕在内胶层上。

单线或线绳缠绕是将缠绕机上的导出单线或线绳，依次均匀地按一定角度缠绕在管坯上，有纤维和钢丝两种。其成型工艺基本与编织胶管无大区别，只是设备用缠绕机。一次缠绕两个单向层，目前国内有一次缠绕四个单向层、六个单向层的多盘缠绕机。

缠绕机是由两个或多个相互平行而又垂直安装的缠绕盘组成，每个缠绕盘上带有线锭子 24～60 个不等。工作时利用两个缠绕盘的相对运动，从线锭子上导出线，经带孔圆盘缠绕到内胶上，同时，为防止缠绕材料的位移，缠绕时须对线或线绳施加一定张力。每两个单向层组成一个工作层，缠绕层数为偶数。缠绕机上所用锭子与转鼓、转盘一起旋转。缠绕机联动装置见图 6-16、图 6-17。

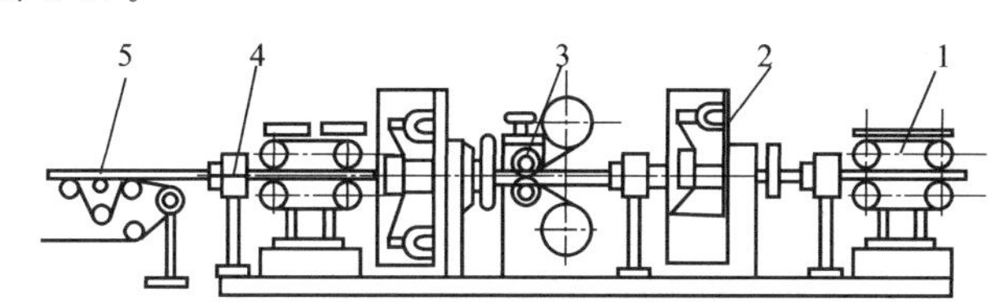

图 6-16　硬芯法线绳缠绕胶管成型联动装置

1—牵引装置；2—缠绕机；3—上中胶装置；4—涂胶浆装置；5—辊

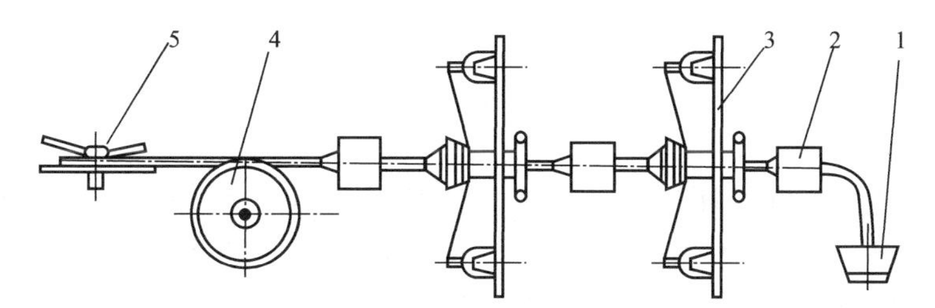

图 6-17　无芯法线绳缠绕胶管成型联动装置

1—内胶存放装置；2—涂胶浆装置；3—缠绕机；4—牵引装置；5—卷取装置

## 三、胶管的硫化

### 1. 硫化条件

（1）硫化压力　根据胶管结构及工艺加工方法有以下几种加压方法。

① 包水布加压　胶管包水布加压是最普遍的方法，主要特点是不受管径、长度限制，在胶管外表面缠包水布，用手工和机械方法控制压力，方法简单，但要耗去大量布料，并且胶管成品表面留下明显布痕，影响外观质量。

② 介质加压　胶管在硫化罐中采用直接蒸汽或过热水硫化，靠饱和蒸汽压力硫化，如裸硫化法。

③ 包铅加压　包铅加压硫化是根据金属铅与橡胶的热膨胀系数的差异，通过铅层在硫化温度下对胶管产生较大的压力，使管体结构更加致密，同时使胶管表面光滑、平整，还可根据需要制成各种沟纹，即将包铅机口型制成所需的沟槽，使管体表面纵向带有各种凸纹，起到保护和缓冲管体的作用，增大表面抗磨性。

(2) 热传导和成品硫化时间　硫化温度和时间是相互制约的一对函数，具体的函数关系可由硫化温度系数计算出来。

① 常用胶种和骨架材料的硫化导热时间　胶管是多部件制品，胶层及骨架层均有一定厚度和不同的热传导性能，因此在确定硫化条件时，首先应掌握胶料及骨架材料的导热性质。

② 成品硫化时间的确定　胶管硫化时间随硫化温度与产品结构不同而定，一般可根据以下经验式确定：

$$T=T_1+T_2$$

$$T_1=C+K_1\delta+K_2i+K_3i+K_4$$

式中　$T$——胶管总硫化时间，min；

$T_1$——胶管正硫化时间，min；

$T_2$——硫化升温时间，min；

$C$——胶料正硫化时间，min；

$K_1$——胶层超过 2mm 后，单位厚度所需导热时间，min/mm；

$\delta$——胶层计算厚度（胶层总厚度 2mm，2mm 为胶料硫化基本厚度），mm；

$i$——胶布或纤维线（编织或缠绕）层数；

$K_2$——每层胶布导热时间，min；

$K_3$——每层纤维线导热时间，min；

$K_4$——加压材料所需导热时间，min。

对于软芯胶管或其他结构较复杂胶管，应根据管芯和结构材质及导热性能另行测量。硫化升温时间 $T_2$，根据硫化罐大小、加压方式、硫化产品数量等确定，一般取 10～15min，对胶层较厚的还应适当增加，对无芯胶管和裸硫化胶管，升温时间应适当缩短，以便使管坯尽快定型，一般取 3～7min。

**【例 6-6】**　今有 25mm×4P×20m 无芯夹布胶管，选用胶布厚度为 0.75mm；胶层总厚度为 3.8mm；采用直接蒸汽硫化，温度为 148℃。胶料正硫化时间为 15min；胶料硫化导热时间 $K_1$ 为 1.2min/mm；胶料计算厚度 $\delta=3.8-2=1.8$mm；每层胶布导热时间 $K_2$ 为 1.7min，胶布层数 $i$ 为 4 层；硫化升温时间 $T_2$ 为 6min。试计算胶管成品硫化时间。

将已知数据代入公式：

$$T_1=15+1.2\times1.8+1.7\times4=24(\text{min})$$

$$T=24+6=30(\text{min})$$

## 2. 硫化方法

(1) 直接蒸汽硫化　直接蒸汽硫化是将成型后的管坯置于硫化罐中，以直接蒸汽为介质硫化。

① 缠水包布硫化 该法是最常用的胶管硫化方法，操作简单，生产效率高，设备简单，成本低，质量较稳定。硫化前将缠好水布的管坯平放在硫化车上，排列整齐，要留有一定间隙，防止相互挤压，最低层要用软垫垫好，硫化后胶管要经水充分冷却后再脱水布。

② 包铅硫化 该法适用于大长度无芯及软芯编织、缠绕胶管。主要特点是根据金属铅与橡胶热导率的差异通过铅层在硫化温度下对胶管产生较大压力。胶管硫化后密度高，表面光滑、平整，产品质量好，可实现连续化生产。但生产过程中会产生一定的铅尘，生产车间一定要加强通风和废水处理以及必要的防护措施，以免影响人体健康。

包铅机有两种结构：一种为柱塞式包铅机，另一种为螺杆式包铅机，柱塞式包铅机只能间断作业，而螺杆式类似挤出机形式，可连续作业。

柱塞式包铅机包铅时，熔炉内熔融的铅液顺着墨槽注入包铅压力室内，通过固定在模具上面的水压圆筒柱塞的移动，将压力室内的铅液压入口型与芯型之间。与此同时，胶管在芯型内通过，其表面即附上一层铅皮。铅由压铅机出来的温度应调节在200～220℃左右，包铅速度为27m/min，包铅机水压为20MPa，柱塞总压力为200～300t（19613～29420MPa）。

螺杆式包铅机原理类似于螺杆挤出机，铅液由熔铅炉通过管道不断输入包铅机，连续包铅，生产效率比柱塞式高2倍左右。

包铅硫化法铅层厚度根据胶管规格而定，一般为2.5～3.5mm，铅层内径要比胶管坯外径稍小，一般约小1.5～2.5mm，使铅层对胶管施加一定压力。但压缩量不应过大，过大时会导致胶管尺寸不准确，甚至外胶层表面形成鳞状疤痕。包铅后要往胶管中注入压力水，水压一般在0.3～0.4MPa，然后用夹具将两端夹紧，送入硫化罐硫化。硫化后用水喷淋冷却，放掉压力水，然后在剥铅机上将铅套剥下，重新投入熔铅炉中循环使用。

③ 裸硫化 将胶管在裸露状态下于硫化罐中用直接蒸汽硫化，该法工艺简单，劳动强度低，省去缠包水布的工序，生产效率较高。但硫化压力比包水布或包铅硫化要小，掌握不好，易出现气泡、脱层等质量问题。适用于小口径的纤维编织或缠绕胶管、无芯成型胶管。操作时应注意以下几点。

a. 盛放管坯的托盘应平整光洁，以免胶管外表面变形。托盘底部应钻若干个小孔，以防冷凝水积聚，导致欠硫或变形。

b. 包好外胶的管坯需将两端内外胶封头（不得露出纤维），以免蒸汽进入骨架层。

c. 包覆外胶后的管坯应立即涂抹隔离剂，以免存放和硫化时互相黏结。

d. 为避免胶管硫化时变形，应采用快速升温操作，约3～5min内达到硫化温度。

（2）水浴硫化 此法适用于无芯成型的夹布胶管。硫化时将管坯浸入水槽中，送入硫化罐硫化。其优点是质量稳定，管体致密性好，变形小。但硫化时，蒸汽需将水槽中的水加热为过热水，因此，热量消耗较大，且硫化速度慢，生产效率低，操作时应注意水槽光洁、平整，管两端封闭，管体严防交叉、叠压，所有管坯要全部沉浸在水中，硫化时尽快升温，并保持恒定压力。

（3）其他硫化方法

① 管道蒸汽硫化 直接蒸汽管道硫化是连续硫化方法之一，可以实现由内胶压出到硫化全过程连续生产，在我国已有成熟的工艺。适用于小口径软芯编织、缠绕胶管硫化。

管道蒸汽硫化法的管道是用无缝钢管连接而成，长度由硫化时间及挤出速度而定。其一端连接于挤出机机头，另一端连接于冷却管内。管道两端必须密封良好，既要防止蒸汽泄漏，又要确保胶管在硫化过程中正常移动。外胶挤出速度必须与连续硫化管道的牵引速度相适应，如配合不好，会有外胶拉断或局部堆胶现象。外胶挤出前的管坯直径应均匀一致。胶管靠一个可调速的牵引机带动，当走完管道全程，即完成硫化全过程。硫化好的胶管通过水压脱芯（压力为0.1～0.15MPa），硫化时应掌握管道全长应有一定斜度（约1∶100），管道末端有汽水分离器，及时将冷却水排走。蒸汽管道内要安装自动恒压装置，保证内压恒定。胶料配方应注意尽量快速硫化，蒸汽压力一般控制在0.4～0.5MPa左右，压力过高，两端密封问题不易解决。软芯表面隔离剂要适量，太多时，管坯容易移动。

② 盐浴硫化　以硝酸钾、硝酸钠、亚硝酸钠等高熔点金属盐类按一定比例配成混合物，加热使熔盐温度达150℃以上，将胶管通过熔盐，在常压下硫化，也可通入压缩空气在加压下硫化。

此法适用于无芯、软芯编织或缠绕的小型胶管，可以连续硫化。操作中管坯需经真空挤出机包外胶后立即进入盐浴槽中，靠一条不锈钢带压入盐浴中硫化。硫化完毕应经过水洗、冷却、整理工序处理。

③ 微波硫化　此法适用于小口径无芯、软芯法的编织或缠绕胶管，胶料必须是极佳橡胶，否则硫化效率很低。

微波硫化的原理是极性的介质分子在高频交变的磁场作用下，发生分子高频振荡，分子链间大量生热，达到由内及外的硫化目的。微波硫化是在常压下进行，因此，胶料中配合剂成分及水分含量应严格控制，低挥发组分含量应尽量少。

此法生产效率高，可连续化生产，但设备投资大，产品规格受到一定限制。

## 四、胶管的常见质量问题及改进措施

胶管在主要工序中常见的质量缺陷及分析、处理方法分别见表6-14至表6-17。

**表6-14　挤出管坯常见质量缺陷及分析、处理方法**

| 质量缺陷 | 主要原因与分析 | 处理方法 |
| --- | --- | --- |
| 直径尺寸不一致 | ①胶料可塑度不够或可塑度数值不稳定<br>②胶料热炼不匀或热炼不充分<br>③喂料不均匀<br>④挤出的速度与牵引速度不一致 | ①严格控制塑炼及混炼胶可塑度，发现问题及时解决<br>②充分热炼，坚持二次热炼，均匀捣炼，控制回轧胶用量<br>③保证供胶连续性，尽量采用连续供放工艺<br>④调节挤出与牵引速度，使二者匹配（趋于相等） |
| 管壁厚度不匀或压偏 | 口型与芯偏位 | 应进行多次调整与校对 |
| 管坯有气泡或海绵状 | ①胶料中水分过大，或回轧时胶料中带入水分<br>②胶料中低挥发分过多<br>③热炼及喂料时夹入空气<br>④机头温度过高，或机身与机头温差大，机头突然温度提高<br>⑤挤出机螺杆压力不足（造型不合理、磨损大、失修） | ①严格控制原材料及胶料中水分含量<br>②避免使用或少用低挥发分配合剂，如油类软化剂<br>③应按工艺要求控制热炼辊温<br>④应按工艺要求适当控温，由机身至机头逐步升温<br>⑤定期检修、更换，发现问题及时解决 |
| 胶层破裂或有划痕 | ①胶料内有杂质，卫生条件较差<br>②胶料内有自流胶、熟胶疙瘩<br>③芯型或口型有局部硬伤或毛刺 | ①采用清水作业，注意环境卫生，胶片严禁落地<br>②清除熟胶，对轻微自硫胶应薄通、改炼或经滤胶再用<br>③应进行打磨，保证芯型、口型表面光滑或更换 |

**表 6-15 夹布胶管成型质量缺陷及分析、处理方法**

| 质量缺陷 | 主要原因与分析 | 处理方法 |
| --- | --- | --- |
| 胶布层水纹、折叠现象 | ①贴于内胶上的胶布层不平直、拼接不平直<br>②成型机压辊压力不匀，或有松动 | ①胶布应撕去布边，每层胶布成型、粘接要铺平<br>②定期检修与更换易损件 |
| 胶布成型后出现扭动现象 | ①内胶层与铁芯松动<br>②缠水包布速度过快，受力不匀<br>③水包布张力过大 | ①铁芯直径小，风压、风量过大<br>②适当控制缠水布速度，缠水布要用力一致<br>③适当降低水包布张力 |
| 外胶层有搭接痕迹 | ①水包布压力过小<br>②水包布干涸、压力减小<br>③外胶层流速过快或有局部自硫现象<br>④外胶层可塑度过低 | ①适当提高水包布压力<br>②缠水包布要浸水，以增大水包布张力<br>③调整配方，缩短停放时间，降低热炼温度<br>④严格控制可塑度 |
| 外胶层起泡 | ①外胶层或胶布层含水分<br>②成型时涂抹溶剂未干<br>③包水布压力不足<br>④外胶层有隔离剂或异物<br>⑤成型时夹入空气 | ①控制外胶，而层中原材料水分帆布压延前必须烘干，缩短胶布储存时间<br>②应充分挥发干后再合布层<br>③提高水布压力<br>④应注意工业卫生<br>⑤成型时适当加大压辊压力 |

**表 6-16 编织、缠绕胶管成型后质量缺陷及分析、处理方法**

| 质量缺陷 | 主要原因与分析 | 处理方法 |
| --- | --- | --- |
| 外胶层表面有杂物 | ①胶层中含有杂质<br>②隔离剂中含杂质 | ①注意环境卫生，必要时要经过滤胶<br>②加强管理，杜绝杂质混入 |
| 外胶层局部凸起或凹陷 | ①内胶层外径不均匀<br>②挤出外胶时胶料温度不匀<br>③挤出外胶时速度不等、温度波动<br>④喂料不匀 | ①严格控制管坯挤出尺寸及成型质量<br>②充分热炼<br>③及时检查螺杆转速及调温装置<br>④保证连续喂料 |
| 外胶层起泡脱层 | ①胶料含水分过大<br>②编织、缠绕层含水分过大或涂刷胶浆未干<br>③外胶层挤出时含水分，夹入空气<br>④外胶层或编织物层表面沾有脏物 | ①严格控制原材料及胶料水分<br>②编织、缠绕层应充分干燥，缩短停放时间<br>③调节口型，连续供胶<br>④用溶剂清除表面，加强环境卫生 |
| 外胶有放置痕迹 | ①外胶层可塑度过大<br>②外胶层挤出后停放时间过长 | ①严格控制可塑度<br>②缩短挤出后停放时间，停放时室温不宜过高 |
| 内径不圆 | ①内胶层可塑度过大<br>②管芯有变形现象 | ①内胶层可塑度应尽量低，无芯成型更应注意<br>②及时校正管芯直径，及时更换 |

**表 6-17 胶管硫化时经常出现的质量缺陷及分析、处理方法**

| 质量缺陷 | 主要原因与分析 | 处理方法 |
| --- | --- | --- |
| 欠硫（表面起泡、变形、喷霜） | ①硫化时间短<br>②硫化气压不足<br>③胶料硫化速度<br>④管芯内存有冷凝水<br>⑤硫化罐内冷凝水过多<br>⑥罐中排布胶管太多，传热受阻 | ①严格控制硫化条件<br>②严格控制硫化条件<br>③适当调节配方<br>④硫化时管芯两端封闭，或铁芯稍有倾角<br>⑤硫化时定时排冷气，每罐硫化时应先将冷凝水排尽<br>⑥应根据罐体容积排布 |

| 质量缺陷 | 主要原因与分析 | 处理方法 |
| --- | --- | --- |
| 起泡、脱层及海绵现象 | ①硫化中升温过慢或定型过慢<br>②原材料及胶料中含水分过大或织物含水分<br>③溶剂未挥发尽<br>④半成品表面沾有油污、异物<br>⑤硫化压力不足<br>⑥解水布时冷却不够 | ①应缩短升温时间，调整配方的定型点<br>②严格控制原材料水分，必要时进行烘干<br>③应加强织物干燥<br>④除尽异物、油迹、注意环境卫生<br>⑤提高外包水布、线绳压力或采用包铅硫化<br>⑥硫化后充分冷却后再解水布 |
| 外胶层有搭接痕迹 | ①硫化时升温太快、胶料定型太快<br>②外胶层有自硫现象 | ①适当放慢升温时间，适当调整（减缓）外胶硫化速度<br>②清除及处理好自硫胶、改进配方 |
| 硫化后有放置痕迹 | ①盛放胶管盘架不平整或有杂物<br>②硫化时排布胶管过多，底层受压过大<br>③枕垫太硬<br>④管芯变形<br>⑤外胶层硫化速度太慢 | ①盘架要平整、干净<br>②适当减少硫化胶管数量<br>③应垫上软垫<br>④及时检查管芯<br>⑤调整外胶层硫化速度，裸硫化胶管更应适当加快硫速 |

## 思考题

1. 胶管是由哪些部件组成的？

2. 胶管规格表示方法及计量方法如何？举例说明。

3. 夹布胶管、编织胶管、缠绕胶管各有哪些优缺点？

4. 胶管工作压力和爆破压力的意义是什么？设计胶管时为何必须考虑安全系数？

5. 胶管的实际骨架织物与轴向夹角小于或大于平衡角时，胶管如何产生变形？夹布胶管能否按平衡角裁断？为什么？

6. 根据以下已知条件计算 $\phi 13\times 2W/B$ 耐油钢丝编织胶管的爆破压力。$N=24$ 锭，$n=9$ 根，编织角度实测为 54°，$C_2=0.75$，$D=21.4$mm，$K_B=1.5$N/根。

7. 有一层工作层的钢丝缠绕胶管的内径为 16mm，第一层为 92 根，第二层为 96 根，钢丝强度为 3.5N/根，$\varepsilon=5\%$，$D=23$mm，$C_3=0.9$，$C_4=0.92$，缠绕角度实测为 53.30°，求该胶管的爆破压力。

8. 设某夹布胶管工作压力为 1MPa，胶管内径为 25mm，内胶厚度 2.5mm，胶布强度为 20N/mm，$C_2=0.79$，耐压安全系数为 4，试计算该胶管所需夹布的层数。

9. 设内径为 38mm 的夹布胶管，内胶层厚度 2mm，胶布层数为 4 层，每层胶布厚度为 1mm，附加宽度为 2.8mm。试计算胶布的裁断宽度。

10. 按第 8 题中胶管尺寸，采用压延胶片贴合法成型，其内胶层仍厚 2mm，附加宽度 1.5mm，试计算内胶层压延胶片宽度。

# 第七章

# 胶带设计与制造工艺

**学习目标**

了解胶带的基础知识及用途；掌握并能运用三角带、运输带的结构设计方法；掌握胶带的成型工艺；了解胶带配方设计和硫化工艺。

## 第一节　胶带的基本知识

### 一、胶带的种类和用途

胶带主要分为运输带和传动带（现在应用广泛的是三角带）。其中运输带主要分为普通运输带和特种运输带。传动带主要分为普通三角带、风扇带和特种三角带。

#### 1. 运输带

（1）运输带的发展趋势　随着高分子材料的发展，为了提高运输带的使用周期和强度，人们采用新型橡胶和合成纤维，满足了运输带的高速度、大跨度、大负荷量和其他性能要求。如运输带的强度由 500kg/(层·cm) 发展到 700kg/(层·cm)，而钢丝运输带的强度已达到 5000kg/(层·cm) 甚至更高。随着运输带的发展，可采用多台运输带连接使用，实现自动化操作。

随着运输带的发展和应用领域的扩大，运输带的长度不断增加，单机跨度的长度水平也在不断提高。同时，运输带的效率在不断提高，带速由 1.8m/s 提高到 2.6m/s，带宽也在不断地增加。但由于带宽占地面积大，加工设备和传动装置成本高，有一定的局限性。运输带的性能也在不断提高：带芯由于采用了新型材料和金属材料，层数在不断减少，使运输带的屈挠性得到改善，生热温度大大降低。加深运输带槽角，可大大提高其运输能力，减少物料撒落，槽角由 10°～15°增至 30°～35°，U 形运输带可达 60°～65°（见图 7-1）。运输机的坡角也在提高（见图 7-2），缩短了运输距离，随着运输带表面花纹的变化和运输带挡边高度的提高，坡度可增大，一般现在的最大坡度为15°～20°，U形运输带（槽角45°以上）可提高坡度5°以上。

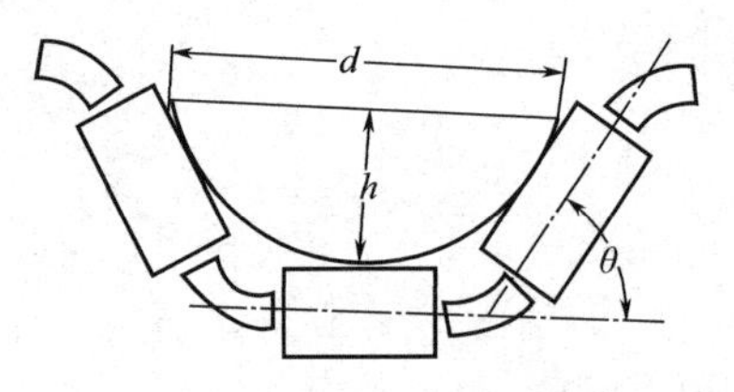


图7-1　运输带槽角

$h$—运输带成槽深度；$d$—运输带成槽宽度；$\theta$—运输带成槽角

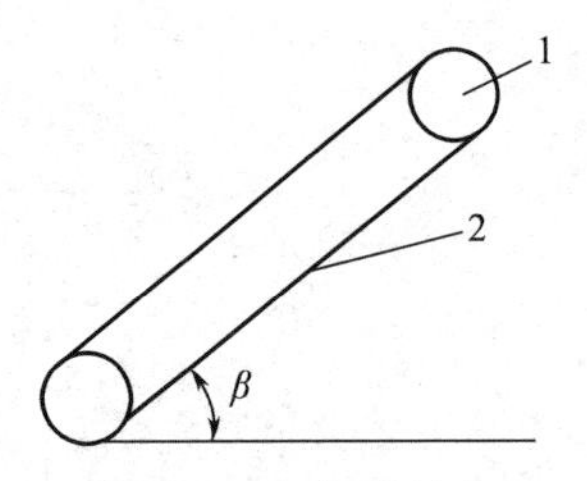


图7-2　运输带坡角

1—带轮；2—运输带；$\beta$—倾角

（2）运输带的种类和用途　运输带的分类方法如下。

① 按抗拉层材料分类

a. 纤维材料　帆布芯运输带、整体芯运输带、短纤维增强运输带。

b. 金属材料　钢丝运输带、钢丝绳运输带、钢缆牵引运输带。

② 按覆盖胶形状分类　根据花纹形状和深度分类，深度在10mm以上为深花纹运输带，深度在10mm以下为浅花纹运输带。

③ 按用途分类　根据运输带的使用条件和性能具体进行分类。例如，覆盖胶具有的特殊性能：无毒无味、导静电、耐酸碱、耐寒、耐热和阻燃等。

## 2. 传动带

（1）传动带的发展趋势　传动带的发展与机械制造工业相适应，传动带中三角带的应用逐渐上升，而平型传动带的生产逐渐减少。

传动带不断使用各种新型的原材料，如新型的合成橡胶、合成纤维、金属材料等。三角带带芯趋于采用聚酯纤维、玻璃纤维和钢丝。

（2）传动带的种类与用途

① 平型传动带

a. 帆布芯平带　传递功率范围大，传动速度快，一般是单条使用，不需要配组。用于发动机、鼓风机、抽水机、脱粒机和各种工作母机的动力传递方面。

b. 高速平带　适用于精密机床和高速传动的机械。

② 三角带

a. 按带体结构分类

（a）包布式三角带　外层有包布的三角带。

（b）切边三角带　侧面为切割面（无包布）的三角带。

b. 按带芯结构分类

（a）帘布芯三角带　以帘布为强力层的三角带。

（b）绳芯三角带　以绳为强力层的三角带。

c. 按三角带用途分类

（a）工业用三角带　用于工矿机械的三角带。

（b）汽车三角带　用于汽车、拖拉机和内燃机的三角带。

（c）农机三角带　用于收割机等农机机械的三角带。

(d) 变速三角带　与节径可变的带轮配合使用，在一定范围内连续改变传动速比的三角带，其相对高度一般在 0.5 以下。

(e) 轻负载三角带　用于小功率传递的三角带。

(f) 导静电三角带　具有导静电性能的三角带。

带体截面形状、尺寸分类　见表 7-1。

**表 7-1　普通三角带的断面尺寸**

| 型别 | 断面尺寸 | | |
|---|---|---|---|
| | 顶宽($b$)/mm | 带高($h$)/mm | 楔角($\varphi$)/(°) |
| Y | 6 | 4 | 40 |
| O | 10 | 6 | 40 |
| A | 13 | 8 | 40 |
| B | 17 | 11 | 40 |
| C | 22 | 14 | 40 |
| D | 32 | 19 | 40 |
| E | 38 | 25 | 40 |

③ 同步齿形带　分为单面齿同步带和多面齿同步带。

## 二、胶带的组成与结构

### 1. 运输带的组成特点

(1) 普通型　输送小块状、粒状摩擦性小的物品。分为芯体边部带缓冲布和不带缓冲布两种。

(2) 耐冲击型　输送冲击力大的大、中、小块和粒状物料。为了提高耐冲击和耐疲劳性能，采用缓冲补强式结构。

(3) 边部补强型　为了增强带边的强度和耐磨性，在带边两侧增加一层挂胶网眼布（或尼龙布）。输送冲击力较小的大、中、小块状和粉粒物料。

(4) 耐磨耗型　采用带芯中梯式结构，输送摩擦力大、冲击力大的物料。

(5) 特种运输带　一般有花纹运输带、挡边运输带、覆盖胶有特种性能的运输带、特种骨架材料运输带、钢缆运输带、折叠运输带。还可根据使用条件具有的特殊性能分类，如无毒无味、导静电、耐酸碱、耐寒、耐热和阻燃。特种运输带结构形式如图 7-3 所示。

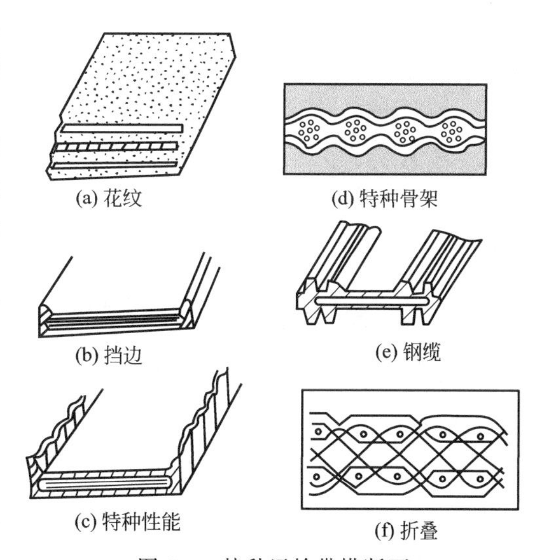

图 7-3　特种运输带横断面

### 2. 三角带的组成与结构特点

(1) 普通三角带　普通三角带是一种横断面为梯形的环形传动带，由包布层、伸张层、强力层和压缩层等部件构成。其特点是振动小，噪声小，适用于中心距小、传动比大的动力传递。如图 7-4 所示。

（2）风扇带　风扇带工作面为梯形的环形胶带，其结构与普通三角带一样，只是多了一层缓冲层。主要用于汽车、拖拉机和内燃机中的驱动风扇、发电机及泵等。其特点是使用环境比较苛刻、带轮直径小、速度交变频繁、传动功率随时变化。如图 7-5 所示。

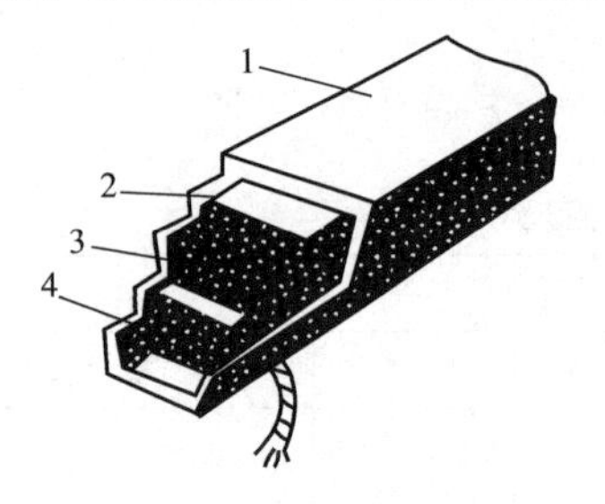


图 7-4　三角带结构简图

1—包布层；2—伸张层；3—强力层；4—压缩层

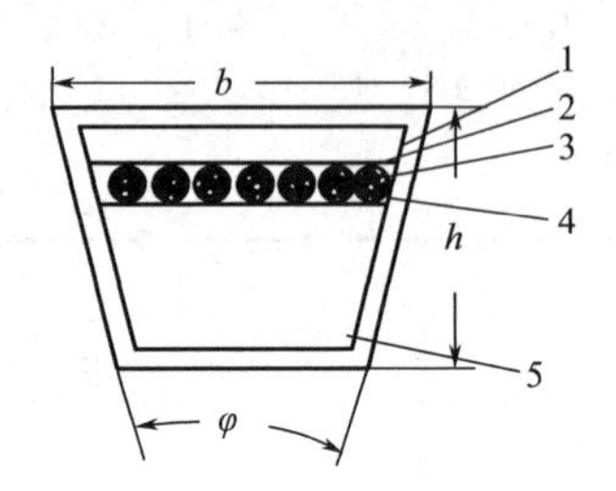


图 7-5　风扇断带结构简图

1—包布层；2—伸张层；3—缓冲层；4—强力层；5—压缩层

（3）窄三角带　窄三角带有与普通三角带一样的环形胶带和结构。其特点是普通三角带的顶宽与断面高之比在 1.6 左右，窄三角带比较小，在 1.1～1.3。带顶呈弓形，使绳芯受力后仍排列整齐，强力层绳芯受力均匀。压缩层高度增加，使三角带与带轮的有效接触面增大，摩擦力增大，其承载能力增加。

（4）宽三角带　宽三角带与普通三角带结构一样，结构分为四大类：无齿宽三角带、内齿形宽三角带、内外齿形宽三角带、截锥形宽三角带。其特点是顶宽与断面高之比大于 2。可作为变速传动装置用的无级变速带。齿形可防止打滑，提高传动效率和变速适应性。

（5）大、小角度三角带　大、小角度三角带主要指斜边交角较普通三角带大或小的三角带。大角度三角带斜边交角 60°，在传动过程中，伸张层更大地受到侧壁支持，负荷分布更均匀，带体比较薄和窄，屈挠性好。小角度三角带斜边交角较普通三角带小，一般为 28°、32°和 34°，减小角度后，所需张力可以减少，使用寿命延长，但传动稳定性差。

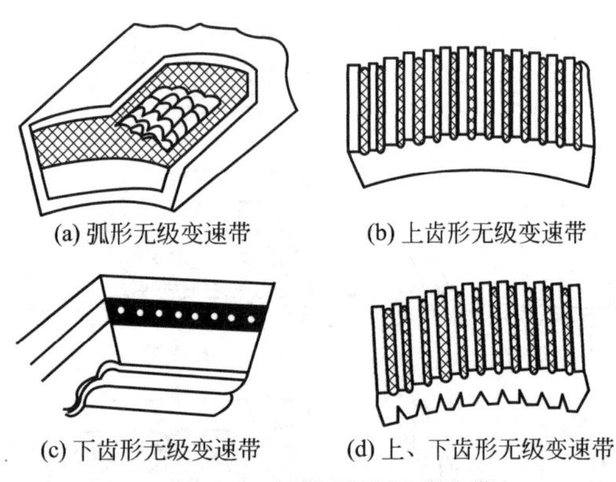


图 7-6　各类型无级变速带

（6）活络三角带　活络三角带的结构形式与普通三角带不同，主要是由挂胶帆布贴合经硫化冲切成一定形状的小胶布带，由铆钉连成一根所需长度的胶带，每一节胶布片可铆 2～5 个铆钉。结构形式为：O 型 2 个，A、B 型各三个，D、E 型各 5 个。其特点是长度不受限制，用于低速传动，结构复杂，强度低，缓冲性能不好。活络三角带的结构如图 7-6 所示。

## 3. 同步带的组成与结构特点

同步带由带齿形的工作面与齿形带轮的齿槽啮合进行传动，其强力层由拉伸强度高、伸长小的纤维材料或金属材料组成，以使同过程中节线长度基本保持不变；带与带轮之间在传动过程中没有滑动，以保证主从动轮间无滑动的同步传动。

同步带的结构可分为胶层、强力层、带齿和包布层等部分。其中浇注型聚氨酯同步带无包布层。

同步带有两种类型：通用橡胶类（结构由带芯、上覆盖胶、齿体、尼龙帆布组成）、聚氨酯浇制类（结构由带芯和聚氨酯胶层浇制）。结构为内周模压成许多等距的橡胶齿体，凸齿的设计恰好与皮带轮上的轴向齿相啮合，能准确进行传动。其特点是综合了齿轮传动、链轮传动和带传动的优点，可防止传动时打滑，适应 40m/s 以上的高速传动。缩小传动轮的中心距，可使用轻金属和非金属传动轮，免除润滑系统。使用中不会拉长。强度高，屈挠性好，黏合性能好。同步齿形带的结构如图 7-7 所示。

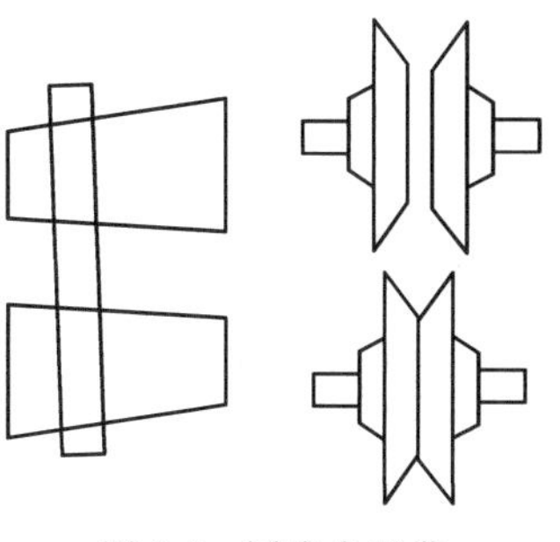
图 7-7　同步齿形带

## 三、胶带的规格及计量表示方法

### 1. 运输带

（1）运输带的规格　一般以宽度（mm），骨架层数，上、下覆盖胶厚度（mm），长度（m）五个数值表示。例如 300×3×2×1.5×50 表示宽度为 300mm、3 层胶布、上覆盖胶厚度 2mm、下覆盖胶厚度 1.5mm、长度 50m 的运输带。

在生产上常用 300mm×3P(2+1.5)×50m 表示，其中 P 表示层数。也可以用纵向全厚度拉伸强度（kN/mm）表示。在运输带表示中还有其他标记，如运输带用途（G 为普通用途）、覆盖胶性能级别代号（L 为轻型、H 为重型、M 为普通型），若为环形带还包括内周长（m）。

例如，500G800L3/1.5-50 表示纵向全厚度拉伸强度 500N/mm、普通用途、宽度 800mm、覆盖胶性能级别为轻型、上/下覆盖胶厚度分别为 3mm/1.5mm、内周长 50m。

（2）运输带的计量　一般的计算方法是长×宽，也可以用单层长度进行计算，公式如下：

$$\text{产量}(\text{m}^2)=\text{带宽}(\text{m})\times\left[\frac{\text{上覆盖胶厚}(\text{mm})+\text{下覆盖胶厚}(\text{mm})}{1.5}+\text{层数}\right]\times\text{长度}(\text{m})$$

其中，$\dfrac{\text{上覆盖胶厚}(\text{mm})+\text{下覆盖胶厚}(\text{mm})}{1.5}$表示 1.5mm 厚的胶相当一个单层。

### 2. 三角带

三角带规格以断面及内周长（mm）表示，在使用过程中，以数根三角带为一组。

（1）三角带规格

a. 普通三角带规格　由型别、基准长度和标准号组成。如 A 型三角带，基准长度为 1400mm 的表示方法：A1400。

b. 窄三角带规格　由型别、基准长度或有效长度和标准号组成。

c. 宽三角带规格　由型别、基准长度、带高、工作面夹角及标准号组成。

d. 风扇带规格　由型别、基准长度、标准号组成。

e. 活络三角带规格　由上底宽 $b$（mm）、断面高 $h$（mm）、工作夹角 $\varphi$（°）等数值表示。

（2）计量　三角带的计量方法是以 Am 计，把不同型别的普通三角带转换成相当 A 型带的倍数（截面积之比），再乘以长度表示产量。如 B 型带 1m 长，相当于 A 型 1.7m。若 B 型带带长 800mm，则计量表示 0.8×1.7=1.36Am。

# 第二节　胶带的结构设计

## 一、运输带的结构设计

### 1. 宽度的计算

（1）宽度的确定　计算公式为：

$$B=\sqrt{\frac{Q}{K_d K_s K_q V\gamma}}$$

式中　$B$——运输带宽度；

$Q$——运输量，t/s；

$K_d$——运输带断面系数（见表 7-2）；

$K_s$——运输带速度系数（见表 7-3）；

$K_q$——运输机倾斜角系数（见表 7-4）；

$V$——运输带运行线速度，m/s；

$\gamma$——运送物料堆积密度（见表 7-5），$t/m^3$。

**表 7-2　运输带断面系数（$K_d$）**

| 带宽(B)/mm | 不同动堆积角下的运输带断面系数 | | | | | | | | | |
|---|---|---|---|---|---|---|---|---|---|---|
| | 15° | | 20° | | 25° | | 30° | | 35° | |
| | 槽形 | 平形 | 槽形 | 平形 | 槽形 | 平形 | 槽形 | 平形 | 槽形 | 平形 |
| 500～560 | 300 | 105 | 320 | 130 | 355 | 170 | 390 | 210 | 420 | 250 |
| 800～1000 | 335 | 115 | 360 | 145 | 400 | 190 | 435 | 230 | 470 | 270 |
| 1200～1400 | 355 | 125 | 380 | 150 | 420 | 200 | 455 | 240 | 500 | 285 |

注：堆积角是物料在带上堆积坡面与运输带平面所夹锐角。动堆积角为静堆积角的 70%。

**表 7-3　运输带速度系数（$K_s$）**

| 运输带速度(V)/(m/s) | 1.6 | 2.5 | 3.15 | 4.0 |
|---|---|---|---|---|
| $K_s$ | 1.0 | 0.98～0.95 | 0.94～0.90 | 0.84～0.80 |

**表 7-4　运输机倾斜角系数（$K_q$）**

| 倾斜角 | ≤6° | 8° | 10° | 12° | 14° | 16° | 18° | 20° | 22° | 24° | 25° |
|---|---|---|---|---|---|---|---|---|---|---|---|
| $K_q$ | 1.0 | 0.96 | 0.94 | 0.92 | 0.90 | 0.88 | 0.85 | 0.81 | 0.76 | 0.74 | 0.72 |

注：倾斜角为奇数时，运输机倾斜角系数值取两相邻偶数度间的平均值。

**表 7-5　各种物料堆积密度**

| 物料名称 | 堆积密度/($t/m^3$) | 物料名称 | 堆积密度/($t/m^3$) |
|---|---|---|---|
| 煤 | 0.8～1.0 | 小块石灰石 | 1.2～1.5 |
| 煤渣 | 0.6～0.9 | 烧结混合料 | 1.6 |
| 焦炭 | 0.5～0.7 | 砂 | 1.6 |
| 锰矿石 | 1.7～1.8 | 碎石和砾石 | 1.8 |
| 黄铁矿 | 2.0 | 干松泥土 | 1.2 |
| 富铁矿 | 2.5 | 湿松泥土 | 1.7 |
| 贫铁矿 | 2.0 | 黏土 | 1.8～2.0 |
| 铁精矿 | 1.6～2.5 | 盐 | 0.8～1.2 |
| 白云石 | 1.2～1.6 | 粉状石灰 | 0.55 |
| 石灰石 | 1.6～2.0 | | |

(2) 说明　如运输机作不均匀给料，应在 $Q$ 值上乘以给料不均匀系数，此数值根据具体情况而定，多为 1.5～3.0；计算出带宽 $B$ 后，应按物料粒度对初步算出的宽度进行校正，对未选分的物料，$B \geqslant 2\alpha_{max}+200mm$ ($\alpha_{max}$ 表示物料的最大块度)，对已选分的物料，$B \geqslant 3.3\alpha_0+200mm$ ($\alpha_0$ 表示物料的平均块度)；运输带宽度应比运输机辊筒的宽度小一些，因过大会引起机架摆动，过小则容易引起胶带边部磨损。具有中高度的辊筒宽度可大于 50～100mm，没有中高度的辊筒宽度大于带宽 100～200mm，带宽较小者取较小差值，带宽较大者取较大差值。

### 2. 布层数的计算

运输带的布层数计算有两种方法：①从传动功率计算运输带布层数；②从胶带所受的最大张力计算运输带布层数。前者涉及大量系数，经验数据比较多，且系数的选取对胶带的计算有很大影响。后者在计算直线阻力时要先对胶带层数进行假设，再从最后算出的最大张力值校正，目前较多采用这种方法。

根据运输带的最大张力计算带芯层数，计算公式：

$$i=\frac{S_{max}C}{K_B'B}$$

式中　$i$——带芯层数；

$S_{max}$——运输带的最大张力 (可查 GB/T 7984—2013)，kN；

$K_B'$——胶帆布经向断裂强度 (见表 7-6)，kN/m；

$C$——纺织材料安全系数 (见表 7-7)。

**表 7-6　运输带胶帆布每层经向断裂强度**

| 帆布种类 | 普通型(棉) | 强力型(棉) | 维纶 |
| --- | --- | --- | --- |
| 断裂强度/(kN/m) | 56000 | 96000 | 150000 |

**表 7-7　运输带设计安全系数**

| 带芯层数 | 3～4 | 5～8 | 9～12 | 钢丝绳带芯 |
| --- | --- | --- | --- | --- |
| 带子硫化接头时安全系数 | 8 | 9 | 10 | 8～10 |
| 带子机械接头时安全系数 | 10 | 11 | 12 | |

### 3. 覆盖胶厚度的确定

覆盖胶厚度主要取决于被运输物料的种类和特性、给料冲击力的大小及带速、机长等诸因素。带速愈高、跨度愈小、物料的块度愈大，则上覆盖胶的厚度应愈大。通常作为工作面的上覆盖胶厚度为 11.5～6mm，作为非工作面的下覆盖胶厚度为 1.5～3mm。

## 二、三角带结构设计

三角带同平型传动带一样，用于传递动力，三角带以带的两侧与轮槽接触。在其他条件相同时，三角带与轮槽之间的摩擦力大于平型传动带与轮缘之间的摩擦力。摩擦力的增大有利于传动。

三角带在传动过程中除受拉应力和离心力外，由于三角带的厚度较大，故弯曲应力变化不可忽视。图 7-8 是三角带在运转过程中的状态，从图中三角带运转时Ⅰ、Ⅱ、Ⅲ位置的变化，就可以初步分析三角带在运转过程中应力的变化。设在Ⅰ位置时，取三角带剖面四层即 $A$—$B$、$C$—$D$、$E$—$F$、$G$—$H$。此时三角带只受拉伸应力的作用，而且各层之间受拉伸力的大小基本

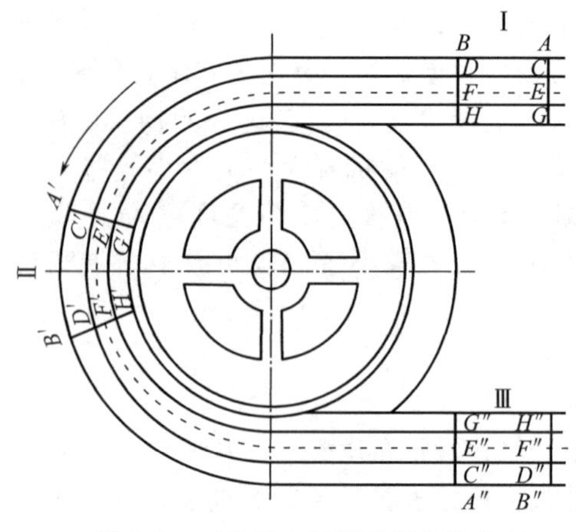


图 7-8 三角带在运转过程中的状态

相等，各层之间的伸长也基本相同。当三角带从Ⅰ位置运转到Ⅱ位置时，三角带不但受拉伸应力的作用，同时也受到弯曲应力的作用。三角带从Ⅱ运转到Ⅲ时，则弯曲应力逐步减少，最后恢复到Ⅰ状态。设 $E—F$ 是中心层，在由Ⅰ位置过渡到Ⅱ位置时既不受弯曲时的拉伸，又不受弯曲时的压缩，称为中性层。在中性层以上的各层如 $A—B$ 层和 $C—D$ 层，就要受到弯曲时的伸张，统称为伸张层。在中性层以下的各层如 $H—G$ 层在弯曲时受到了压缩，统称为压缩层。伸张层中的各层伸长值显然不同，越在外层，所受的弯曲应力就越大，即 $A—B$ 的伸长大于 $C—D$ 的伸长。由于层与层之间的伸长不一致，就造成了层与层之间的位移，而层与层之间仅仅借助于橡胶层的弹性形变而相互联系。由于层与层之间的位移，带子在运转过程中产生很大的剪切应力，致使三角带因生热而受到损坏。

## 1. 三角带强力层的设计与计算

三角带的强力层位于中性层与伸张层之间，这样可以使强力层在伸张状态下使用，避免强力层进入压缩区，而产生伸张应力与压缩应力的相互作用，促使其早期破坏。亦有将强力层设在三角带断面重心位置的。重心距离的计算：

$$h_0=\frac{h}{6}\times\frac{3b-4h\tan\frac{\varphi}{2}}{b-h\tan\frac{\varphi}{2}}$$

强力层的结构，以采用线绳结构比采用帘布结构为合理。因为线绳是单层强力层结构，线绳被弹性的胶层所包围，因此在运转过程中就不存在层与层之间的位移，可大大减少剪切应力和脱层现象。E 型和 F 型的三角带一般仍采用帘布结构。采用帘布结构的三角带厚度越小越好，采用高强度材料作强力层是行之有效的办法。

## 2. 伸张层的设计

伸张层由有伸张性能的胶料组成，能承受三角带在运转弯曲时的部分张力，能增加三角带的柔性，但对于 A、B、C 三种型号的帘布三角带，由于在使用中很少出现包布与帘布脱层现象，设不设伸张层对产品质量影响不大。

D、E、F 型由于断面较高，如果不设伸张层，压缩层会增厚，则压缩疲劳生热量大，会影响使用质量，故 D、E、F 型仍应设伸张层。线绳三角带由于线绳层较薄，仍有设伸张层的必要。

## 3. 厚度的确定

三角带的厚度是根据三角带的 $b/h$ 比值确定的。三角带的顶宽 $b$ 与三角带断面高 $h$ 之比为 1.6 左右，窄三角带的 $b/h$ 多在 1.1～1.3，宽三角带 $b/h$ 的比值大于 2。

三角带在使用时，各部分胶料承受着复杂的压缩、拉伸、剪切多次变形，这些变形导致胶料生热，使胶带的温度升高，特别是胶带在变应力的情况下工作尤其如此。形成变应力的重要因素是弯曲应力。弯曲应力是引起胶带疲劳的主要原因。胶带厚度增大，弯曲应力增大。因此胶带厚度过大会严重地影响其耐疲劳性能。

胶带在传动中的单位时间损耗量与胶带的横断面积、胶带的速度及胶带内部的构造和性能等诸多因素有关。为了减少胶带的损耗，应该减少胶带的横断面积 $F$，减少胶带的厚度以降低弯曲应力是必要的。但 $F$ 减少后，拉伸应力要增大。所以为了保持胶带的强度不降低，胶带应该选用拉伸强度高的材料作带芯，选择密度小的骨架材料可以减少离心应力。在配方设计上减少胶带因滞后损耗而引起的发热变化极为重要，采取以上措施，可以大大减少胶带的损耗。

#### 4. 传动功率的计算

整根三角带横断面所受的最大张力值为：

$$R=\delta_{最大} F$$

式中　$\delta_{最大}$——三角带所受的最大应力；

$F$——三角带的横断面积。

又　$75N=PV$（功率单位为马力）

或　$102N=PV$（功单位为 kW）

因此
$$R=\left(\frac{P\dfrac{e^{f'r}}{e^{f'r}-1}}{F}+\frac{\dfrac{qV^2}{g}}{F}+E\frac{h}{D}\right)F=\left(P\frac{e^{f'r}}{e^{f'r}-1}+\frac{qV^2}{g}+FE\frac{h}{D}\right)$$

$$N=\left(\frac{K_p}{C}-\frac{qV^2}{g}-FE\frac{h}{D}\right)\frac{V}{75}\times\frac{e^{f'r}-1}{e^{f'r}}\ （马力）$$

$$N=\left(\frac{K_p}{C}-\frac{qV^2}{g}-FE\frac{h}{D}\right)\frac{V}{102}\times\frac{e^{f'r}-1}{e^{f'r}}\ （kW）$$

式中　$C$——安全系数，一般取 8～10；

$E$——三角带的模数，$kg/cm^2$；

$K_p$——三角带的单根强度，kg/根；

$f$——折合摩擦系数。

$$f'=f/\sin\frac{\varphi}{2}$$

## 三、同步带结构设计简介

同步带结构设计包括齿形设计、模具设计、带轮设计和带体设计等内容，设计计算比较复杂，有些要借助计算机方能精确算出。目前设计理论和设计方法很多，但都不太统一。通常，带体设计时要先根据传动功率来计算设计功率，并据此选定同步带型号；再根据带轮齿数算出带轮节圆直径，并据此算出同步带节线长度和齿数及带与轮的啮合齿数；最后根据设计功率和啮合齿数求出同步带宽度等。

# 第三节　胶带的制造工艺

## 一、成型工艺

#### 1. 运输带的成型

运输带成型采用的带芯成型方法有叠包式（叠层与包层结合而成）、叠层式（由胶布逐层贴合而成)。前者的特点是操作简便，边下料、边成型，劳动生产率高，占地面积小，但各层间的张力相差太大，覆盖胶结合采用双包包边法。后者是先下料，后成型，各层张力均匀，边胶与带芯黏合好，但工序稍多一些，覆盖胶结合及包边是采用贴边胶条的方法。目前国内工厂多采用叠层结构，有的工厂大规格运输带采用叠层式结构，中小规格采用叠包式结构。表 7-8 是叠包式结构形式。

**表 7-8　叠包式结构形式**

| 布层数 | 结构方式 | 布层数 | 结构方式 |
|---|---|---|---|
| 3 | 一叠一包 | 7 | 一叠三包 |
| 4 | 二叠一包 | 8 | 二叠三包 |
| 5 | 一叠二包 | 9 | 一叠四包 |
| 6 | 二叠二包 | 10 | 三叠四包 |

成型操作要点如下：

(1) 成型前的检查　主要是检查胶布、胶片的质量和规格是否合乎要求。胶布上的落胶、白条、坏布、油污、杂物等必须除去或用汽油清洗。

(2) 带芯宽度要准确　宽度计算公式为：

$$带芯成型宽度(mm)=成品宽度(mm)-[2\times 边胶厚(mm)]+K(mm)$$

带芯成型宽度系数 $K$ 值如表 7-9 所示。

**表 7-9　带芯成型宽度系数**

| 带宽/mm | $K$/mm | 带宽/mm | $K$/mm |
|---|---|---|---|
| 200～300 | 2 | 700 | 6 |
| 400 | 3 | 800 | 6 |
| 500 | 4 | 1000 | 7 |
| 600 | 5 | 1200～1400 | 7～9 |

(3) 成型时应避免布层打褶、空边、卷边等现象　如有上述现象应及时剪除。并涂以胶浆，待溶剂挥发后，才能操作。

(4) 胶布接头和拼条应符合工艺上的规定　为了防止运输带带身弯曲和出现兜形，必须做到：

① 不要单面撕布边而使胶布松紧不一致，但可允许紧布边交叉搭配使用。

② 成型时带芯与外包布要对直，勿使其发生左右移动。

③ 拼条时要防止拉条张力太大，并要求不要集中在一起，以防止造成弯曲和起泡。

④ 为了防止运输带在硫化时造成起泡等缺陷，提高胶层与布层的黏合力，布层的缺线必须补好，线头必须剪除，严格注意胶布、带芯、胶片的清洁。受潮的胶布，必须干燥后才能使用。

近年来叠层式运输带的成型实现了半机械化和机械化生产，各种不同宽度的运输带的部分半机械化预成型方法一般分为两类：带成型台的成型法及不带成型台的成型法。

图 7-9 是带成型台的运输带成型机，该机成型台一次可贴合六层。在贴上覆盖胶之前，用装在成型机两侧的冷喂螺杆压出机将压出胶条贴在胶边上，同时由列辊牢固压合。在成型台下部装有第二条运输带及其他相应的装置。胶带层数较多，一次不能贴完时，用运输带将需经第二次贴合的半成品带坯返送至 1 或 2，从而避免繁重的来回运输。

图 7-10 是多层带芯一次贴合装置，使多层带芯与贴覆盖胶的工序连续化，可提高运输带成型工艺的效率。

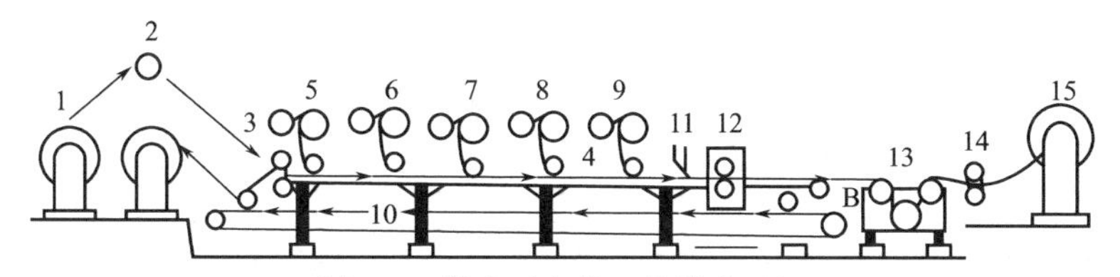


图 7-9　带成型台的运输带成型机

1,2—带坯卷取和导开装置；3—贴合辊；4—胶带成型台；5～9—胶布和垫布导开和卷取装置；
10—半成品带坯返回装置；11—裁切装置；12—贴合机；13—扑粉涂隔离剂装置；
14—棘刺装置；15—成型好的带坯卷取装置

图 7-11 是一种联合成型机，是与压延机连续或联动的机械化成型机。贴合机中有多导布辊，布料经压延挂胶后直接进入贴合机的导向辊层反复地运行，并受压辊辊压，走完全程（约 100～200m）后便构成环路。在贴合辊 4 处与刚从压延机来的胶布会合，经贴合辊辊压面贴合，如此循环运行，直到贴合到预定的层数，然后将贴合辊的带芯横向裁断、导出、卷取。在此联合成型的基础上，可配合适当台数的三辊或四辊压延机及其他必要的附属装置，使其与浸胶烘干、覆盖胶贴合等工序连在一起，这样可成一条从原材料到带坯的连续化生产线。

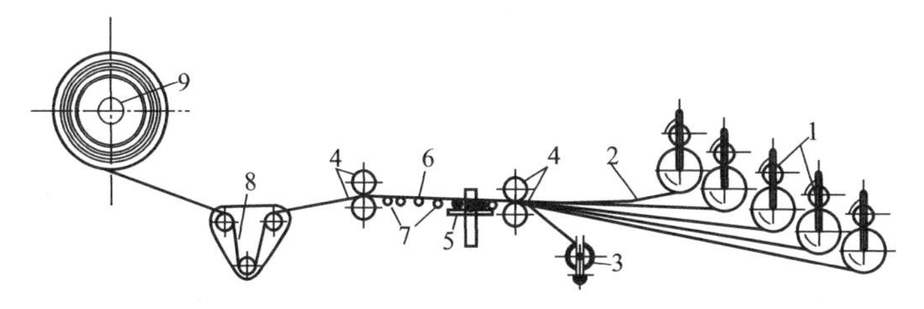


图 7-10　多层带芯一次贴合装置

1—已贴胶的胶布（连用垫布）；2—整经装置；3—供胶器；4—贴合辊；
5—胶料供应装置；6—辊道；7—整边辊；8—隔离剂；9—卷取装置

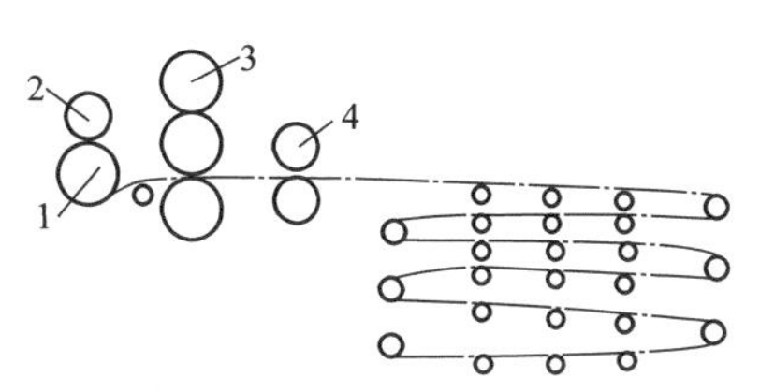


图 7-11　联合成型机

1—擦胶布卷；2—垫布卷；3—三辊
压延机；4—贴合辊

机械化贴覆盖胶的方法是采用三辊或四辊压延机进行的。

钢丝绳运输带的工艺多采用压出法或连续张力控制法。前者的工艺流程是钢丝绳经钢丝挂架导出，经分线器进入压出机，利用压出机贴缓冲胶。由于压出机内胶料压力较高，因而缓冲胶能充分渗入钢丝绳，胶料与钢丝绳的黏合强度大，但此法目前只适用于生产轻型钢丝带。后者的特点是从成型到硫化整个过程中，每根钢丝绳都承受均匀一致的张力，钢丝绳间距一定，生产工艺简单，效率高。成型时，每根钢丝绳约承受 100kg 的张力，生产工艺连续化，与大型平板机配套使用，故能达到张力高度均一。图 7-12 是钢丝绳运输带连续张力控制制造法原理。

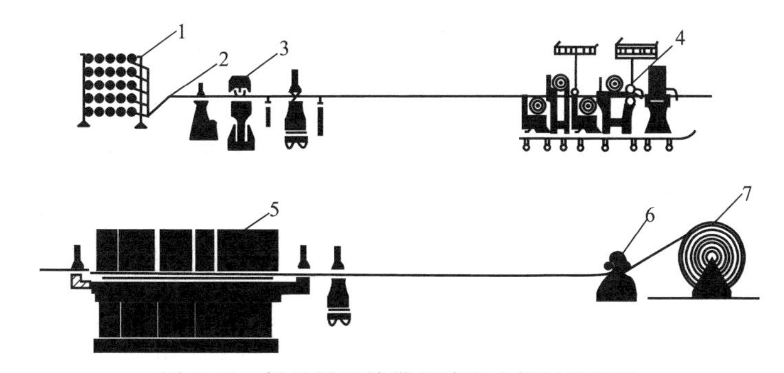


图 7-12　钢丝绳运输带连续张力控制法原理

1—钢丝绳挂架；2—分线器；3—张力装置；4—成型贴合装置；5—硫化机；6—牵引装置；7—卷取装置

平型传动带的成型一般采用叠包、包层和叠层等方式。采用包层式成型时，成型按层数贴合。布层逢单层为一叠，逢双层为一包，如五层为一叠二包，六层为三包，七层为一叠三包。采用叠包并用时，只允许逢双层才能二叠。如六层为二叠二包，八层为二叠三包等。叠包并用范围是带宽大于或等于 300mm 或层数大于或等于六层。

包层式的各擦胶布层的叠放方式要按照擦胶面一律朝外的原则。带宽在 50mm 以上者全部使用对口胶，外包对缝位一律居中，但布芯对缝必须左右错开。在六层以下的带子，布层对缝不允许有重叠现象。带宽在 300mm 及 300mm 以上者，其外包纵向对缝允许有两处，每边对缝应在带宽 1/3 处。传动带外包布不允许有横接头，内层横接头数按规定是：层数四层至六层者接头个数为一个，七层以上者接头个数为二个。布层纵向并条需按规定进行。成型操作要点如下：

① 扯布时要注意布条宽度，防止跳线，不允许胶布有褶皱、坏胶布、落胶、白条、油污。

② 如有空边缺线、封口胶不正等缺陷，要随时修理。

③ 为了克服硫化时胶带封口胶脱胶等现象，在使用隔离剂时，要根据规格大小和气候条件调节浓度。一般情况下，规格大、气温高，浓度要高。同时要严格防止隔离剂渗入布层。

## 2. 三角带的成型

帘布三角带的成型可分为单根成型和成组成型。大型三角带采用单根成型法。单根成型法采用具有标准槽形的成型槽轮，按三角带结构逐层地贴合完成，一次只能成型一根。中小型三角带一般采用成组切割成型。成组成型是在成组切割机上进行的。机组主要由主机和送料架两部分组成。主机包括带有圆刀的主动辊（具有成型及切割带芯的作用）、带有伸张装置的伸张辊（成型时起桥梁的作用）。包布工序一般在风压包布机上进行，圆刀主动辊的规格如表 7-10 所示。

**表 7-10　圆刀主动辊的规格**

| 三角带的成型 | 主动辊规格/mm | | | |
|---|---|---|---|---|
| | $t_1$ | $t_2$ | $d$ | $D$ |
| A | 8 | 9.6 | 160 | 176 |
| B | 8 | 13.7 | 160 | 180 |
| C | 8 | 17.2 | 160 | 186 |
| D | 8 | 26 | 160 | 196～197 |
| E | 8 | 31 | 160 | 206 |

成组成型操作要点如下。

① 帘线分线时要按照生产所需型号的作业计划计算，帘线不得有破、压坏等现象，表 7-11 是成组切割单根带分线规定。

**表 7-11　成组成型切割单根带分线规定**

| 类型 | O | A | B | C | D | E | F |
|---|---|---|---|---|---|---|---|
| 帘线根数 | 5 | 9 | 12 | 16 | 26 | 30 | 44 |

② 压缩层磁针切成斜口，接成环形备用。有起泡、白布不得使用。

③ 裁包布以 45°裁断，要接平每块布的接头。坏布、白布不得使用。

④ 成组切割长度应根据帘布和机台的具体情况进行放缩。

⑤ 包布后的带坯不得重量不足或超重。单位长度带坯的重量是根据硫化槽板、帘布、包布、胶料等情况制订的。

线绳三角带成型一般是采用单根绕绳或双鼓多绕绳的方法。为了增加与胶层的黏合强度，线绳成型前都要经过浸浆处理。线绳三角带成型的拉伸张力为2～3kg，且每根胶带只准用一根整绳，不准有搭头。单根绕绳的成型方法是将包布放好，贴好压缩胶层，再绕线绳，最后贴上伸张层胶将包布包好，得到半成品。

风扇带成型方法有单根成型和成组成型两种。单根成型法劳动生产率低。成组成型是将除了包布层外的各层在可叠合的金属鼓上先制成一大的环状圆筒，然后用圆环刀切割成带芯，再用包布机包上包布。为了避免胶带在使用时伸长过大，各种纤维的线绳在使用以前都进行预伸长，其伸长率都应控制在10%～12%。

国外三角带成型均以成组成型法为主，成组成型分顺式和反式两种。顺式成型是先贴压缩层，逐步成型其他各层。反式则从伸张层开始贴合。带坯成型后按要求角度固定刀具切割。切割方法有三刀切割法，即用两把成楔角的割刀将压缩层胶切成梯形，再用一把刀将其余部分垂直分割。如果压缩层胶先压延成梯形断面的胶条，则可用一刀切割法，即一把刀将伸张层、缓冲层和强力层垂直分割成带芯。

同步齿形带成型一般是由聚氨酯浇注而成，先将增强材料缠绕到一带沟模的芯模上，然后将此芯模置入一简单的壳模中，再用液体聚氨酯注满芯模和壳模的空隙，模腔内的空气可借真空法和离心法排除，然后进行硫化。

## 二、硫化工艺

### 1.运输带的硫化

运输带硫化一般采用平板硫化机。鼓式硫化机目前亦已普及。平板硫化机一般有单层和双层平板两种，亦有三层的平板硫化机。平板硫化机的宽度不等，有宽达3m、3.4m，甚至3.8m者。平板硫化机的自动化程度在不断提高，主机和辅机全部采用集中程序控制，平板硫化机的加热方法有蒸汽加热和过热水加热两种。

运输带的硫化温度一般采用147～151℃，硫化时间一般20～30min左右。胶料的正确硫化时间可按下述经验公式计算：

$$T=t+(\text{胶布层数}+\text{上、下覆盖胶厚度})\times K$$

式中　$t$——胶料的正硫化时间，一般为8min左右；

$K$——系数，一般为1.3～1.5。

硫化时的伸长值，一般控制为3%～4%，以保证成品断裂伸长率在12%左右为原则，硫化单位压力一般为15～25kg/cm$^2$。

生产宽度大于2m的胶带，除用大型平板硫化机外，也可用折叠硫化工艺。硫化时采用由覆盖胶相连的带子沿纵向往上折叠，硫化后仍然张开。硫化时用硫化胶软垫隔离覆胶防止硫化时粘连在一起，带子在使用时，可以用腻子一类的材料填塞。主要用于硫化轻型和中型光面运输带，也可用于浅花纹的运输带，不适用于钢丝绳运输带。运输带若采用微波预热，可使平板硫化和连续硫化的时间节省50%。

由于橡胶的介电性能良好，故可以用微波介电生热。微波加热系统的加热器，其中一种形式是一个金属室，将其成为微波频率的共鸣腔，利用此金属腔以及装在通路接点处经特别设计的偏转装置可以使能量均匀分布。预热器与平板硫化机串联，由电子自动控制装置来硫化平板协同工作。

普通平型传动带可用较小的平板硫化机硫化，硫化条件是：五层以下的普通传动带的硫化温度一般采用151～153℃，硫化时间可按下述经验公式：

$$\text{硫化时间}=t_1+\text{层数}\times K_1(t_1\approx5, K_1\approx1)$$

六层至七层的硫化温度采用151～153℃，硫化时间的表示式为：

$$硫化时间=t_2+层数\times K_2(t_2\approx 6,K_2\approx 1)$$

八层以上的带子，硫化温度采用146～148℃，硫化时间的表示式为：

$$硫化时间=t_3+层数\times K_3(t_3\approx 6,K_3\approx 1.5\sim 2)$$

硫化时伸长值一般为4%～5%，以保证成品断裂伸长率在12%左右为原则。普通传动带使用硫化平板的单位压力约为10～15kg/cm²。若带宽在300mm以下，层数为3～4层时，则硫化平板的单位压力必须降至8～9kg/cm²。

平型传动带亦可用鼓式硫化机硫化或高频硫化法。

## 2. 三角带和风扇带的硫化

三角带、风扇带的硫化可使用圆模硫化、平板硫化和鼓式硫化。

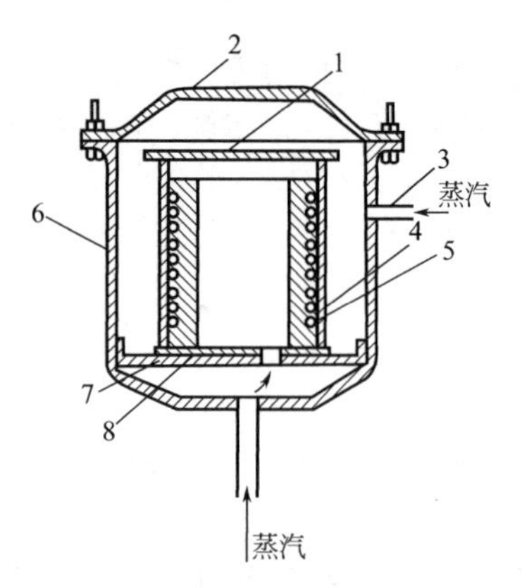

图 7-13　组合式模型成型法的配套硫化设备

1—盖板；2—盖；3—进气管；4—模型；5—未硫化带坯；6,8—底板；7—底座

(1) 圆模硫化法　一般适用于小规格短带。成型后的带坯要进行预伸长，然后将半成品胶带装入模型后，经加压放入硫化罐内用直接蒸汽加热硫化。加压的方法有两种：一种是用钢圈紧箍加压，另一种是用水包布包扎加压。水包布加压法压力较小，但适用于各种纤维线绳的风扇带。钢圈加压法压力大，操作简单，但在加压过程中钢圈收合时易将开口处的线绳挤弯。

圆模法亦可采用组合式模型成型法配套设备。硫化时，将未硫化的坯料放入模内，上下放盖和底板。罐内通高压蒸汽使带坯与模芯压紧，模型内部通入压力较低的蒸汽硫化。这种双重蒸汽设备的压力均匀，硫化时间短，不需要缠包水布，效率较高。图7-13是组合式模型成型法的配套硫化设备。

(2) 平板硫化法　平板硫化设备是颚式平板硫化机，硫化温度控制在148～152℃，平板硫化压力为20～15kg/cm²。此种设备适用于长的三角带分段硫化。硫化前的预伸长是在平板硫化机的两端伸张装置上进行的。图7-14是颚式平板硫化板工作原理。

风扇带硫化设备常采用硫化罐和专用平板硫化机。硫化罐的硫化方法是将半成品胶带装入模型后，经加压放入硫化罐内用直接蒸汽加热硫化。

平板硫化机硫化目前有如下两种硫化设备。

① 多层平板硫化机　每层内配置一副模具，上、下模各固定在上、下热板上，采用钢圈加压，钢圈的紧箍采用锁紧装置（见图7-15）。此法操作极方便，劳动强度低，蒸汽消耗少。

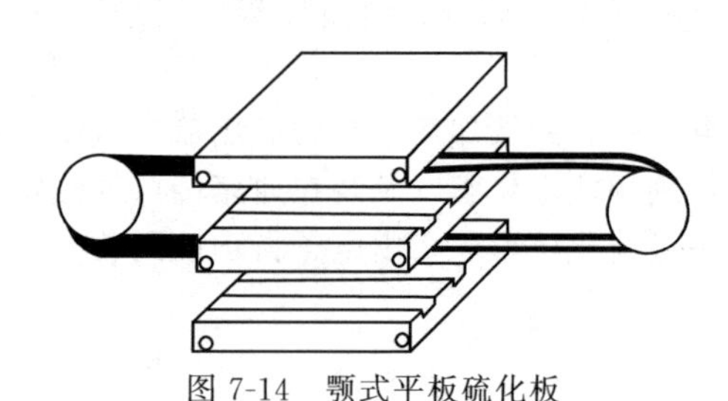
图 7-14　颚式平板硫化板

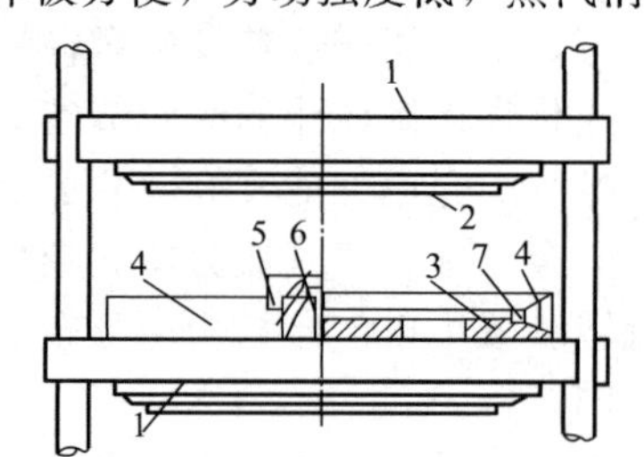

图 7-15　多层平板硫化机

1—上、下热胶；2—上模片；3—下模片；4—钢圈；5—锁紧片；6—锁紧滑块；7—风扇带

② 一层平板硫化机　模具由多片模片和带有夹套可用蒸汽加热的钢圈组成，钢圈由电动机带动的螺杆紧箍，可多根一次硫化。这种成组硫化设备产量高，劳动强度低，产品质量也较稳定。但成组模内腔无加热器，产品硫化时处于受热状态，热量传导不均匀，如图 7-16 所示。

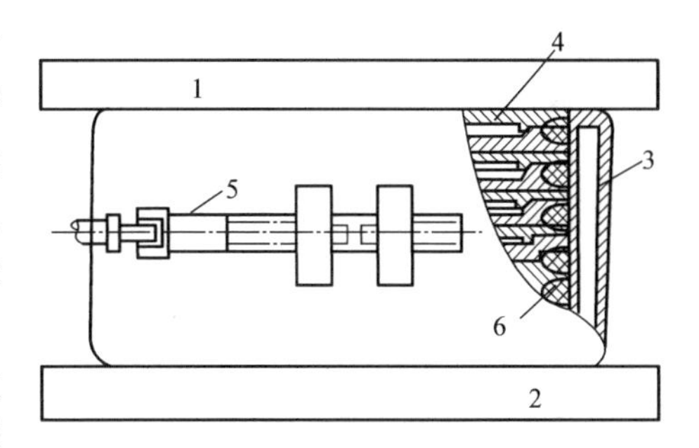


图 7-16　风扇带成组硫化硫化机

1—上热板；2—下热板；3—有夹套可用蒸汽加热的钢圈；4—模片；5—紧箍螺杆；6—风扇带

(3) 鼓式硫化法　鼓式硫化机带子，可一次硫化多根。硫化压力来源于钢带对硫化鼓的加压作用。硫化热源有两种，硫化鼓内采用蒸汽，温度为 150℃；鼓外采用电热，其温度为（200±10)℃。硫化时间是指胶带进入硫化鼓到出硫化鼓所经历的时间。

由于三角带是环形无接头制品，所以第一锅的带坯在全部有效硫化区间内各点不一，硫化程度也不相同，即有的软化，有的呈熔融状态，有的已硫化定型。处于熔融状态的部分因中途失去压力而形成气孔。等这种已形成气孔的部分再运转到有效硫化区间内进行硫化时，气孔就无法消除，造成产品脱层起泡。为了避免起泡现象发生，可采取如下措施。

① 选择挺性好、流动性小、硫化速度较快的帘布胶和压缩胶，如采用天然胶与合成胶并用，掺用部分再生胶和减少软化剂用量，特别是不使用软化性能强和含有低温挥发物的油类软化剂。应选择定型较快的硫化体系。

② 采用低温硫化第一锅的方法，温度可低至 130℃。

# 第四节　成品测试

## 一、平型运输胶带试验

平型胶带一般包括运输带和传动带。试验项目有覆盖胶性能试验、骨架层性能试验和使用性能试验。

覆盖胶性能试验的试样在距带端 20cm、距带边 10cm 以上处的正常部位沿纵向切取。试样经打磨后做成厚度 2mm 的胶片，分别进行拉伸强度、磨耗和撕裂等项目的测试。

骨架层试验包括拉伸强度试验和布层黏合强度试验。运输带的试样可在距带边 10cm 以上的正常部分沿纵向切取，传动带在带芯或带芯两侧切取，其中包括覆盖胶与布层间黏合强度的试验。

斯考特屈挠试验是一种模拟的使用性能试验，该试验是把试样放在屈挠试验机的滑轮上，在一定的负荷作用下，使之往复屈挠，测定试样的耐屈挠剥离性能。

除上述试验外，还根据带子要求进行下述各项试验。

### 1. 磨轮试验

为了测定覆盖胶和带边的耐磨耗性能，除使用一般的阿克隆和格拉西里等磨耗试验机外，还采用磨轮试验机。磨轮试验机的特点是旋转砂轮跟带边接触摩擦，主要是用于测定带边的耐磨性能。

## 2. 成槽试验

成槽试验的试样选取可在胶带一端取 160mm 长的试片，试片的四周用吊具平整地吊起，悬吊的铁丝应垂直，经 5min 后测定中点的挠度，结果取两个试样的平均值，成槽指数计算公式如下：

$$T=\frac{F}{B}$$

式中 $T$——成槽指数；

$F$——试片的挠度平均值，mm；

$B$——带宽，mm。

## 3. 机台模拟试验

用专门设计的小型输送机组成材料循环系统，任意调整被运送物料的品种、块度、温度、输送倾角、带速、槽角以及其他工作条件乃至工作环境。整个试验循环进行。经一定运行期后，把带体解剖做各种性能测定并与运行前的数据对比。亦可在同一胶带上采取几种不同的覆盖胶明显的标志，在试验过程中，用电子仪器定时地记录各段胶带的磨耗情况。

## 4. 耐热胶带运行试验

耐热胶带运行试验是在试验中观察胶带各种温下的表面状态、硬度变化、磨耗情况、层间黏合强度以及接头性等（图 7-17）。

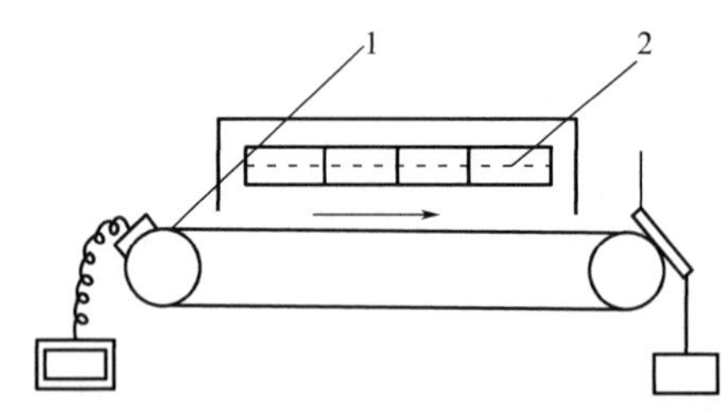


图 7-17　耐热胶带运行试验装置
1—胶带；2—红外线加热器

# 二、三角带试验

三角带的试验由于受其形状限制，一般仅对其压缩胶层和包布层进行试验，一些规格小的成品一般不进行试验。压缩层一般只进行拉伸强度和硬度等试验。中心层的黏合强度试验，对帘布层为 5 层以下的三角带，一般测试除从第二层（自上至下数）起，每隔一层测一层，最末一层不测。包布层要进行黏合强度试验。

胶带要进行整根扯断试验，其试样是从整根胶带上切下其中一段进行。

## 思考题

1. 运输带的结构和特点如何？主要有哪些品种？特种运输带有哪些主要特点？
2. 三角带的断面结构形式如何？各部件有何作用？
3. 举例说明运输带和三角带的表示方法。
4. 画出两种运输带的断面结构。
5. 画出普通三角带、宽三角带、窄三角带的断面结构。
6. 说明运输带各部件胶料配方设计特点。
7. 说明三角带各部件胶料配方设计特点。
8. 运输带与三角带的成型工艺各有何特点？
9. 分析运输带与三角带的硫化工艺有哪些不同。
10. 运输带与三角带的成型要点各有哪些？

# 第八章 胶鞋设计与制造工艺

**学习目标**

掌握胶鞋的组成、胶鞋的结构设计程序和方法、胶鞋的配方设计原则和主要部件配方设计；熟练了解胶鞋的几种成型方法；了解胶鞋的质量问题及改进措施。

## 第一节　胶鞋的概述

### 一、胶鞋的概念

胶鞋是指鞋底采用橡胶为主要原材料制造的鞋。根据胶鞋的鞋面所用原材料不同可把胶鞋分为三类：布面胶鞋、胶面胶鞋和其他类胶鞋。

### 二、胶鞋的分类

胶鞋的常见分类方法主要有三种：按用途分类、按工艺制作方法分类和按鞋的材料分类。

#### 1. 按用途分类

（1）生活用鞋　此类鞋要求舒适、轻便、美观、新颖，每种鞋都有自己的特色。品种有便鞋、旅游鞋、拖鞋、特色鞋。

（2）体育运动专用鞋　此类鞋一般力求舒适耐穿，鞋底弹性好，而且耐磨、耐撕裂（断裂），帮面结实，衬里柔软合脚、吸汗，不妨碍运动。品种有篮球鞋、网球鞋、径赛鞋、训练鞋、马拉松鞋、登山鞋、曲棍鞋、滑雪鞋等。

（3）防雨、雪靴　此类鞋均为胶面靴，比较注重外观和式样。如防雪鞋加有防雪盖或用绳扎住鞋筒。

（4）劳动保护鞋靴　此类鞋是为适应工业、农业、林业、消防、乘骑、防滑等不同专业的特殊防护要求而制作的，结构较复杂，常采用多种材料及复合构件。其品种有袜套式鞋，农业靴，防刺穿、防砸伤的安全靴鞋，耐热、防燃靴鞋，高压绝缘靴鞋，导电和防静电靴鞋，防寒保温靴鞋，特种鞋，军用鞋。

### 2. 按工艺制作方法分类

（1）辊筒底一次贴合热硫化鞋　将各种胶制件贴合在鞋帮上经硫化制成。

（2）模压底贴合法鞋　此法也称二次硫化鞋。现有两种工艺：①鞋帮套楦采用一次海绵中底，再贴模压大底；②用模压海绵中底板帮后再贴模压大底。

（3）模压法鞋　鞋帮套楦后放入已置胶料的模压机中压制而成。

（4）冷粘法（扳帮法）鞋　扳帮后将硫化的鞋底用胶黏剂冷粘在鞋帮上。

（5）注塑法鞋　使用注塑机将胶料（或塑料）一次注塑成型。

### 3. 按鞋面材料分类

有布面胶鞋、胶面胶鞋、皮革鞋、橡塑鞋等。

## 三、胶鞋的构造

以胶鞋的几种典型品种为例来说明胶鞋的构造。

### 1. 长球鞋和短球鞋

球鞋分长筒球鞋（简称长球鞋）和短筒球鞋（简称短球鞋）两种。在结构和制造工艺上除鞋帮高低不同外，其他基本相似，现将长球鞋各主要部件的作用叙述如下（见图 8-1）。

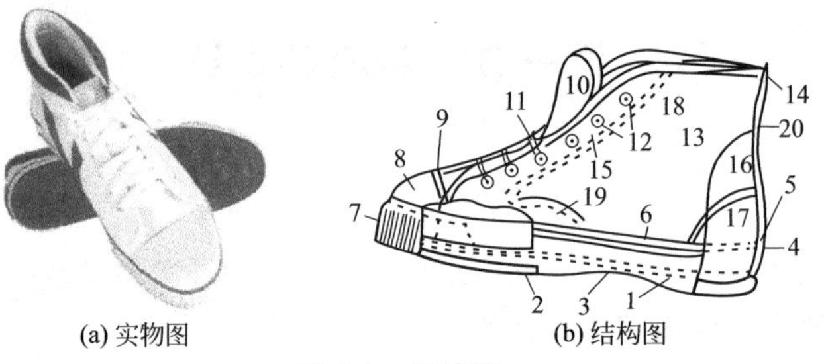


(a) 实物图　　(b) 结构图

图 8-1　长球鞋

1—大底；2—海绵内底；3—内底布；4—外围条；5—内围条；6—围条浆；7—大梗子；8—包头；9—包头胶浆；10—鞋舌；11—鞋带；12—鞋眼；13—鞋面；14—沿口布；15—鞋眼衬布；16—鞋里布；17—里后跟；18—缝线；19—护趾布；20—后跟带

（1）大底　大底是长球鞋的主要组成部件，它承受人体跑、跳、行走、工作时的全部力量，担任频繁的屈挠和最大的磨损。因此，要求大底耐磨、坚韧、耐屈挠性能优异，并具有合理的厚度分布和良好的防滑性能。

（2）海绵内底　海绵内底是由柔软而富有弹性的海绵状胶料组成，具有优良的缓冲性能，因而能降低大底在穿用过程中的磨损。海绵内底还可以保护人体大脑和脚底在激烈的运动中不受损伤，穿着时给人以舒适感。海绵内底有活动海绵、明海绵和暗海绵，一般鞋均是暗海绵。在工艺方法上，海绵内底有辊筒成型冲切和模压硫化两种。

（3）内底布　内底布是用一定规格的平纹帆布或斜纹布制成。除具有保护海绵内底的作用外，还可以减少袜子与海绵内底之间的摩擦力，使脚在运动时舒适，并有吸汗的功能。从结构上看，内底布是联结鞋帮的部件，以适应缝帮套楦工艺的需要。

(4) 内外围条　内外围条起着黏合大底与鞋帮的作用。内围条两面光平，厚度一般在0.7mm左右，宽度不等。借助围条浆与鞋帮黏合，大底联结其上，然后外围条再覆盖于内围条和大底之上，结合成一体。避免鞋帮因接触不平地面或其他硬物而造成的擦伤。在穿用过程中，它承受着最频繁的屈挠。因此，要求它必须胶质柔软、伸长率大、耐老化、耐屈挠、抗撕裂性能优良。

(5) 大梗子　大梗子也称大牙子，它贴在球鞋头部，能保护脚趾承受外力冲击，并能增强长球鞋头部的坚韧性。因此，要求大梗子必须用硬度稍高、韧性良好的胶料制造，其厚度较围条厚。

(6) 包头　包头能保护脚趾，防止鞋头部塌瘪，并增强鞋帮头部的抗撕裂性能。因此包头需用柔软、韧性良好的胶料制作。

(7) 鞋舌　鞋舌一般用与鞋面布相同的帆布制成。用以调节跖围，使脚背厚薄不同者均能穿着，并防止鞋眼损伤袜子。

(8) 鞋带　鞋带为两端带有金属或塑料包头的编织带，系紧后使胶鞋鞋面服贴地裹于脚背上，以利行走和运动时不脱落。

(9) 鞋面　鞋面系用帆布制成。要求强力高、韧性大、不易折断，且耐磨、不腐烂和不褪色，并力求与大底和各部件穿用寿命相匹配。近来，已开始采用里面双层交织布取代鞋面和鞋里，从而达到提高鞋寿命和简化工艺、节约棉布的目的。鞋面还广泛采用合成纤维。

(10) 沿口布　沿口布又称上条布，起着防止鞋面裁口扯裂和脱线的作用。原系平纹布、斜纹布、细帆布加工而成，近来均采用编织带。

(11) 鞋眼衬布　鞋眼衬布可加固鞋眼，防止脱落，并能增强鞋帮穿用过程中的抗扯裂性。一般是用各种帆布或鞋帮下脚料制成。

(12) 鞋里布　鞋里布起着补充增强鞋面布的作用，是用本色帆布、细布或斜纹布制成。

(13) 里后跟　里后跟用来防止后跟倒帮、坐跟、折裂。一般为一层胶一层布贴合制成，或用两层帆布制成，也有采用人造革制作的。

(14) 缝线　缝线用以缝制鞋帮各布制件，使其连成一体。一般用棉线或合成纤维线。

(15) 护趾布　护趾布用以保护脚趾部，增强鞋帮脚背部两侧的耐磨性能，是用帆布或鞋帮下脚料制成，也有采用人造革制作的。

(16) 鞋眼　鞋眼是由锌、铝镀镍金属或塑料制成，用以连接鞋帮、鞋带，使之紧裹脚部。

(17) 后跟带　后跟带用以加强后跟缝合部分，防止后跟开裂，是用帆布或罗纹带制成。

长球鞋的主要特点是舒适、耐穿、防水，为布面胶鞋的代表性品种。

## 2. 压延底布面轻便鞋

压延底布面轻便鞋（见图8-2）又称解放鞋。其结构特点和各部件的主要作用均与长球鞋相同，只是鞋帮短矮，没有大梗子，前帮较长球鞋长34%左右。

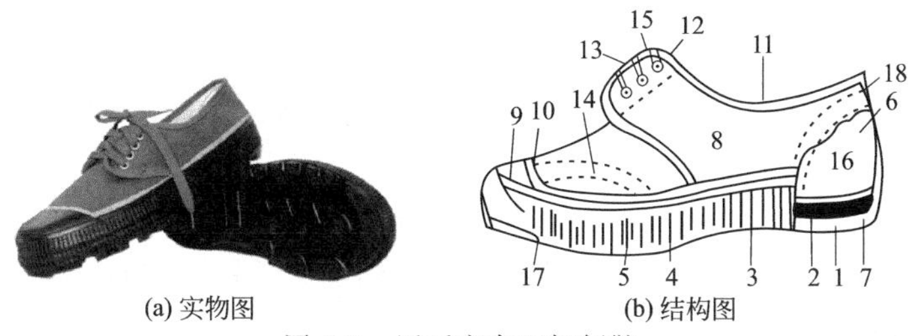


图8-2　压延底布面轻便鞋

1—大底；2—海绵内底；3—外围条；4—内围条；5—围条浆；6—里后跟；7—中底布；8—鞋面布；9—包头；10—包头胶浆；11—沿口布；12—鞋眼；13—鞋带；14—缝线；15—鞋眼衬布；16—鞋里布；17—护趾布；18—后跟带

力士鞋、轻便鞋等的结构与压延底布面轻便鞋大同小异，只是各种胶料和鞋帮材料稍次。一般是一层围条，大都不用海绵内底，而采用再生胶硬内底。此类胶鞋价格较低，经济实惠，适于一般穿用。

### 3. 轻便胶靴和高筒胶靴

轻便胶靴（见图 8-3）具有优良的防水作用，穿用方便。其主要部件的作用分述如下。

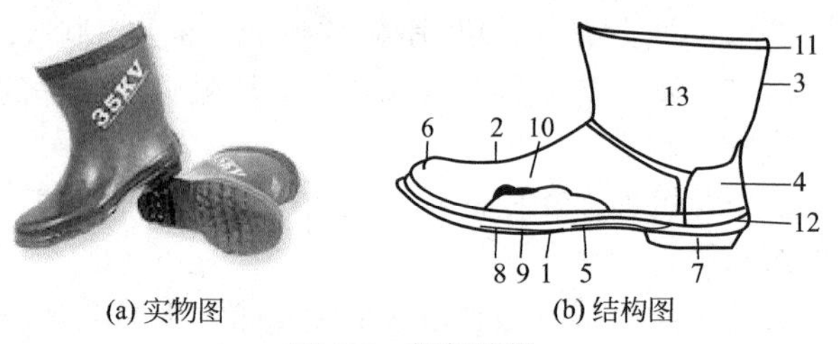


(a) 实物图　(b) 结构图

图 8-3　轻便胶靴

1—大底；2—胶面头皮；3—胶面筒皮；4—胶面跟皮；5—海绵内底；6—剪头皮；7—胶后跟；8—内底布；9—夹里布；10—夹里浆；11—上口线；12—底围条；13—亮油

（1）大底　大底与长球鞋大底作用相同，但由于在雨天穿着，所以要求大底较厚，花纹粗壮，并装有胶后跟，使其具有更好的防滑性能和耐磨性能。

（2）胶面　胶面包括头皮、筒皮、跟皮，它应具有最优良的防水、耐屈挠、耐老化性能。头皮在穿用时承受最频繁的屈挠，需用柔软、物理性能良好、含胶量较高的胶料制作。筒皮胶质较硬，否则无法直立。

（3）上口线　上口线是防止胶鞋筒口因受穿用时的频繁拉伸而撕裂的补强部件，可将上口线形状刻在压延机辊筒上，和胶面同用一种胶料，也可采用贴合。

（4）海绵内底　海绵内底与长球鞋内底主要作用相同，个别也有采用硬内底的。

（5）夹里布　夹里布是采用伸缩性较大的棉毛布、绒布制成，穿着时具有吸汗的功能，给人以舒适感。近来已开始采用袜式里布代替棉毛布和内底布，以简化工艺、节约棉纱、降低成本、提高质量和劳动生产率。

（6）内底布　内底布与长球鞋内底布作用相同。

（7）夹里浆　夹里浆使夹里布与胶面牢固地粘贴在一起。可采用汽油胶浆或乳胶浆。

（8）亮油　亮油是以亚麻仁油等植物油类或合成树脂类物质经熬炼或配制调和而成，它涂于胶面表面增加胶鞋美观，且对胶料有防老化作用。

高筒胶靴、半高筒胶靴的结构特点与轻便胶靴大体相同，只是筒皮更高，大底更厚，花纹更粗壮，具有更好的防滑性能，主要用于劳动保护。

### 4. 旅游鞋

旅游鞋（见图 8-4）集运动鞋、布面胶鞋、皮鞋的优点，质轻、透气、穿着舒适。是人们旅游、运动、日常生活中喜爱穿着的一个品种。它的结构组成大致与布面胶鞋相似。也是由鞋帮、鞋底、辅助材料三部分组成。

（1）鞋帮　鞋面多采用合成革、人造革、尼龙泡沫、棉布化纤及混纺织物、橡胶塑料等材质制造。鞋里多用棉布、维棉布、微孔橡塑片，内底布常常用棉布、毛巾布等。

（2）鞋底　大底常用微孔复合底、注塑或浇注的单元底，内底或垫底用微孔底或仿革底。

（3）胶浆　胶浆多用氯丁胶体系，常采用常温固化冷粘加工成型。

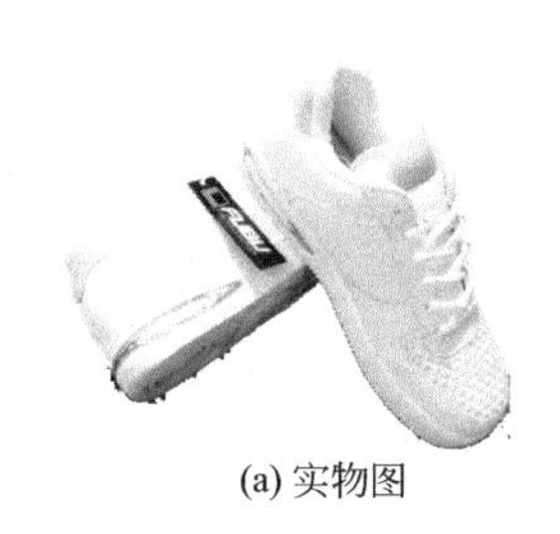
(a) 实物图

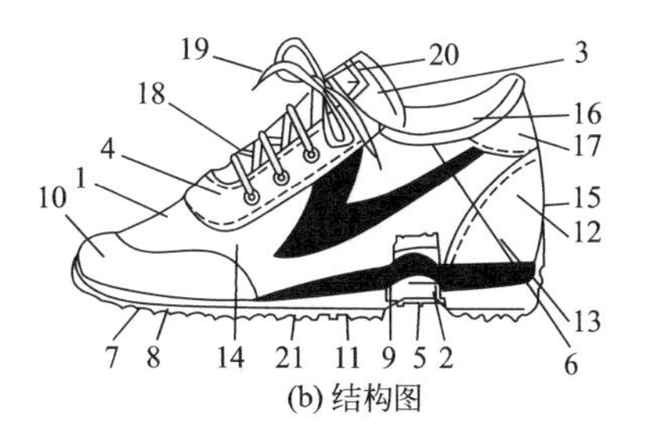

(b) 结构图

图 8-4　旅游鞋

1—鞋帮；2—鞋里；3—鞋舌；4—鞋眼衬；5—内底布；6—沿口条；7—大底；8—复合底；9—微孔底；10—外包头；11—补强腰带；12—外后跟；13—内后跟；14—缝线；15—内后跟带；16—后跟衬垫；17—筒口；18—鞋眼；19—鞋带；20—商标；21—装饰件

## 四、胶鞋的规格表示

鞋的规格用鞋号来表示，鞋号俗称鞋码，它定量标志了鞋的长短和肥瘦。1982 年以后，我国颁布国家标准，正式推行新的中华人民共和国统一鞋号。

### 1. 统一鞋号的长度号差

长度号差即相邻鞋号的长度之差。各种鞋的长度号差为 10mm，即每 10mm 为一个号，每 5mm 为半个号。其表示方法如 25、25 $\frac{1}{2}$。凡脚长在 248～252mm（居中值为 250mm）者均穿 25 号鞋；脚长在 253～257mm（居中值为 255mm）者均穿 25 $\frac{1}{2}$号鞋，其他类推。

### 2. 统一鞋号的趾围号差

趾围号差即相邻鞋号的趾围之差。趾围号差为 7mm，半号之间的趾围差 3.5mm。

### 3. 统一鞋号的型差

型差是指同一长度号中型与型之间的趾围之差。在相同长度号中有不同的肥瘦型，儿童有 3 个型，成年男女有 5 个型。试验发现，比最合适的鞋肥 3mm 左右或瘦 3mm 左右都可以穿。

### 4. 鞋号的分档和中间号的选择

为设计需要和便于鞋楦生产，将整套鞋号分成若干档。

婴儿：9～12 $\frac{1}{2}$号　　小童：13～16 号　　中童：16 $\frac{1}{2}$～19 $\frac{1}{2}$号　　大童：20～23 号

成年女子：21～25 号

成年男子：23 $\frac{1}{2}$～30 号（其中 23 $\frac{1}{2}$～26 $\frac{1}{2}$号为大号，27～30 号为特大号）

在设计整套鞋楦时，通常都以各档的中间号做研究试验，定型后由中间号标样向两边扩缩。上述各档的中间号为：11 号、14 $\frac{1}{2}$号、18 号、21 $\frac{1}{2}$号、23 号、25 号及 28 $\frac{1}{2}$号。

#### 5. 统一鞋号的特点

① 统一鞋号和鞋楦是以我国居民的脚型特点及其规律为基础制订的，适合我国居民穿着。这就是所谓的“鞋合脚”。

② 统一鞋号是以鞋所适合穿着的脚长为基础编制的，不同的鞋号就直接表明了所适合穿着的脚长。比如，25 号的鞋就表明适合脚长 250mm 的人穿着。每个鞋号又有几个肥瘦型，一型较瘦，五型较肥。统一鞋号表示方法为：

23（二型）　　23（二型半）　　$25\frac{1}{2}$（三型）　　25（四型）

③ 只要知道脚是几号、几型，在任何地区购买任何品种和式样的鞋，都是同一鞋号。

## 第二节　胶鞋的结构设计

胶鞋结构设计包括脚型测量、楦型设计和鞋型设计。脚型决定楦型，楦型决定鞋型。

胶鞋结构设计的基本程序为：首先进行脚型测量和分析，找出脚型特点和规律；在此基础上进行楦型设计，确定楦底样和楦造型；再进行鞋型设计，分别确定出鞋帮和布件、鞋底和胶件的结构，并制订出相应的施工方案。具体包括：①脚型测量和分析；②楦型设计；③鞋帮和布件设计；④鞋底和胶件设计；⑤施工设计。

### 一、脚型测量和分析

#### 1. 脚型与测量部位

测量部位对制造合适的鞋楦尺寸有很重要的作用。测量时分两部分进行：一是直接测量取得楦体造型的尺寸，二是间接测量取得楦底样的尺寸。测量部位见图 8-5、图 8-6。

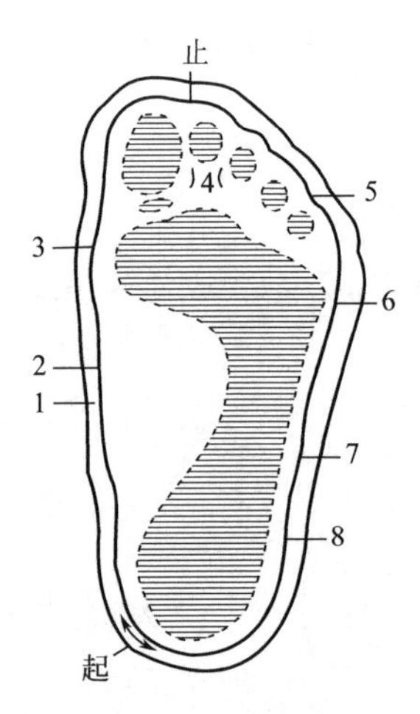


图 8-5　脚型图

1—舟上弯点；2—前跗骨突点；3—第一跖趾关节突点；4—标记点；5—第五小趾端点；6—第五跖趾关节突点；7—第五趾骨粗隆点；8—外踝骨中心点

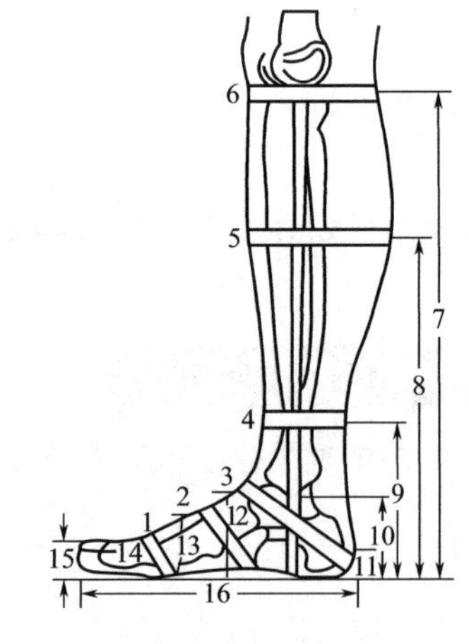


图 8-6　脚型测量部位

1—跖趾围长；2—前跗骨围长；3—兜跟围长；4—脚腕围长；5—腿肚围长；6—膝下围长；7—膝下高度；8—腿肚高度；9—脚腕高度；10—外踝骨高度；11—后跟突点高度；12—舟上弯点高度；13—前跗骨突点高度；14—第一跖趾关节高度；15—拇趾高；16—脚长

## 2. 正常人的脚型规律

（1）脚的各特征部位长度与脚长的关系　脚的各特征部位长度与脚长成简单的正比关系。用数学式表示为：

$$\frac{\text{脚的各特征部位长度}}{\text{脚长}}\times 100\% = \text{脚的长度部位系数}$$

（2）脚的各特征部位宽度、围度与脚的基本宽度和跖围之间的关系　脚的各特征部位宽度和脚的基本宽度之间，脚的各部位围度与跖围之间，以及基本宽度与跖围之间，同样存在着简单的正比关系。即

$$\frac{\text{各特征部位长度}}{\text{基本宽度}}\times 100\% = \text{宽度系数}$$

$$\frac{\text{各特征部位围度}}{\text{跖趾围长}}\times 100\% = \text{围度系数}$$

$$\frac{\text{基本宽度}}{\text{跖趾围长}}\times 100\% = \text{基本宽度系数}$$

基本宽度＝第一跖趾里段宽＋第五跖趾外段宽

（3）脚长和跖围的关系　脚长和跖围之间关系可用直线回归方程表示：

$$y = ax + b$$

式中　$y$——跖围；

$x$——脚长；

$a$——回归系数；

$b$——常数。

根据回归方程，可以计算出脚长增加某一数值时，跖围相应的增加量。脚的各特征部位，都可用回归分析的方法求出它们与脚长或跖围的回归方程。

回归方程的优点有：利用回归方程计算出的跖围值与实际跖围值配合得很好；便于记忆；有利于进一步做理论上的研究分析。

（4）我国居民正常脚型的普遍特点和规律　对于我国居民男女成人的正常脚型，具有如表 8-1 所示的普遍特点和规律。

**表 8-1　我国居民（男女成人）正常脚型的普遍特点和规律**

| 尺寸性质 | 序号 | 尺寸部位 | 尺寸规律 |
|---|---|---|---|
| 长度 | 1 | 脚长 | 100％脚长 |
| | 2 | 拇趾外突点 | 90％脚长 |
| | 3 | 小趾端点 | 82.5％脚长 |
| | 4 | 小趾外突点 | 78％脚长 |
| | 5 | 第一跖趾关节突点 | 72.5％脚长 |
| | 6 | 第五跖趾关节突点 | 63.5％脚长 |
| | 7 | 腰窝部位 | 41％脚长 |
| | 8 | 踵心点 | 18％脚长 |
| | 9 | 后跟边距 | 4％脚长 |
| 围长 | 10 | 跖脚围长 | 70％脚长＋常数 $C$ |
| | 11 | 前跗骨围长 | 100％跖围 |
| | 12 | 兜跟围 | 131％跖围 |

续表

| 尺寸性质 | 序号 | 尺寸部位 | 尺寸规律 |
| --- | --- | --- | --- |
| 宽度 | 13 | 基本宽度 | 40.3%跖围 |
| | 14 | 拇趾外突点轮廓里段宽 | 39%基宽 |
| | 15 | 拇趾外突点里段边距 | 4.66%基宽 |
| | 16 | 拇趾外突点脚印里段宽 | 34.3%基宽 |
| | 17 | 小趾外突点轮廓外段宽 | 54.1%基宽 |
| | 18 | 小趾外突点外段边距 | 4.32%基宽 |
| | 19 | 小趾外突点脚印外段宽 | 49.78%基宽 |
| | 20 | 第一跖趾轮廓里段宽 | 43%基宽 |
| | 21 | 第一跖趾里段边距 | 6.94%基宽 |
| | 22 | 第一跖趾脚印里段宽 | 36.06%基宽 |
| | 23 | 第五跖趾轮廓外段宽 | 57%基宽 |
| | 24 | 第五跖趾外段边距 | 5.39%基宽 |
| | 25 | 第五跖趾脚印外段宽 | 51.61%基宽 |
| | 26 | 腰窝轮廓外段宽 | 46.7%基宽 |
| | 27 | 腰窝外段边距 | 7.17%基宽 |
| | 28 | 腰窝脚印外段宽 | 39.53%基宽 |
| | 29 | 踵心全宽 | 67.7%基宽 |
| | 30 | 踵心外段边距 | 7.63%基宽 |
| | 31 | 踵心里段边距 | 9.30%基宽 |
| | 32 | 踵心脚印全宽 | 50.77%基宽 |

## 二、楦型设计

### 1.楦型和脚型的关系

要使鞋合脚，就必须有合理的鞋楦设计，而合理的鞋楦必须以脚为基础。鞋楦的各部位尺寸与脚型尺寸不能完全一样，其大小要根据脚与鞋之间种种复杂的关系而定。图 8-7 所示为鞋楦长度。

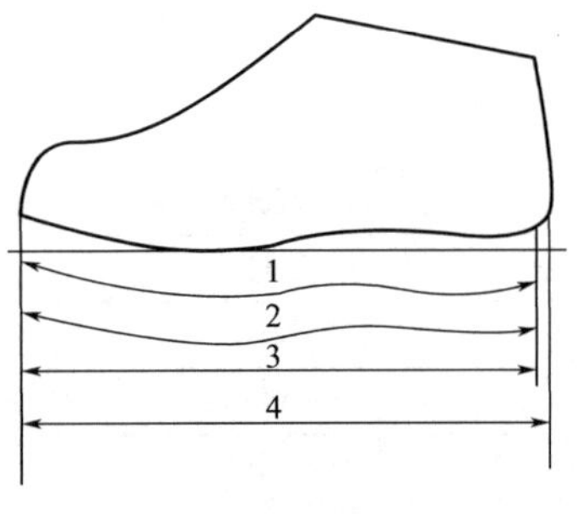

图 8-7 鞋楦长度

1—楦底样长；2—楦全长的曲线长；3—楦底长；4—楦全长

（1）几个基本概念

① 放余量 鞋楦全长的曲线长度比脚长多余的量，称为放余量。为了保证脚在鞋内有一定的活动余地，以及考虑劳动后脚热膨胀，鞋楦要有一定的放余量。放余量的大小是通过感觉极限试验，再结合鞋的品种、结构式样、材料及加工工艺等确定的。

② 后容差 脚的后跟圆形凸起。为了使鞋“跟脚”，必须使鞋的后跟部与脚的后跟部弧度相适应。因此，在设计鞋楦时，鞋楦的后跟部也应有适当的凸度。这个凸度就叫后容差。后容差的大小，应依鞋的品种、结构、原材料和工艺等的不同而异。例如，皮鞋和满帮塑料凉鞋后跟比较坚实，后容差可大些，使之更接近脚的形态。相反，布鞋没有坚硬结实的主跟，如果后容差太大，穿着后会很快出现“坐跟”现象。

③ 楦底样长 指楦底前端点到后端点的曲线长度。

（2）楦长与脚长的关系 脚长是制订鞋号的主要基础之一，也是设计鞋楦底样长的主要依据。鞋楦的长度由楦全长的曲线长来控制。因此，首先要弄清楦全长的曲线长和脚长的关系。鞋楦底样长与脚长的关系是：

楦底样长＝脚长＋放余量－后容差

（3）楦围长与脚围长的关系　脚的围长主要包括跖趾围长（跖围）、跗围、舟上弯点和后跟围长（简称兜跟围）、脚腕围长、腿肚围长和膝下围长等。一般来说，鞋楦设计都离不开跗围、跖围、兜跟围，而其他围长则是在设计靴时才有参考价值。因此，在这里重点讨论脚跖围、脚附围、兜跟围与楦跖围、楦跗围、楦兜跟围的关系。

脚的围长尺寸同脚一样，受气温的增减而增减，受动态的影响而增加，且脚的姿态不同，其尺寸也有所变化。如：站直时，脚跖围为245mm；静坐时，只有238.5mm。脚后跟抬离地平面的高度也影响着围长尺寸的变化。据试验测量，在50mm高度范围内，后跟每垫高10mm，跖围缩小64mm，跗围缩小0.95mm，这一数值称为后跟高度系数。

跖围的另一个变化特点是能适应一定尺寸的缩紧。即可以穿着比脚跖围尺寸小的鞋（如皮鞋或布鞋等），并不感觉到疼痛。而相反，在一定范围内还感到舒适。

（4）楦型宽度与脚型宽度的关系　楦型宽度主要是指踵心全宽、腰窝外宽、第五跖趾外宽、第一跖趾里宽、小趾外宽和拇趾里宽。并把第一跖趾里宽加第五跖趾外宽之和称为基本宽度。

脚底部各部位的宽度都与脚跖围有一定比例关系。为了设计上的方便，通常使跗围、脚腕围、膝下围和基本宽度都与跖围发生关系，算出百分比，而脚底其他所有部位宽度都与基本宽度发生关系，算出百分比。

鞋楦底样各部位的宽度，是以脚型宽度为依据的。其原则是，对一般穿用的鞋楦底样各部位的宽度，都必须大于脚印，而小于轮廓线。即楦底样线必须落在脚印和轮廓线之间。脚印图上的脚型轮廓线，为脚底掌着地部分的轮廓范围。把脚印到轮廓线之间的距离称为边距。

## 2. 楦底样设计

鞋楦设计主要包括鞋楦底样设计和楦体设计两部分。设计步骤是：先设计出鞋楦样，确定鞋楦各特征部位尺寸；再根据脚型特点，参考现有产品的优点，刻制木楦，经检查符合要求后，用此楦按已定结构式样制出鞋，做穿着试验；再根据穿着情况，进行反复修改，直至满意为止。经鉴定合格后，再利用放样机和刻楦机固有的性能，扩缩出其他号、型的底样和鞋楦。

（1）楦底样各长度部位的确定　以25号解放鞋和25号素头皮鞋为例，表8-2给出了楦底样各长度部位的计算方法。

**表8-2　楦底样各长度部位**

| 楦底样各长度部位 | 计算方法 | 25号解放鞋楦底样/mm | 25号素头皮鞋楦底样/mm |
|---|---|---|---|
| 楦底样长 | 脚长＋放余量－后容差 | 250＋14－4＝260 | 250＋20－5＝265 |
| 脚趾端点部位 | 脚长－后容差 | 250－4＝246 | 250－5＝245 |
| 拇趾外突点部位 | 90％脚长－后容差 | 225－4＝221 | 225－5＝220 |
| 小趾外突点部位 | 78％脚长－后容差 | 195－4＝191 | 195－5＝190 |
| 第一跖趾部位 | 72.5％脚长－后容差 | 181.3－4－177.3 | 181.3－5＝176.3 |
| 第五跖趾部位 | 63.5％脚长－后容差 | 158.8－4＝154.8 | 158.8－5＝153.8 |
| 腰窝部位 | 41％脚长－后容差 | 102.5－4＝98.5 | 102.5－5＝97.5 |
| 踵心部位 | 18％脚长－后容差 | 45－4＝41 | 45－5＝40 |

表中各特征部位的计算公式是：

部位点＝脚长×部位系数－后容差

（2）楦底样各部位宽度的确定　楦底样各部位宽度，对一般用鞋，必须在脚印与轮廓之间。同时，应考虑脚各部位动和静的关系，活动量大的部位楦底样应适当宽些，活动量小的部位宽度可窄些。表 8-3 给出了楦底样各部位宽度的计算方法。

**表 8-3　楦底样各部位宽度**

| 部位名称 | | 脚的轮廓/mm | 脚印宽度/mm | 边距/mm | 保留边距比例/% | 楦型宽度/mm |
|---|---|---|---|---|---|---|
| 拇趾里宽度 | | 39.86 | 35.10 | 4.76 | 约 19 | 36.0 |
| 小趾外宽度 | | 55.29 | 50.87 | 4.42 | 约 48 | 53.0 |
| 第一跖趾里宽 | | 43.95 | 36.86 | 7.09 | 约 30 | 39.0 |
| 第五跖趾外宽 | | 58.25 | 52.74 | 5.51 | 约 38 | 54.8 |
| 腰窝外宽 | | 47.73 | 40.40 | 7.33 | 约 19 | 41.8 |
| 踵心全宽 | 里段 | 69.19 | 51.89 | 9.50 | 约 58 | 63 |
| | 外段 | | | 7.80 | 约 71 | |

| 楦底样各部位宽度 | 25(四型)解放鞋楦底样 | | 25(三型)素头皮鞋楦底样 | |
|---|---|---|---|---|
| | 计算方法 | 底样宽度/mm | 计算方法 | 底样宽度/mm |
| 拇趾里宽 | 拇趾脚印里段＋约 19%拇趾边距 | 36 | 拇趾脚印里段＋约 9%拇趾边距 | 34.5 |
| 小趾外宽 | 小趾脚印外段＋约 48%小趾边距 | 53 | 小趾脚印外段＋约 32%小趾边距 | 50.8 |
| 第一跖趾外宽 | 第一跖趾脚印里段＋约 30%第一跖趾边距 | 39 | 第一跖趾脚印里段＋约 23%第一跖趾边距 | 37.4 |
| 第五跖趾外宽 | 第五跖趾脚印里段＋约 38%第五跖趾边距 | 54.8 | 第五跖趾脚印里段＋约 25%第五跖趾边距 | 52.5 |
| 腰窝外宽 | 腰窝脚印外宽＋约 19%腰窝边距 | 41.8 | 腰窝脚印外宽＋约 12%腰窝边距 | 40.1 |
| 踵心全宽 | 踵心脚印全宽＋约 58%踵心里边距＋71%踵心外边距 | 63 | 踵心脚印全宽＋约 54%踵心里边距＋66%踵心外边距 | 60.4 |

(3) 楦底样设计步骤

① 在纸上任意画一直线作轴线［见图 8-8(a)］。

② 根据各部位长度尺寸在轴线上标出各点［见图 8-8(b)］。

③ 除踵心点和脚端点外，在各部位点上作轴线的垂线［见图 8-8(c)］。

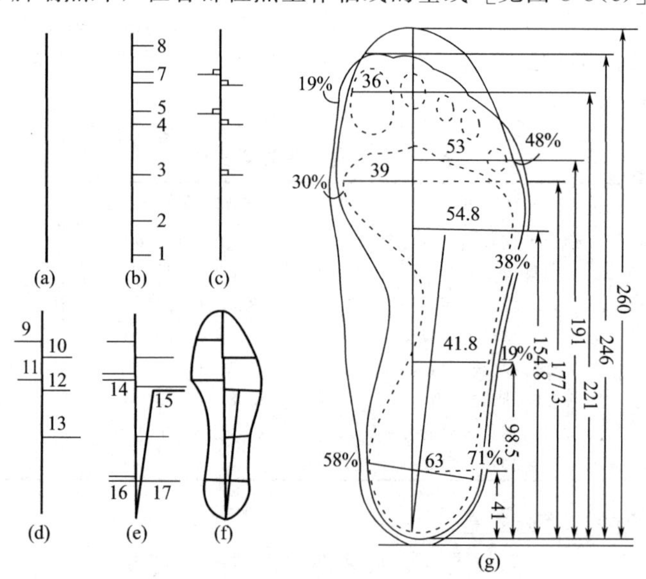


图 8-8　楦底样设计步骤

④ 根据各部位宽度尺寸，在各部位垂线上标出宽度［见图 8-8(d)］。

⑤ 在第五跖趾外段宽度线上，自外侧向里截取等于第一跖趾里宽的线段，得一点，将此点与底样后端点相连，此线即为分踵线［见图 8-8(e)］。

⑥ 自轴线上的踵心部位点向分踵线作垂线，并向两端延长，自此线与分踵线的交叉处向两侧各取 1/2 踵心全宽［见图 8-8(f)］。

⑦ 最后用圆滑曲线连接各点，即得楦底样图［见图 8-8(g)］。

## 3. 楦体造型

楦体造型是指根据脚的形态和脚的运动状态对各部位楦体曲面作出的整体设计。鞋楦各部位名称见图 8-9。

(1) 前跷高　脚本身有一定的自然跷度，穿着前跷高适当的鞋，步履轻快，能减轻疲劳，并减少帮面折裂和围条开胶等质量问题。各种鞋的前跷高不一，要根据鞋的品种和结构式样来确定。一般成年男子的鞋楦前跷高（以中间号为例）约为脚长的 6%，高跟女靴类鞋楦的前跷高约为脚长的 5.75%，童鞋类鞋楦的前跷高约为脚长的 5.6%。

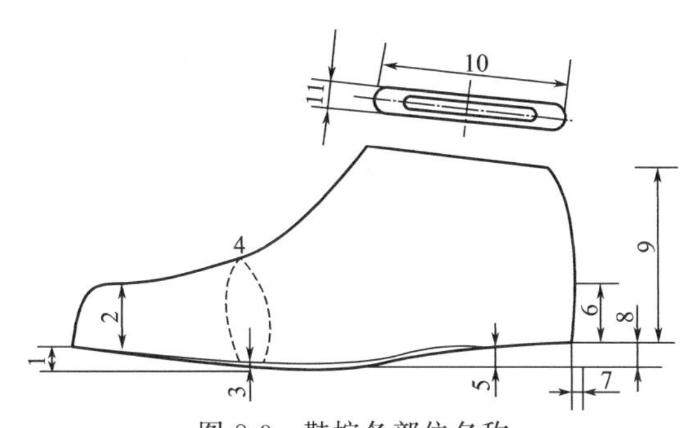


图 8-9　鞋楦各部位名称

1—前跷高；2—头厚；3—前掌凸度；4—跖趾围长；5—踵心凸度；6—后跟突点高；7—后容差；8—后跷高；9—后身高；10—筒口长；11—筒口宽

(2) 后跷高　脚的跖趾关节部位在行走时要保持合适的弯曲度以维持人体的正常平衡位置，为此鞋应该有一定的后跷高。穿着后跷高合适的鞋能使人体重心自然前仰，有助于挺胸、昂首和体态端正，但长期穿着过高的高跟鞋会使足趾受损，第一跖趾关节变形，走路容易疲劳。为了符合脚型规律，保护脚的健康功能，对鞋楦的后跷高规定了设计范围，供设计时参考（见表 8-4）。

**表 8-4　后跷高数值**

| 性　　别 | 鞋　　形 | 尺寸/mm |
|---|---|---|
| 男 | 平跟 | ＜20 |
| | 中跟 | 25～35 |
| | 高跟 | 40～50 |
| 女 | 平跟 | ＜25 |
| | 中跟 | 30～50 |
| | 高跟 | 55～80 |

为了设计出合理的后跷高鞋，后跷高在 30mm 以上的高跟鞋，规定在一个鞋号系列内（例如 21.5～25）的后跷高高度范围不超过 35mm。

(3) 后身高　楦底的后端点至筒口后端点之间的垂直高度称为后身高。后身高要根据鞋的后帮高度和工艺要求确定，一般低帮类布面胶鞋鞋楦后身高约为脚长的 29%～31%，旅游鞋类鞋楦的后身高约为脚长的 36%，男轻便靴类约为脚长的 85%～90%，女轻便靴类约为脚长的 88%～90%，童鞋类约为脚长的 34%～36%。

(4) 后跟突点高　后跟突点至楦底后端点之间的高度为后跟突点高度，一般后跟突点高度约为脚长的 8%～10%。

（5）前掌凸度和踵心凸度

① 前掌凸度　是脚的着地受力部位，承受人体重量和频繁弯曲，它的中点位于第一跖趾边缘点和第五跖趾外边缘点的连线与轴线的相交点，前掌凸度的大小按品种工艺不同而确定，成人鞋一般在 4.5～5.5mm，童鞋在 3～4mm。

② 踵心凸度　位于分踵线与踵心全宽的交接外，一般以 3～3.5mm 为宜。

（6）鞋头高　鞋楦的鞋头高位于脚趾的端点，应不低于拇趾的平均高度。成年男子的拇趾高度约为 20mm，成年女子的拇趾高度约为 19mm。小学生的拇趾高度约为 17mm。

（7）筒口的长度和宽度　筒口的长、宽和形状是按品种结构、成型操作和挂鞋需要而设计的，筒口部位的楦壁厚度要比其他部位略厚，以承受成型和成品脱楦的压力。低帮类布面胶鞋的筒口楦壁厚度在 5～6mm，胶面长筒靴、轻便靴类的鞋楦筒口楦壁厚度为 7～8mm，并在该部位加放直径 10～12mm 圆铁，以加固筒口部位。

（8）楦体各部位肉体安排　在楦体造型中，楦体各部位肉体安排也很重要。①骨头较多肉较少的地方，余量要适度大些；②骨头较少肉较多的地方，余量要适度小些；③活动量大的地方，余量适度大些；④活动量小的地方，余量适度小些。

鞋楦表面部位的楦体曲面大部分是不规则曲面，没有测量的依据，而要靠实践经验，通过手感、目测、对比等方法来检测，但应与脚的形态基本相称，要符合脚型规律和脚的形态尺寸。

## 4. 各种鞋楦特点

（1）模压及注压解放鞋楦　由于工艺影响，模压解放鞋脱楦冷却后，收缩率比贴合法约大 1.15%，故模压解放鞋开模用标准鞋楦的底样长应比贴合法大 1.15%。跖围和基本宽度比同型号贴合法大半个型。

根据模压、注压工艺特点，成鞋前掌和踵心凸度有所减小，故模压和注压鞋楦前掌和踵心凸度可以稍大于贴合法。

模压、注压楦跖趾部位，特别是第五跖趾部位及小趾部位以前，必须有足够的厚度。但跖趾部位两侧肉体不宜太饱满，否则由于胶料收缩，造成鞋“扁塌”，但跖趾部位以及向前的两侧也不宜过直，否则弯曲时容易造成应力集中，使围条开胶、折裂。

模压、注压楦筒口必须较宽，加上鞋脱楦后收缩，使成鞋变形，特别是腰窝部位两侧很易散口，故模压和注压解放鞋楦腰窝两侧肉体应比贴合法适当减少，而且直立些。

（2）网球鞋楦　网球鞋楦要求鞋比较包脚。因此网球鞋楦比同号型解放鞋楦的跖围减少 3.5mm，基本宽度减少 1.3mm，头厚较薄，楦前掌两侧肉体安排得比解放鞋楦稍低，同时考虑到造型美观，放余量增加 2mm，鞋楦“口门”处适当提高，田径鞋楦和网球鞋楦相同。

（3）长球鞋楦　长球鞋大致分两种：适合青年和一般体育运动穿着的普通长球鞋；适合篮球运动员穿着的模压底长球鞋。对普通长球鞋，考虑到鞋的造型美观，楦底样长与网球鞋相同。楦型底部和肉体安排也与网球鞋大体相似。由于长球鞋有较高的围条，所以侧棱要求直立一些。跖围与同号型的网球鞋楦相同。因长球鞋的跗面比网球鞋楦高，故跗围也应比网球鞋楦适当增加，而且筒口应加高。

模压底长球鞋楦，由于其特殊的要求，鞋楦尺寸和楦体造型都与一般球鞋有所不同。为了适合运动，使鞋包脚，以便跑跳，这种长球鞋楦的跖围和基本宽度都比同型号普通长球鞋楦减小一个型。楦底样长再增加 2mm，在楦体造型上，为了提高鞋防滑性能，鞋楦底盘设计呈平坦状，前跷极少。其他要求与长球鞋基本相同。

短筒球鞋，除筒的高低不同外，其他与长球鞋基本一致，楦型可通用。

（4）便鞋楦　便鞋楦主要有橡皮筋口男鞋和圆口一带女鞋（或无带女鞋）。外形与布鞋很相似，花色品种较多，原理基本相同。

① 橡皮筋口男鞋楦　和同号型解放鞋楦相比，跖围小3.5mm，基本宽度小1.3mm，头厚较低，跗面高度较低，几乎没有侧棱。

② 女圆口一带楦　由于这种鞋的“口门”较大，穿着时脚的一部分肉体会溢出鞋帮“口门”外，因此这种鞋楦的跖围比同号型解放鞋楦小7mm，基本宽度小1.3mm。肉体安排和橡皮筋口男鞋楦相似，头厚较低，跗面高度也较低，几乎没有侧棱。

（5）工农雨鞋楦

① 楦底样设计　工农雨鞋楦的底样设计原理与解放鞋相同。

② 楦体造型　前跷的大小与解放鞋相同。前掌凸度控制在5.5mm左右，踵心凸度一般控制在3.5mm左右。为了减轻鞋后帮严重裂口和变形，底心凹度一般控制在2mm左右。前掌着力点的安排与解放鞋相同。

为了适应脚在工农雨鞋内因湿度增大而发胀，楦跖围应比解放鞋楦加肥7mm，楦底样尺寸与解放鞋楦底样相同。楦的前掌厚度应比解放鞋楦厚。由于工农雨鞋不受工艺限制，前掌两侧的肉体可安排得比较圆滑、饱满，使之更符合脚型。由于工农雨鞋楦的跖围比解放鞋大7mm，头厚相应比解放鞋楦厚1mm，如25号（四型）的工农雨鞋楦头厚为29.5mm，为了使鞋穿脱方便，跗围应比跖围大9mm。跗面比解放鞋楦高，但跗面两侧的肉体要减薄，以使鞋“跟脚”。

## 三、布面胶鞋的鞋帮和布件设计

鞋的结构主要是由鞋帮和鞋底两部分组成的，其中鞋帮是指鞋型上与脚背相配合的部分。鞋帮又称鞋面，主要是由布件组成的。

### 1. 鞋用纺织物

纺织材料是胶鞋工业的主要原材料之一。它可以直接用于鞋帮（包括鞋面和鞋里）以及各种附件，以保证产品坚固和工艺需要，也可以用于各种补强附件。棉纤维织物是胶鞋最为常用的布料。胶鞋用的织物多采用平纹组织，它是最简单的组织方法，它的每一根纬纱都和经纱一上一下依次交错组成。胶鞋用棉帆布为：21S/3＋21S/3×21S×4、21S/2×21S/2、32S/2＋32S/2×21S/3、42S/2×21S/3。

### 2. 布面胶鞋的鞋帮和布件

布面胶鞋鞋帮和布件的品种主要有前帮、后帮、内底布、护趾布、鞋眼衬布、里后跟、外（内）后缝带、沿口布及缝线鞋眼、鞋带等。现以长球鞋和解放鞋为例分述。

（1）前帮　前帮是承受弯曲、摩擦和增加鞋的美观的部件。

① 鞋头大小　长球鞋的鞋头大小与胶制外包头的造型有关。长球鞋的外包头大致有三种形式：大月牙形包头，包头胶压后帮，鞋头比较瘦小时采用；小月牙形包头，包头胶不压后帮，紧挨后帮，鞋头比较肥大时采用；凸形包头，包头胶不压后帮，紧挨后帮，鞋头肥大时采用。

解放鞋的前帮大小应根据外形美观和适用来设计，所占比例不宜过大或过小。过大时，套楦易产生撕帮现象，增加套楦操作的难度，并且易发生套脱楦时爆封口线等质量问题；过小时，虽然对套脱楦操作有利，但鞋穿着后，脚背的暴露面太大，外形不美观。

② 前帮舌头的宽度和长度　舌头宽度以穿着结带后鞋眼不露袜子为原则，舌头长度以舌头的圆角超过后帮上口第一只鞋眼为原则。低帮鞋的舌头端点一般不应位于脚弯处，以免行走时鞋舌碰撞脚弯。

③ 前后帮压头宽度　长球鞋前帮和后帮的压头宽度应考虑与护趾布拼接，压头部位应差开小脚趾的第一骨节，以免小脚趾处布的层数过多而磨痛小脚趾。一般压头宽度为 16mm 左右。

解放鞋前后帮压头宽度的大小应以鞋在穿着时不发生卷边或撕裂等现象为原则，一般压头宽度在 9mm 左右。

（2）后帮　后帮是鞋帮后部两侧的部件。一般后帮前端点为脚长 44%左右为宜。

① 后帮的设计首先取决于鞋头（前帮）的大小。

② 后帮脚背上部的弯度要符合楦型。套楦后，上下口宽窄要基本一致。

③ 后帮底边和后端弧度要符合鞋楦的弧度，以免套楦后发生跷头、缩跟和帮脚不符楦等现象。

④ 长球鞋后帮的高度应超过里踝骨中心 20mm 以上。后帮两侧的高度则不应到达外踝骨下缘点高度，以免磨伤外踝骨。后端高度以行走时跟脚和不磨脚跟为原则，一般后端高度占脚长的 26%左右为宜。

（3）内底布　内底布所用材料多为 21S/2×2 帆布，为了提高全鞋穿着寿命，也可使用 36S/3×3 帆布。

（4）护趾布　护趾布是鞋帮的跖趾部位和脚趾部位的补强部位。护趾布分护拇趾布和护小趾布。

① 长球鞋　护趾布结构形式有三种：a. 与前帮连在一起，穿着舒适，不磨脚趾，但用布较多。b. 内护趾布。目前大都采用这一结构，可以节约用布，但有磨小脚趾的现象。可以通过改进设计，使前帮与护趾布不重叠，以克服这一缺点。c. 外护趾布。采用这样结构的不多，虽然磨小脚趾的情况较内护趾布好，但由于用布多，并且布的规格与前后帮相同，故成本较高。并易造成鞋帮的色差。

② 解放鞋　一般都采用内护趾布。不过护趾布的大小和形状不尽相同，一般以能护住第一、第五跖趾关节部位和大小拇趾为原则。护趾布的使用，对减缓鞋头顶穿和大、小拇趾部位的摩擦有一定补强作用。

③ 护趾布所用原材料　多采用 21S/2×2 或 21S/3×3 棉帆布。

（5）鞋眼衬布　鞋眼衬布是鞋帮上的鞋眼补强部件。长球鞋鞋眼衬布的结构形式有内衬布和外衬布两种。大号鞋宽度通常在 25mm 左右。

解放鞋鞋眼衬布的整个上边弯度与后帮相同，下边成一直线。其宽度除考虑鞋眼衬布上口缝线的余边外，并使其不超出上头的缝线处，通常大号鞋在 27mm 左右。

（6）里后跟　里后跟是鞋帮后跟部位的补强部位。常见的有两种：一种是胶皮外贴一层布，俗称里后跟皮；另一种是无胶皮的里后跟布。

① 里后跟皮　里后跟皮是指胶与布贴合的结构，有擦胶和贴胶两种方法。从结构方面考虑应加大长度，使里后跟有柱力。里后跟的高度，以不影响后跟部位的弯曲和磨跟为原则。解放鞋的最大高度以不影响上沿口布为准。连布在内其厚度一般在 1.4～1.7mm。

② 里后跟布　里后跟布是由两层布用面粉浆或胶浆黏合。面粉浆黏合布易分层，强度降低。胶浆黏合不易分裂，强度较高。里后跟布大都采用两道缝线，易造成脱层、变形、坐跟等现象，影响寿命。故最好使用四道缝线，使里后跟布与后帮更密更牢。

③ 所用原材料　里后跟布帆布一般采用 21S/2×2 规格，长度 15.5cm 左右，高为 6cm

左右，用45°角斜裁。

(7) 外后缝带或后缝内衬布　外后缝带或后缝内衬布是鞋帮的后缝部位补强部件。

① 外后缝带　外后缝带也称直跟布。需用鞋面布加工或采用编织带，对防止鞋帮后缝部位破裂效果较好。使用编织带成本较高。容易因染色深浅不一致而造成色差，但编织带所用棉纱比用鞋面布省，用编织带时其宽度一般为16～20mm。

缝帮工艺有两种：一种是先缝外后缝带，上口与帮口齐，然后再缝沿口布。其缺点是后跟部位的沿口布易早期破损；另一种是先缝沿口布，外后缝带再盖其上，这样就可克服上一种方法的缺点。

② 后缝内衬布　后缝内衬布一般均采用鞋帮布的下脚料裁切，可节约用布。但因在后缝内衬布部位布的叠层太多，造成缝底布时的操作困难。为了解决这一问题，在设计后缝内衬布的长度时，一般可不到底口。但随之而来的是降低了对鞋帮后跟部位的柱力和补强作用。

(8) 沿口布　沿口布是鞋帮裁口的封闭补强部件。通常有两种结构，过去大多采用细布(21S/1×1)，但它与鞋帮寿命不相配。因此，近年来已逐步被编织带所代替。虽然成本较高，但牢度增强，从而延长了鞋帮寿命。

(9) 缝线与鞋带　缝线是用全棉缝线和化纤缝线，鞋带是用铅或塑料包头的编织带，塑料包头鞋带具有防腐、防锈等优点。

(10) 鞋用装饰件　鞋用装饰件能增加产品外观和造型或用来标志商标等。装饰件用的材料品种很多，其中用量最大的是聚氯乙烯人造革。

### 3.帮样的设计

帮样设计是将楦型上楦背部位的曲面精确地平面铺展。帮样设计的方法有粘贴法、平铺法和平面法。目前广泛使用的是平面法。

(1) 平面设计的原理

① 控制线和控制点的确定　帮样的平面设计法，最重要的是控制线的选择和控制点的确定。控制线的选择应与脚型规律相结合。应把脚的踵心、腰窝、第一和第五跖趾、小脚趾和大拇趾外突点作为帮样平面设计的主要控制部位。并根据不同品种的结构特点选择其中的几个部位，再加上几个辅助部位(如前后帮交点、舌口、舌头顶点等)，就能完成帮样的设计工作。

控制点大多落在控制线上。因此由控制线可找到控制点，将位于楦底上的各部位点反映到楦背上，可采用不同的方法，如垂直投影法、曲线量取法。实践证明，采用垂直投影法，受楦背曲线的变化影响较大，操作也比较麻烦。而采用曲线量取法将楦底各部位反映到楦背上时，则便于操作和掌握。

脚长90%部位楦背测量点的确定具有一定重要性。为了统一操作，以减少误差，这一点的确定是用垂直投影法进行的。在操作时，无论什么品种，在其踵心部位都必须垫上后跟高(大底前后掌厚度之差)，而其他楦背点则均采用曲线量取法来确定。

② 后帮的跷度　后帮的跷度是指鞋帮样板按规定部位放平时，后帮中间离开的程度。后帮跷度的大小不仅影响成型操作，而且对鞋帮的套裁、节约用布和产品质量等都有一定的影响。

a.跷角的确定　后帮的跷度是以角度来表示的。后帮跷度的大小影响到全鞋帮面质量和操作。后帮跷度太大时，套楦后鞋帮后跟容易下滑，产生跷头缩跟等现象，影响成型操作和产品质量，并且因不便于套裁而浪费用布。而当跷度太小时将增加套楦时的操作难度，并且易发生拉开缝线（又称爆封口）等质量问题。因此，解放鞋的跷角一般控制在5°左右，网球鞋控制在10°左右，长球鞋控制在9°左右。

b. 跷角原点部位的选择　跷角原点部位是指跷度角的起始点部位。这一点的选择，对不同品种、不同结构式样、不同穿着要求等是不同的。例如，解放鞋是在鞋舌根部位，网球鞋是在前帮的后端点部位，长球鞋也是在前帮的后端点部位。均应选择在鞋帮套楦时不能任意拉伸的部位。

③ 布的伸缩率和鞋帮伸缩率的确定　鞋帮布是由棉或化学纤维织成的，纺织品受拉力有一定的伸缩，要想使鞋帮套楦后大小松紧符合理想的要求，就必须考虑套楦时因拉力作用而使鞋帮产生的伸缩变形。而在设计鞋帮时，各部位采用的伸缩率也是不同的。

鞋帮和内底布伸缩率的确定。理想鞋帮和内底布大小是以缝帮套楦后帮脚位于楦底的边缘上，并稍朝里倾斜，这样对以后的贴海绵内底和贴大底等操作有利。否则内底布太松、鞋帮太紧时，帮脚外翻。相反，内底布太紧、鞋帮太松时，帮脚则在楦底上，引起跷头缩跟、翻帮脚或倒帮脚等弊病，给以后的成鞋操作带来困难。同时易发生弹大底、拉围条等质量问题。

鞋帮各部位伸缩率可用计算公式算出：

$$F=\frac{A-(X-2C)}{X-2C}$$

式中　$F$——收缩率；

$A$——鞋楦尺寸；

$C$——缝边常数；

$X$——鞋帮对应尺寸。

计算各部位伸缩率的先决条件是：必须用各挡的中号楦进行试验，直到整个鞋帮大小、松紧符合理想要求为止，否则不能应用。套帮时，鞋帮和内底布被纵向拉力拉长的伸长率定为正值，被横向拉力拉窄的伸长率定为负值。

（2）平面设计的方法　帮样设计必须根据定型鞋楦和已定结构式样来进行。帮样设计的依据一是楦型曲面，二是布的伸缩率。在进行鞋帮样板设计之前，必须将鞋楦有关部位尺寸进行测量，以此作为主要设计依据。现以解放鞋为例，将有关测量点的确定和测量方法介绍如下。

① 划线定点（见图8-10）

a. 作楦背和后跟部的分中线。为了使楦背的中心线准确，可先在近筒口处定一点，然后用带尺测量这点到脚长的44%部位的楦底两侧边缘点的长度，取其平均数作为中心线的标准点，再与前端点作中心线。这样可保证前帮后端两侧的宽度相同。这点对不分里外的对称型前帮尤其重要。后跟部的分中线由楦底后端点和筒口后端点作出。

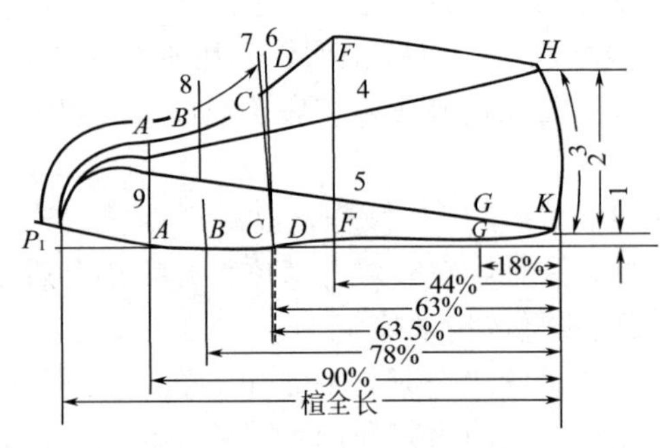


图8-10　鞋楦测量点的确定

1—后跟高；2—鞋帮有效高的直线距离；3—鞋帮有效高的曲线长；4—鞋楦上斜长；5—鞋楦下斜长；6～8—用曲线量取法取得楦背测量点$B$、$C$、$D$；9—用垂直法取得楦背测量点$A$

b. 确定楦底部位点$A$、$B$、$C$、$F$、$G$　在楦底上按脚长的90%、78%、63.5%、44%、18%，分别取一部位点$A$、$B$、$C$、$F$、$G$并作轴线的垂线，使交于楦底边的两侧边缘。为便于操作，一般可在楦底样板上划好后移至楦底上。

c. 确定90%部位楦背测量点$A$。将鞋楦放在平台上，在踵心部位垫上后跟高。然后垂直楦底 $A$ 点，标出楦背测量点 $A$。

d. 确定舌根部位点 $D$。在平面上任意划一直线，并任意取一点 $A$。然后在这直线上取一点 $P_1$，使 $P_1$ 点到 $A$ 点的长度等于楦背测量点 $A$ 到鞋楦前端点的曲线长度。再向外取一点 $P$，使 $P$ 到 $P_1$ 的长度等于缝边量（3～4mm）。然后在直线的另一端取一点 $D$，使 $D$ 点到 $P$ 点的长度等于前帮长减舌长，$D$ 点即为舌根部位，一般在脚长 63%左右。舌根部位一般不宜过分靠前，如落到跖趾弯曲部位，则容易弯曲致早期破损。但也不宜过分落后，否则易造成套脱楦时的操作困难，并且易引起拉断缝线（又称爆封口）等质量问题。

e. 确定楦背测量点 $B$、$C$、$D$ 在上述平面图上分别量取各部位点到 $P_1$ 点的长度，然后用带尺从鞋楦前端点沿分中线紧贴楦面，标出各楦背点 $B$、$C$、$D$，如图 8-11 所示。

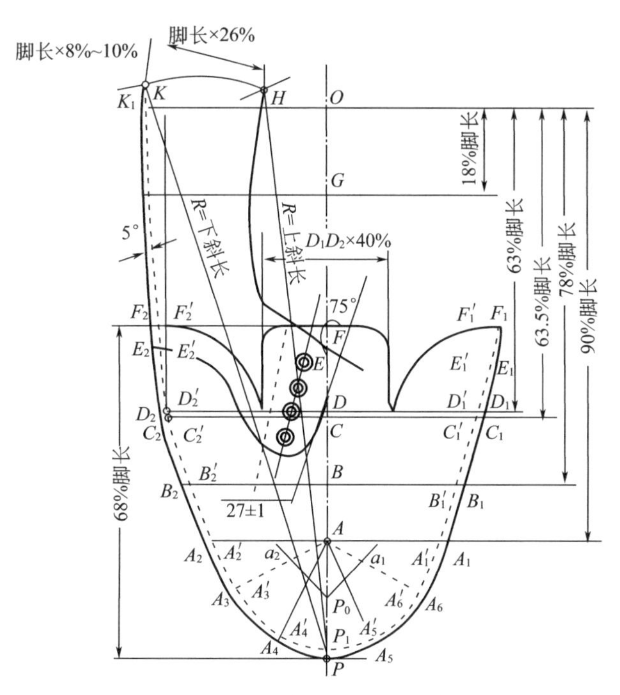


图 8-11　解放鞋帮样图（25 号）

f. 确定楦头等分线。以楦底 $A$ 点为圆心，任意长为半径（不超过楦边）做圆弧，分别交于 $a_1$、$a_2$、$P_0$。连接 $a_1P_0$，和 $a_2P_0$ 构成两个相同的等腰三角形，将该等腰三角形的底边 $a_1P_0$ 和 $a_2P_0$ 分别分成三等份，连接 $A$ 点和各等分点，并延长到楦底边缘，在平面图上便成四条射线 $A_3$、$A_4$、$A_5$、$A_6$，如图 8-11 所示。

g. 确定后帮最高点 $H$。从楦底后端点始，用带尺沿分中线量取后帮的有效高度（后帮缝边 3～4mm 除外的高度）得一点 $H$，即为后帮的最高点。

② 测量方法

a. 90%脚长部位以前的楦头部分的测量。分别用带尺紧贴楦面量取楦背 $A$ 点到 $A_1$、$A_2$ 和各等分点 $A_3$、$A_4$、$A_5$、$A_6$ 的长度，记入表 8-5 内。

b. 用带尺紧附楦面测量的 $B$、$C$、$D$ 各楦背测量点到各对应部位的楦底边缘点 $BB_1$、$BB_2$、$CC_1$、$CC_2$、$DD_1$、$DD_2$ 的长度，记入表 8-5 内。

c. 上斜长和下斜长的测量。用带尺对准鞋楦前端点，紧附楦背面测量前端点到后端点的最小曲线长度。同样测量前端点到后帮最高点 $H$ 的最小曲线长度，取两侧的平均值记入表 8-5 内。

表 8-5　鞋楦尺寸和鞋帮尺寸

| 项目 | $\frac{AP_1}{AP}$ | $\frac{AA_1'}{AA_1}$ | $\frac{AA_2'}{AA_2}$ | $\frac{AA_3'}{AA_3}$ | $\frac{AA_4'}{AA_4}$ | $\frac{AA_5'}{AA_5}$ | $\frac{AA_6'}{AA_6}$ | $\frac{BB_1'}{BB_1}$ | $\frac{BB_2'}{BB_2}$ | $\frac{CC_1'}{CC_1}$ | $\frac{CC_2'}{CC_2}$ | $\frac{DD_1'}{DD_1}$ | $\frac{DD_2'}{DD_2}$ |
|---|---|---|---|---|---|---|---|---|---|---|---|---|---|
| 鞋楦尺寸 | | | | | | | | | | | | | |
| 鞋帮尺寸 | | | | | | | | | | | | | |

注：鞋帮的上、下斜长对一般粉浆贴合帆布 25 号解放鞋大致等于鞋楦上、下斜长的尺寸。

(3) 帮净样设计的步骤　以解放鞋为例，在测量和绘制前先要“选楦糊楦”。首先选取已经设计并制作好的标准鞋楦一只（根据设计习惯，以右脚鞋楦为准）。然后用纸张糊楦。糊楦的目的是方便于在楦上划线取点（因为楦本身一般是由铝制作的）。糊楦的基本操作要点为：用纸不能太多，一般应控制在三张内，楦背一张、楦底一张、楦跟一张。

① 绘制基准点线　划中轴线，并标出以下各部位点，在帮样图纸上任意划一直线作为轴线，在直线的左端任取一点 $O$ 作为端点。再分别以脚长的 90%、78%、63.5%、44%、18%等部位数据标出 $A$、$B$、$C$、$F$、$G$ 各点。$D$ 点用作图法求得（见前面知识点所确定的舌根部位 $D$ 点）。然后从各部位点作轴线的垂直线。

② 绘制头部轮廓曲线　以 $A$ 点为圆心，任意长为半径作圆弧，分别交于 90%部位线的两侧 $a_1$、$a_2$ 和轴线的交点 $P_0$。连接 $a_1P_0$ 和 $a_2P_0$ 即成两个相同的等腰三角形。将直线 $a_1P_0$ 和 $a_2P_0$ 分别分成三等份，连接 $A$ 点和各等分点并延长，即成 4 条射线。然后根据已标好的样板头部尺寸，分别截取对应线段，即得头部控制点。

③ 绘制宽度控制点线　分别以 $B$、$C$、$D$ 各部位的鞋帮尺寸截取对应线段得 $B_1$、$B_2$、$C_1$、$C_2$、$D_1$、$D_2$ 诸点，此即为各部位的宽度控制点。

④ 确定后帮跷度　从 $D_2'$点作轴线的平行线，然后从 $D_2'$点向外侧按所需要的角度划一直线，即为后帮跷度线。解放鞋一般控制在 5°左右为宜。

⑤ 确定后帮下口前端点位置　后帮下口前端点又称前后帮交点。以 44%脚长 $F$ 这一点较为理想。使 $F$ 到 $O$ 点的长度等于已定前帮长。从 $F$ 点量取 8～10mm（前后帮压头的宽度）得 $E$ 点，从 $E$ 点作轴线的垂直线，与后帮跷度线交于 $E_2$ 点，$E_2$ 点即为前后帮交点的位置。

⑥ 确定后帮上下口端点的位置　以 $P$ 为圆心，分别以鞋帮上斜长和下斜长为半径向后下方划弧，以下斜长为半径划的圆弧与后帮跷度线的交点即为后帮下口的初设端点 $K_1$，再从 $K_1$ 点顺着圆弧向上取 2～3mm 得一点 $K$ 即为下口端点。以 $K$ 点为圆心，以后帮的有效曲线长度除去缝边量的长度的直线距离 $HK$ 为半径，向上划圆弧，与上斜长为半径划的圆弧的交点 $H$ 即为后帮上口端点。

⑦ 确定后跟突点和凸度　连接后帮上下口端点 $HK$，从后帮下口端点 $K$ 向上取一点，使它的高度等于鞋楦后跟突点的高度（约占脚长的 9%），然后过这点向外作垂线，量取 4mm（后容差）得一点，即为后跟突点和凸度。

⑧ 确定舌宽和舌头顶点部位　舌宽一般占该部位楦背面曲线长的 40%左右，过大或过小都不利。例如 25 号（四型）解放鞋一般舌宽为 70mm 左右，舌头顶点一般与前帮两侧端点相平或稍低（不应超过 3mm）。舌头太短时，鞋经洗后舌头收缩，盖不住鞋眼，不但不美观，而且易挂破袜子。

⑨ 帮净样图的描绘　在已确定上述特征部位点的情况下，同时结合鞋帮部件的基本分割方法以及曲面向平面等效铺展的规则，各特征部位点用曲线圆滑连接，即得帮净样图。

## 4. 鞋帮结构部件的生产样板设计

生产样板是指在鞋的生产过程中制备的（一般采用冲切方法）鞋帮各种半成品部件的平面轮廓形状。生产样板的设计必须在基本净样板的基础上，考虑以下几个方面问题。

（1）鞋帮结构部件之间的结合宽度　各种结构部件组成一个整体鞋帮，就必须要有一个结合宽度。一般采用缝纫工艺，缝纫机的密度一般为60～70针/10cm，低速者30针/10cm，高速者110针/10cm，一般缝纫两道。结合宽度，一般搭缝宽度3～3.5cm，后跟批缝宽度4～4.5cm，某些特殊重点关节部位9～10cm。

（2）鞋帮各结构部件在成型过程中发生伸缩现象　其原因是：①鞋面和鞋里合布后要发生重复；②在套或绷楦时，纵面被拉长，横向被拉窄。一般可在2%～3%。

（3）鞋帮和鞋底的结合宽度　套楦鞋3～3.5mm。绷楦鞋10～14mm。

## 5. 内底布样板设计

内底布样板各部位尺寸的计算主要是以楦底样板为依据，考虑布的收缩率和缝内底布时缝边量为3～4mm等因素，按一定比例进行设计。通常可根据内底布各特征部位的伸缩率，然后参考楦底样板，描绘出内底布样板。设计出的内底布样板与对应的楦底样板比较，通常呈短而宽形。

为了设计操作上的方便，内底布的控制部位可取楦底样板的5%、40%、65%、85%的长度，再按各部件伸长后对宽度的影响而适当加宽，一般长度按楦底样长，在最宽的位置上加宽5～6mm。如图8-12所示。

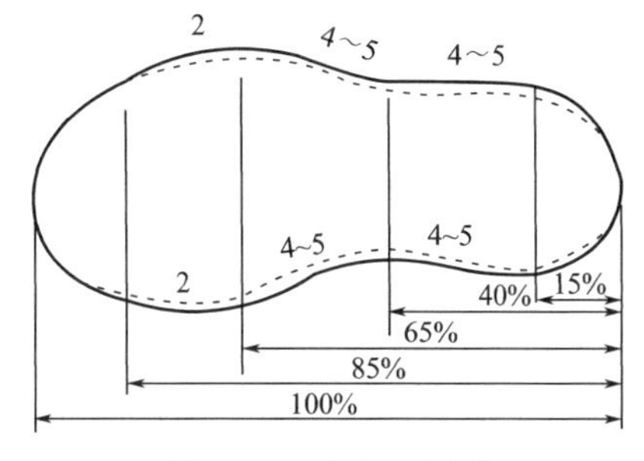


图8-12　内底布样板

## 6. 鞋帮各部件生产样板的设计

以解放鞋和长球鞋为例。

（1）标准口　为了便于缝内底布操作，在前帮的前端内心和两侧处留有标准口，与内底布对口。长球鞋前帮舌根两侧留缝沿口布缺口。解放鞋前帮后两侧留缝上头标准口，如图8-13所示。

后帮前端底口处应有缝上头标准口。后部留出合后跟标准口。（拼跟工艺操作）长球鞋后帮上口留缝鞋眼衬布标准口。如图8-14所示。

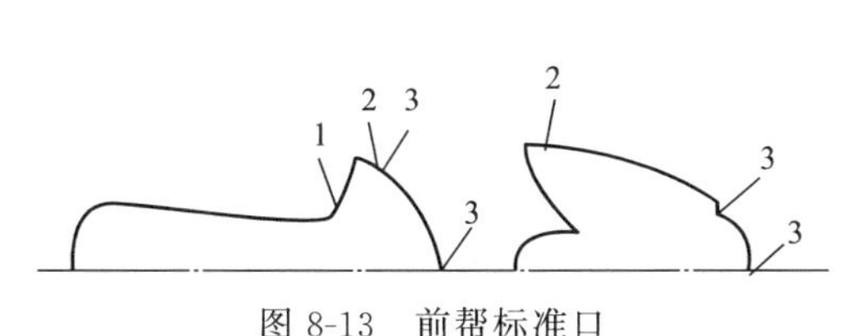


图8-13　前帮标准口

1—缝沿口布标准缺口；2—缝上头标准口；3—缝中底布标准口

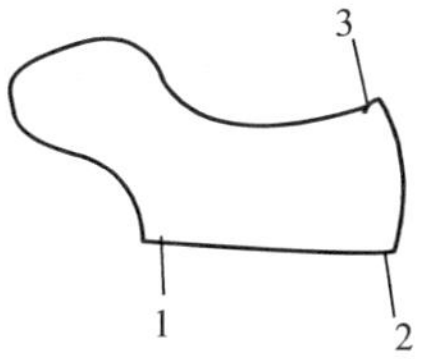

图8-14　后帮标准口

1—缝上头标准口；2—缝鞋眼衬布标准口；3—后缝标准口

（2）鞋眼衬布　根据后帮上口弧度、缝上头位置以及鞋眼规格等进行设计。长球鞋鞋眼衬布下端长度最好截止在缝上头第一道线压6～7mm处，宽度23～26mm较为适宜，解放鞋宽度以不超过缝上头线为准。中间宽度为25～27mm左右比较合适，如图8-15所示。

在设计长度时，应考虑到鞋眼衬布由于缝纫操作而伸长。因此，一般鞋眼衬布应略短于后帮的部位。

(3) 护趾布　长球鞋护趾布前端高度超过缝上头第一道线 2.5～3mm。长度根据鞋头大小，能护盖住第一、第五跖趾关节为原则，头端弧度应使之可与前帮拼接，不要重叠，允许离缝 2mm 以内，以免叠层过多，磨压小脚趾。如图 8-16 所示。

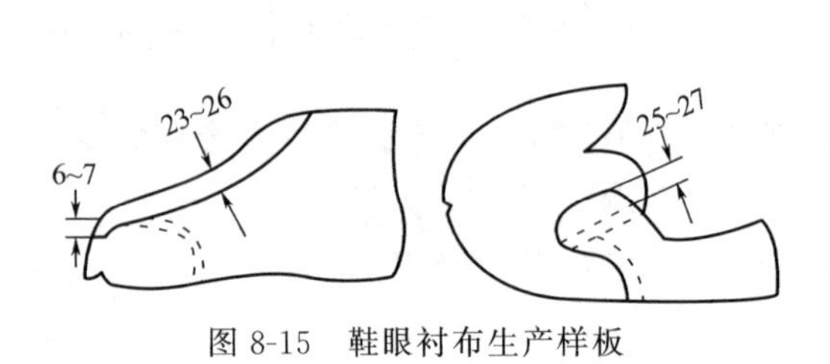

图 8-15　鞋眼衬布生产样板

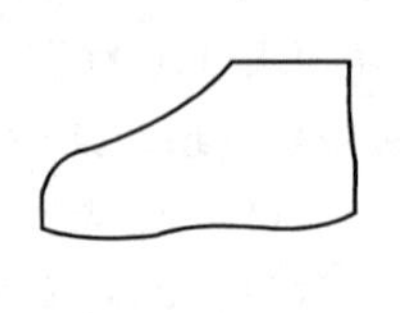
(a) 解放鞋护趾布　　(b) 长球鞋护趾布

图 8-16　护趾布的生产样板

这种设计，在上头压缝部位只有四层布。但有些长球鞋在上头压缝部位共有 6～8 层布(前帮、后帮、护趾布、鞋眼衬布)，其中沿口布还不包括在内。因此导致因叠层太多，磨伤小脚趾。

解放鞋的护趾布设计应分里外怀。外怀小些，要求能护盖住第五跖趾关节和小脚趾以外再稍长些。而里怀应伸至大拇趾。但护趾布的头部边缘以不超过前帮中心线为宜。过长时，套楦后易产生起褶等现象。宽度以能护盖住大小跖趾关节为原则，过宽浪费用布。

为防止护趾布与鞋帮分层，常采用 2～3 道围线，以增强与鞋帮的密着性，提高使用寿命。

护趾布下边缘离鞋帮边缘的高度以 6mm 左右为宜。过低时，将给缝内底布和套楦操作带来一定困难；过高时，则盖不住脚而失去其本身的作用。为了便于生产管理，通常两个码合用一种规格。

(4) 外后缝带　长球鞋外后缝带的长度要与后帮高度相同，宽度应大于后帮余缝，一般在 20mm 左右较好。解放鞋的外后缝带长度比后帮后跟高度长 25mm 左右为宜，以便折压在里后跟与鞋帮布之间。通常 2～3 个码使用一种长度规格。

(5) 里后跟　里后跟是胶鞋结构上的重要部件之一。为使里后跟发挥它的保护后跟部位和起到柱力作用，以 25 号计，长度为 150mm 左右、高度为 60mm 左右较为适宜。低帮鞋如解放鞋、短球鞋和便鞋类等，里后跟高度通常以接近沿口布或离开沿口布 3mm 左右为宜。为了减少冲刀数量和便于生产管理，一般 2 个码合用一种规格。

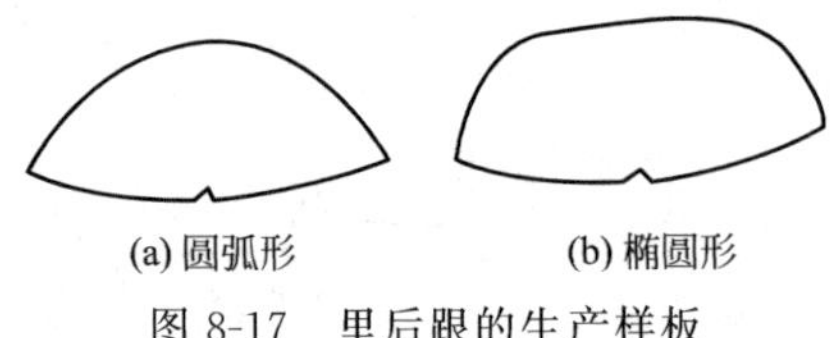
(a) 圆弧形　　(b) 椭圆形

图 8-17　里后跟的生产样板

里后跟的上口弧度，通常有两种类型。一种是呈圆弧形，如图 8-17(a) 所示。另一种是大体呈椭圆形，如图 8-17(b) 所示。实践证明，呈椭圆形较佳，但原材料耗用稍有增加。

(6) 沿口布　长球鞋前帮沿开口布缝至前帮舌根两侧离底口 30～35mm。解放鞋沿口布缝至前帮舌根内两侧上部 18mm 以内。

沿口布以编织带为佳，宽 11～13mm，编织带的组织有人字纹和斜纹两种，人字纹伸长率较小，斜纹伸长率较大。

(7) 鞋眼　鞋眼用单面卷边鞋眼，其布眼的直径以小于鞋眼底口外径 1～1.2mm 为宜，布眼过大时，拔出力降低；过小时，则影响打鞋眼的工艺操作。

鞋眼两侧布眼要大小一致，鞋眼之间的距离要均匀，鞋帮两侧要对称。前端第一只鞋眼的部位，应靠近缝上头线，使穿着时鞋的前端部位易于系紧。由于鞋帮高度不同，长球鞋以25号为例，每边鞋眼6～7个，解放鞋3～4个。

### 7. 鞋帮样板的扩号

由于各种鞋一般都是从大到小一整套鞋号，最少也有6～7个码（半号），不可能逐个号地按上述方法进行。但一整套鞋楦的各部位尺寸，都有一定的等差，根据这一规律性进行扩号可以达到预期效果。按照某一标准鞋号的鞋帮样板，根据等差（一定规律的加减量）来复制其他鞋号的鞋帮样板的方法称为扩号法，也称放样法。

整套鞋帮样板的扩号放样法，通常有两种：机器放样法和手工放样法。手工放样法又有几种不同方法，例如两极端扩号法和中间号扩号法等。

（1）机器放样法　中间号的鞋帮样板制好后，就可利用放样机固有的性能，按一定比例很快放出全套样板。放样机的类型有多种，构造也各异。但基本原理一样，操作比较简便。放样机的应用，要以刻楦机的使用为前提。并且放样机必须与刻楦机相配合，这样才能正确发挥放样机的优越性。

（2）手工放样法　手工放样的基本原理与机器放样相似，但手工放样时须控制更多的部位数据，而机器放样只要控制长度和宽度两个数据。手工放样法可分为两种。

① 两极端扩号法　用这种方法扩号时，需要先设计好一整套鞋号中两个极端号（最大和最小）的样板。扩号时，首先将最大号的样板划在纸上，然后将最小号的样板在距离最大号的图样不远的地方同样划在纸上。图样之间应有足够的距离，以利于线段连接。两个极端号样板的轴线要对应平行。将各对应部位点连接，并根据最小号和最大号之间的码数$\left[\text{可用最大号减最小号再乘以 2 求得。如}\left(26-23\frac{1}{2}\right)\times 2=5\text{，即 }23\frac{1}{2}\sim 26\text{ 号的码数为 }5\right]$来等分两极端号各对应部位之间的连接。然后用曲线板，通过各对应等分点，描绘出各个鞋号样板的轮廓线，并要求各个号轮廓线之间都基本等距离。见图8-18。

② 中间号扩号法　采用中间号扩号法，首先要根据中间号样板的各部位尺寸，算出整套帮样的各部位尺寸。然后在样板上按各部位划线，并将中间号相邻号的各部位尺寸点好，再用中间号的样板与曲线板对准各对应部位分段划线。然后进行适当圆滑修改后即成。相邻号样板制好后，再用它作曲线板，描绘其相邻号样板。以此类推，即可得到整套鞋帮样板。最后进行适当调整，使各曲线间基本均匀，并分别制帮进行试套，再根据实际情况适当修改，直至合适为止。

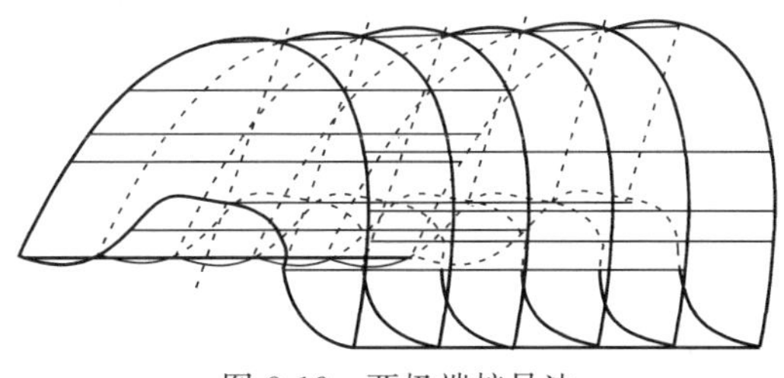

图8-18　两极端扩号法

## 四、胶面胶鞋的鞋里样板设计

胶面胶鞋的鞋帮是由鞋里布和内底布用线缝合而成的。

### 1. 鞋里布

鞋里布是胶面胶鞋鞋帮的补强部件，其作用如下：①使鞋里布紧贴于鞋楦上，不致因鞋里布伸长而与鞋楦分离，从而使胶面覆贴于上，便于成型和脱楦操作。②增强强度和穿着舒适感。③使鞋里暖和些。

胶面胶鞋里样板的设计步骤较解放鞋简单，它的控制线、控制部位点与解放鞋相似。不过，要加上兜跟围尺寸以及楦后筒高的尺寸。同时，要考虑到鞋里布样板采用的是针织品材料，伸缩率较大，因此，在量取鞋楦尺寸之后，每个控制部位点的宽度都应加上一定的尺寸。另外，由于胶面胶鞋里布要求裁剪后没有边角余料，因此，设计完成后，还需经过套楦。在不影响套楦的原则下，某些部位的曲线允许进行适当的修改调整，以符合工艺需要，男轻便靴鞋里布样板设计如图 8-19 所示。

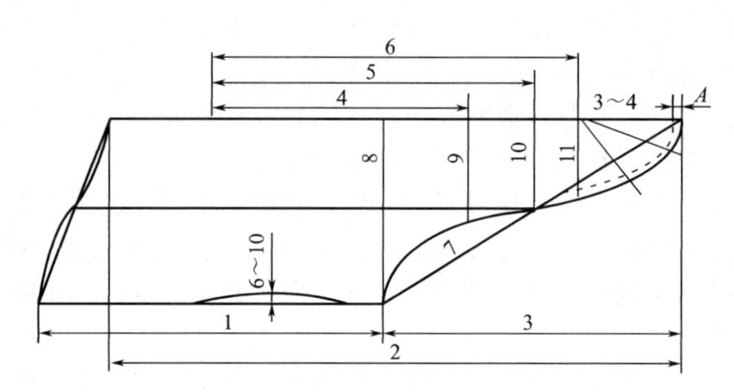


图 8-19　25 号（四型）男轻便靴鞋里布样板设计

1—后跷高×113%～115%；2—楦面轴线长×124%～126%；3—楦面下斜长×57%～59%；4—脚长 63.5%；5—脚长 78%；6—脚长 90%；7—楦面下斜长×75%～77%；8—兜跟围长×77%～78%；9—$\frac{\text{脚长 63.5\%部位楦面宽}}{2}$；10—$\frac{\text{脚长 78\%部位楦面宽}}{2}$+1～3.5mm；11—$\frac{\text{脚长 90\%部位楦面宽}}{2}$+6～8mm

设计时除了考虑棉毛鞋里布的伸缩率外，还要考虑楦筒口勾鞋里布的裕度。

鞋里布包后缝 4～5mm。底口接弧度放 3～5mm。

鞋里布不能太松或太紧。太松时，虽然套楦操作容易，但贴鞋面时比较困难，对质量有不良影响。太紧时，贴鞋面方便，节省用布，但套楦时的劳动强度增加，而且棉毛布拉得太紧，对胶鞋的内在质量不利。并且脱楦后，由于鞋的收缩性增大，鞋的内腔尺寸势必相应减小。

### 2. 内底布

内底布的设计与布面胶鞋相似，这里不重复。

## 五、鞋底和胶件设计

胶鞋大底、海绵中底及中底布是胶鞋中与鞋底相配合的部分，其设计都是以楦底样板为依据的，同时也要结合胶鞋的品种规格、生产方法、材料性质等加以适当的调整。

### 1. 大底样板设计

大底样板设计必须结合具体的大底成型工艺。常见大底成型切割法有两种：①压型机压型后连续切割法；②压型机压型后手工切割法。

对于连续切割法，大底样板长度方向小 1.5～3.0mm；宽度方向大 1.5～3.0mm；由前至后放宽量依次增大。其中：①拇趾外突点＝90%脚长部位，两边各自放宽 1.5～2.5mm；②第一跖趾关节＝72.5%脚长部位，两边各自放宽 3～4mm；③第五跖趾关节＝63.5%脚长部位，两边各自放宽 3～4mm；④腰窝部位＝41%脚长部位，两边各放宽 3～4mm；⑤踵心部位＝18%脚长部位，两边各放宽 4～5mm。

对于手工切割法，大底样板长度方向小 1.5～2.0mm；宽度方向前大 1.5～2.5mm，后大 2.0～3.5mm。

另外，大底样板设计还要与生产实际相结合，如停放时间、胶料本身的收缩率等。

## 2. 大底厚度设计

大底是胶鞋与地面接触的部分，它不包括海绵内底或其他材料的内底。大底借助于围条浆，与鞋帮和围条等其他辅助部件结合成一个整体。大底是胶鞋的主要组成部件，它的性能优劣对胶鞋质量具有决定性的影响。

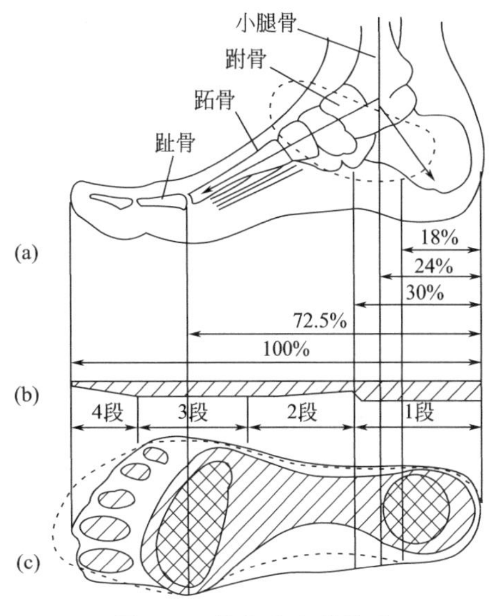


图 8-20 脚与大底的关系

(a) 脚基本结构；(b) 大底分段与脚长的比例；(c) 脚着地面积和受力部位

（1）大底受力和磨损情况的分析　胶鞋大底所承受的力有重力和人体运动时的冲击力两种。而力是变化的、不均匀的，因此大底各部位所承担的作用也是不同的。因而鞋底在运动过程中各部位的磨损程度是不同的。从图 8-20 中看到跖骨与跗骨组成的脚弓与地面的水平线形成一个三角形，支撑着整个体重，保持着身体的平衡。在静止状态下，重力即落在脚长的 72.5%（前掌）与脚长的 18%（后跟）之间，使这两点成为最着力的地方。所以设计鞋底的厚度也应发生相应的变化。

（2）大底厚度的基本分布　传统的胶鞋如解放鞋多采用七段大底为设计依据，因为七段底节约胶料，减轻大底的重量，增长穿着寿命。但由于七段大底的厚度设计不够美观，一般高档产品多采用两段或三段大底，球类运动鞋多采用一段大底。如图 8-21、图 8-22 所示。

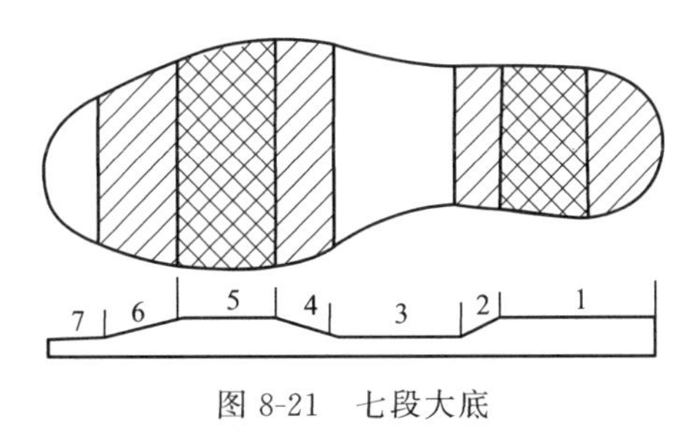


图 8-21　七段大底

1—踵心部位；2—后根部位；3—脚腰部位；4—屈挠部位；5—负荷部位；6—行走部位；7—脚趾部位

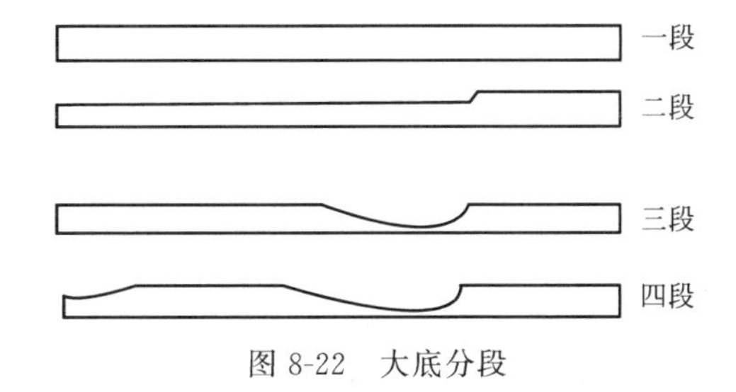


图 8-22　大底分段

现以七段大底为例，说明设计鞋底的厚度的原理。

七段大底是根据鞋底在行走过程中磨损程度分成七段部位，但踵心部位又分成内外侧，故也可分为八段部位。这七段大底的磨损情况为：踵心外侧>负荷部位>踵心内侧>脚趾部位>行走部位>后跟部位>屈挠部位>脚腰部位。

根据七段部位的磨损程度和节约胶料的原则分别确定不同的厚度。以表 8-6 为例说明解放鞋和长球鞋大底各部位长度及厚度。

脚腰部位由于不承担磨耗作用，因而可以适当地放宽面积，但脚腰部位的面积增大后，外观上显得瘦薄不美观。为此，脚腰部位的花纹面积可缩短些，两端可借用相邻两段的（后跟部位和屈挠部位）的花纹，即相邻两段的花纹面积分别向脚腰两端延长些，从而遮去脚腰部位瘦长浅薄的观感。

**表 8-6 解放鞋、长球鞋大底厚度**

| 部位名称 | 所占大底长度比例/% | 解放鞋大底厚度/mm | 长球鞋大底厚度/mm |
| --- | --- | --- | --- |
| 踵心部位 | 15 | 7.4 | 7.5 |
| 后跟部位 | 15 | 5 | 3～3.7 |
| 脚腰部位 | 20 | 2.6 | 3 |
| 屈挠部位 | 8 | 4 | 6.5～3 |
| 负荷部位 | 27 | 5.7 | 6～6.5 |
| 行走部位 | 5 | 5 | 4.5～6.5 |
| 脚趾部位 | 10 | 4 | 4～4.5 |

## 3. 大底花纹设计

（1）大底花纹设计要求

① 根据鞋底的受力与非受力部位，给予相应的粗细花纹布局。在着力部位增强耐磨性防滑性能，达到合理用胶。同时适当增加坑纹（有效着力面积缩小），可提高抓着力，增强防滑性能。

顺纹抗屈挠的能力好，但防滑能力差。相反横纹的防滑性能好，但应力集中，降低了抗屈挠的能力，容易断底，这都是设计者在大底花纹设计时首先要解决的矛盾。

② 要考虑加工的可行性。完美的花纹设计图案结构，都应该是易于加工的。

③ 胶料流动性的考虑。压延成型花纹要顺着压延方向，这样效果较好。反之，横花纹由于受压面积不均匀，胶料流动性不好，要尽量少采用。一定要采用时，花纹的角度要大，纹槽要浅，防止出现缺胶现象。模压成型的模具花纹，要互相连通，阳花纹底部要倒圆，使胶料受压后可以互相流动，粗花纹阳纹顶部要有透气孔，避免空气使胶料造成缺胶。

④ 要考虑花纹成型后的胶料对成品工艺的影响。花纹的粗细对成型工艺有着直接的影响，特别对辊筒大底来说尤其重要。所以，一般粗花纹的大底在成型工艺上都采用底包边。如劳动鞋、雨鞋等都是采用底包边。因为花纹粗，坑纹也就宽，如果用边包底，就会出现边底凹凸或者边离口的现象。运动鞋与民用鞋类多采用中、小花纹，使其在造型上能达到美观的要求。另外要注意的是在设计中，花纹坑宽度不要超过花底厚度的 2 倍，否则容易出现大底凹凸的次品，所以，坑纹对底部的夹角要大，使压大底时的压力分散到两边阳纹的底部，免得中间部位塌下，造成气泡。

（2）大底花纹设计原则

① 既有弯曲又有磨损的部位，花纹的基本形式应与大底的纵向成 30°～45°角，以保证大底既防滑又耐弯曲。

② 在磨损大、屈挠小的部位，应有较大的有效着地面积，以分散加于大底的压力，增加穿用寿命。

③ 在弯曲大、磨损小的部位，可适当减小有效着地面积，采用阳纹较窄、阴纹较宽、与弯曲方向成 30°～45°角的花纹，以便分散屈挠应力，避免大底的早期折断。

④ 在磨损大而无弯曲的部位，可采用细线花纹，以增加耐磨性能。

⑤ 仅有微小伸张弯曲和磨损的部位，可采用细浅的斜纹或小阴菱形纹，以适应大底减薄时成型工艺的需要。

⑥ 用于较滑的地面时，如雨鞋（靴）类，应采用较粗且深的花纹，以便增加大底对地面的抓着力，提高防滑性能。

⑦ 设计花纹时，还应考虑工艺条件。如压延成型大底和模压大底的工艺条件不同，花纹设计也必须相应地加以改变，以适应生产工艺。

（3）不同鞋类对花纹的要求

① 劳动用鞋的大底花纹　为了适应劳动条件，特别是农村，大底花纹设计要求有很好的防滑性能。为此，花纹设计应粗壮些，花纹沟也要求深一些。同时，由于劳动的要求，鞋底脚腰部位的胶料厚度应适当增大一些，一般可在 3mm 左右。

② 运动鞋类的大底花纹　为了适应运动要求，大底花纹应具有良好的防滑、耐磨和缓冲性能，如水波纹或锯齿式花纹等。其优点有：压延成型时，大底胶料利用率高；生产效率高；花纹辊筒易加工；设备简单；成型工艺简单。

（4）大底花纹的主要形式　大底花纹形式主要可分为两大类：

① 花纹有与大底边沿平行的周边　如图 8-23 所示。模压大底和单独花纹成型大底皆属之。并且，周边花纹必须是阳纹，以便分散加于大底上的压力。

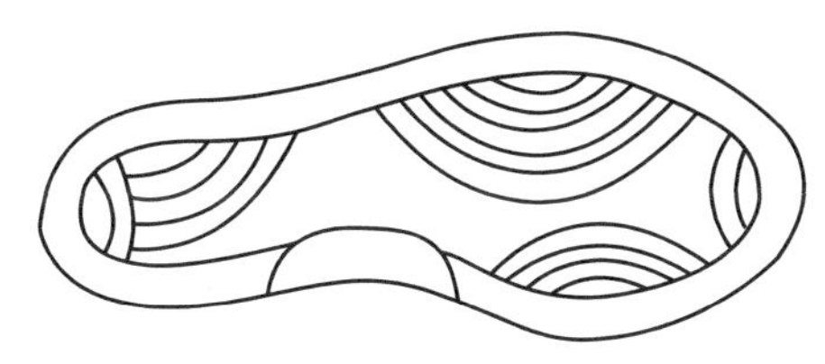

图 8-23　花纹有与大底边沿平行的周边

② 花纹与大底横向部位相适应但无周边　连续压延成型大底属于此种形式，以便选择任一适当间隔切割大底。例如横直条花纹（图 8-24）、波折花纹（图 8-25）、斜花纹（图 8-26）、水波花纹（图 8-27）、菱形花纹（图 8-28）、方格花纹（图 8-29）、细花纹（图 8-30）及其他花纹（图 8-31）。

图 8-24　横直条花纹

图 8-25　波折花纹

图 8-26　斜花纹

图 8-27　水波花纹

图 8-28　菱形花纹

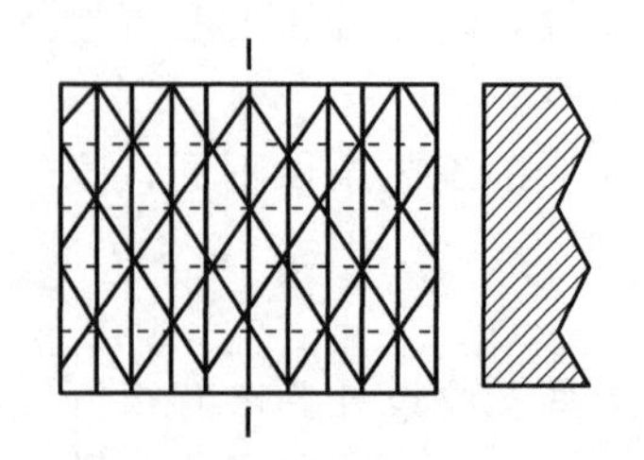

图 8-29　方格花纹

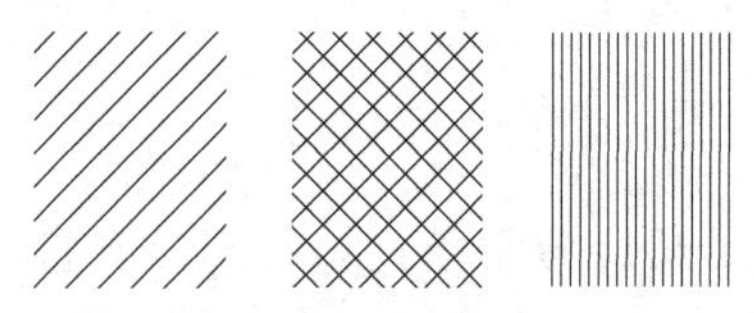

图 8-30　细花纹

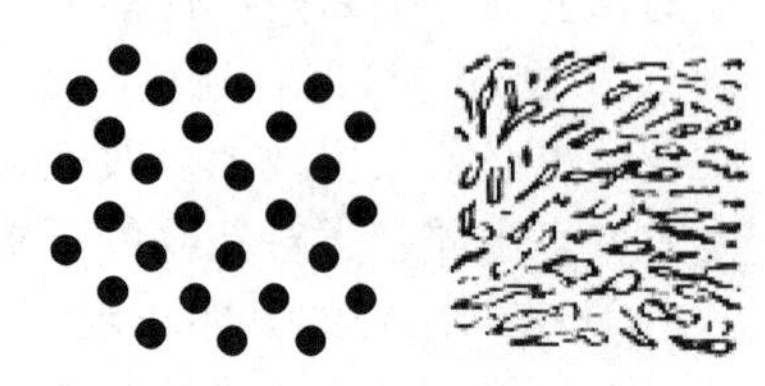

图 8-31　其他花纹

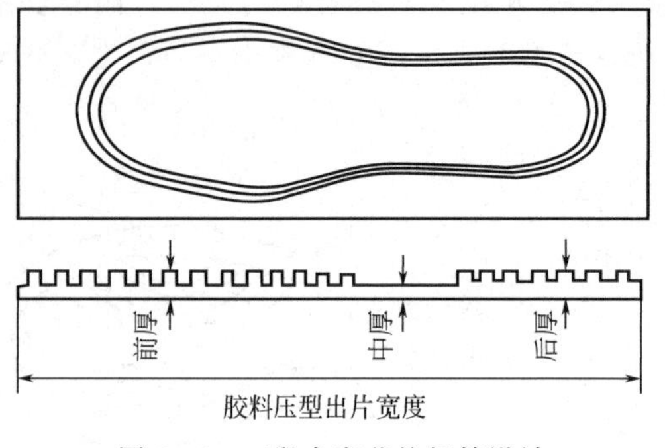


图 8-32　三段大底花纹辊筒设计

## 4. 大底花纹辊筒设计

大底半成品的制备是用辊筒压型制造的。所以要进行花纹辊筒设计。

将花纹设计图案按使用鞋类的底型、前掌及后跟的着力部位、花纹大小和厚度尺寸等，绘好胶料成型后的图线。图 8-32 是三段大底花纹辊筒设计。

三段大底使用的码数较广。七段大底有一定的局限性，要先确定每一挡使用几个码数。一般一套码就分为两挡，也有两挡共用一个辊筒的，即前掌部位使用共同胶段，如图 8-33 所示。

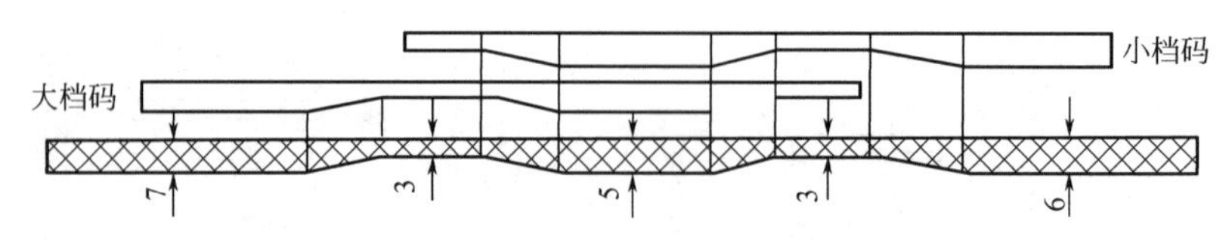


图 8-33　七段大底花纹辊筒设计

## 5. 海绵中底样板设计

海绵中底样板与中底布样板设计类似。

## 6. 围条设计

围条是大底和鞋帮之间的黏着部件，对胶鞋的外观和穿着质量具有重要的作用。围条的作用质量不仅与胶鞋的配方有关，还与围条的结构以及花纹有关。

（1）围条结构　围条一般有龟背式结构或半龟背式结构。如图 8-34 所示。龟背式结构的上下边缘均较薄，而中间较厚；半龟背式结构的上边缘较薄，下边缘较厚。

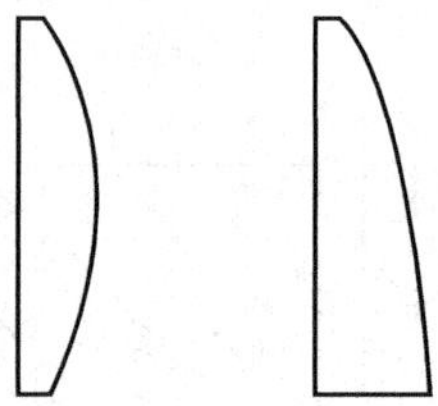

(a) 龟背式围条　(b) 半龟背式围条

图 8-34　解放鞋围条的基本结构

二次硫化模压底长球鞋的围条一般分内围条、外围条和加强围条。由于采用挤出工艺，围条结构相应有所变化。

（2）施工尺寸　对于单根围条的宽度一般围 20～26mm 左右，具体根据胶鞋品种而定。对于多根围条者，其内层结构应高出外层围条 3～4mm。使围条上边缘呈逐级分布状态。

## 第三节　胶鞋的制造工艺

胶鞋的制造工艺有粘制、模压、注压等方法。其中，粘制法又分热粘法和冷粘法两种。热粘法是先将组成胶鞋的各部件粘贴成型后，再热硫化；冷粘法是先把除胶浆以外的胶制部件半成品硫化好，再黏合成型，采用常温固化的制造工艺。目前我国的胶鞋制造以热粘法为主。

### 一、布面胶鞋的手工粘贴热硫化法制造工艺

布面胶鞋的手工粘贴热硫化法制造工艺流程见图 8-35。

布面胶鞋的制造工艺主要有套帮法和绷帮法两类。两者的主要区别在于：①在上楦前，套帮法先将鞋帮和中底布缝合到一起。②就鞋帮和鞋底的结合部位而言，套帮法在中底布和海绵中底间，而绷帮法在海绵中底和大底间。此外，套帮法工艺简单，绷帮法性能优良。

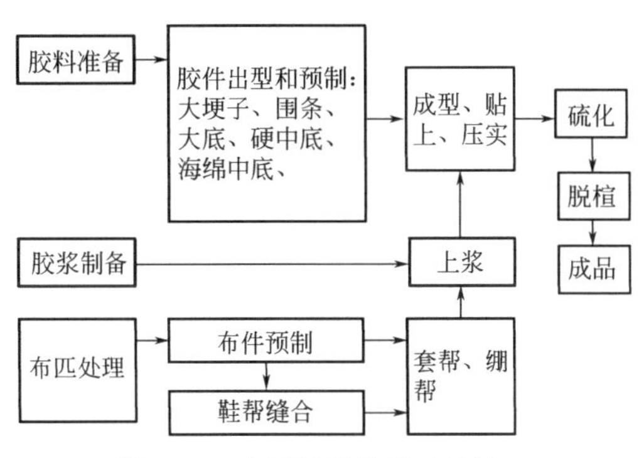

图 8-35　布面胶鞋的手工粘贴热硫化法制造工艺流程

#### 1. 胶浆的制备

在胶鞋制造中需要使用的胶浆包括胶乳胶浆、汽油胶浆、水胶浆、淀粉浆和聚乙烯醇化学浆等。

（1）胶乳胶浆的制备　不能溶于水的各种配合剂如硫化剂、促进剂、活性剂及防老剂等加入胶乳前，必须制成胶状分散体。制备胶乳胶浆各种配合剂分散体的主要设备是球磨机或胶体磨。现以球磨设备为例，将各种胶乳胶浆配合剂分散体制备方法简述如下。

① 50%硫黄分散体的制备　配方：硫黄 100 份，10%酪素溶液 50 份，28%氨水 7 份，水 43 份；合计 200 份。操作：将球磨罐及磁球洗刷干净；按配方准确称出各种配合剂，并装入球磨罐中，将盖盖严，经试验不漏后，再进行研磨；研磨时间为 90h 左右；经常检查球磨机运转情况，防止漏料及脱轴现象发生。

② 50%氧化锌分散体的制备　配方：氧化锌 100 份，10%酪素溶液 50 份，20%氢氧化钾 2 份，水 8 份；合计 160 份。操作：研磨时间为 24h，其他操作与 50%硫黄分散体的制备相同。

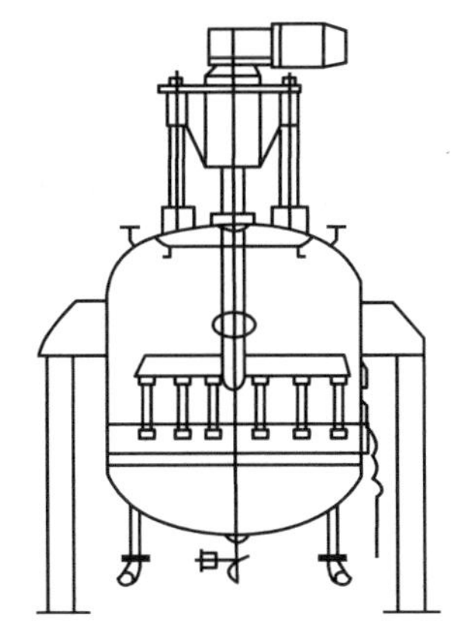
图 8-36　立式打浆机

促进剂、防老剂等其他配合剂的配方和操作也与硫黄和氧化锌分散体制备基本相同；各种配合剂分散体的储存量不宜过大，最好是随用随配备。

各种配合剂分散体制备好后，可按配方准确称量胶乳和各种配合剂的分散体。然后先将 10%酪素溶液加入胶乳中，随加随搅拌，然后按顺序加入氧化锌、防老剂、促进剂和硫化剂的分散体，最后加水搅拌均匀。再用万能试纸测定 pH 值，其数值在 9～11 即可，如达不到时可用氨水调整。

胶乳胶浆配好后，在低温下避光静置一段时间。要注意必须保持各种工具清洁。所使用的水必须是软水，以防胶乳胶浆凝固及变质。

（2）汽油胶浆的制备　胶鞋工业中，汽油胶浆的制备一般采用密闭的立式打浆机，其构造如图 8-36 所示。将混炼好的胶浆胶料

切割成小块状，置于打浆机中，然后加入汽油，开动电动机。打浆机内有多叶板式桨叶，不断旋转搅拌，使胶浆胶料逐渐溶解成一定浓度的胶浆，由胶浆出口放出备用。

胶鞋生产中使用的胶浆有几种不同的浓度，需视使用要求而定。如布面胶鞋围条边浆浓度较小，而刮内底布浆则浓度较大。

胶浆浓度愈大则黏度也愈大，黏度过大时，胶浆不适于手工刷浆，同时也不容易渗入纤维空隙，以致影响附着力，因而围条边浆浓度不宜过大。但胶浆浓度太小时，容易造成透浆，并降低附着力。根据使用要求对胶浆浓度和胶料塑性有不同的规定，如表 8-7 所示。

**表 8-7　胶鞋生产几种常用的汽油胶浆**

| 种类 | 含胶浆/% | 用途 | 配合比例 | | 可塑度(Williames) |
|---|---|---|---|---|---|
| | | | 胶料 | 汽油 | 汽油 |
| 围条浆 | 75 | 布面胶鞋边浆 | 1 | 0.58～0.60 | 3～3.5 |
| 内底布浆 | 40 | 内底部刮浆 | 1 | 0.48～0.54 | 1.2～1.4 |
| 里子浆 | 60 | 胶面胶鞋里子浆 | 1 | 0.55～0.6 | 1.7～2.0 |
| 后跟浆 | 75 | 胶靴后跟浆 | 1 | 0.48～0.54 | 3.0～4.0 |

（3）水胶浆的制备　利用分散剂，可以使橡胶胶粒悬浮分散于水中，制成“水胶浆”，也能替代汽油胶浆。

制备水胶浆所用胶浆、胶料的塑性较汽油胶浆的胶料要大，加入皂类作为分散剂，并加稳定剂和渗透剂。胶料在普通开放式炼胶机上加水轧炼，成浆后移至打浆机搅拌均匀即可使用。

（4）淀粉浆的制备　将淀粉称量后，加入少量氯化钙和水杨酸等上浆剂和防腐剂，再加入水搅拌即成糨糊。

（5）聚乙烯醇化学浆的制备　聚乙烯醇是一种化学合成的水溶性高分子化合物，外观为白色或微黄色的絮状物或粉末。聚乙烯醇的性质主要由它的分子量和醇解度（聚乙烯醇分子链上乙烯醇所占分子含量）来决定。分子量愈大，结晶性愈强，水溶性愈差。一般醇解度为88%时聚乙烯醇水溶性最好，在温水中即能很好溶解；当醇解度达 99%以上时，在温水中只能溶胀。

一般情况下，聚乙烯醇不易腐败变质，可长期储存。但由于聚乙烯醇分子链上具有亲水的羟基吸水性较强，故应放置阴凉干燥处。

聚乙烯醇∶水等于 1∶8，用于漂白或浅色品种；聚乙烯醇∶水等于 1∶9，用于深色品种。

制备时，备好带有衬里的 1000L 耐酸碱反应罐，先向罐内放自来水 900L，即开始搅拌，搅拌速度为 70～76r/min。夹套内用蒸汽加热，当水加热到 80℃时，徐徐加入聚乙烯醇，加热到 90～95℃后，恒温搅拌，6h 后即可出罐。根据聚乙烯醇的溶解度不同，可酌情将搅拌时间延长或缩短，出罐时用滤具将杂质滤出，停放 1～2d 即可使用。

聚乙烯醇化学浆合布工艺与淀粉糊相同。采用聚乙烯醇化学浆合布的附着力较淀粉提高一倍以上，基本上解决了鞋帮脱层、虫蛀和发霉问题，而且鞋帮柔软，有利于工艺操作。

目前也有使用缩甲基纤维素化学浆合布的，其制备方法和效果基本同于聚乙烯醇化学浆。

### 2. 鞋帮、鞋里的制备

（1）接布、合布、刮布　首先，鞋面布、鞋里布、内底布等经过检验后进行接布，接布时注意不得接反、接歪、接宽。其次，合布、刮布时注意刮刀定得要合适，放浆要均匀，同时布卷不要过大。注意安全，特别是刮汽油胶浆，须严防火灾。

合布、刮布后要进行充分冷却收缩。一般胶帮布需停放 24h 以上，内底布需停放 7d 以上，并可采用强制收缩措施。

刮内底布一般采用胶乳胶浆，以节约溶剂，并防止工人汽油中毒及由汽油引起的火灾事故。

(2) 鞋帮裁切

① 叠布　检验过的里面交织的双层帆布或合布后的鞋帮布及刮好浆的内底布，经停放收缩后，用展布机进行叠布。

② 划线　根据鞋帮样设计的样板在布上划线，划线是决定棉布利用率的关键，必须合理安排，细心操作。

③ 裁切　裁切设备一般采用冲压板式裁断机，操作时使用冲压板式裁断机按划线进行冲切。为提高效率，可采用双连刀或三连刀。

④ 缝帮　缝帮就是将各种裁切后的各布件用线将其缝成完整的鞋帮，供成型使用。缝帮操作顺序：打号→合后帮→缝护趾布→沿口→缝外后跟条→缝里后跟→打眼→上头→打鞋眼。

### 3. 布面胶鞋的成型

布面胶鞋的成型工艺推广胶乳浸边浆，连续干燥装置和四压成型机，加上鞋楦各部件和成鞋等的传送装置，基本实现了连续化生产。

鞋楦由楦原配双后经过运输链送至套楦机套。套楦后送入胶乳浸边浆机浸边浆，包头浸浆后送入连续干燥装置干燥。干燥后浆鞋送入四压成型机手工上海绵、上围条、上大底、上包头、机械压海绵、压围条、压包头、压大底，并要严格进行检验。成鞋经检验后由传送带送去硫化。

### 4. 布面胶鞋的硫化

胶鞋硫化设备有两种：一是硫化罐；二是单模或多模的个体硫化机。前者主要用于硫化粘制法胶鞋，后者为生产模压法和注压法胶鞋的主要设备。

成鞋必须经过检查方可硫化，需仔细检查硫化车上的成鞋是否放正，有无磕碰扎粘。硫化罐硫化介质分为热空气和直接饱和蒸汽两种。前者硫化的胶鞋表面光泽较亮，无水渍之弊。但由于热空气中氧的大量存在，又处在加热的情况下，因此在硫化的同时发生氧化过程而降低了胶料的老化性能。对纤维材料来说，由于受热空气的作用，水分蒸发，纤维也受到损害。采用直接饱和蒸汽作介质时，由于饱和蒸汽中含氧量极微，减少了胶料氧化和对纤维的损害，而且压力、温度均高，可以缩短硫化时间，硫化胶的物理性能较优。缺点是容易发生水渍，胶料光泽度也较差。

目前，胶鞋一般均采用混合硫化法，也就是硫化开始的一段时间用热空气硫化，后一段改用饱和蒸汽硫化，这样既提高了硫化罐的生产能力，克服了热空气和直接饱和蒸汽硫化的不足之处，又提高了胶鞋的力学性能和穿用寿命。

硫化温度对硫化的影响极大，一般温度每升高 10℃则时间可减少一半，但温度高对胶鞋较薄的胶部件和纤维破坏极大。因胶鞋的胶部件较多，高温更难控制各部件的正硫化范围，所以罐内温度一般在 134℃左右为宜。

注意必须逐步升温。逐步升温使罐内温度均匀地提高，不但可减少罐内各部位的温度差，而且力学性能显著提高，并对海绵发泡也起重要作用。

## 二、胶面胶鞋的手工粘贴热硫化法制造工艺

胶面胶鞋的制造工艺流程如图 8-37 所示。

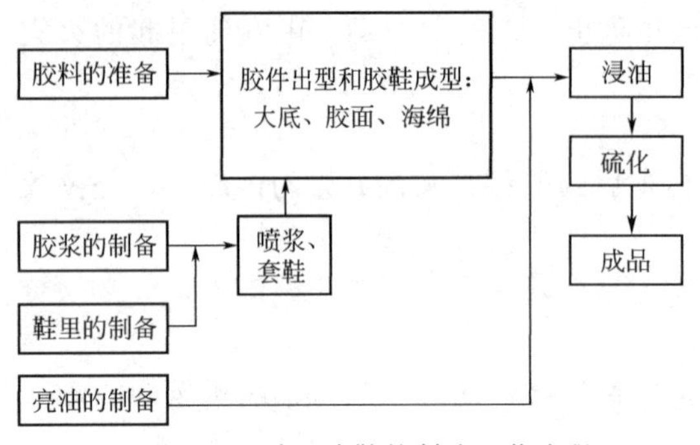


图 8-37　胶面胶鞋的制造工艺流程

### 1. 亮油的制备

（1）熬煮　亮油在熬煮过程中，由于油类本身的不饱和度受热而发生氧化聚合反应，使单体分子聚合成大分子化合物，化合物分子量逐渐增大，油料黏度提高，如果控制不当，则可能胶化成固体而不能应用。因此，熬煮必须恰当，聚合不足则发黏粘纸，聚合过度则易胶化。熬煮程度的控制方法如下。

① 用“看丝”的经验方法测定黏度。从正在熬煮的油锅中取样，将其放在玻璃板或瓷板上拉丝，看丝的长短和韧性来确定熬煮程度。

② 空气泡法测定黏度。从锅中取出试样，按规定加入溶剂，然后倒入小玻璃管，留一定大小的空间，按照规定温度，将试管倒置，测定空气泡上下距离流动所需要的时间。

③ 用 50℃的恩格拉黏度计来测定黏度。亮油在熬煮过程中，随着温度的升高，原来的线型直链非共轭双键逐步转化成共轭双键，转化结果是产生三维空间的交联聚合体，用恩格拉黏度计即可测定。

亮油熬煮的主要工艺是熬清油和加料熬煮。

熬清油的目的是使油中所含蛋白、蜡质、磷质等其他杂质因突然受高温而沉淀析出。精炼后的清油不能立即使用，需在容器内停放 2 周以上，使沉淀物澄清。据试验，精炼清油 100kg 经停放 2 周后沉淀物高达 5～5.5kg。对含有水分的清油，在升温时要稍慢些，但需加速搅拌，使水蒸气易于挥发。

加料熬煮是将各种原料逐步分散均匀地加入，并不断加快搅拌，注意不能使熬料沉淀粘锅底而减弱其作用，在加入氧化铅时，需进行触及锅底的搅拌。

第一天熬煮过程：将已熬过经停放的清油放入锅内，通过约 20min 升温至 80℃后加硫黄；继续升温到 110℃，加入油黑（约 20min）；增加电热量，继续升温到 240℃（约 40min，保温 1h），关闭电门，降温到 200℃，将氧化铅徐徐加入，剧烈搅拌（20～25min）；通电，使油温升到 250℃（约 30min）；降温到 210～220℃并保温，直到第一天终了。

第二天熬煮过程：在 1.5h 内将油温升到 230℃；在 220～230℃保温约 4h，这时锅内物逐渐增稠变厚；在停止搅拌时有一层褶皱出现，取料进行“看丝”检查；抽丝试验，样品置于玻璃板上，当可拉出有韧性的细丝并可回缩时表示正好。升温到 250℃取下冲油。

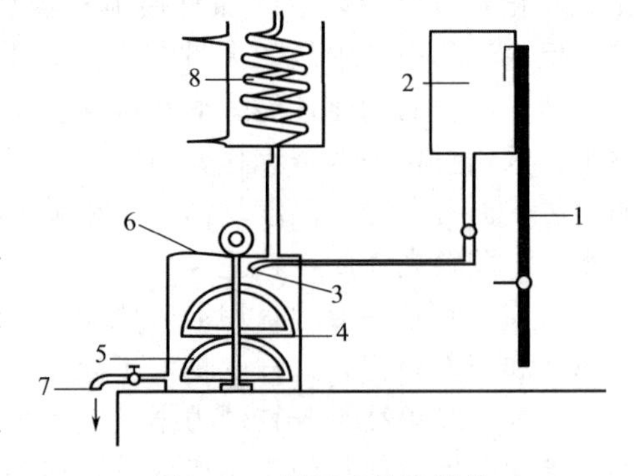


图 8-38　封闭式冲油设备

1—汽油管道；2—储油桶；3—汽油喷头；4—盛油桶；5—搅拌器；6—热油入口；7—冲好亮油出口；8—冷凝回收装置

（2）冲油　熬煮好的亮油并不能直接作为涂料，必须将其稀释后才能应用。稀释亮油最好是采用封闭式冲油设备。其构造如图 8-38 所示。它可

以隔绝汽油蒸汽与空气的接触，避免火灾和爆炸。若有汽油冷凝回收设备，可减少汽油的损耗。冲油时先将熬好的油倒入冲油器内，将搅拌器开动，再倒汽油，这样搅拌 20min，即可关闭搅拌器，放出亮油。并用汽油将冲油器内的亮油冲洗干净，一并混在亮油中，放入密闭的储藏桶内存放。

（3）亮油储存　亮油熬煮以后，必须经过一定时间的停放应用。这是因为在熬煮过程中，所加入的固体粉末原料只有一部分与油化合，大部分呈微油粒悬浮在溶液中，这种微粒使用 325 目筛网也不易除去。如果亮油熬煮完毕冲油后，未经停放直接应用，由于微粒的存在，影响析出继而对光泽带来影响。

亮油的存放过程不仅是一个沉淀澄清过程，而且还是个内部聚合过程。因此，未经停放的亮油尚粘手粘纸，而停放后的亮油就无此现象。

为使亮油真正达到“亮而墨黑”，根据当前质量要求和货源情况，亮油的周转存量必须在 3 个月以上，或更长一些时间。而且在停放期间，不能任意翻动混合，以免影响储存效果。

（4）亮油制备中的要求　搅拌在加热的时候起着传导热量的作用，冷却的时候起着扩散热量的作用，保温的时候起着平衡热量的作用。因此，搅拌对亮油聚合均匀有密切关系。

熬煮过程中各个阶段升温时，速度要求尽快达到，切忌热源不足的加热。油在熬煮过程中的温度较低，氧化大于聚合，而在较高的温度下聚合大于氧化。聚合的结果是产生 C—C 链，氧化的结果则是产生 C—O—C 链，而氧化油的各项性能均低于聚合油。同时，要严格遵守熬油、冲油工艺的安全操作规程。

## 2. 胶面胶鞋的鞋里制备

（1）胶乳浸浆设备　胶乳浸浆采用立式圆筒形浸浆机，并装有各种附属装置。需安装储浆罐和输浆管，减少操作中途加添胶乳。

浸浆前加装两个毛刷辊，对未浸浆的棉毛里布进行辊刷，以除去棉毛里布上的花壳、线绒等杂质，毛刷轴转速为 10～15r/min 左右。浸浆后装有蘸浆辊，蘸除导辊上的胶乳，减少棉毛里布上的浆疙瘩。

胶乳浸浆工艺要点：棉毛里布经两个毛刷辊中间引入浸浆机传动系统；将分层木板套入棉毛里布筒内以胀开棉毛里布，并引入圆形扩胀圈使其成为圆筒形；圆筒形棉毛里布引入储浆器和圆形刮浆刀浸浆；浸浆后棉毛里布经导辊引入自动落布装置。棉毛里布浸浆可杜绝汽油中毒和可能发生的火灾事故，节约机台，稳定和提高附着力。

（2）轧光和裁剪　胶乳浸浆后棉毛里布按胶鞋尺码大小和不同品种要求在轧光机进行轧光。轧光后即可按样板镂刻、裁剪。

（3）缝纫　缝纫设备主要采用快速缝纫机和包缝机。用包缝机将后跟缝起，上下口要对齐。用缝纫机将棉毛里布与内底布缝好，缝好后经检验待用。

胶面胶鞋采用袜式里布后，简化了里布制备的各道工序，不但节约劳动力，而且节约了大量棉纱。

## 3. 胶面胶鞋的成型

胶面胶鞋的成型工艺流程如图 8-39 所示。

当前借助流水线，胶面胶鞋成型工艺中的胶乳喷浆、连续干燥、成型流水线和自动上亮油，已经基本实现了连续化生产。

① 鞋楦由楦库配双后经鞋楦传送带送到套楦工作台，套楦后挂在浆鞋运输链 4 上送到喷浆机 3 喷浆。

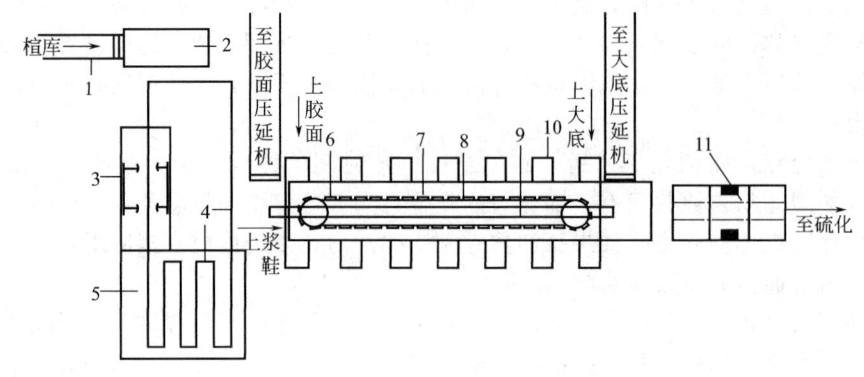


图 8-39 胶面胶鞋成型工艺流程

1—鞋楦运输带（链）；2—套楦；3—喷浆机；4—浆鞋运输链；5—干燥室；6—传动运输链；7—运输链上胶面板；8—运输链上浆鞋大底板；9—成鞋传送带；10—成型工作台；11—上亮油机

② 喷浆后浆鞋送入干燥室 5 干燥。

③ 干燥后，将浆鞋从运输链上取下放在成型流水线传动运输链 6 的浆鞋大底板 8 上，同时在另一端把大底也成双地放在传动运输链浆鞋大底板 8 上。

④ 从胶面压延送来的胶面放在传动运输链上胶面板 7 上。

⑤ 成型操作人员从传动运输链上取下浆鞋、大底、胶面，进行成型，做好的成鞋放在成型流水线中间的传送带 9 上，经检验送去自动上亮油机 11 涂亮油。

⑥ 成鞋经涂上亮油，然后挂在硫化车上，干燥后再送去硫化。

胶靴浸渍亮油注意事项：控制好亮油的浓度和流动黏度，在冬、夏季亮油黏度变化大（亮油胶性液体），要浸渍保持 20℃以上，或在冬季时加保暖措施；黑色亮油浓度 7%～10%（固体含量）为宜；亮油使用前要经 120 目丝网过滤，除去不溶物粒子；使用过程浓度保持一致，浸渍时表面应不产生泡沫；浸渍后胶鞋表面油层要平滑均匀，无尘埃，无滴油；要严格控制浸渍时间，否则浸油时间过长，油层太厚会造成亮油层龟裂。

### 4. 胶面胶鞋的硫化

与布面胶鞋的硫化类似。

## 三、冷粘化学鞋的制造工艺

与热粘法相比，冷粘法先把除胶浆以外的胶制部件半成品硫化好，再黏合成型，采用常温固化的制造工艺。人造革面的冷粘化学鞋的工艺流程见图 8-40。

对于以橡塑并用体为底材的冷粘化学鞋的质量，配方设计和结构设计是重要因素，但不是决定因素。决定因素是生产工艺，特别是塑混炼工艺、硫化工艺和冷粘工艺。

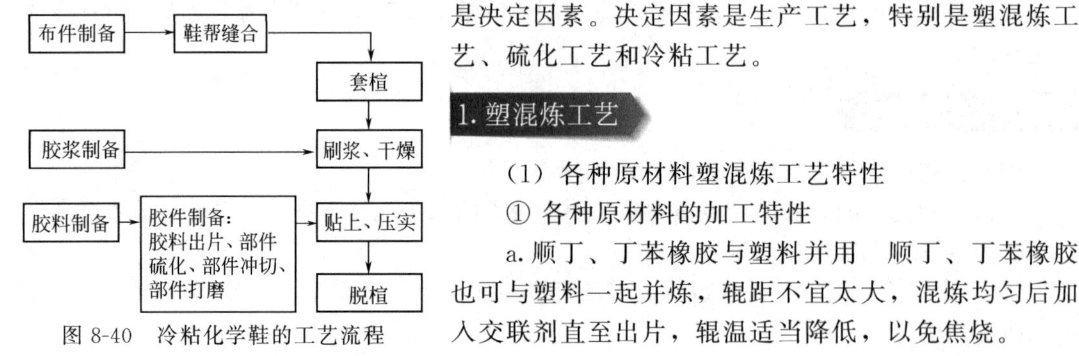


图 8-40 冷粘化学鞋的工艺流程

### 1. 塑混炼工艺

（1）各种原材料塑混炼工艺特性

① 各种原材料的加工特性

a. 顺丁、丁苯橡胶与塑料并用 顺丁、丁苯橡胶也可与塑料一起并炼，辊距不宜太大，混炼均匀后加入交联剂直至出片，辊温适当降低，以免焦烧。

b. 天然胶与塑料并用　天然胶最好用标准胶，若用烟片胶，则要先行塑炼后，在塑料熔融时再加入混炼。天然胶在高温时易粘辊，可适当加大辊距，出片时辊温适当降低。

② 各种塑料的加工特性

a. 高苯乙烯树脂　由于其黏度大，需先塑炼，使包辊光滑后再与其他塑料（如 EVA、PE）混炼。在较高温度时，塑混炼的时间要尽可能缩短，以免生成凝胶。

b. 乙烯-醋酸乙烯酯树脂（EVA）　该树脂中的醋酸乙烯酯（VA）的含量和熔融指数（MI）对 EVA 的加工性能影响很大，VA 及 MI 升高，开炼机的加工性能提高，以及与填料相容性好转，塑混炼时辊距可适当增大，然而温度要特别控制，一般在 80～90℃，温度太高会粘辊，造成操作困难，出片时要适当降低温度。

c. 高压聚乙烯树脂（LDPE）　影响加工性能的因素是熔融指数。随着熔融指数的增大，加工性能改善，一般辊温在 105～110℃。

③ 主要配合剂的加工特性

a. 交联剂　最常用的交联剂是 DCP（过氧化二异丙苯），DCP 的熔点为 39～41℃，在加入时要特别小心，因为一加入即成为熔融状态而易流失在开炼机的粉盘内而影响胶料质量。加入 DCP 后要尽快操作，辊温一般不超过 120℃，因为 DCP 的焦烧极限温度是 117℃。

b. 填充剂　最常用的填充剂为碳酸钙和废边角料，加入碳酸钙时辊距不宜太窄，不然粉料会结块而分散不均。边角料可以粉碎成粉末，在混炼前后期加入对性能影响不大。但是边角料在薄辊距轧炼成片后应与橡塑并用体混合均匀后再加入配合剂，不能加入配合剂后，再加边角余料。

（2）开放式炼胶机的塑混炼　主要工艺因素是辊温，应严格控制在塑料软化点以上 10℃左右，后辊温度应稍低于前辊。速比不宜太大，不然塑料在熔融的状态下胶料容易黏附后辊（转速快）而造成操作困难。装胶容量约相当于同类型机台塑炼生胶时装胶容量的 1/2，容量太大，剩胶容易冷却而造成混炼分散不均匀。

目前，开炼机橡塑并用混炼操作顺序基本有如下两种。

① 二段法　辊距 1mm 以下投入边角料成片→生胶、颜料母炼胶、硬脂酸至包辊→薄通五次→PE、EVA→全部均匀→辊距 3～5mm 加入氧化锌、三碱式硫酸铅发泡剂、DCP，扫净→翻炼均匀，三个胶卷供出片。

出片（第二段）：辊距 1mm 以下即将上混炼胶薄通五次→按规格出片。

② 一段法　辊距 1～2mm 投颜料母炼胶、生胶（已塑炼）、PE、EVA，扫净，塑炼均匀→调距 3～6mm 投发泡剂、DCP，扫净→投碳酸钙、三碱式硫酸铅、硬脂酸等至 90%→投边角料粉末→完毕扫净，捣胶五次→调距 0.5～1.0mm，薄通四次→按要求规格出片。

## 2. 硫化工艺

橡塑微孔硫化的三要素为硫化温度、硫化时间、硫化压力。

（1）硫化温度　取决于使用的交联剂和发泡剂。在橡塑并用中，通常使用的交联剂为有机过氧化物 DCP 及发泡剂 AC。

橡塑并用体的交联温度一般以过氧化物半衰期为标准，大约半衰期为 1min 的温度 ±15℃，DCP 的半衰期为 1min 的温度为 171℃，即 156～186℃。

而发泡剂 AC 的分解温度为 195～200℃，一般配方中需加入发泡助剂以降低其分解温度，使之与交联温度一致。如加入硬脂酸铅、尿素、三碱式硫酸铅等，其影响见表 8-8 至表 8-10。

表 8-8　硬脂酸铅对 AC 分解温度的影响（AC 为 1g）

| 硬脂酸铅/g | 0.1 | 0.3 | 0.5 | 0.7 | 0.9 | 1.0 |
|---|---|---|---|---|---|---|
| AC 开始分解温度/℃ | 189 | 182.5 | 182.5 | 180.5 | 179 | 177 |

表 8-9　尿素对 AC 分解温度的影响（AC 为 1g）

| 尿素/g | 0.1 | 0.3 | 0.5 | 0.7 | 0.9 | 1.0 |
|---|---|---|---|---|---|---|
| AC 开始分解温度/℃ | 193 | 185 | 179 | 178 | 173 | 150 |

表 8-10　三碱式硫酸铅对 AC 分解温度的影响（AC 为 1g）

| 三碱式硫酸铅/g | 0.1 | 0.2 | 0.6 |
|---|---|---|---|
| AC 开始分解温度/℃ | 152 | 148 | 148 |

温度对制取橡塑微孔的影响非常大，因为发泡剂分解受到温度的影响，其温度过高，胶料中的发泡剂就会迅速分解。分解速度太快，胶料会引起剧烈膨胀，以致造成起发不均、表面裂破和褶皱。温度对气体性质的影响也很大，温度升高，气体溶解度降低，渗透性增大。发泡时气体对胶料的溶解度越大且通过孔膜的气体扩散作用越小，对形成闭孔结构越有利。

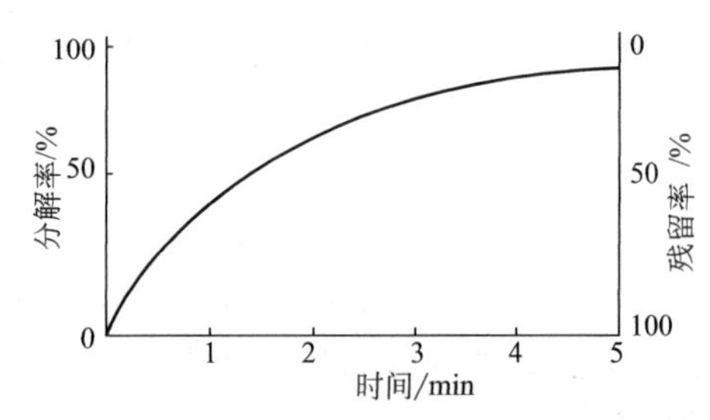

图 8-41　过氧化物半衰期与硫化时间的关系

（2）硫化时间　为过氧化物半衰期时间 5～10 倍。在这个时间内，过氧化物可以完全分解。图 8-41 是过氧化物半衰期为 1min 的温度下进行硫化时过氧化物的分解率与硫化时间的关系。从图中可以看出，硫化 5min 后，已有 97%的过氧化物分解了，此期间内，硫化已基本完成。

硫化时间也要与硫化温度下发泡剂的分解时间相配合，基本上以与胶料刚交联而发泡剂也开始分解为最好。

（3）硫化压力　闭孔海绵硫化需要较大的压力。因为胶料在发泡过程中，发泡剂放出大量气体，硫化机压力随之升高，所以要求平板硫化机的压力大于胶料发泡时产生的压力，开模松压时，经交联的胶料即能膨胀，若压力过低，会使制品起大泡而报废。施加的压力要视模具的大小而定，大模具压力大，反之亦然。对模具面积而言，一般施加的压力不少于 7.845MPa。

## 3. 冷粘工艺

（1）黏合工艺概述　冷粘工艺是冷粘生产化学鞋的重要工艺。黏合的牢固度主要取决于三个因素：①胶黏剂使用的材料及配料方法；②被粘材料是否与胶黏剂有良好的适应性，其表面能是否高于胶黏剂的表面能；③黏合工艺，只有好的胶黏剂和好的被粘材料，而黏合工艺不妥，也是黏合不牢的。

被粘材料与胶黏剂要有良好的适应性，这在配方设计中要予以考虑。

从黏合的理论上来看，黏合过程可分为两个阶段：第一阶段是胶黏剂分子向被粘物表面扩散；第二阶段是产生吸附作用。能否使胶黏剂与被粘物表面达到分子间接触是产生黏合作用的关键。胶黏剂必须能湿润被粘物表面，这是胶黏剂分子扩散至被粘物表面并产生黏合作用的必要条件。

黏合工艺就是研究胶黏剂润湿被粘物（鞋底、内底、鞋帮）表面，且保证与之紧密接触的工艺。

(2) 粘接方法　粘接作业一般步骤为：被粘接体表面的预备处理；胶黏剂的涂覆（涂浆）；胶黏剂皮膜的预备干燥（烘干）；贴合、加压。

① 被粘接体表面的预备处理　被粘接体表面如果附有尘埃、油脂、水分或其他杂质，必定会影响胶黏剂的润湿和渗入，当然会大大影响粘接效果。因此必须擦拭干净。

被粘接体表面若为光滑平坦的非孔质，则事先必须使用砂布、砂磨、砂轮等处理，使表面带有适当的粗糙度，使胶黏剂能更好地润湿和接触，增大黏合效果。

被粘接体是皮革时，要进行粘接面打毛，加工后使表面水分干燥，以甲苯、丙酮或二氯乙烷等溶剂擦除附着的杂质和油分等，并使其完全蒸发。

对于聚氯乙烯（PVC）的粘接，为了防止聚氯乙烯增塑剂的迁移，事先进行底涂（可用 CR/MMA 接枝胶浆），以保证聚氯乙烯具有较高的表面能。

② 胶黏剂的涂覆（涂浆）　一般使用毛刷涂浆，它能把胶黏剂涂布到任何细小部分，但有涂得不均匀的缺点，所以涂浆必须特别小心，注意均一涂浆，不得过量或欠浆。涂浆量需视被粘物而定，对于多孔质物体涂浆可适量加大，对于非孔质物体宜薄而多次涂浆（一般二次浆）。

③ 胶黏剂皮膜（涂层）的预备干燥（烘干）　使用氯丁胶黏剂，溶剂的挥发是粘接力发生作用的前提条件。如果粘接皮膜中存在过多的溶剂，势必使胶黏剂与被粘物界面间不能紧密接触，不但粘接力的发生会延迟，而且加热时会膨胀，而引起粘接不良的结果。相反，如果溶剂过度挥发了，则会有难粘接或粘接不良等问题出现。

所以预备干燥应该恰到好处，这就必须选取最佳的加热时间和烘干温度。应该做到皮膜溶剂已经挥发，但仍能保持有粘接性的状态为基准。这对多孔物质来说，因贴合后溶剂还有可能继续挥发，故要求不太严格；但对非孔物质来说，这是格外重要的。

空气湿度对胶黏剂溶剂的挥发有较大的影响。因为湿度会使在刚涂覆的胶黏剂膜上形成“水膜”，而且在“水膜”和胶黏剂层之间生成了一层由沉淀的固态物质形成的薄膜，它使胶黏剂干燥更加困难。避免水膜的方法：可在贴合之前，对涂覆的胶黏剂进行远红外线加热处理。在雨天或空气湿度大时，为使胶黏剂挥发，应提高加热温度。然而，随着温度的升高，黏着效果会下降。此时加入异氰酸酯（如列克纳 JQ-1 胶），可使高温粘接力不致下降。

④ 贴合、加压　在适当的干燥条件下，使粘接面贴合。贴合时应贴正，绝不能贴后由于不合适剥离再贴。由于被粘面是不平滑的表面，为了使粘接面很好地接触，贴后加压压合是特别重要的，加压的方式可用风压或油压等。贴合、压合后，被粘表面和胶黏剂还有一个吸附作用的过程，所以需要一定时间才能黏合牢固。微孔胶贴合停放时间可较短，而实芯胶贴合后停放时间较长，起码不少于 3d。

## 四、模压胶鞋的制造工艺

模压法生产胶鞋是近年来发展较快的一种制造方法，这种方法大大简化了生产工艺，提高了胶鞋的耐磨性能和穿用寿命，扩大了合成橡胶的使用范围。

模压胶鞋的设计原则与粘制法胶鞋基本相同，但模压胶鞋大都采用活海绵。配方设计中促进剂要选择活性较大的品种，一般采用一定量的促进剂 TMTD，促进剂总用量较粘制法胶鞋高 30%以上。

### 1. 模压胶鞋生产工艺

模压胶鞋生产工艺流程如图 8-42 所示。原材料加工、炼胶、缝帮等工艺与粘制法基本

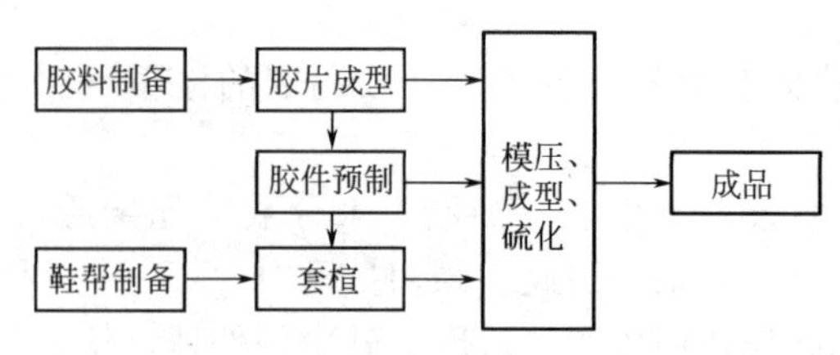

图 8-42　模压胶鞋生产工艺流程

相同，但省去了成型工序，硫化等工艺也有所不同。

（1）模压活海绵底　硫化采用平板硫化机。蒸汽压力为 0.3925MPa，时间 9～10min。根据号码大小称量混炼胶重量。称量后贴上内底布，修剪整齐。

（2）里后跟硫化　采用胶鞋卧式硫化罐。硫化温度为 134℃，时间 40min。里后跟冲切后用铁盘装好（每垛高度不超过 20 双）送硫化罐硫化，硫化后送去缝制。

### 2. 模压胶鞋的硫化

（1）硫化设备　采用模压胶鞋个体硫化机。

（2）硫化条件　时间 4～5min；底模温度 165～170℃；边模温度 158～167℃；鞋楦温度 135～140℃（前），140～145℃（后）；油泵压力 4.9033MPa。

（3）作业要求　①先检查鞋楦、鞋模温度，待其恒定并符合要求后可操作。②套楦要正，前帮拉起，后跟平齐，有褶不平的地方要整平，两翼平衡，后跟条对正。③鞋帮套楦后包胶，需包紧贴正。④进模分两次。第一次拉下余胶，检查有无缺胶、起泡现象，修补后再第二次进模硫化。⑤硫化脱模后要检查有无毛病，有气泡时要立即用针放掉。⑥修剪整齐后配对。

## 五、胶鞋的主要质量问题

### 1. 可塑性对胶鞋质量和工艺的影响

（1）可塑性对胶鞋内在质量的影响　可塑度越大，橡胶分子链断裂越严重，含氧量越高。而且硫化胶的强力、弹性、耐磨性等力学性能普遍下降，并且不耐老化。

（2）可塑性对胶鞋制造工艺性能的影响　可塑性对胶鞋工艺性能的影响表现在混炼、压延、压出、模压、注压、成型、硫化以及发泡、制浆等各道工序上。对胶鞋外观质量的影响表现在表面光滑程度、花纹清晰程度、规格厚薄、形状大小、褶皱、收缩弹开等。

在混炼过程中，具有一定可塑性的胶料便于配合剂的分散。因为含氧基团多，容易润湿配合剂，在机械外力的作用下配合剂容易从分子的空隙挤入。可塑性不足，混炼困难，而且不易分散均匀。

① 对压出和压延的影响　可塑性不足，胶料收缩，流动性差，压出压延不流畅；半成品表面不光滑，变形大，胶料规格难控制。例如大底围条胶收缩、皱皮、花纹不清晰等。可塑性过大，压延时表面起泡、产生麻点等。

② 对模压和注压的影响　一定的可塑性，流动性好，模压注压硫化花纹清晰；可塑性不足，流动性差，成品易产生缺陷。

③ 对成型操作的影响　可塑性不足，胶料硬度大，弹性强，成型操作困难，贴合牢度差，容易产生“部件弹开”（鞋底塑性不足，围条或鞋面胶塑性大），容易产生“鞋面胶扯开”或“围条扯开”等。

④ 对硫化速度的影响　可塑性过大延迟硫化；可塑性过小不利于防止焦烧，这是因为可塑性大时，橡胶分子断裂严重，硫化剂把生胶分子由线状结构结成网状结构就比较困难，而且因含氧量增加，酸值增加，所以延迟硫化速度，反之，硫化速度加快。

⑤ 对发泡的影响　可塑性大小是影响微孔大底和海绵内底的发泡率的一个主要因素，因此可塑度必须与发泡能力相互配合，防止可塑度过大而引起大泡、脱空；可塑度过小而引起孔径小、起发率差等现象。

⑥ 对胶浆的影响　可塑性大，生胶分子链短，溶解性强，便于打浆；打成的浆细滑，容易刷浆。可塑性大，生胶分子链短，胶浆容易渗透纺织物内，提高了与纤维的黏合能力，但另一方面，因为生胶分子链短，浆层薄膜强力差，且耐老化性能差，因而降低了附着力。所以生产胶鞋的围条胶浆，有采用头道浆可塑性高、二道浆可塑性稍低的措施，以提高附着力。

绷帮用的胶浆取其初黏性强，使绷帮不弹帮脚，有采用未经塑炼的生胶打浆，提高胶浆的初黏强度。

此外，塑炼胶可塑性的不均匀，会造成胶料工艺性能和力学性能的不一致，影响胶鞋的穿用寿命。胶鞋各部件橡胶可塑度指标为：大底 0.55±0.05，海绵内底 0.6±0.03，围条 0.45±0.03，包头 0.45±0.03，大梗子 0.45±0.03，胶浆 0.75±0.03。

## 2. 混炼胶的主要质量问题对胶鞋的影响

混炼是胶鞋制造的主要工艺过程之一，胶料的好坏决定着产品的质量。因此，必须进行严格的检查。要求胶料快检公差：可塑度±0.03，硬度±2，初硫点±0.5min。胶鞋混炼胶料主要质量问题及改进措施简述如下。

（1）配合剂结团　应充分塑炼，适当调小辊距，降低辊温，注意加料方法，不使粉剂落在辊筒表面上。粉剂要按规定进行干燥和过筛，混炼时切割适当等。

（2）可塑度过高、过低或不均匀　应使用合格的塑炼胶，控制好混炼时间和温度，并且所用胶料要混炼均匀，配料要准确，加强检验。

（3）密度过大、过小或不均匀　应称量准确，加强检查核对错配、漏配，混炼时应避免飞扬，并注意混炼均匀。

（4）硬度过高、过低或不均匀　改进措施见（2）、（3）。

（5）硫化速度过快或过慢　原因有硫化剂、促进剂称量不准确；炭黑或陶土粉 DPG 吸附率波动而引起加快或延迟硫化；软化剂 pH 值波动，酸性强则延迟硫化，碱性强则加快硫化。此外可塑性小硫速偏快，可塑性大硫速慢。

（6）喷霜　未硫化胶喷霜，主要是混炼不均匀、称量不准、配合剂用量超过其常温下橡胶的溶解度或结团引起。加硫黄辊温过高、硫黄分散不均匀、冷却停放后，含硫黄或个别配合剂量较多部分胶料结晶析出表面。

（7）焦烧　原因是硫黄、促进剂量多，装胶容量过大，炼胶温度高，冷却不够，停放温度高，堆放过久等。

## 3. 成型质量问题及解决方法

① 胶料部件要保持一定的黏性　温度低使胶料发硬、不黏，尤其是大量使用合成橡胶时更为明显，给贴合造成困难。温度高胶料黏性太大，易变形，压合时花纹不清晰，所以室内温度以 23℃±5℃为宜，天气变化时，应考虑要有适当的降温和保温措施。

② 半成品有一定的可塑性　重叠放置时间过长，造成花纹不清晰，或可造成失黏和自硫，生产过程中应严格控制隔日胶料的储存数量，半成品停放一般不得超过 12h，节假日不超过 36h。

③ 严格要求胶料不准落地　工作台上不能有沙粒、灰尘和油污，边角胶料应用容器

盛载。

④ 胶料半成品喷霜　黏性差，硫化不均，影响质量。处理办法是：喷霜轻者，预热，刷汽油后用；喷霜重者，退回轧胶车间重新热炼成型。

⑤ 胶料轻微失黏　可刷汽油提高胶料的黏性，但必须待汽油挥发后才能贴合。否则，硫化时形成气泡和开胶。

⑥ 大底　海绵内底胶料收缩，产生原因是：胶料可塑度达不到标准；胶料开始有自硫现象；胶料压延后冷却定型不足即裁断冲切；胶片冷却，传送带线速不合理造成拉长胶片。

⑦ 胶料黏性差造成压合不牢、开胶、弹开和气泡　产生原因有；胶料可塑度低，停放时间过长，表面沾灰尘、喷霜等；刷浆不干，胶料刷汽油后，未挥发即黏合；气压不足，稳压时间短；上大底排气不清，或帮脚翻卷，造成大底脱空弹边。

⑧ 海绵起发不均、脱空、不平　产生原因有：大底与海绵硫化速度不配合；再生胶及原材料水分大；海绵混炼不均匀，配合剂分散不均；生胶及再生胶可塑度未达到指标；海绵起发过大造成脱层。

⑨ 露胶浆不齐　原因有：套楦不正、偏歪、翘帮脚；刷浆高度不准或不齐；上大底不正；上围条操作不当。

⑩ 压伤大底及胶料部件　原因有：胶料存放布盘有褶皱压伤胶料；成型线积压半成品（堆叠鞋）；硫化鞋车挂鞋松动造成碰伤或互粘；成型压合机损坏碰伤鞋。

### 4. 胶面胶鞋亮油常见的质量问题

① 浸油时液面振荡起波筒口易入油，或回油不足液面低，鞋口部分上不到油。

② 亮油过滤不清，含杂质，上光后表面有杂质微粒。

③ 亮油浓度或黏度大，亮油流动性差，有积油和滴油，否则太稀亮油太薄，黑度差。

④ 亮油在使用中干燥慢（天气湿度大），应加适量挥发性大的汽油，或用风吹，加速汽油挥发。

## 思考题

1. 胶鞋由哪些主要部件组成？各起何作用？
2. 胶鞋设计的基本内容和原则是什么？
3. 怎样进行脚型测量？脚型和楦型有什么关系？鞋楦设计的依据是什么？
4. 帮样平面设计方法和依据是什么？
5. 怎样设计、绘制帮样图纸？
6. 内底布样板怎样设计？
7. 大底设计的要领是什么？
8. 怎样进行花纹设计与计算？
9. 胶鞋配方设计特点是什么？各部件之间应如何配合？
10. 胶料可塑度对胶鞋硫化速度有何影响？
11. 胶浆搅拌完毕立即使用行吗？为什么？
12. 黑色亮油、透明亮油主体材料是什么？
13. 胶鞋成型方法有几种？各有何特点？
14. 胶鞋硫化方法如何？为什么要逐步升温？
15. 影响冷粘化学鞋黏合强度的因素是什么？

# 第九章

# 橡胶工业制品

**学习目标**

本章为选修模块，重点介绍了橡胶密封制品、橡胶减振制品、橡胶板和橡胶辊。掌握几种橡胶制品的结构组成，掌握几种橡胶制品的生产工艺；了解几种橡胶制品的基本类型和品种，了解几种橡胶制品的基本结构设计方法。

能分析橡胶密封制品、橡胶减振制品、橡胶板和橡胶辊的结构；能设计橡胶密封制品、橡胶减振制品、橡胶板和橡胶辊的生产工艺。

## 第一节　橡胶密封制品

橡胶密封制品用于防止流体介质从机械、仪表的静止部件或运动部件泄漏，并防止外界灰尘、泥沙以及空气（对高真空而言）进入密封机构内部。橡胶密封制品根据其使用状况大致可分为静态密封用、动态密封用和高真空用三种。

静态密封用的橡胶制品包括O形圈、垫圈、隔热片、密封条、防尘罩等。除此以外，液体密封胶、厌氧胶、橡胶腻子等也可用于静态密封。

动态密封用的橡胶制品又分为往复运动用和旋转运动用两种，前者包括各种断面的O形圈、密封圈、皮碗、皮圈、隔膜、防尘罩等；后者包括O形圈、各种断面密封圈、垫圈等。

高真空用的橡胶制品包括O形圈、隔膜、垫圈、垫片等。

### 一、O形密封圈

O形圈是密封制品中用量最多的一种。O形圈可用于静态密封、往复密封及旋转密封。O形圈的结构如图9-1所示，规格表示通常为：外径（$D$）×内径（$d_1$）×断面直径

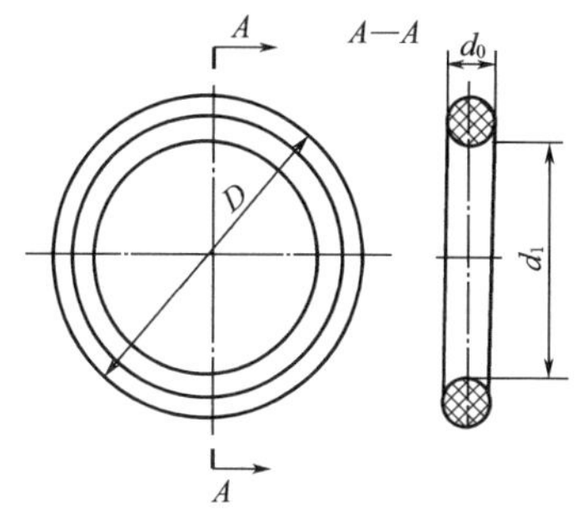


图9-1　O形圈结构

($d_0$) J（或 D）。符号 J 表示静态密封型，D 表示动态密封型。

## 1. O形圈的使用状况

图 9-2 为固定型 O 形圈的使用情况。往复运动的密封如图 9-3(a) 所示，旋转运动的密封如图 9-3(b) 所示。

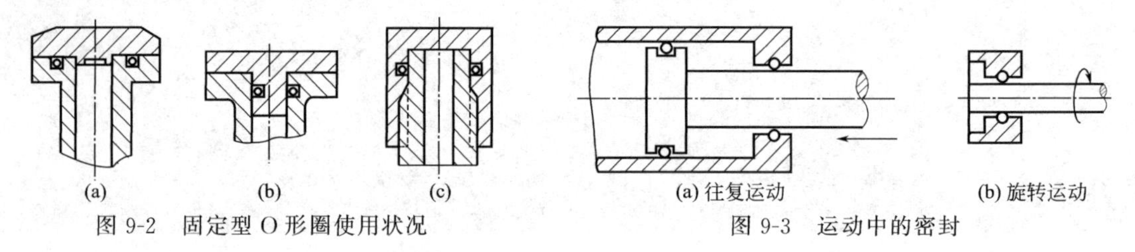


图 9-2 固定型 O 形圈使用状况

图 9-3 运动中的密封

## 2. O形圈密封原理

(1) 静态密封原理　当被密封的介质压力 $P$ 很低或接近于零时，由于安装时对 O 形圈断面以一定量的径向压缩（约 8%～25%），则在橡胶弹性力的作用下，于接触面上形成一定的接触压力 $P_0$（称为单位平均压力，Pa），此力是阻止介质通过而获得密封的重要因素，如图 9-4(a) 所示。

当介质压力较大时（$P$＝5MPa），O 形圈的接触压力为［见图 9-4(b)］：

$$P_m = P_0 + P_H \tag{9-1}$$

式中　$P_m$——单位面积接触平均总压力；

$P_0$——装配压缩变形时，橡胶弹性力所产生的平均单位接触压力；

$P_H$——介质压力传递到 O 形圈接触面上的单位压力。

可见，O 形圈的接触平均总压力 $P_m$ 是随介质的压力增加而增加的，当 $P_H > P_0$ 时，$P_0$ 不再是密封的关键，而直接与密封关系较大的是 $P_H$，此时密封面单位接触平均总压力 $P_m \approx P_H$，这种密封直接与介质压力有关的现象称为“自行密封”现象。

当介质压力 $P$＞10MPa 时，O 形圈被挤入密封间隙［见图 9-4(c)］，很容易被损坏。通过提高胶料的硬度、减小密封间隙值，固然可以提高 O 形圈的耐压范围，但由于种种原因带来不便而受到限制，因此在高压（$P$＞30MPa）时，往往另加挡圈［见图 9-4(d)］。挡圈的材料多为聚甲醛、聚四氟乙烯、尼龙等。由于挡圈把 O 形圈限制在距间隙较远的范围不会挤入间隙，而挡圈本身与接触面之间是紧密贴合的，此处如果说还存在间隙的话，那也比原有的间隙小得多，因而显著提高了 O 形圈的耐压范围。

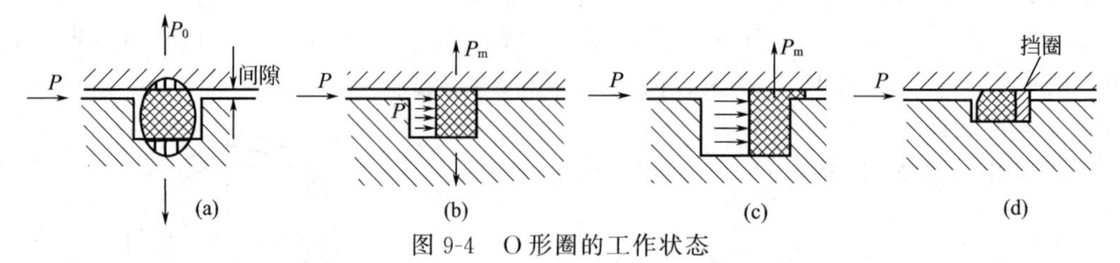


图 9-4 O 形圈的工作状态

$P$—介质压力，Pa；$P_0$—橡胶弹性力所引起的平均单位接触压力，Pa；$P_m$—单位面积接触平均总压力，Pa

(2) O 形圈动态密封原理

① 往复运动密封　如图 9-5(a) 所示，左边存在压力为 $P$ 的介质，静态时接触压力 $P_0 > P$，不产生泄漏。当轴向右运动时，由于接触面摩擦的结果，O 形圈的接触部位产生

凹凸不平的现象［图 9-5(b)］。当轴继续向右运动时，黏附在轴上的介质就被拖入 O 形圈与轴接触的楔形狭窄处，该处的压力 $P_1$（局部压力）逐渐升高。若 $P_1$ 仍小于 $P_0$，仍可密封［图 9-5(b)］；若轴继续向右运动，$P_1$ 继续升高至 $P_1>P_0$ 时，便会将 O 形圈第一个楔形狭窄处的 1 向上顶开，介质进入后便成为图 9-5(c) 的情形。轴继续运动又在第二个楔形狭窄处使 $P_1>P_0$，这样一个一个地突破便成为图 9-5(d) 的情形，即产生了泄漏。轴回程时（向左运动），同样泄漏的介质亦黏附在轴上，重复向左运动的过程又向左将介质带入。若向外泄漏介质的量大于向内泄漏的量，两者之差称为 O 形圈的外泄漏。经实验研究，O 形圈泄漏量及影响因素如下所示：

$$Q \propto d' r^{1.5} v^2 f(P)/f(H) \tag{9-2}$$

式中 $Q$——被密封介质的泄漏量，mL/h；

$d'$——轴径，cm；

$r$——介质的黏度，mPa·s；

$v$——往复平均速度，cm/s；

$f(P)$，$f(H)$——分别为与介质压力和 O 形圈硬度有关的函数。

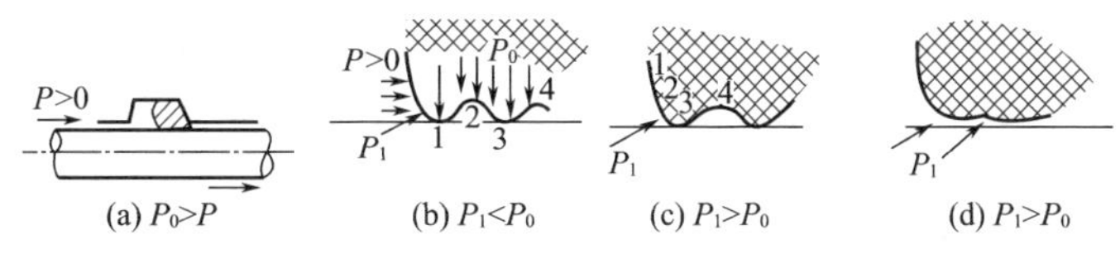

图 9-5　O 形圈往复运动密封原理

② 旋转密封　旋转密封原理与油封类似，将在讨论油封时讨论。

## 3. O 形圈的压缩量与压缩率

O 形圈作为动态密封时，可以装在活塞上，也可装在油缸内壁上。这两种安装形式压缩时可按式(9-3) 计算（图 9-6）：

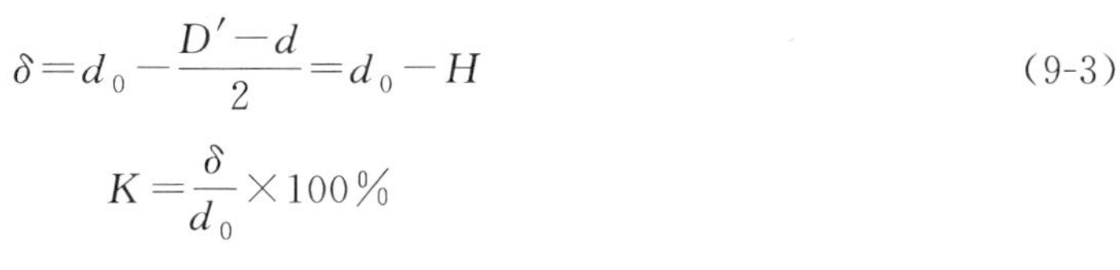

$$\delta = d_0 - \frac{D' - d}{2} = d_0 - H \tag{9-3}$$

$$K = \frac{\delta}{d_0} \times 100\%$$

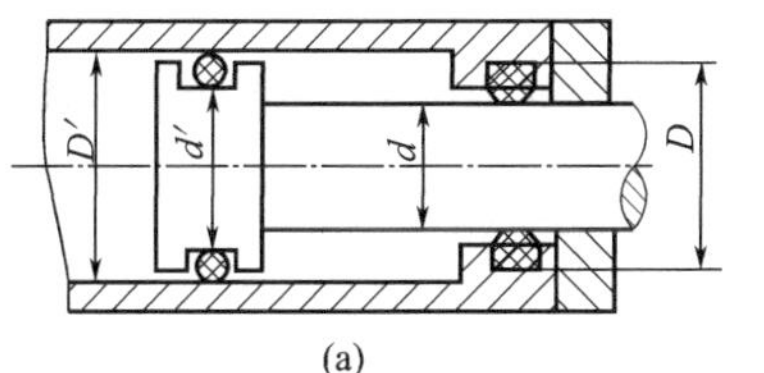

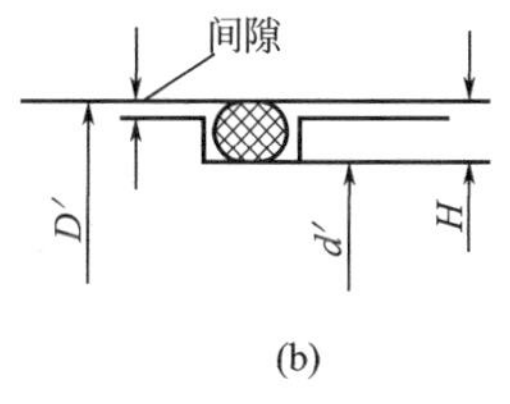

图 9-6　往复压缩密封

## 4. O 形圈的拉伸量$a$

若 O 形圈的实际内径（或自由内径）为 $d_1$ 时，安装时便处于拉伸状态，拉伸量的大小与 O 形圈的使用寿命直接相关，特别是用于旋转密封。拉伸量可按式(9-4) 计算：

$$a = \frac{d + d_0}{d_1 + d_0} \tag{9-4}$$

式中 $a$——拉伸量；

$d_1$——O 形圈实际内径，mm；

$d_0$——O 形圈自由断面直径，mm；

$d$——活塞槽底径或活塞杆直径，mm。

**表 9-1 O 形圈的拉伸量、压缩率选取**

| 密封形式 | 密封介质 | $a$ | $K$ |
|---|---|---|---|
| 固定密封 | 油<br>空气 | 1.03～1.04<br><1.01 | 15～25<br>15～25 |
| 往复密封 | 油<br>空气 | 1.02<br><1.01 | 12～17<br>12～17 |
| 旋转密封 | 油 | 0.95～1 | 5～10 |

由表 9-1 可知，密封的形式不同，其拉伸量 $a$ 与压缩率 $K$ 值的选取范围也不同。固定密封的 $a$ 与 $K$ 值都较大，动密封密封值小，特别是旋转密封，不但不需要拉伸，甚至 O 形圈的内径 $d_1$ 比轴径 $d'$ 还大，而 $K$ 值也很小。采用低的压缩率与放大 O 形圈内径的方法，显著地提高了 O 形圈用于旋转密封时的寿命，这是 O 形圈研究的一大突破。例如，在轴径为 2.535cm、转速为 3450r/min（线速度为 4.5m/s）、密封介质为油的条件下，先用内径为 2.499cm（比轴径小 1.4%）的 O 形圈，运转 4min 后，油温从 60℃升至 180℃，很快漏油。后又将内径为 2.652cm（比轴径大 4.6%）的 O 形圈换上，运转 100h 后，油温升高了 67℃不再上升，继续运转 400h，仍无漏油现象。使用放大 O 形圈尺寸的办法也提高了旋转速度范围，目前用于旋转严封，线速度可达 4～7m/s。

## 5. O 形圈的压缩永久变形

压缩永久变形也是控制 O 形圈质量的一项重要指标。永久变形大，O 形圈在短期内可能失去密封作用，使接触压力衰减很快，并改变了接触压力的分布状态及接触宽度。永久变形的大小主要决定于胶料配方和硫化等工艺是否合理。

## 6. O 形圈沟槽尺寸配合

若只强调 O 形圈本身的质量，不考虑沟槽尺寸的配合，同样不能获得好的密封效果。密封的间隙值与制造 O 形圈胶料的硬度、O 形圈断面尺寸和被密封介质的压力等值的大小有关（详见表 9-2）。由于加工等原因，间隙值达不到要求时，可设置挡圈。

**表 9-2 O 形圈密封间隙值选取参照**

| 邵尔硬度 | | 60～70 | | 70～80 | | 80～90 | |
|---|---|---|---|---|---|---|---|
| O 形圈断面直径 $d_0$/mm | | 1.9～2.4 | 4.6～5.7 | 1.9～2.4 | 4.6～5.7 | 1.9～2.4 | 4.6～5.7 |
| | | 3.1～3.5 | 8.6 | 3.1～3.5 | 8.6 | 3.1～3.5 | 8.6 |
| 项目 | | 间隙值/mm | | | | | |
| 工作压力/MPa | 0～2.5 | 0.14～0.18 | 0.20～0.25 | 0.18～0.20 | 0.22～0.25 | 0.20～0.25 | 0.22～0.25 |
| | 2.5～8.0 | 0.08～0.11 | 0.10～0.18 | 0.10～0.15 | 0.13～0.20 | 0.14～0.18 | 0.20～0.23 |
| | 8.0～16.0 | | | 0.06～0.08 | 0.08～0.11 | 0.08～0.11 | 0.10～0.12 |
| | 16.0～32.0 | | | | | 0.04～0.07 | 0.07～0.09 |

O形圈使用沟槽的宽度取决于使用条件。矩形沟槽的宽度一般为O形圈断面直径的1.05～1.5倍，静密封压缩率大，则取大值，往复密封比固定密封取值小些；旋转密封可以更小些，一般取1.05～1.1倍。总之沟槽宽度比O形圈在使用条件下的最大变形宽度稍大一点。

O形圈的最大变形宽度$B$可近似地按式(9-5)计算：

$$B=\left(\frac{1}{1-\varepsilon_c}-0.6\varepsilon_c\right)d_c \tag{9-5}$$

式中 $d_c$——O形圈自由状态直径；

$\varepsilon_c$——O形圈伸张状态压缩率（拉伸量很小时，$\varepsilon_c \approx K$），可按式(9-6)计算：

$$\varepsilon_c=\frac{d_c-H}{d_c} \tag{9-6}$$

式中 $H$——被密封的两个界面的距离；

$d_c$——伸张后O形圈断面直径，可按式(9-7)近似计算：

$$d_c \approx d_0\sqrt{\frac{K_c}{a}-0.35} \tag{9-7}$$

$K_c$——经验常数（按胶料类型确定）：丁腈18，$K_c=1.25$；丁腈26，$K_c=1.35$；丁腈40，$K_c=1.45$。

根据已知的$a$、$\varepsilon_c$、$d$，可按式(9-8)估算O形圈的接触宽度$b$：

$$b=(4\varepsilon+0.34\varepsilon_c+0.309)d_0 \tag{9-8}$$

应该指出，式(9-7)和式(9-8)都是经验公式，只适用于压缩率$\varepsilon_c$在10%～40%的范围。

## 二、油封

油封主要用作旋转运动封油的密封件。大多数油封装有弹簧，而且弹簧作密封接触压力的主要来源。金属弹簧的耐温性、耐疲劳性以及可调节性（长度调节）好，同时油封的唇口部位是通过柔性的腰部与金属骨架相连，这样在工作时有一定的“随应性”。油封广泛用于旋转密封的场合，而且经过不断地研究与改进，新型的长寿命、高速、高压的油封正在出现。表9-3列出了几种油封的结构形式与特点。

**表9-3 几种油封的结构形式与特点**

| 齿面形状 | 类型 | 特 点 |
| --- | --- | --- |
|  | 单唇口型 | 最普通的形式，用于无尘介质压力20～30kPa |
|  | 双唇口型 | 有防尘副唇口，用于有尘环境，主唇与副唇之间可填润滑油 |
|  | 无簧型 | 用于密封润滑脂或防尘，可与单唇型并用 |

续表

| 齿面形状 | 类型 | 特　点 |
| --- | --- | --- |
|  | 耐压型 | 介质压力可达 0.3MPa,金属骨架延伸至腰部或使唇部短厚 |
|  | 抗偏心型 | 腰部呈 W 形,可用于偏心度较大的部位密闭 |
|  | 往复型 | 往复运动用,主唇封油,外唇保护油膜 |
|  | 两侧密封型 | 可同时两侧封油,而不使两种润滑油混合 |
|  | 单向回流型 | 正转能使油回流,反转加速漏油,适用于高速密封 |
|  | 双向回流型 | 可正、反转密封,适用于正、反转高速密封 |

## 1. 密封原理

（1）边界油膜润滑理论　油封断面如图 9-7 所示。工作以后如图 9-8(a) 所示。工作时，唇口与轴的接触面之间形成一层油膜，油膜的厚度随径向力的大小而变化。当油膜厚度达到某一值时（平均厚度约为 2.5μm，波动约 20%～30%，随着油封结构的种类不同而异），便可获得密封，这一油膜（称为“边界油膜”）被破坏，形成流体油膜或干摩擦（最终变异为流体油膜）。按照这一理论，密封面的接触压力呈尖锐分布［图 9-8(b)］是有利于密封的。这样只需要较小的径向压力、小的接触宽度便形成“边界油膜”。

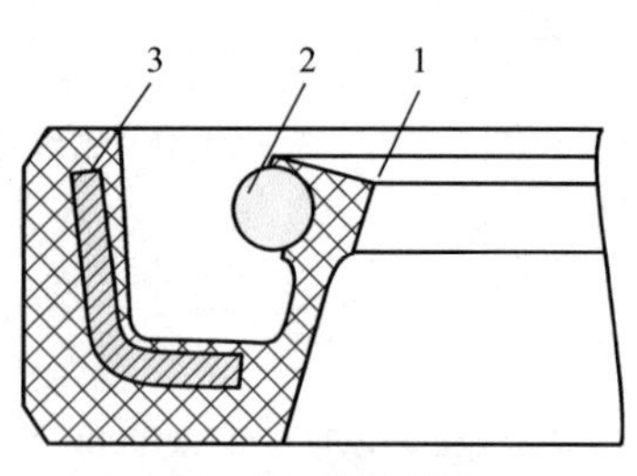


图 9-7　油封断面
1—唇口；2—弹簧圈；3—骨架

（2）表面张力密封理论　如图 9-9(a) 的情形，在接触面上存在一定厚度的油膜［放大见图 9-9(b)］，此油膜的厚度一般大于“边界油膜”而不泄漏，认为是表面张力密封的结果。这一油膜的厚度刚好足以在唇口大气一侧形成弯月面，只要这一弯月面存在，表面张力便可密封。表面张力密封与介质压力、接触宽度、介质黏度有关，而不强调接触压力的分布。

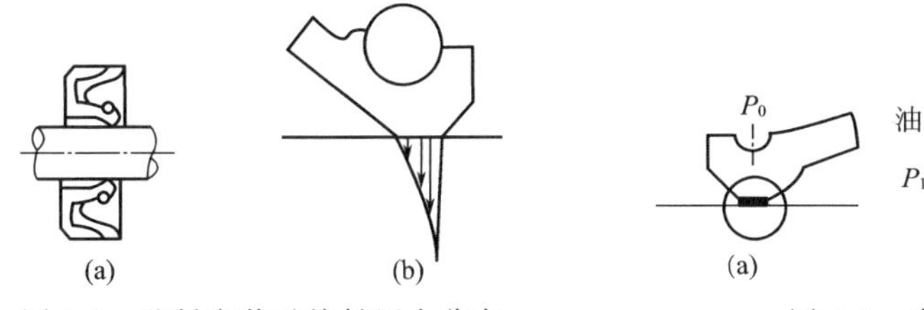


图 9-8　油封安装及接触压力分布

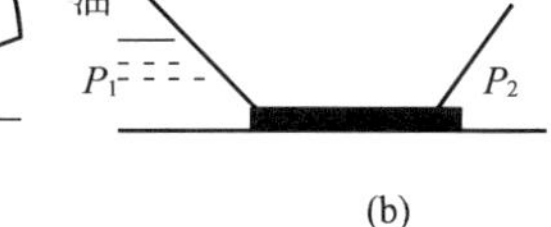


图 9-9　表面张力密封

## 2. 油封的结构设计

(1) 油封径向力与各部位尺寸的设计　油封的规格（见图 9-10）为：

$$内径\times外径\times高度=d\times D\times H \qquad (9\text{-}9)$$

油封径向力是指油封紧箍在轴上的紧箍力（油封的单位接触压力与之紧密相关），它来源于弹簧及唇口部位的收缩以及油封腰部的弯曲变形。

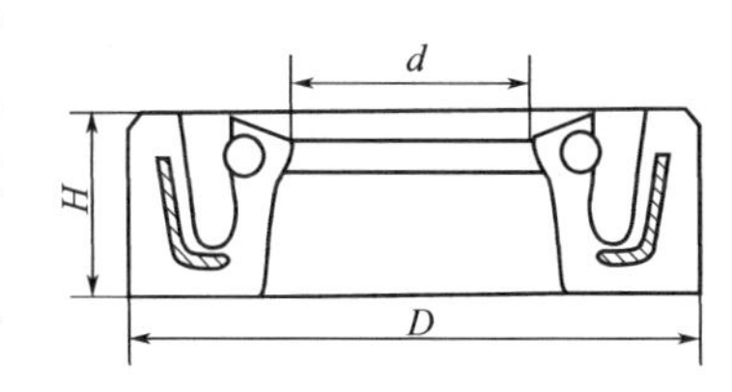


图 9-10　油封规格尺寸
d—油封内径；H—油封高度；D—油封外径

油封的径向力是控制油封质量的一项重要指标，油封规格过大或过小都将影响密封效果。

通过试验总结出的适宜径向力范围如表 9-4 所示。一般高速油封取低值，单位周长径向力 $P_r$ 取 100g/cm 左右，低速油封取高值。

**表 9-4　油封适宜径向力范围**

| 轴径/mm | 全周径向力/kg | | 单位周长径向力/(g/cm) | |
|---|---|---|---|---|
| | 最低 | 最高 | 最低 | 最高 |
| 40 | 1.6 | 3.2 | 121 | 242 |
| 60 | 1.7 | 3.7 | 90.2 | 196.3 |
| 80 | 2.8 | 5.8 | 111.5 | 230.9 |
| 100 | 3.1 | 6.5 | 98.7 | 2.9.0 |

径向力可按式(9-10) 进行理论计算。计算所设计的油封径向力应符合适宜范围，偏差较大时应予以修改。

$$P_r=P_{过}+P_{腰}+P_{弹} \qquad (9\text{-}10)$$

式中　$P_{过}$——油封唇口部位的过盈量引起橡胶收缩而产生的单位周长的径向力，g/cm；

$P_{腰}$——油封腰部变形而引起的单位周长径向力，g/cm；

$P_{弹}$——弹簧收缩引起的单位周长径向力，g/cm。

油封与弹簧尺寸如图 9-11 所示。

油封径向力的理论计算，虽然只能得到近似值，但对油封的设计有着极为重要的指导意义。在对油封径向力的影响因素中弹簧是主要的，约占总径向力的 70%～80%。$P_{过}+P_{腰}$ 称为无弹簧径向力，它决定于唇口部位的过盈量、腰部的厚度和胶料的弹性模量。而调节油封唇口部位及腰部的几何尺寸以达到调节径向力的目的是困难的，因几何尺寸受到油封规格的限制；调节胶料的弹性模量（或硬度）也不是主要方法，它所能变化的范围有限，更主要

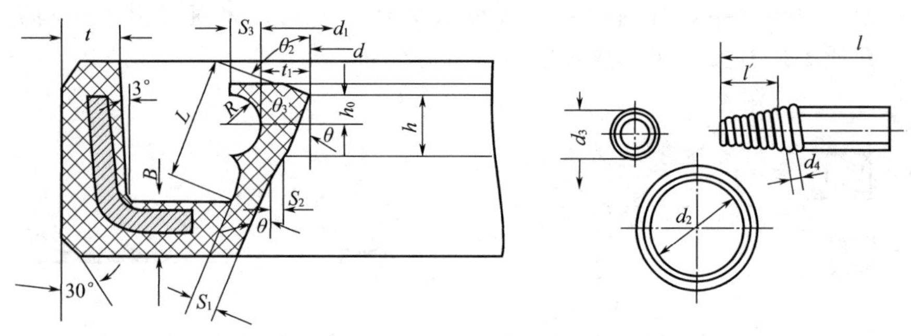

图 9-11　油封与弹簧尺寸

的是根据油封的综合性能来考虑胶料的模量。油封各部位尺寸的设计可参照表 9-5 至表 9-11，并对照图 9-11 的尺寸选取。

**表 9-5　油封弹簧各部位参考尺寸**　　单位：mm

| 油封公称内径 | $d_4$ | $d_3$ | $d_2$ | $l$ | $l'$ |
|---|---|---|---|---|---|
| ＜18 | 0.3 | 1.6 | $D_1+1$ | $\pi d_2+l'\pm1.0$ | 2.5 |
| 18～30 | 0.35 | 2.2 | $D_1+1$ | $\pi d_2+l'\pm1.0$ | 3.0 |
| 30～50 | 0.14 | 2.2 | $D_1+1$ | $\pi d_2+l'\pm1.0$ | 3.0 |
| 50～80 | 0.45 | 2.5 | $D_1+1$ | $\pi d_2+l'\pm1.0$ | 3.5 |
| 80～120 | 0.5 | 3.0 | $D_1+2.0$ | $\pi d_2+l'\pm2.0$ | 4.0 |
| 120～180 | 0.6 | 3.5 | $D_1+2.5$ | $\pi d_2+l'\pm2.0$ | 5.0 |
| ＞180 | 0.7 | 4.0 | $D_1+2.5$ | $\pi d_2+l'\pm2.0$ | 5.0 |

**表 9-6　油封断面装弹簧位置的半径 *R* 的选取**

| $d_3$/mm | 1.6 | 2.2 | 2.5 | 3.0 | ＞3.5 |
|---|---|---|---|---|---|
| $R$/mm | 0.8 | 1.4 | 1.2 | 1.5 | 2.0 |

**表 9-7　油封过盈量及公差**　　单位：mm

| 油封公称内径（轴径） | 唇口直径 $d$ | | |
|---|---|---|---|
| | 普通型(低速) | 高速型 | 无弹簧型 |
| ＜30 | $(D_1-1.0)\pm0.3$ | | $(D_1-1.5)\pm0.3$ |
| 30～80 | $(D_1-1.0)\pm0.5$ | $D_{1\,-10}^{\,+0}$ | $(D_1-1.5)\pm0.5$ |
| 80～180 | $(D_1-1.0)-1.0$ | $D_{1\,-1.5}^{\,-0.5}$ | $(D_1-1.5)-1.0$ |
| ＞180 | $(D_1-1.0)-1.5$ | $D_{1\,-1.5}^{\,-1.0}$ | $(D_1-1.5)-1.0$ |

注：我国把转速在 4m/s 以下的油封称为低速油封，4～12m/s 者称为高速油封。

**表 9-8　油封唇口部位宽度的选取**

| 油封公称内径/mm | 辰口宽度 $h$/mm | | |
|---|---|---|---|
| | 普通型 | 高速型 | 微型 |
| ＜30 | 2.5 | 2.5 | 1.5～2.5 |
| 30～80 | 3.0 | 2.5 | |

续表

| 油封公称内径/mm | 辰口宽度 $h$/mm | | |
|---|---|---|---|
| | 普通型 | 高速型 | 微型 |
| 80～120 | 4.0 | 3.0 | |
| 120～180 | 4.5 | 3.0 | |
| >180 | 5.0 | 3.5 | |

**表 9-9　弹簧槽底部直径 $d$ 的选取**

| 油封唇口直径/mm | 弹簧槽 $d_1=(d+2t_1)$/mm | | |
|---|---|---|---|
| | 普通型、双唇型 | 高速型 | 微型、狭边型 |
| <50 | $d+3.5$ | $d+4.0$ | $d+2.6$ |
| 50～80 | $d+4.0$ | $d+4.5$ | |
| 80～120 | $d+4.5$ | $d+5.0$ | |
| >120 | $d+5.0$ | $d+5.5$ | |

**表 9-10　唇腰部与轴中心线夹角 $\theta$ 与 $S_2$ 值**

| 项　　目 | $\theta$/(°) | $S_2$/mm |
|---|---|---|
| 狭边型 | 0 | 0.5 |
| ①油封内外径之差 $\Delta d$，$14\text{mm}<\Delta d\leqslant 20\text{mm}$。且内外径之差与油封高度值之比 $\Delta d/h_{油}$，$1.2<\Delta d/h_{油}<1.8$<br>②油封内外径之差 $\Delta d=20\sim 25\text{mm}$，但内外径之差与油封高度值之比<1.8，且没封外径>100mm<br>③微型油封 | 12 | 0.25 |
| ①油封内外径之差 $\Delta d$，$20\text{mm}<\Delta d<30\text{mm}$，内外径之差与油封高度值之比 $\Delta d/h_{油}$，$1.8<\Delta d/h_{油}<2.3$<br>②不属于 0°、12°、23°、28°范围内的 | 18 | 0.5 |
| 油封内外径之差 $\Delta d$，$30\text{mm}<\Delta d<40\text{mm}$，且内外径之差与油封高度值之比>2.3，油封外径<150mm | 23 | 0.75 |
| 油封内外径之差 $\Delta d>40\text{mm}$，且内外径与油封高度值之比 $\Delta d/h_{油}>2.5$，油封外径<150mm | 28 | 1.0 |

**表 9-11　腰部厚度 $S_1$ 值的选取**　　单位：mm

| 油封公称内径 | $S_1$ | 油封公称内径 | $S_1$ |
|---|---|---|---|
| <30 | 1.0−0.2 | 50～120 | 1.2+0.2 |
| 30～50 | 1.0+0.2 | >120 | 1.5+0.2 |

油封弹簧中心位置如图 9-12 所示。$h_0$ 的值说明了弹簧的中心位置偏离唇口的距离。$h_0$ 大时，油封的“随应性”可能好些，但影响油封唇口接触压力集中分布；$h_0$ 太小或为零时，弹簧槽中心正对着唇口尖端，虽然对接触压力集中分布有利，但加工精度要求高，否则振动较大。转速高、胶料硬度大，$h_0$ 取大值，反之取小值。

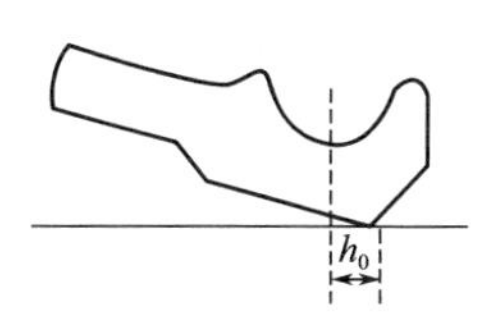

图 9-12　弹簧中心位置

狭边型油封的高度 $H=7$ 时，$h=2.5$；$H<7$ 时，$h=2$。

唇口部位的宽度 $h$ 的大小影响油封径向力 $P_{过}$，在设计中应予以重视，特别是无弹簧油封，它是影响径向力的主要因素。

$\theta$ 值主要由油封的规格来确定，但 $\theta$ 值越大，径向力受介质压力的影响越大。

（2）油封的摩擦特性　油封的摩擦主要是橡胶与金属之间的摩擦或在润滑条件下橡胶与金属的摩擦，这一过程是很复杂的过程，它不像一般刚体那样能测出一个准确的摩擦系数来。对油封来说，只能在特定条件下测量其摩擦扭矩，然后计算其摩擦系数，将摩擦系数控制在适宜的范围内。计算公式如下：

$$M=\pi D_1 \mu P_r \tag{9-11}$$

式中　$M$——摩擦扭矩，g；

$D_1$——轴径，cm；

$\mu$——摩擦系数；

$P_r$——单位周长径向力，g/cm。

日本介绍的 d40 油封摩擦系数适宜范围如表 9-12 所示，并通过试验测得摩擦系数与轴径的 1/3 次方成正比。

**表 9-12　油封摩擦系数 $\mu$**

| 润滑油种类 | 最　低 | 最　高 |
|---|---|---|
| 2# 润滑油 | 0.3 | 0.8 |
| 1# 锭子油 | 0.2 | 0.45 |
| 3# 陆用内燃机油 | 0.3 | 1.0 |
| 2# 汽缸油 | 0.4 | 1.2 |

油封的摩擦扭矩（或摩擦系数）太大，导致唇口温升增加，油封易磨损、老化，使用寿命降低；若太小，接触油膜可能太厚，易形成流体油膜而导致泄漏。

（3）油封唇口温升　油封唇口因摩擦而生热，橡胶又是热的不良导体，在唇口就会产生局部温升。温升的影响因素可用式(9-12) 表示：

$$\Delta T \infty D_1^{1/2} \omega^{2/3} \tag{9-12}$$

式中　$\Delta T$——温升，℃；

$D_1$——轴径，cm；

$\omega$——角速度，rad/min。

油封温度是以等温线分布的，如图 9-13 所示。图 9-13 所示油封的规格为 80mm×100mm×10mm，油温为 110℃，环境温度为 50℃，唇口接触宽度为 0.4mm 时温差高达 40℃，可见测量油温并不能代表唇口真正的温度，所以在进行油封设计时，要以唇口最顶端所能达到的最高温度为依据。橡胶的种类与温升的关系如图 9-14 所示。

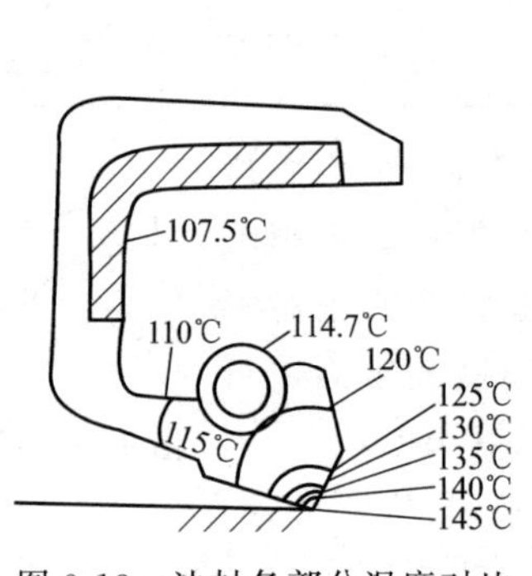


图 9-13　油封各部分温度对比

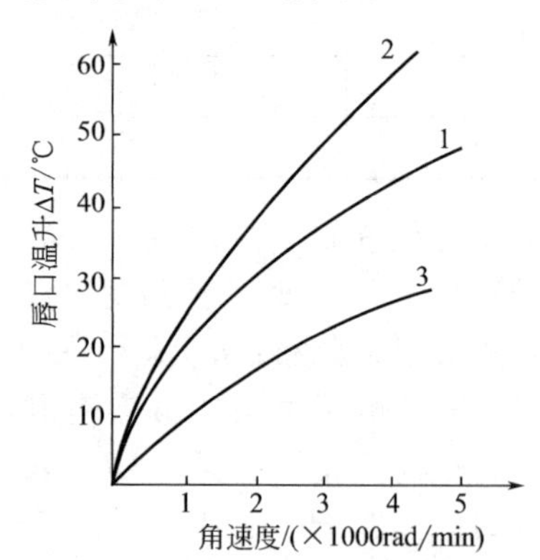


图 9-14　温升与橡胶种类的关系

1—丁腈橡胶；2—聚丙烯酸酯橡胶；3—硅橡胶

（4）油封胶料的硬度　油封胶料硬度直接与胶料的弹性模量有关。硬度的变化会影响到油封唇口部位的接触宽度、接触压力、摩擦特性等，一般认为胶料的硬度在65～75（邵尔A）为宜。但必须注意，一般所谓硬度是在常温所测的数据，而在实际使用条件下，当温度、速度发生变化时，胶料硬度也要相应地发生变化。

（5）油封唇口的接触宽度　唇口接触宽度影响接触压力的分布、摩擦特性等，在使用过程中接触宽度的变化，直接影响胶料的温升、耐磨性及蠕变性能。通常安装时控制接触宽度在0.25mm以下。

（6）油封的偏心距　油封的偏心距是指油封内圆与外圆间的圆心偏离的距离。若偏心距大，则油封运转过程中受力不均，易产生接触面上的流动空隙，并且振动加剧，从而降低油封的密封效果与使用寿命。一般要求油封的公称直径在50mm以下者，最大偏心距不得超过0.3mm。这里所指的偏心距是指油封本身。设备需密封的部位偏心距大时，可选用抗偏心的W形油封。

（7）被密封介质的压力　使用一般油封时，介质的压力较低，约在30～60kPa，若压力继续增加，油封唇口部位就要向受压力方向相反的方向弯曲。

由于油封产生弯曲会明显地降低密封效能和使用寿命，因此在介质压力较高的情况下，需要设计耐压支撑圈。

## 三、其他密封制品

### 1. U形密封圈（或皮圈）

如图9-15所示，它适用于油、水往复密封，初始接触压力来源于其工作面的倾角，因它安装时被挤入较小的间隙，使之两壁产生弹性变形的结果；正确工作时主要靠介质压力的自封作用，从而达到足够的接触压力，获得密封的效果。一般无夹层U形密封圈使用压力最大为10MPa；有夹层者，可用至32MPa。U形密封圈不适合快速往复运动，可用于慢速旋转运动。

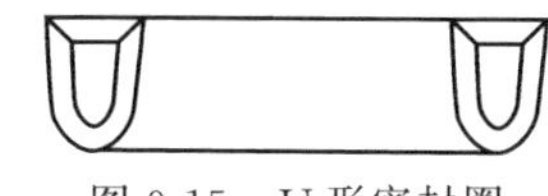

图9-15　U形密封圈

### 2. V形密封圈

如图9-16所示，V形密封圈2是与压环1及支撑环3配合安装使用的，可用于油、水密封。有时还可将几个V形密封圈重叠使用。无夹布层的，介质压力可达30MPa；有夹布层的，可达60MPa。

### 3. L形密封圈

如图9-17所示，L形密封圈适用于中压油、低压油、水、气密封，但只能单面密封，不像U形密封圈那样可双面密封。

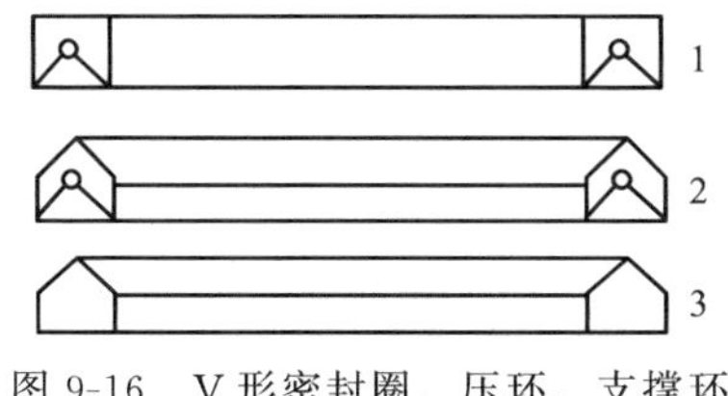


图9-16　V形密封圈、压环、支撑环

1—压环；2—V形密封圈；3—支撑环

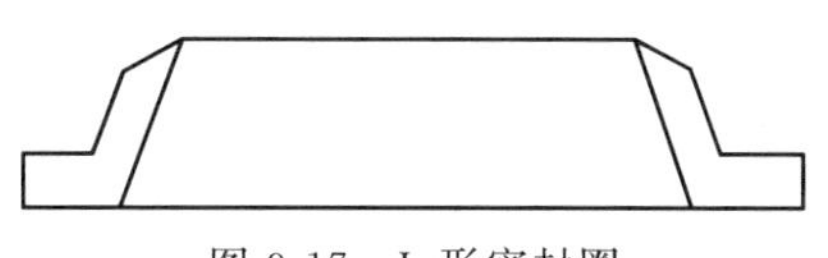

图9-17　L形密封圈

## 4. Y形密封圈

如图9-18所示，它们分为等高型、非等高型以及有唇口倒角型数种，还有一种称为“小Y形”的，其中，非等高型又分为内用型和外用型。

此类密封圈在油压系统使用较多，等高Y形是较早期的产品，由于被密封滑动的一边与不滑运的一边高度相同，可滑动的一边很容易被挤入间隙而损坏。若可滑动的一边改为短脚，就不易被损坏，从而提高了使用寿命。如图9-19所示，带有唇口倒角的Y形圈，可使接触压力集中分布。

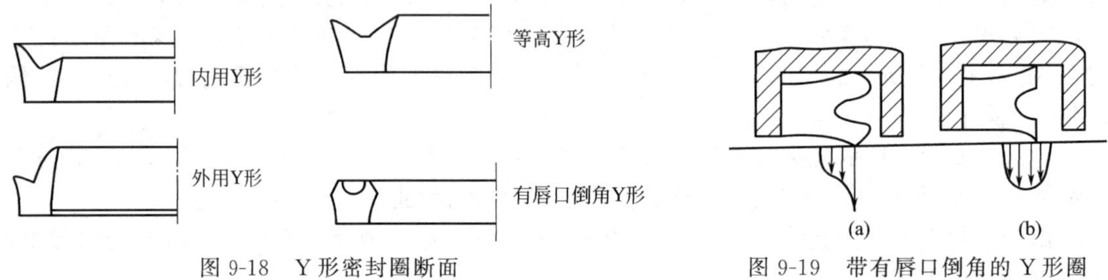


图9-18　Y形密封圈断面　　图9-19　带有唇口倒角的Y形圈

各种Y形密封圈使用时摩擦阻力小，丁腈橡胶Y形圈可用于压力在14MPa以下的介质，加挡圈后可用至30MPa；聚氨酯橡胶的Y形圈可用于30MPa以下，加挡圈可用至70MPa。Y形密封圈在制造时不允许跟部有倒角，否则可能产生两个压力峰，对密封不利（图9-20）。

后来进一步改进的所谓“小Y形”密封圈，或称为窄断面Y形圈，提高了原有Y形圈的断面高与断面宽的比值（要求这一比值≥2），从而提高了在高压下的稳定性。用于活塞密封的安装情形见图9-21。

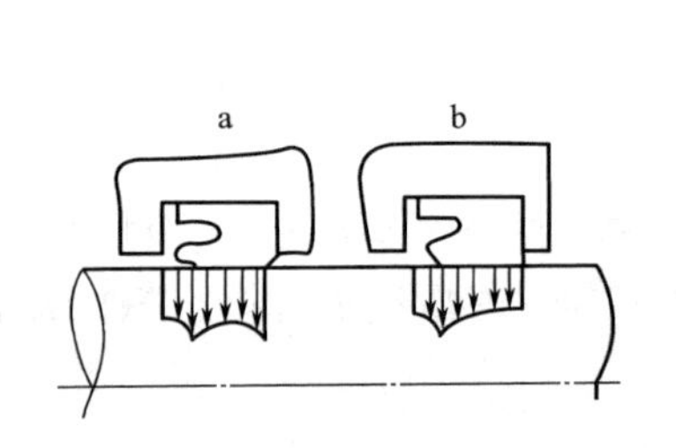


图9-20　Y形圈压力峰

a—跟部有倒角，产生两个压力峰；b—跟部无倒角，只存在一个压力峰

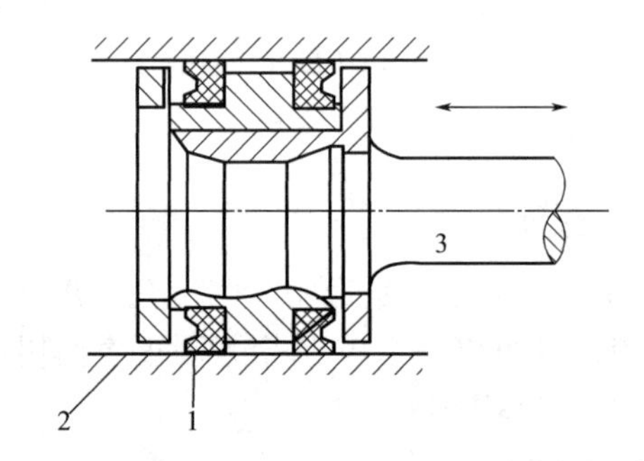


图9-21　Y形圈双向密封

1—Y形密封圈；2—油缸内壁；3—活塞杆

## 5. 制动皮碗

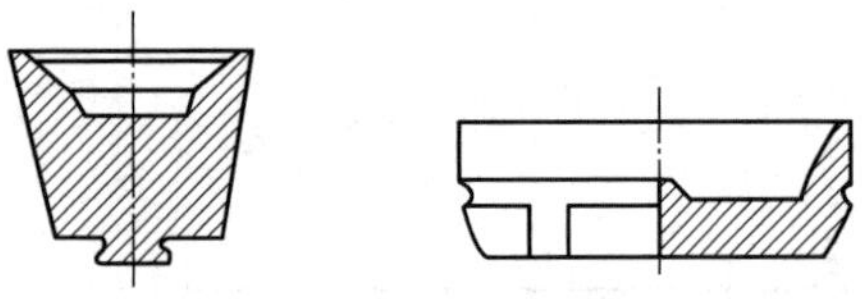

此类密封制品一般行程小，制动时起传递压力的作用，结构特点如图9-22所示。

(a) A型　　(b) B型

图9-22　制动皮碗

图9-22中B型外缘沟槽为装配固定之用，同时槽内可存油。一般一直安装在活塞杆的前端，拆换方便，只作单向密封使用。要求尺寸准确、弹性好，耐

低温性能好，耐磨、耐屈挠。

## 四、密封制品的配方特点与制造工艺

### 1. 主要原材料的选取及配方特点

(1) 生胶的选取　根据密封制品使用性能的要求，现将各种生胶的主要特点、适应范围及主要用途列于表 9-13。

**表 9-13　密封制品的生胶选取**

| 名称 | 代号 | 使用温度/℃ | 特　点 | 主要用途 |
|---|---|---|---|---|
| 天然橡胶 | NR | −50～80 | 宜用于醇、汽车刹车油，不宜用于石油系介质。弹性与低温性能好，在空气中易老化，应避免紫外线与日光的直射和臭氧的侵蚀。勿在高温空气中使用 | 汽车刹车皮碗，耐油、耐热的垫圈衬垫 |
| 异戊橡胶 | IR | −50～80 | 宜用于醇、汽车刹车油，不宜用于石油系介质。弹性与低温性能好，在空气中易老化，应避免紫外线与日光的直射和臭氧的侵蚀。勿在高温空气中使用 | 汽车刹车皮碗，耐油、耐热的垫圈衬垫 |
| 顺丁橡胶 | BR | −50～80 | 耐磨性能好，宜用于醇、汽车刹车油，不宜用于石油系介质。弹性与低温性能好，在空气中易老化，应避免紫外线与日光的直射和臭氧的侵蚀。勿在高温空气中使用 | 与丁腈橡胶并用作刹车皮碗 |
| 丁苯橡胶 | SBR | −40～120 | 宜用于动、植物油，刹车油，不宜用于矿物油 | 与丁腈胶并用作刹车皮碗 |
| 丁基橡胶 | IIR | −30～150 | 耐热、耐天候、耐寒，对动、植物油，磷酸酯系，不燃性液压油，水和化学药品(酸、碱等)的耐性好。不适用于矿物系。透气性小，适用于真空密封 | 耐动、植物油垫圈，真空容器密封圈 |
| 乙丙橡胶 | 三元乙丙胶(EPDM)、二元乙丙胶(EPM) | −50～150 | 耐热、耐寒、耐天候，对磷酸酯系不燃性液压油、水、高压蒸汽、化学药品的耐性好。不适用于矿物系、润滑油和液压油 | 耐热垫圈、气封等 |
| 氯丁橡胶 | CR | −40～130 | 耐天候性能好，在空气中耐老化性能好。耐油性一般，但在苯胺点低的矿物油和汽油中易溶胀。可耐冷冻氟利昂 | 阀门用夹布隔膜，耐夹布 V 形密封圈，耐氟利昂皮碗 |
| 丁腈橡胶 | NBR | 丁腈 18，−40～100；<br>丁腈 26，−30～120；<br>特殊配方可达 150；<br>丁腈 40，一般−20～120 | 低温性能好。耐油制品中常用的材料，具有较好的耐油、耐热、耐磨性能。但不适用于在磷酸酯系的液压油及含极压添加剂的齿轮中使用。耐燃料油、汽油和低苯胺点的矿物油，但耐寒性较差 | 寒冷地区使用的刹车皮碗，大量用于各种密封制品 |
| 聚氨酯橡胶(按结构可分为聚酯型、聚醚型；按工艺要求可分为混炼型、浇注型) | AU<br>EU | −30～80 | 耐油、耐磨性能好，机械强度高，但耐高温、耐水性差，且不耐酸、碱 | 往复运动液压机械的各形皮碗、密封圈 |
| 氯醇橡胶(可分为均聚型和共聚型) | CHR<br>CHC | −40～130 | 耐油、耐寒、耐天候性能均佳，耐热性比丁腈胶好，适用于低苯胺点的油。但加工困难，对模具有腐蚀作用 | 适用于各种密封制品、膜片 |

续表

| 名称 | 代号 | 使用温度/℃ | 特　点 | 主要用途 |
|---|---|---|---|---|
| 聚丙烯酸酯橡胶 | ACM<br>ANM | −20～150 | 耐油、耐热性能好，并耐含极压添加剂的润滑油。适用于齿轮油、马达润滑油、机油、石油系液压油等，但耐水、耐寒性能差 | 耐温、耐油制品，国外用于汽车前后轴油封及齿轮泵油封 |
| 硅橡胶 | MPVQ<br>MVQ | −65～230 | 耐热、耐寒、压缩永久变形小，但机械强度较差。在汽油、苯中溶胀大，在高压水蒸气中易分解 | 耐高温油封、O形圈，也适用于高真空O形圈 |
| 氟橡胶 | FPM | −20～200 | 耐油、耐热、耐化学药品，几乎适用于所有的润滑油、燃料油，在高温含极压添加剂的油中亦不硬化。不适用于酮、酯类溶剂，压缩永久变形大，但摩擦系数小 | 耐油、耐热、耐化学药品，高真空制品 |
| 硅氟橡胶 | | −65～200 | 兼具硅橡胶与氟橡胶的特点 | 各种密封制品、阀门密封等 |
| 聚硫橡胶 | T | 0～80 | 耐油、耐溶剂性能好，在汽油中几乎不溶胀。强度低、使用温度范围窄，不宜作动密封用 | 固定型垫圈、填缝腻子 |
| 氯磺化聚乙烯（海普隆） | CSM | −20～150 | 耐天候、耐臭氧、耐化学药品，耐热性较好（与氯丁橡胶、丁基橡胶类似），耐油性稍优于氯丁橡胶，机械强度高，延长使用寿命，但耐寒性稍差 | 试制汽车筒式减振器油封等 |
| 聚四氟乙烯（特氟龙） | PTFE | −260～260 | 耐油、耐热、耐化学药品，几乎适用于所有的润滑油、燃料油，摩擦系数小。但高温、高压下永久变形大 | 静密封用，如各型挡圈、支撑环、压环。或与其他胶制成组合型密封圈 |
| 聚酰胺（尼龙） | | −45～100 | 耐磨，耐弱酸、碱、水、醇等溶剂。易溶于硫酸、酚。三元尼龙可掺入丁腈橡胶中 | 一般尼龙66、尼龙1010或硝化纤维（NC）作挡圈用。三元尼龙与丁腈橡胶并用作密封圈 |
| 聚甲醛 | | −40～100 | 强度高、耐冲击、耐疲劳、抗蠕变，耐有机溶剂，耐磨、耐化学药品，摩擦系数小 | 用作挡圈材料 |

注：极压添加剂是在润滑油中加入含铅、磷、硫等的化合物，防止运转机械在高温、高负荷下烧坏。加入极压添加剂的润滑油也称为EP油。一般丁腈橡胶在极压油中易变硬、变脆。

(2) 密封制品常用橡胶的使用特点、配方特点

① 聚氨酯橡胶　常用国产聚氨酯橡胶的主要品种如表9-14所示。

**表 9-14　常用国产聚氨酯橡胶**

| 化学结构分类 | 加工分类 | 牌号 | 主要原料 | 国外类似牌号 | 备注 |
|---|---|---|---|---|---|
| 聚酯型 | 混炼型 | HA-1 | 己二酸、己二醇、丙二醇、甘油、MCI | Genthan-S | 饱和型 |
| | | D型聚氨酯 | 己二酸、己二醇、丙二醇、甘油、TDI | Genthan-S | 饱和型 |
| | | S型聚氨酯 | 己二酸、己二醇、丙二醇、丙烯基缩水甘油醚、TDI | | 不饱和型 |
| | | 东风-1 | — | — | — |
| | | $F_A$-3 | 己二酸、己二醇、TDI、MOCA | — | — |
| | 热炼型 | 热塑型 | TDI、二元醇、低分子聚酯 | Texin | — |

续表

| 化学结构分类 | 加工分类 | 牌号 | 主要原料 | 国外类似牌号 | 备注 |
|---|---|---|---|---|---|
| | 浇注型 | $J_A$-1 | 聚丙二醇、TDI、MOCA | — | — |
| | | $J_A$-2 | 四氢呋喃、环氧丙烷、TDI、MOCA | Adiprene | |
| | | $J_A$-5 | ε-己内脂、一缩己二醇、TDI、MOCA | Pandex(日) | |

注：表中，TDI为甲苯二异氰酸酯；MOCA为4,4-亚甲基双邻氯苯胺；MCI为二苯基甲烷-4,4′-二异氰酸酯。

聚氨酯橡胶的拉伸性能、压缩变形、永久变形与温度的关系如表9-15和表9-16所示。由于聚氨酯橡胶具有上述特点，所以它适用于较低温度下耐压、耐磨、耐冲击的密封制品。此外，聚氨酯橡胶的静摩擦系数和动摩擦系数接近，而且有较小的值。聚氨酯橡胶的缺点是耐温性、耐水性及耐酸碱性都较差，在90～130℃材质发生较大的变化，在150～200℃则熔化。在38℃于湿空气中就开始水解，而且水解的速度随温度升高而加快。

**表9-15　交联浇注型聚氨酯（Adiprene-L）的耐温性**

| 温度/℃ | 硬度(邵尔A) | 压缩变形 | | 100%定伸强度/MPa | 拉伸强度/MPa |
|---|---|---|---|---|---|
| | | ASTM(负荷为2.8MPa) | A负荷为22h后永久变形/% | | |
| 室温 | 92 | 9.0 | 0.6 | 7.2 | 32.5 |
| 70 | 92 | 9.5 | 1.6 | 7.2 | 14.0 |
| 100 | 92 | 9.5 | 3.7 | 7.0 | 8.6 |
| 120 | 91 | 19.0 | 19.0 | 6.1 | 6.8 |

**表9-16　聚氨酯橡胶与丁腈橡胶拉伸性能比较**

| 生　　胶 | 硬度(邵尔A) | 拉伸强度/MPa | 伸长率/% |
|---|---|---|---|
| 丁腈橡胶 | 60 | 23 | 600 |
| | 70 | 22 | 410 |
| | 80 | 22 | 270 |
| | 90 | 21 | 160 |
| 浇注型聚氨酯胶 | 60 | 28 | 500 |
| | 70 | 33 | 400 |
| | 80 | 35 | — |
| | 90 | 45 | 450 |

现将聚氨酯橡胶的使用举例如下。

一杆径为100mm，工作压力为32MPa的往复运动密封装置，如采用夹布丁腈密封圈，连同上、下支撑环，其总高度为53.3mm。若改用小Y形聚氨酯密封圈，只需一个，总高度只占18mm。

若柱塞泵用聚氨酯U形密封圈，使用温度为常温，往复频率为300次/min，使用寿命可达6个月，而在同样条件下使用丁腈橡胶密封圈寿命仅有7d。

当45t液压机用Y形密封圈，使用温度为70～80℃，压力为20MPa往复运动时，聚氨酯橡胶密封圈寿命为3～11个月，而丁腈夹布密封圈寿命只有1.5～5个月。

由此可见，聚氨酯橡胶用在较低的温度下且无蒸汽而需要耐压、耐磨的往复密封时，其使用寿命可比丁腈胶密封制品的寿命长很多（最高可高出20倍）。但随着使用温度的提高，寿命的差距便逐渐缩小，当温度升至150℃时，聚氨酯密封圈就完全失去了使用价值，而丁腈橡胶制品只是寿命缩短而已。

② 丁腈橡胶　丁腈橡胶是制造耐油制品的主要胶种。不同的硫化体系对制品的使用温度范围和性能有直接的影响。例如，常硫量（硫黄用量2份左右）硫化，使用温度在100℃以下。若采用半有效硫化体系［或称低硫（黄）体系］和有效硫化体系［或无硫（黄）体系］，以促进剂TMTD硫化，使用温度在120℃左右，并且储存期长，压缩永久变形小。但在TMTD用量较多时容易喷出，因此可采用DTM（二硫化吗啡啉）和次磺酰胺类（如CZ）并用体系，再用少量的TMTD调节，即可解决喷出问题，同时不易焦烧，压缩永久变形较小。常用的配比为UTM∶CZ∶TMTD＝1.2∶1.2∶0.6或1∶1∶1。

若采用过氧化物（如DCP）硫化，可长期在125℃、短期在150℃下工作；在油介质中，短期可在180℃以下工作。但过氧化物硫化的产品，抗撕性能差，伸长率小。若采用低硫（黄）体系与过氧化物并用，可保持过氧化物硫化的特点，而又改善了抗撕性能，提高了伸长率。一般配比为：DCP 2.0＋硫黄0.3＋DM 1.5＋D 0.3。

## 2.密封制品的制造工艺

（1）半成品的制备与硫化

① 半成品的准备　密封制品硫化前半成品的规格，必须符合压制产品相应的尺寸与重量要求。若半成品的规格尺寸与硫化产品不相适应，可能造成缺胶、内藏气泡等；而半成品的重量比产品重量小同样不能充满模型而造成缺胶，或成海绵状，半成品的重量太大又会造成不应有的浪费，或胶边过厚造成产品尺寸不合格，一般半成品的重量比成品的重量要稍大些，以充满模腔后还形成一定的胶边为度。选取半成品的开头和尺寸主要是考虑在压制过程中胶料的流向，应使气体容易排出，且使各方面的胶边均匀，保证充满膜腔。图9-23是一上面厚、下面薄的环形断面制品模具。半成品如果制成接近下部的模腔尺寸或上部的尺寸，硫化时很容易造成次品，主要是空气难以排出所致。半成品如制成如图9-23(a)中4的断面，裁成如图9-23(b)中5的条形，放入模腔时为图9-23(b)中7的环形，长度比模腔平均周长短些，留有空隙6排出空气，这样就较为合理。

但必须注意，脱模剂不要涂得太厚，否则在压制过程中，由于胶料的流动将脱模剂挤入空位7，容易形成夹层。

若模腔为图9-24所示的断面形状，半成品相应的尺寸为图9-24中3所示的断面，则会使胶受压后从模腔底部逐渐填满，使空气容易排出。

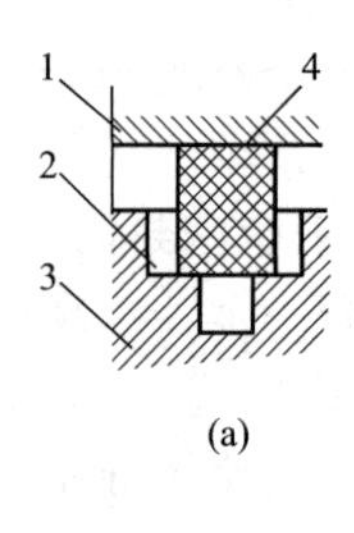

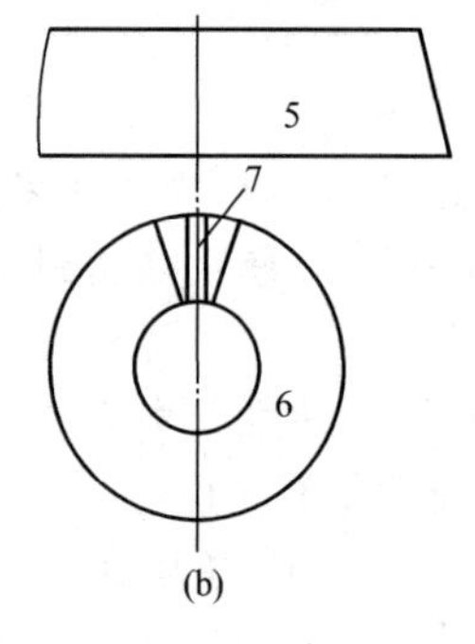


图9-23　半成品尺寸与模腔配合

1—上模；2—模腔；3—下模；4,5—半成品条；6—放入模腔时构成的环；7—放入模腔而未加压时留的空位

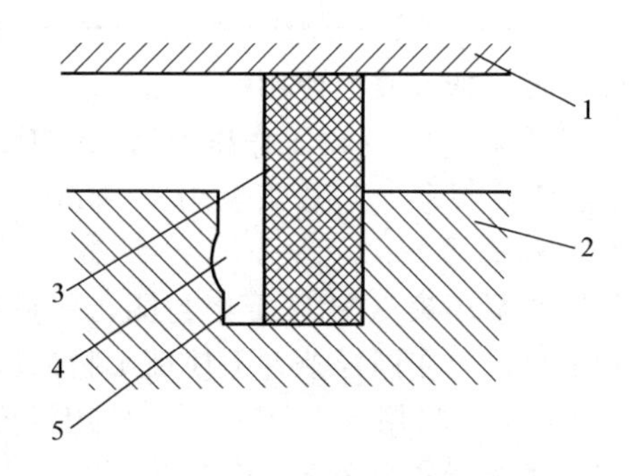


图9-24　模腔侧壁沟槽及与之相应的半成品断面

1—上模；2—下模；3—半成品；4—沟槽；5—模腔

多腔模半成品配合的情形如图 9-25 所示，半成品不宜裁得薄而宽（否则会把整个模腔封死，加压时空气难以排出），裁成厚而窄的胶条较为合理。

密封制品的半成品制造，若采用压片机压片、冲切机切条，需控制胶片的长度和宽度，并需要符合重量控制指标。若采用压出机压成圆筒状再切开成片，容易保证厚度的均匀性；若半成品需制成环形，直接压出的筒状用专门的切割机再切断为环状。目前也有采用一种专门制造半成品的设备，称为冷喂精密预成型机，其生产效率高，尺寸准确，被认为是模压硫化工艺能与注压硫化工艺相比而保持竞争能力的关键设备。

② 模制品的硫化

a. 模压工艺　将半成品填入模腔，在平板硫化机上加压、升温硫化，称为模压硫化。此工艺目前在国内仍是制造模制品的主要方法，即使在工业发达的国家也仍占有相当的比重。

模压工艺发展的方向是高温、短时、多层、机械化、自动化、作业连续化并加上冷喂料精密预成型机与之配套等，以便提高生产效率，减轻体力劳动，提高产品质量。平板硫化机现已用至十层，硫化温度对合成胶可提高到 80～200℃。采用如此高的温度硫化，只要有适合的配方和热源，同样是可以获得优质产品的。但采用蒸汽作为热源已不适应如此高温的要求，必须采用其他热源。

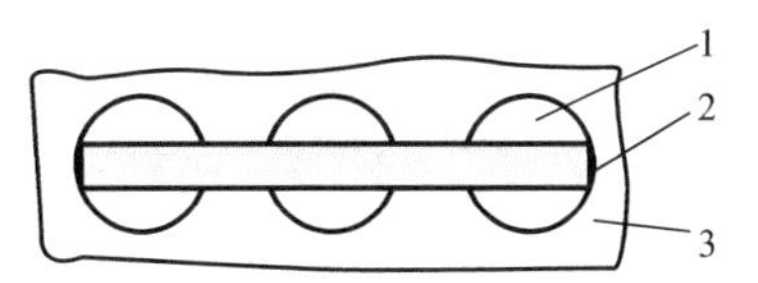

图 9-25　多腔模半成品形状

1—模腔；2—半成品胶条；3—模板

(a) 电热　采用电热平板，可以获得高温，但控制温度比较复杂。由于电热丝与模板表面温差较大（可达 500～600℃），易造成模板温度时高时低，同时在同一平板上也容易出现各处温度不一。若采用分区控制温度，可以缩小同一平板各处温度误差范围。如表 9-17 所示，电热功率越大，温度误差就越大；电热功率越小，温度误差越小，但预热时间长。若改用升温时使用大功率，而保温时使用小功率，这样既可以克服升温慢的缺点，又可以减少温度误差。

**表 9-17　电热功率与温度误差的关系**

| 电热功率/kW | 9 | 2 |
|---|---|---|
| 温度误差/℃ | ±10 | ±4 |
| 加热极限/℃ | 650 | 300 |

若保温过程采用小功率，兼具冲击加热，温度误差可减小至±2℃。

(b) 热载体　循环通常采用沸点高、对管壁无腐蚀作用的有机液体，如乙二醇、联苯基氯代物、硅油等作为热载体，使用时将热载体加热，保持高速循环，温差可控制在 2℃±0.5℃以下。

(c) 模压工艺的自动化　包括自动启模、自动取出产品、闭模、定时硫化。并使模压工艺连续化、流水化，经精密预成型机，制造出半成品，运至装料处。空模在装料处装料，自动合模，然后送入硫化机加压硫化，硫化完毕，自动启模（用柱塞推顶器将产品推出），再将产品送至装料处，这样模型在一个流水回路上循环，可以减轻体力劳动，提高效率。

(d) 硫化过程使用的脱模剂　为了防止硫化后的产品粘在模腔表面而使脱模造成困难，必须在模腔表面涂上脱模剂，在制品与模腔的接触面之间起隔离作用。一般对表面光泽要求高的大件制品，多采用硫代硫酸钠、钾皂的稀液（3%～4%），有时也采用硅油的水乳液。由于以上的脱模剂都含有沸点较高的水分，不适用于冷模填胶硫化，必须使模温升高涂上隔离剂蒸发后方可合模硫化，以防止蒸发时残留气体在模腔内。硅油是模型硫化用得较广的脱模剂，它是由低分子硅氧烷树脂溶于有机溶剂而制得，脱模能力强，且使产品表面光滑美观。由于有机溶剂在常温下就能迅速挥发，所以用冷模或热模填胶都可适应，同时硅油在长期使用过程中，不易结成模垢，且涂一次可硫化几次。脱模剂的脱模能力与其分子量成正比，但分子量大难以涂抹，按质量计消耗的量也多。常用硅油的黏度为 0.1Pa·s 以下。难以脱模的制品，如聚氨酯浇注产品，可使用黏度较大的硅油。硅油作为脱模剂虽然很好，但不能涂得太厚，否则容易产生夹层，硅油在夹层起隔离作用，同时经常涂抹也浪费工时。因此曾提出了一种“常效胶模剂”，主要是将黏度较大的含硅有机化合物或含氟的有机化合物（聚偏氟乙烯、聚四氟乙烯、氟硅橡胶等）喷涂于模腔表面，形成薄膜，逐渐升温，约升至200℃，保温一段时间“烘焙”，处理后的模型中用数日至数周都有效。

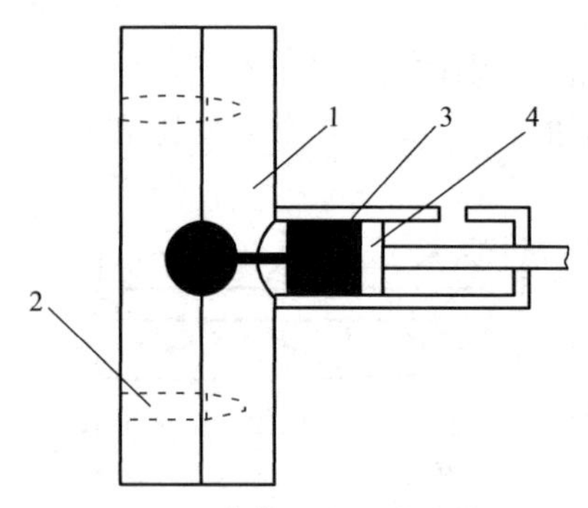

图 9-26　移模工艺注胶的情形
1—模型；2—定位销；3—胶料；4—柱塞

b. 移模工艺　移模工艺与模压工艺的不同点是先闭模后注胶，而与一般注压工艺不同的是注胶后需将模型移去硫化机硫化，硫化后又要将模从硫化机中移出来。注压硫化是将模型固定在硫化机上，硫化后不需将模型从硫化机中移出。移模工艺与模压工艺相比，填胶容易，产品均匀密实，便于自动化、流水化作业，充分发挥硫化机的效能，适合制造体积较大的产品，但模具造价高。移模工艺注胶的情形如图 9-26 所示。若胶样流动性差，可在配方中使用“内润滑剂”，如聚乙烯、硬脂酸、蜡、皂、油膏及润滑油等。

（2）密封制品的修边

① 机械修边

a. 冲切　采用装有多刀的冲切机将产品的胶边冲掉，可以整板冲切（如瓶塞之类的产品），效率高，适用于单一的、大批量生产的产品。

b. 砂轮磨边　利用砂轮的高速旋转，磨去胶边（如图 9-27 所示），但必须注意切不可使砂轮磨伤密封制品的工作面。一般磨后表面是相当粗糙的，会严重影响密封效果。

c. 圆刀修边　如图 9-28 所示，在垂直旋转轴上的切刀为一圆柱体，水平旋转轴 2 上为锥形实心磨盘，上、下切刀紧靠在一起，在刀的开口处，置有产品接取板 3，修边时，制品棱边紧靠切刀，随着刀的旋转，将溢边引向刀的开口处而被切除。

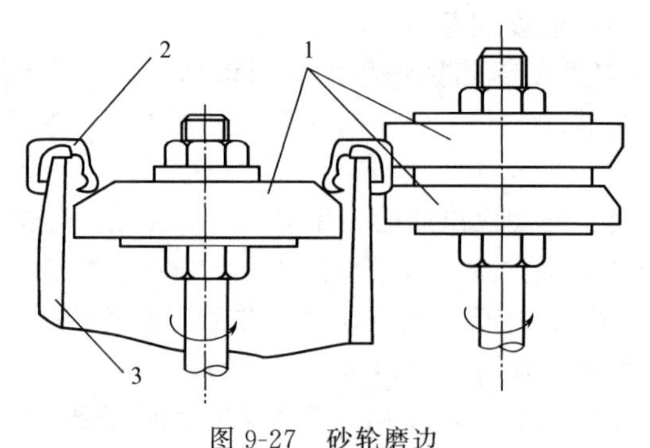

图 9-27　砂轮磨边
1—砂轮；2—油封；3—衬套切板

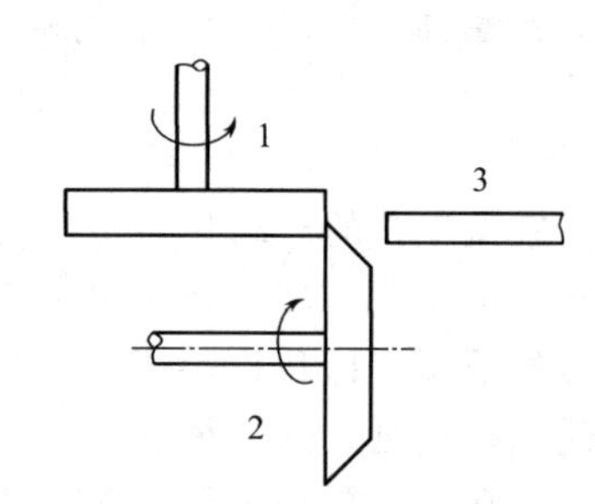

图 9-28　圆刀修边
1—垂直旋转轴；2—水平旋转轴；3—产品接取板

② 冷冻修边　采用干冰（固体二氧化碳）的冷气流使制品胶边冷冻变脆（约持续 20～30s），然后用钢球或瓷球喷射，除去胶边。此法效率高，可自动化操作，但需控制好冷冻时间，防止漏修或造成制品缺陷。若产品使用耐低温的胶种，如硅橡胶，则干冰的冷冻温度难

以达到要求，需要使用液氮。干冰的最低冷冻温度为－79℃，而液氮为－196℃，冷冻效率高，次品率低，外观质量好。若使用O形圈修边，动密封制品甚至不需要45℃分型的模具，直接采用180℃分型模，硫化后的产品经液氮冷冻修边后即可符合动态密封的要求。某种产品的冷冻修边的主要参数：冷冻温度－73℃；喷球时间2.5min；冷冻时间1.5min；转速2500r/min；全加工周期4～5min。

(3) 密封制品金属嵌件与橡胶的黏合

① 金属的表面处理　钢材是密封制品常用的嵌件材料。因为在金属嵌件表面不可避免地存在油污、锈迹或其他杂质及污物，所以若不将它们除掉，获得良好的黏着性能是不可能的。几种处理方法如下所述。

a.机械处理　主要采用喷砂、研磨、钢刷清理等，表面机械处理后用溶剂将污物洗净，然后尽快使用，避免新的表面重新被污染或生锈。

b.化学处理

(a) 酸、碱处理及表面惰性化　方法是先用苛性碱液洗涤，接着用清水漂洗，再进行所谓"磷酸盐化"。磷酸盐与处理后的金属表面作用，能赋予金属表面化学惰性，提高表面的耐腐蚀性、耐温性、耐湿性，并形成一定的金属表面结构，从而提高金属与橡胶的黏合强度。若采用铬酸盐进一步洗涤，将提高更好的表面惰性，便于更长时间的保存。

(b) 浓硫酸浸泡法　将嵌件浸入浓硫酸中（约24h），取出洗净，干燥后立即涂黏合剂层。如丁腈油封骨架，采用浓硫酸处理后涂酚醛树脂黏合剂层，效果良好。

② 黏合剂

a.列克纳　它有较高的黏合强度及耐温性，但毒性较大，同时稳定性差，停放的过程中容易潮解，以致质量不稳定。

b.酚醛树脂黏合剂　它与列克纳相比，毒性小，有较高的黏合强度，存放过程中稳定，不会受潮气侵蚀，因为涂层经干燥后为一光亮的薄膜，有保护作用，因此制得的产品质量稳定。采用酚醛树脂黏合的工艺步骤如下：

(a) 将骨架浸入浓硫酸池，约24h后取出、洗净、晾干或烘干。

(b) 将处理的金属嵌件浸入（或涂抹）酚醛树脂溶液，晾干或烘干后储存待用。所使用的酚醛树脂为苯酚与甲醛的线型缩聚体，是可溶性的，缩聚时甲醛与苯酚的摩尔比控制在1∶1以下。将线型缩聚体再按下述配方配成黏合剂溶液：

| | | | |
|---|---|---|---|
| 酚醛树脂 | 1.0（质量份） | 丙酮 | 2.0 |
| 甲醇 | 3.0 | 促进剂H | 0.1 |

在硫化过程中，促进剂H分解，作为甲醛的给予体，使酚醛树脂进一步缩聚为体型结构，从而获得高的黏合强度。

## 第二节　橡胶减振制品

### 一、减振原理

#### 1.减振制品简介

硫化橡胶与其他固体工程材料相比，拥有独特的性能：橡胶柔软且有较好的弹性、复原性，按单位质量的弹性储性来说，橡胶比其他任何固体材料都大；同时橡胶本身还有黏性，这与工程上所使用的黏壶类似，在黏性摩擦的过程中吸收部分能量，但橡胶减振器在高频作用下，具有比弹簧、黏壶减振器更大的柔性。这些特性使橡胶最适合作为减振材料，已逐渐被人们所认识，因此所使用的减振器也愈来愈多，包括机械、车辆、飞机、轮船、桥梁、铁路等。近年来还发展到大型建筑物也采用减振支座以防止地面振动对建筑物的危害。可以说凡是动的东西，就存在着不平衡的质体或者偏心，这必然产生振动，其中许多振动若无有效的减振措施，就会造成构件的早期损坏，或给人体带来不适和伤害。

## 2. 减振原理

（1）无阻尼自由振动　图 9-29 所示为一无阻尼自由振动系统。设一理想弹簧，其一端固定，另一端系一质量为 $m$ 的钢球，弹簧可沿一条光滑的玻璃棒上自由滑移（无摩擦）。在物体（钢球）上施加一外力，使弹簧拉伸或压缩产生 $\pm x$ 位移。当立即除掉外力时，弹簧则在原平衡点 $O$ 点左右来回运动，而且是周期性的运动，这一运动称为振动。假定玻璃棒是无摩擦的，空气的摩擦也忽略不计，并无外来的干扰，这时这种振动就称为无阻尼自由振动。

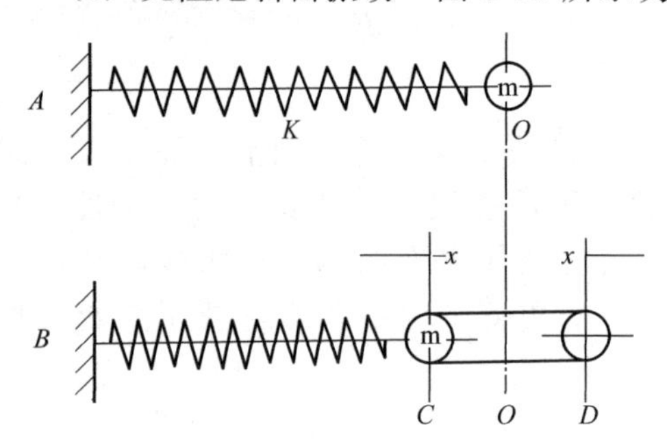


图 9-29　无阻尼自由振动系统

物体的惯性力 $F$，按牛顿第二定律：

$$F=ma$$

若在 $C$ 点或 $D$ 点处于平衡，必须要与弹簧的弹性力 $Kx$ 相等，而方向相反：

$$ma=-Kx \tag{9-13}$$

式中　$m$——振动物体的质量；

$K$——弹簧的弹性刚度，$K=F/x$；

$x$——物体振动时的位移；

$a$——物体运动加速度。

（2）阻尼自由振动　在无阻尼自由振动系统的基础上，加多一个阻尼常数为 $R$ 的阻尼项，其中阻尼力 $F'=R$；力的方向与惯性力相反，振动后要在某一时刻达到平衡。

（3）冲击吸收　当橡胶支座作为吸收冲击能量之用时，称为缓冲器。吸收能量的大小是缓冲器的重要性能指标之一。缓冲器所吸收的能量可分为两部分：一部分转为弹性储能，过程是可逆的；另一部分为克服橡胶分子的摩擦而转为热能，过程是不可逆的，所吸收的这部分能量完全被损耗。在相同变形与反作用力的条件下，吸收能量的大小与缓冲器本身的特性有关。

现假定几种不同特性的缓冲器（简称弹簧），分析它们对能量的吸收与受力情况（见图 9-30）。

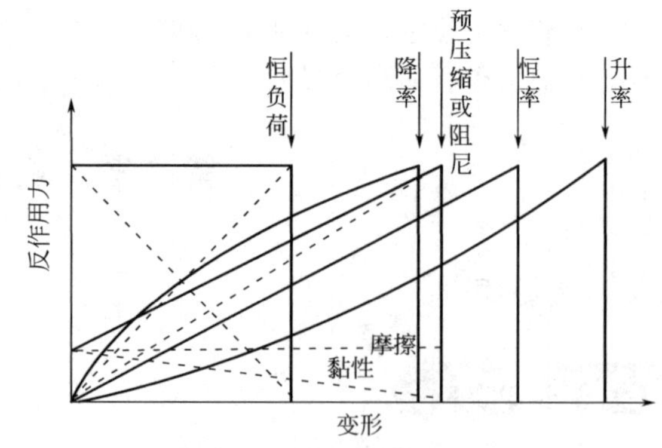


图 9-30　各种弹簧冲击时，能量吸收情况的比较

在反作用力相同且吸收相同的能量的情况下，比较变形量的大小，可得如下顺序：

升率＞恒率＞预压缩或阻尼＞降率＞恒负荷

恒率弹簧是一种常见的弹簧，吸收的能

量为反作用力与变形乘积的一半。从排列顺序可见，恒负荷弹簧吸收能量有效。但它的缺点是自始至终都产生同样大小的反作用力，没有由小到大的过渡期。折中的办法是使用降率、预压缩或阻尼弹簧。对于无阻尼理想弹簧，无论是采用上述哪种形式，它吸收的能量都是可逆的，即能全部释放出来。故受冲击后产生振动的振幅不存在衰减情况。假如耐冲击弹簧是采用橡胶来承担，橡胶阻尼部分吸收的能量是不可逆的，因而对冲击后的振幅会进行有效的衰减。适当选用橡胶的阻尼值可以使橡胶弹簧就吸收能量效果而言，在预压缩与恒负荷弹簧之间的范围调节。如果根据冲击时情况，选用橡胶在冲击开始的阻尼力，即变形趋于零时阻尼力最大，而在末了时即弹性力最大时，阻尼力为零，这便构成在受冲击时，具有与恒负荷弹簧相同的特性，对吸收能量是有效的，而又有效地衰减在冲击后所产生的振动。如图 9-30 所示，恒负荷弹簧正方形面积中的虚线部分，在冲击的前半个循环，橡胶的阻尼作用便消耗一半的能力（即正方形面积的 1/2），下半个循环又损耗余下的储能部分（三角形面积的 1/2，也就是说在第一循环便损耗冲击能量的 3/4），这样冲击后的振动立即就会消除，所以橡胶用作缓冲器是一种非常合适的材料。

## 二、几种常用减振制品

### 1. 橡胶轨枕垫

橡胶轨枕垫是用于钢轨与枕木之间的减振垫。一般铁路所铺设的钢轨约每隔 20m 就有一个热膨胀缝，它造成列车行驶过程中的剧烈撞击嘈杂声及列车的振动，并加速车轮与钢轨接触端点的摩损，缩短机车的使用寿命；同时也给乘客带来不适。若将这些膨胀缝焊好、磨平，就可以使嘈杂声和列车的振动大为减轻。焊死以后，钢轨膨胀时便向下稍微弯曲，因为垫有轨枕垫，可以产生变形。在垫有轨枕垫的位置水泥枕木的重荷将钢轨向下拉，限制了钢轨变形的方向。轨枕垫的结构如图 9-31 所示。

A 型具有沟槽，在负荷小时仍有较大的柔性，在负荷增大时，胶料被压缩填入沟槽，又具有足够的刚度，这样在列车负荷变动时，自振频率波动范围不大，有利于减振。

### 2. 橡胶空气弹簧

橡胶空气弹簧主要用于汽车、电车、铁路车辆等悬挂系统，它是在胶囊中充入压缩空气，利用空气的弹性及橡胶的特性而获综合性的缓冲、减振的效果。充入的压缩空气压力可随负荷的大小来调节，保持减振系统负荷与刚度适宜值，以使自振频率变化不大。充气量还可调节车厢的高度，使之装、卸货物方便。

图 9-32 为汽车悬挂系统配置。

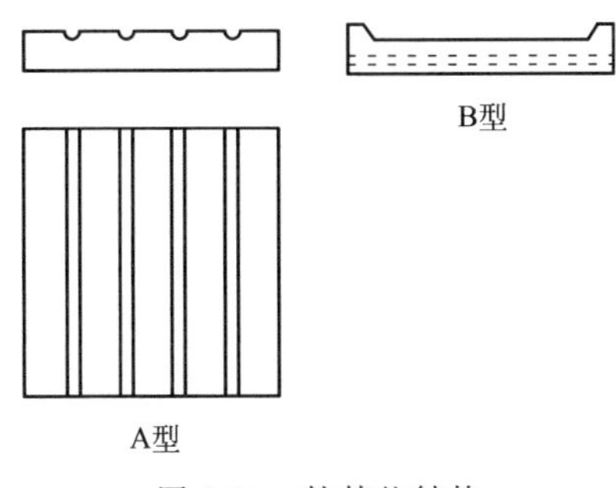


图 9-31　轨枕垫结构

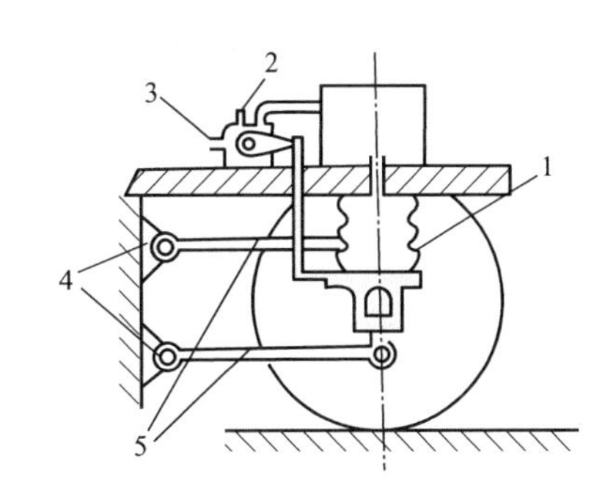


图 9-32　汽车悬挂系统配置

1—橡胶空气弹簧；2—排气口；3—进气口；4—轴套；5—引导装置

### 3. 橡胶护舷

橡胶护舷是在船舶停靠时，用于船舶与码头之间及船舶之间，承受冲击负荷吸收动能的一种橡胶制品，与其他材料（如木材、麻绳等）相比，有较好的缓冲性能，因此一些海运发达的国家都使用橡胶护舷。

橡胶护舷主要有压缩型、剪切型、扭曲型，这些与减振器类似。除此之外，还有气囊型，主要用于大型船只。

压缩型结构简单，加工容易，成本低，适用于中小船只的停靠缓冲。气囊型护舷主要利用空气的弹性吸收能量，与其他类型比较，吸收能量大，停靠时接触面积大，护舷本身可以漂浮在水面，能适应船的吃水深度和港口潮汐引起的水面高度变化。在储存及运输过程中，可将气囊中的空气排出，以减小占地面积。气囊型护舷多为长枕式，采用织物补强，并设有安全装置，防止超负荷时爆破。还有一种护舷，直接使用充气轮胎，用一条长轴将轮胎串起来，所串轮胎的个数由轮胎的规格及船只的动能大小来确定。轮胎护舷使用时还有一个特点，即可借助轮胎的滚动缓缓靠岸，减少靠岸时对护舷的剪切应力。

# 第三节　胶板制品

## 一、胶板品种及结构

胶板的用途很广，可分为未硫化型材和经硫化后定型的型材两大类型。

未硫化胶板主要用于化学衬里板材、补胎胶等。硫化胶板主要用于工矿企业、交通运输和建材工业等。现在常用的为硫化胶板。

### 1. 胶板分类

（1）按性能分类

① 普通胶板　无特殊性能指标要求的胶板，在低压和一定温度范围内（－30～60℃）具有一定硬度、断裂强度、断裂伸长率等。

② 耐酸、碱胶板　要求除具有一定力学性能外，还须有耐酸、碱腐蚀性和化学稳定性。

③ 耐油胶板　要求具有一定力学性能，在油及溶剂中具有抗溶胀性能。

④ 耐热胶板　指工作温度为－30～100℃、工作压力不高的条件下，接触蒸汽、热空气的垫板、热板等。

（2）按结构分类

① 平面胶板　指表面光滑的胶板。

② 沟槽花纹胶板　指表面工作面带有沟槽或花纹的胶板。

③ 夹布胶板　指内层有1～2层织物骨架的胶板。

### 2. 胶板结构

胶板的基本结构有纯胶胶板和夹布层胶板。

## 二、胶板的配方设计

### 1. 配方设计原则

（1）含胶率的确定　由于使用条件所限，普通胶板的含胶率较低，一般只有20%～

25%左右。沟槽或其他特殊性能的胶板含胶率稍高，一般在30%左右。

(2) 胶种的选择　普通胶板需用天然橡胶、丁苯橡胶、顺丁橡胶等，加入再生胶，耐油、耐热胶板可加入丁腈橡胶、氯丁橡胶等。

(3) 硫化体系的选择　一般常用传统硫化体系硫黄用量在2.3～2.5份左右。促进剂采用AB型并用体系，如M与D并用，二者并用比例在5∶(4～5)。生产沟槽胶板，促进剂用量可适当减少，可采用M（或DM）为第一促进剂，用量在1.5～2份左右。

(4) 填料的选择　根据性能要求选择填料。普通胶板，可用轻质碳酸钙、陶土、碳酸镁。炭黑效果良好，但只能做黑色胶板。对于“接口”容易出现痕迹或流动性不好的，可选择密度小、增容效果好的填料。

其他配合体系，可参照运输带配方。

### 2. 配方举例

(1) 普通平面胶板配方（见表9-18）

**表9-18　普通平面胶板配方**　　单位：质量份

| 原材料名称 | 用量 | 原材料名称 | 用量 |
|---|---|---|---|
| 丁苯橡胶 | 100 | 硬脂酸 | 2 |
| 炉法炭黑 | 50 | 古马龙树脂 | 10 |
| 氧化锌 | 5 | 石蜡 | 1 |
| 硫黄 | 1.8 | 重晶石粉 | 110 |
| DM | 2 | 轻质碳酸钙 | 35 |
| D | 2 | 机油 | 14 |
| 防老剂A | 1.5 | 合计 | 334.3 |

(2) 耐油胶板配方（见表9-19）

**表9-19　耐油胶板配方**　　单位：质量份

| 原材料名称 | 用量 | 原材料名称 | 用量 |
|---|---|---|---|
| 丁腈橡胶(丁丙烯腈) | 100 | 硬脂酸 | 2 |
| 通用炭黑 | 40 | 古马龙树脂 | 12 |
| 氧化锌 | 5 | 石蜡 | 1 |
| 硫黄 | 1.8 | 重质碳酸钙 | 50 |
| TMTD | 0.2 | 轻质碳酸钙 | 100 |
| DM | 2 | 机油 | 10 |
| 防老剂A | 1.5 | 合计 | 325.5 |

## 三、胶板制造工艺

### 1. 胶料制备

原料的检验、加工整理、配料等工序的要求与其他制品相同。只是炼胶及半成品胶料性能检测、停放时间根据配方来进行制备。

### 2. 胶料的压片和贴合

(1) 压片工艺　胶料压片的方法一般有两种：经开炼机热炼或冷喂料后，用压延机压片，可采用三辊压延机或四辊压延机；经热炼后可采用压出机出片。

（2）贴合工艺　可将压片后的胶片分为二层、三层、四层贴全，每层厚度根据胶板厚度而定。如 6mm 厚胶板，可一层出片；8mm 厚胶板，可用二层贴合（4mm＋4mm）；12mm 厚胶板可用三层贴合（4mm＋4mm＋4mm）等，贴合过程中，每层间应压实，排出夹层空气。

### 3. 胶板硫化

胶板硫化有三种方法，即硫化罐辊筒缠卷硫化、平板压力硫化机硫化、鼓式硫化机硫化。

（1）硫化罐辊筒缠卷硫化　将整理好的胶片缠卷在直径＞600mm 的金属辊筒上放入硫化罐中硫化。为保证胶板成品端部厚度，一般连接尖形的胶条，其厚度按成品厚度选用。硫化条件：蒸汽压力 0.4～0.5MPa。辊筒缠卷硫化隔离方法有两种。

① 涂隔离剂法　将压进或压出后的胶片停放 8h 后重新涂隔离剂（如滑石粉），然后平整地卷在硫化辊筒上，包胶厚度 40mm 左右，硫化前胶卷用铅皮包转加压，放入硫化罐中用直接蒸汽硫化。

② 湿垫布隔离法　将压进或压出的胶片用热垫布缠卷在辊筒上，方法如①。

（2）平板压力硫化机硫化

① 用模型硫化　将半成品胶片放入经预热后的模型中硫化，可制成光面平板，也可制成表面有沟槽或花纹的胶板，规格尺寸稳定，可使用多层平板硫化机，提高效率。

② 用模框逐段硫化　半成品胶片放入平板压力硫化机的模框中逐段硫化，在硫化机的一端通入冷水防止胶板接头粘接不良。可减少接头部位二次硫化时有过硫现象。胶板硫化时两侧需用垫铁限位，以保证硫化胶板成品的宽度和厚度。硫化条件根据配方而定。

（3）鼓式硫化机硫化　鼓式硫化机硫化与前两种方法不同，是连续硫化。压进后的胶片经黏合辊贴合成所需的胶板半成品，进入蒸汽加热的硫化鼓与钢带的间隙，用张紧辊使钢带压紧胶板，硫化温度为 150～155℃，硫化速度为 2～20m/h。

# 第四节　胶辊制品

## 一、胶辊在工业中的应用

胶辊由金属芯外覆橡胶组成，也可由木质材料作轴心，外包覆橡胶层，根据不同硬度和用途制成橡胶工业胶辊。

在工业的各个部门，利用辊面胶层的微量弹性变形使产品面承受一定压力，以适合工艺要求但又不致产生过度的剪切应力、损伤产品。例如，造纸中的压榨辊、印染机中的轧液辊、脱去谷壳的砻谷辊等，均能在不损坏纸、布或米粒的情况下，挤出纸、布或谷粒中的水分或谷壳。在各种机械部件中，常以胶辊代替金属辊使用。

胶辊面胶层的硬度较其他橡胶制品要高，可以对胶层表面进行机械加工，制成各种花纹或螺纹。对布面的印花分布、防止胶带打滑，起到伸张平直的作用。

胶辊具有耐酸、碱和不生锈等优点，在带钢、带铜、油墨印刷等工业中得到广泛应用。胶辊具有耐磨、抗撕裂和一定硬度，在食品加工、粮食加工和各种运输传动中起到其他制品不能代替的作用。

## 二、胶辊的主要品种及结构

### 1. 胶辊的基本结构

胶辊的基本结构可分为 4 个主要部分。其结构如图 9-33 所示。

### 2. 胶辊的规格

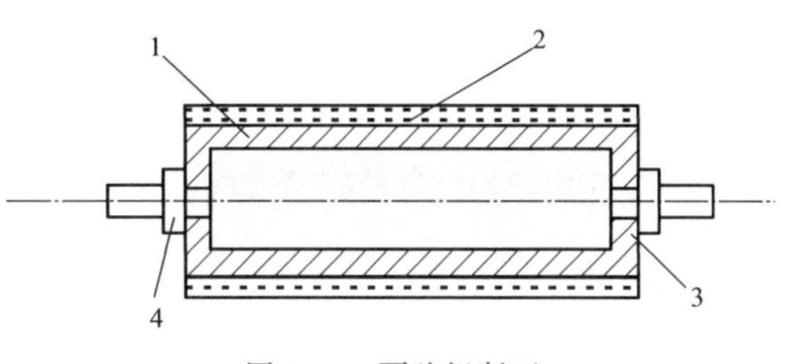

图 9-33 覆胶辊断面

1—金属芯；2—橡胶覆胶；3—辊筒端面；4—辊颈

胶辊的规格尺寸，由于其使用范围极为广泛，因此大小悬殊，需要根据各种机械的实际需要而定。如小的胶辊直径仅 20mm，重量不足 0.5kg；大的胶辊直径为 1000mm，长度在 6000～7000mm，重达 12000kg。

(1) 硬度　胶辊面胶层的硬度在胶辊中是一项重要指标。在生产中，其他质量指标达到了使用要求，而硬度选择不当，板面达不到使用效果。如印染中的印花承压辊硬度不够，而发生崩花（硬度过高压坏布坯）；砻谷辊如果硬度过大，使碎米率增加，而硬度不够，谷壳不易脱掉。各种硬度指标是根据企业要求而定的。下面介绍几种胶辊硬度的参考值，见表 9-20。

**表 9-20　几种胶辊硬度的参考值**

| 胶辊名称 | 硬度范围(邵尔 A) |
|---|---|
| 造纸胶辊 | 75～90 |
| 印花胶辊 | 80～97 |
| 印刷胶辊 | 20～45 |
| 制塑胶辊 | 50～60 |
| 砻谷胶辊 | 75、80、85、90、95 |

(2) 表面要求　胶辊的表面要求可根据具体用途而不同，有的要求表面光滑；有的表面尚需经过特殊处理。

(3) 中高率　胶辊的中高率是指胶辊中心直径与端边直径之差。其作用是弥补胶辊在运转中的挠度变形，胶辊的中高率随胶辊长度的增长而增大。各种用途的胶辊中高率不同。

(4) 耐介质性能　有些胶辊需在浸液条件下使用，因此在配方设计前首先应对其在何种介质中使用进行了解。各种橡胶的性能在橡胶的原材料与配方设计的课程里已经介绍过，这里就不再重复。

(5) 耐温性能　胶辊的耐温性能取决于选用生胶的品种及其黏合方法。常用的硬质胶结合，由于硬质胶随温度升高而发生软化现象，使金属与橡胶的结合强度下降，一般只能在不超过 70℃的温度下使用，若采用其他特殊的胶黏剂，则可使使用温度提高到 100℃左右。如选用耐高温的硅橡胶，应用单独的胶黏剂。

### 3. 胶辊的主要品种

(1) 造纸胶辊　造纸胶辊是造纸机上的重要部件，一台普通的长网造纸机就要有大小胶辊七八十支。就造纸胶辊本身结构而言，大体可分为：光辊、沟纹辊、真空辊、螺旋辊、活动弧形辊、中高辊（固定中高与可控中高）。

（2）印染胶辊　印染胶辊主要用于印染机中的印花、轧液轧染等。其中分主动和被动两大类。主动辊硬度要求高，一般达98～100（邵尔A），不需要弹性，一般为胶木辊。被动辊具有弹性，硬度要求较低，一般为70～85（邵尔A）。印花辊称为承压辊，质量要求高，对硬度要求范围误差小。

（3）砻谷辊　砻谷辊主要安装在砻谷机上用以脱去谷壳。要求橡胶具有耐磨性、耐热性和抗撕裂性。现在要求胶料色料为白色或浅黄色，已淘汰了黑色砻谷辊。

（4）人字形花纹胶辊　人字形花纹胶辊是带式运输机的主动部件，它起到驱动输送带的作用。摩擦系数较大，可使驱动胶辊的功率提高180%，相应提高了胶带的运输能力。

## 三、胶辊的制造工艺

### 1. 工艺流程简述

胶辊制造工艺的流程如下：

金属铁芯→喷砂或酸处理→水洗→干燥→涂胶浆→贴过渡胶层→缠水布→缠钢丝→硫化→脱钢丝及水布→表面处理、打磨→整理→入库

### 2. 工艺方法

（1）胶料制备　通用橡胶有塑、混炼，在基本加工工艺课程中已经介绍过，这里不再重复。

（2）成型　胶辊产品的特点是品种复杂、规格多、批量小。因此机械化操作程度受到限制。

① 手工贴合成型　按成型顺序粘贴胶至规定要求的厚度。同时在成型时应彻底压实胶片，排除胶层中残留的空气，贴合所用的胶片不宜过厚，一般为5～6mm左右。

② 机械贴合成型　可进行间歇和连续成型，间歇与手工相差不多，只是无须用手辊滚压，采用贴合机滚压。连续缠卷成型，采用厚度2～3mm的热胶片在成型机上连续缠卷至所需外径尺寸而成。适用于批量生产的产品。

### 3. 胶辊芯处理

（1）对胶辊芯的技术要求　胶辊芯一般由铸铁、钢、铜、铅等金属材料制成，其结构为空心的居多，也有实心和管式的。

金属芯表面应在制成V形螺纹后倒顺向，从中心往两端分开，使胶辊在运输中达到应力平衡。辊芯表面应无砂眼、巢孔，机床加工时不应有严重偏心等现象。

金属芯壁厚应符合下述要求：直径≤100mm的应不小于5mm；直径100～250mm的应不小于8mm；直径250～500mm的应不小于12mm；直径＞200mm的辊芯，其两端应有导入内腔的通气孔。

（2）辊芯的表面处理　金属芯表面存在油污和铁锈，须进行表面处理。一般表面处理方法有喷砂法和酸洗法。在这里主要介绍喷砂法。

将辊芯放置在覆胶托辊上，台车进入密封室，关闭密封室，转动辊芯，喷砂嘴对着转动辊芯，砂粒通过喷嘴对辊芯进行喷砂（一般采用铁砂，粒度为0.4～0.7mm）。喷砂完毕，用压缩空气吹掉辊芯上的浮砂，移出密闭室，进行贴胶。

## 4. 橡胶与辊芯的贴合

（1）硬质胶贴合法　这种方法使用最早，至今仍然广泛应用。主要以专用硬质胶浆先涂刷于金属芯表面，贴合硬质胶过渡胶层，再根据需要贴合外胶层。此法适用于橡胶与钢铁、铝、黄铜等金属的黏合，方法简单、成本低，具有良好的黏合强度。当温度超过60℃时，强度下降。硬质胶黏合胶浆，大量采用 $Fe_2O_3$，约为20～30份，硫黄用量40～50份，当硫化加热时，硫与 $Fe_2O_3$ 在金属表面形成Fe—S—Fe的树枝状化合物，三者结合在一起，将胶料平整黏合在金属表面。制作胶浆时，胶与汽油比例约为1∶(1.5～2)左右。

（2）氯丁橡胶贴合法　这种方法选用黏结型氯丁橡胶或通用型氯丁橡胶制作。在配方中大量使用烷基酚醛树脂，一般用量为40～50份，配制胶浆时，胶与溶剂比为1∶(1.5～2)左右。在辊芯上涂上胶浆后，需风干再贴外胶层，以保证粘贴胶层与金属有强度。

其他黏合法还有很多，各企业使用的方法是根据各种规格胶辊和选用生胶品种而定。

## 思考题

1. 画出压模O形圈的三种不同结构形式。
2. 油封的密封原理和设计原则是什么？
3. 什么是橡胶的收缩率？产生收缩率的原因是什么？
4. 静态密封与动态密封的区别与特点是什么？
5. 油封的骨架处理方法有几种？
6. 密封制品配方的组成和特点是什么？
7. 密封制品的基本生产工艺是什么？
8. 胶板怎样进行分类？
9. 胶板的配方设计原则有哪些？举例说明。
10. 写出胶板的基本生产工艺和工艺方法。
11. 胶辊的应用范围有哪些？举1～2例说明。
12. 画出空心胶辊的断面结构。
13. 胶辊主要有哪些品种？举例说明。
14. 胶辊配方设计中，硬质胶辊的配方要点有哪些？
15. 胶辊的生产工艺方法主要有哪些？

# 参考文献

[1] 中国石油和化学工业联合会，全国轮胎轮辋标准化技术委员会，中国质检出版社第二编辑室.化学工业标准汇编 轮胎 轮辋 气门嘴：第三版.北京：中国标准出版社，2012.3.

[2] 李敏，张启跃.橡胶工业手册 橡胶制品（上册）：第三版.北京：化学工业出版社，2012.1.

[3] 李敏，张启跃.橡胶工业手册 橡胶制品（下册）：第三版.北京：化学工业出版社，2012.8.

[4] 李延林.橡胶工业手册第五分册 胶带、胶管与胶布：第二版.北京：化学工业出版社，2000.1.

[5] 吕柏源.橡胶工业手册 橡胶机械（上册）：第三版.北京：化学工业出版社，2014.9.

[6] 吕柏源.橡胶工业手册 橡胶机械（下册）：第三版.北京：化学工业出版社，2016.1.

[7] 王慧敏，游长江.橡胶制品与杂品.北京：化学工业出版社，2012.9.

[8] 余淇，丁敛平.子午线轮胎结构设计与制造工艺.北京：化学工业出版社，2005.9.